全国大学生电子设计竞赛培训教程第 2 分册

U0290548

模拟电子线路与电源设计

高吉祥　**主　编**◎

吴　了　董招辉　**副主编**◎

欧阳宏志　廖灵志　刘　亮　朱俊标　王　彦　　　**编**◎

傅丰林　**主　审**◎

电子工业出版社

Publishing House of Electronics Industry

北京·BEIJING

内 容 简 介

本书是全国大学生电子设计竞赛培训教程第 2 分册，是针对全国大学生电子设计竞赛的特点和需求编写的。全书共 4 章，简要介绍了交直流稳压、稳流电源设计，放大器设计，信号源设计，滤波器设计，并以提高设计与制作能力为出发点，精选了涉及模拟电子线路和电源设计相关的典型赛题 21 道，对每道赛题进行了详细的题目分析、方案论证和设计方法介绍。

本书内容丰富实用，叙述简洁清晰，工程性强，可作为高等学校电子信息类、电气类、自动化类及计算机类专业大学生参加全国大学生电子设计竞赛的培训教材，也可以作为各类电子制作、毕业设计的教学参考书，还可作为从事电子工程设计、开发人员的参考资料。

图书在版编目（CIP）数据

全国大学生电子设计竞赛培训教程. 第 2 分册，模拟电子线路与电源设计 / 高吉祥主编.
北京：电子工业出版社，2019.5

ISBN 978-7-121-29498-3

Ⅰ. ①全… Ⅱ. ①高… Ⅲ. ①模拟电路—电路设计—高等学校—教材
②电源—设计—高等学校—教材 Ⅳ. ①TN702

中国版本图书馆 CIP 数据核字（2019）第 037092 号

责任编辑：谭海平　　特约编辑：陈晓莉
印　　刷：北京盛通数码印刷有限公司
装　　订：北京盛通数码印刷有限公司
出版发行：电子工业出版社
　　　　　北京市海淀区万寿路 173 信箱　邮编：100036
开　　本：787×1 092　1/16　印张：22.5　字数：585 千字
版　　次：2019 年 5 月第 1 版
印　　次：2023 年 12 月第 5 次印刷
定　　价：59.80 元

前　言

全国大学生电子设计竞赛是由教育部高等教育司、工业和信息化部人事教育司共同主办的，面向全国高等学校本科、专科学生的一项群众性科技活动，目的在于推动普通高等学校在教学中培养大学生的创新意识、协作精神和理论联系实际的能力，加强学生工程实践能力的训练和培养；鼓励广大学生踊跃参加课外科技活动，把主要精力吸引到学习和能力培养上来，促进高等学校形成良好的学习风气；同时，也为优秀人才脱颖而出创造条件。

全国大学生电子设计竞赛自 1994 年至今已成功举办 13 届，深受全国大学生的欢迎和喜爱，参赛学校、参赛队和参赛学生的数量逐年增加。对参赛学生而言，电子设计竞赛和赛前系列培训，使他们获得了电子综合设计能力，巩固了所学知识，培养了他们用所学理论指导实践，团结一致，协同作战的综合素质；通过参加竞赛，参赛学生可以发现学习过程中的不足，找到努力的方向，为毕业后从事专业技术工作打下更好的基础，为将来就业做好准备。对指导老师而言，电子设计竞赛是新、奇、特设计思路的充分展示，更是各高等学校之间电子技术教学、科研水平的检验，通过参加竞赛，可以找到教学中的不足之处。对各高等学校而言，全国大学生电子设计竞赛现已成为学校评估不可缺少的项目之一，这种全国大赛是提高学校整体教学水平、改进教学的一种好方法。

全国大学生电子设计竞赛只在单数年份举办。然而，近年来，许多地区、省、市在双数年份也单独举办地区性或省内电子设计竞赛，许多学校甚至每年举办多次电子设计竞赛，目的在于通过这类电子设计大赛，让更多的学生受益。

全国大学生电子设计竞赛组委会为组织好这项赛事，于 2005 年编写了《全国大学生电子设计竞赛获奖作品选编（2005）》。我们在组委会的支持下，从 2007 年开始至今，编写了《全国大学生电子设计竞赛培训教程》（共 14 册），深受参赛学生和指导教师的欢迎与喜爱。

据不完全统计，培训教程出版发行后，已被数百所高校采用为全国大学生电子设计竞赛及各类电子设计竞赛培训的主要教材或参考教材。读者纷纷来信、来电表示，这套教材写得很成功、很实用，同时也提出了许多宝贵的意见。因此，从 2017 年开始，我们对培训教程进行了整编。新编写的 5 本培训教程包括《基本技能训练与综合测评》《模拟电子线路与电源设计》《数字系统与自动控制系统设计》《高频电子线路与通信系统设计》《电子仪器仪表与测量系统设计》。

《模拟电子线路与电源设计》是新编系列教程的第 2 分册，是在前几版的基础上修订而成的，删除了陈旧的内容，增加了 2013 年、2015 年和 2017 年的竞赛内容。全书共 4 章，内容包括交直流稳压、稳流电源设计，放大器设计，信号源设计和滤波器设计。全书搜集整理历届关于模拟电子线路与电源设计方面的竞赛试题 21 道，将它们归类为 4 章，每章的第一节都介绍与本章相关的基础知识、基本技术及关键器件。每道赛题均给出题目分析、方案论证及比较、理论分析与参数计算、软硬件设计、测试方法、测试结果及结果分析。

参加本书编写工作的有高吉祥、吴了、董招辉、欧阳宏志、廖灵志、刘亮、朱俊标等。本书由高吉祥担任主编，吴了、董招辉担任副主编，欧阳宏志、廖灵志、刘亮、朱俊标、王彦等人参加了部分章节的编写。西安电子科技大学傅丰林教授在百忙之中对本书进行了主审。长沙学院电子信息与电气工程学院院长刘光灿、副院长刘辉为本书的立项、组织做了大量工作。南华大学王彦教授、湖南科技大学吴新开老师为本书的编写提供了大量优秀作品和论文。北京理工大学罗伟雄教授、武汉大学赵茂泰教授等人为本书编写出谋划策，对本书的修订提出了宝贵意见，在此表示衷心的感谢。

由于时间仓促，书中难免存在疏漏和不足，欢迎广大读者和同行批评指正。

编者

目 录

第①章
交直流稳压、稳流电源设计

内/容/提/要 ●●●●

　　本章主要介绍交直流稳压、稳流电源的设计基础、方法和步骤，并通过大量例题详细介绍方案论证、软/硬件设计、技术指标测试及测试结果分析。

1.1　稳压、稳流电源设计基础

　　电源是电子设备的能源电路，它关系到整个电路设计的稳定性和可靠性。本节主要介绍直流稳压电源、直流恒流电源和交流稳压电源。

1.1.1　直流稳压电源

1. 直流稳压电源的基本原理

　　直流稳压电源一般由电源变压器、整流电路、滤波电路和稳压电路组成，如图 1.1.1 所示。

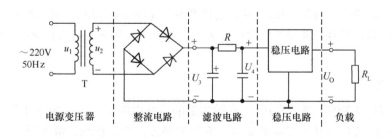

图 1.1.1　直流稳压电源的基本组成

　　电源变压器的作用是将 220V 的交流电压 u_1 转换成整流电路所需的电压 u_2，两个电压之间的关系为

$$u_1 = nu_2 \tag{1.1.1}$$

式中，n 为变压器的变压比。

　　整流电路的作用是将交流电压 u_2 转换成脉动直流电压 U_3；滤波电路的作用是滤除脉

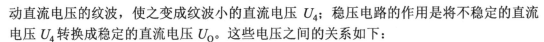

动直流电压的纹波，使之变成纹波小的直流电压 U_4；稳压电路的作用是将不稳定的直流电压 U_4 转换成稳定的直流电压 U_O。这些电压之间的关系如下：

$$U_3 = (1.1 \sim 1.2)U_2 \qquad (1.1.2)$$

$$U_O = U_4 - U_p \qquad (1.1.3)$$

式中，U_p 为稳压电路的降压，它一般为 2～15V。

2. 串联型直流稳压电路

串联型直流稳压电路的原理图如图 1.1.2 所示，该电路由四部分组成。

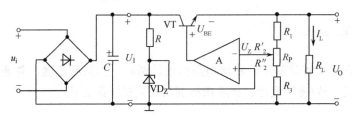

图 1.1.2 串联型直流稳压电路的原理图

1) 采样电阻

采样电阻由 R_1、R_P 和 R_3 组成。当输出电压发生变化时，采样电阻取其变化量的一部分送到放大电路的反相输入端。

2) 放大电路

放大电路 A 的作用是放大稳压电路输出电压的变化量，然后送到调整管的基极。若放大电路的放大倍数较大，则只要输出电压产生微小的变化，就会引起调整管的基极电压发生较大的变化，进而提高稳压效果。因此，放大倍数越大，输出电压的精度越高。

3) 基准电压

基准电压由稳压二极管 VD_Z 提供，它接到放大电路的同相输入端。将采样电压与基准电压进行比较后，再将二者的差值进行放大。电阻 R 的作用是保证 VD_Z 有一个合适的工作电流。

4) 调整管

调整管 VT 接在输入直流电压 U_1 和输出端的负载电阻 R_L 之间。输出电压 U_O 由于电网电压或负载电流等的变化而发生波动时，变化量经过采样、比较、放大后送到调整管的基极，使调整管的集射电压发生相应的变化，最终调整输出电压使之基本保持稳定。

现在分析串联型直流稳压电路的稳压原理。在图 1.1.2 中，假设由于 u_i 增大或 I_L 减小导致输出电压 U_O 增大，则通过采样后反馈到放大电路反相输入端的电压 U_F 也按比例增大，但其同相输入端的电压即基准电压 U_Z 保持不变，因此放大电路的差模输入电压 $U_{id} = U_Z - U_F$ 将减小，于是放大电路的输出电压减小，使调整管的基极输入电压 U_{BE} 减小，随之调整管的集电极电流 I_C 减小，同时集电极电压 U_{CE} 增大，进而使输出电压 U_O 基本保持不变。

以上稳压过程可简单地表示为

$$u_i \uparrow \text{ 或 } I_L \downarrow \rightarrow U_O \uparrow \rightarrow U_F \uparrow \rightarrow U_{id} \downarrow \rightarrow U_{BE} \downarrow \rightarrow I_C \downarrow \rightarrow U_{CE} \uparrow \rightarrow U_O \downarrow$$

由图 1.1.2 可知，如果将运算放大器 A 的同相端作为输入端，将反相端作为反馈信号输入端，将 U_O 作为输出端，那么该系统实际上就是一个直流电压串联负反馈电路。因此，系统对输出电压 U_O 有稳定作用，稳定度提高了 $\left|1+\dot{A}F\right|$ 倍，同时使纹波及外部干扰信号减小 $1/\left|1+\dot{A}F\right|$ 倍。这就是串联型直流稳压电路稳压的实质。由此可见，要提高系统的稳压性能，一是要提高运放的开环电压放大倍数 A，二是要提高反馈系数 $F = \dfrac{R_2'' + R_3}{R_1 + R_2 + R_3}$。然而，上述分析并未考虑参考源的影响。实际上，参考电压 U_Z 是由稳压二极管 VD_Z 提供的。稳压二极管 VD_Z 会产生噪声，其温度系数一般不为零，其输出的电压含有纹波成分，这些均会影响稳压时的性能指标。假设 VD_Z 因某种原因有一个电压波动，假设其值为 ΔU_Z，则引起输出电压的波动为

$$\Delta U_O = \left(1 + \frac{R_1 + R_2'}{R_3 + R_2''}\right)\Delta U_z \tag{1.1.4}$$

因此，在要求较高的稳压电路中，参考稳压源要采用精密稳压源。精密稳压源将在 1.2 节详细介绍。

3. 三端集成稳压器

随着集成技术的发展，稳压电路也迅速实现集成化。特别是三端集成稳压器，芯片只引出三个端子，分别接输入端、输出端和公共端，基本上不需要外接元器件，而且内部有限流保护电路、过热保护电路和过压保护电路，使用十分安全、方便。

1）三端集成稳压器的组成

三端集成稳压器的组成如图 1.1.3 所示。电路内部实际上包括串联型直流稳压电路的各个组成部分，还加上了保护电路和启动电路。在 CW7800 系列三端集成稳压器中，已将三种保护电路集成在芯片内部，它们是限流保护电路、过热保护电路和过压保护电路。启动电路的作用是在刚接通直流输入电压时，使调整管、放大电路和基准电源等建立各自的工作电流，当稳压电路正常工作时启动电路被断开，以免影响稳压电路的性能。

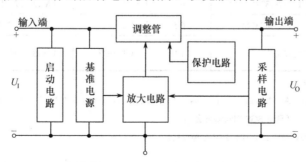

图 1.1.3　三端集成稳压器的组成

2）三端集成稳压器的分类及特点

三端集成稳压器分为固定式、可调式两大类，见表 1.1.1。

表 1.1.1 三端集成稳压器的分类

类型	特点	国产系列或型号[①]	最大输出电流 I_{OM}/A	输出电压 U_O/V	国外对应型号[②]
三端固定式	正压输出	CW78L00 系列	0.1	5, 6, 7, 8, 9, 10, 12, 15, 18, 20, 24[③]	LM78L00, μA78L00, MC78L00
		CW78N00 系列	0.3		μPC78N00, NA78N00
		CW78M00 系列	0.5		LM78M00, μA78M00, MC78M00 L78M00, TA78M00
		CW7800 系列	1.5		LM7800, μA7800, MC7800 L7800, TA7800, μPC7800, HA17800
		78DL00 系列	0.25	5, 6, 8, 9, 10, 12, 15	TA78DL00
		CW78T00 系列	3	5, 12, 18, 24	MC78T00
		CW78H00 系列	5	5, 12, 24	μA78H00
		78P05	10	5	μA78P05, LM396
	负压输出	CW79L00 系列	0.1	−5, −6, −8, −9, −12, −15, −18, −24	LM79L00, μA79L00, MC79L00
		CW79N00 系列	0.3		μPC79N00
		CW79M00 系列	0.5		LM79M00, μA78M00, MC79M00, TA79M00
		CW7900 系列	1.5		LM7900, μA7900, MC7900, L7900, TA7900, μPC7900, HA17900
三端可调式	正压输出	CW117L/217L/317L	0.1	1.2～37	LM117L/217L/317L
		CW117M/217M/317M	0.5	1.2～37	LM117M/217M/317M
		CW117/217/317	1.5	1.2～37	LM117, μA117, TA117, μPC117
		CW117HV/217HV/317HV	1.5	1.2～57	LM117HV/217HV/317HV
		W150/250/360	3	1.2～33	LM150/250/350
		W138/238/338	5	1.2～32	LM138/238/338
		W196/296/396	10	1.25～15	LM196/296/396
	负压输出	CW137L/237L/337L	0.1	−1.2～−37	LM137L/237L/337L
		CW137M/237M/337M	0.5	−1.2～−37	LM137M/237M/337M
		CW137/237/337	1.5	−1.2～−37	LM137, μPC137, TA137, SG137, FS137

① 冠以 CW 的为国标产品。

② LM（美国 NSC 公司），μA（美国仙童公司），TA（日本东芝公司），μPC（日本 NEC 公司），HA（日本日立公司），MC（美国摩托罗拉公司），L（意法 SGS-Thomson 公司）。

③ 国产型号只有 5V、6V、9V、12V、15V、18V、24V 七种规格。

　　美国仙童公司于 20 世纪 70 年代首先推出 μA7800 系列和 μA7900 系列三端固定式集成稳压器。这种稳压器只有输入端、输出端和公共端。三端集成稳压器的问世，是电源集成电路的一大革命，它极大地简化了电源的设计与使用，并具有较完善的过流、过压和过热保护功能，能以最简单的方式接入电路。目前，7800 系列、7900 系列已成为世界通用系列。

三端固定式集成稳压器分正压输出（7800 系列）、负压输出（7900 系列）两类。最大输出电流有 8 种规格，即 0.1A（78L00 系列）、0.25A（78DL00 系列）、0.3A（78N00 系列）、0.5A（78M00 系列）、1.5A（7800 系列）、3A（78T00 系列）、5A（78H00 系列）、10A（78P00 系列）。

三端固定式集成稳压器使用方便，不需要做任何调整，外围电路简单，工作安全可靠，适用于制作通用型标称值电压稳压电源。三端固定式集成稳压器的缺点是电压不能调整，不能直接获得非标称电压（如 7.5V、13V 等），输出电压的稳定度还不够高。

三端可调式集成稳压器是 20 世纪 80 年代初发展起来的，它既保留了三端固定式稳压器结构简单的优点，又克服了其电压不可调整的缺点，并且在电压稳定度上比前者提高了一个数量级（电压调整率达 0.02%），输出电压的调整范围一般为 1.2～37V。这类产品被誉为第二代三端集成稳压器，更适合制作实验室电源及多种供电方式的直流电源。

三端可调式集成稳压器也分为正压、负压输出两类。它们还可作为悬浮式集成稳压器使用，获得 100～200V 的高压输出。需要指出的是，如果把调整元件换成固定电阻，那么三端可调式就变成三端固定式，此时其性能指标仍然远优于三端固定式集成稳压器。

上面介绍的两类产品均属于串联调整式，即内部调整管与负载串联，而且调整管工作在线性区域，因此也称线性集成稳压器。它们共同的优点是稳压性能好，输出纹波电压小，成本低；主要缺点是内部调整管的压降大、功耗大、稳压电源的效率较低，一般约为 45%。

3）三端集成稳压器的外形与电路符号

W7800 系列和 W78M00 系列固定正压输出三端集成稳压器的外形有两种，即金属菱形式和塑料直插式，分别如图 1.1.4(a)和(b)所示。W7900 系列和 W79M00 系列固定负压输出三端集成稳压器的外形与正压输出三端集成稳压器的相同，但引脚有所不同。

输出电流较小的 W78L00 系列和 W79L00 系列三端集成稳压器的外形也分两种，即塑料截圆式和金属圆壳式，分别如图 1.1.4(c)和(d)所示。

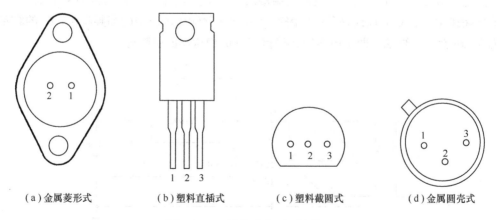

（a）金属菱形式　　　　（b）塑料直插式　　　　（c）塑料截圆式　　　　（d）金属圆壳式

图 1.1.4　三端集成稳压器的外形

W7800 系列和 W7900 系列三端集成稳压器的引脚见表 1.1.2 中。

表 1.1.2　W7800 系列和 W7900 系列三端集成稳压器的引脚

封装形式 引　脚 系　列	金属封装			塑料封装		
	IN	GND	OUT	IN	GND	OUT
W7800	1	3	2	1	2	3
W78M00	1	3	2	1	2	3
W78L00	1	3	2	3	2	1
W7900	3	1	2	2	1	3
W79M00	3	1	2	2	1	3
W79L00	3	1	2	2	1	3

W7800 系列和 W7900 系列三端集成稳压器的电路符号分别如图 1.1.5(a)和(b)所示。

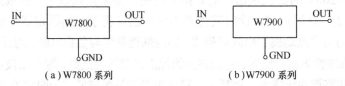

（a）W7800 系列　　　　　　（b）W7900 系列

图 1.1.5　W7800 系列和 W7900 系列三端集成稳压器的电路符号

4）三端集成稳压器应用举例

三端集成稳压器的使用十分方便，应用十分广泛。下面举几个典型的应用例子。

（1）基本电路

三端集成稳压器最基本的应用电路如图 1.1.6 所示。整流滤波后得到的直流输入电压 U_I 接在输入端和公共端之间时，在输出端即可得到稳定的输出电压 U_O。为抵消输入线较长带来的电感效应，防止自激，常在输入端接入电容 C_i（C_i 的容量通常为 0.33μF）；同时，在输出端接上电容 C_o，以改善负载的瞬态响应并消除输出电压中的高频噪声，C_o 的容量一般为 0.1μF 至几十微法，两个电容应直接接在集成稳压器的引脚处。

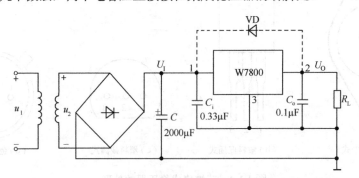

图 1.1.6　三端集成稳压器最基本的应用电路

输出电压较高时，应在输入端与输出端之间跨接一个保护二极管 VD，如图 1.1.6 中的虚线所示，其作用是在输入端短路时，使 C_o 通过二极管放电，以便保护集成稳压器内部的调整管。

输入直流电压 U_I 的值应至少比输出电压 U_O 高 2V。

（2）扩大输出电流

三端集成稳压器的输出电流有一定的限制，如 1.5A、0.5A 或 0.1A 等。若希望在此基础上进一步扩大输出电流，则可通过外接大功率晶体管的方法来实现，电路接法如图 1.1.7 所示。

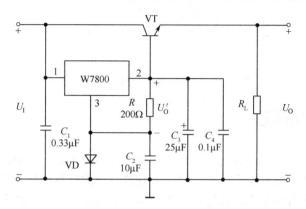

图 1.1.7　三端集成稳压器的电路接法

在图 1.1.7 中，负载所需的大电流由大功率三极管 VT 提供，而三极管的基极由三端集成稳压器驱动。电路中接入一个二极管 VD，用以补偿三极管的发射结电压 U_{BE}，使电路的输出电压 U_O 基本上等于三端集成稳压器的输出电压 U_O'。只要适当地选择二极管的型号，并通过调节电阻 R 的阻值来改变流过二极管的电流，即可得到 $U_D \approx U_{BE}$，此时由图 1.1.7 有

$$U_O = U_O' - U_{BE} + U_D \approx U_O'$$

同时，接入二极管 VD 也补偿了温度对三极管 U_{BE} 的影响，使输出电压比较稳定。

电容 C_2 的作用是滤掉二极管 VD 两端的脉动电压，以减小输出电压的脉动成分。

（3）使输出电压可调

W7800 系列和 W7900 系列均为固定输出的三端集成稳压器，若希望得到可调的输出电压，则可选用可调输出的集成稳压器，也可将固定输出集成稳压器接成如图 1.1.8 所示的电路。

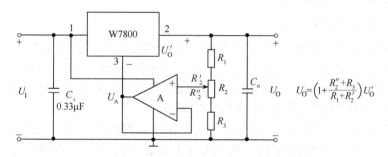

图 1.1.8　输出电压可调的稳压电路

（4）正压、负压输出的稳压电源

正压、负压输出的稳压电源能同时输出两组数值相同、极性相反的恒定电压，如图 1.1.9 所示。

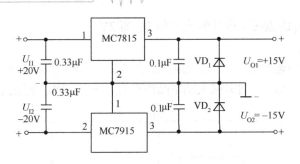

图 1.1.9　正压、负压输出的稳压电源

1.1.2　基准电压源

基准电压源是一种用来作为电压标准的高稳定度的电压源。目前，它已被广泛用于数字仪表、智能仪器和测试系统中，是一种颇有发展前景的新型特种电源集成电路。本节首先对国内外生产的各种基准电压源进行分类，然后重点介绍两种基准电压源典型产品的应用技巧。

1. 基准电压源的特点与产品分类

1）基准电压源的特点

基准电压源的特点可概括为稳、准、简、便。"稳"是指电压稳定度高，不受环境温度变化的影响；"准"是指能通过外部元器件（如精密多圈电位器）进行精细调整，获得高准确度的基准电压值 V_{REF}。"简"是指外围电路非常简单，仅用个别电阻元件。"便"是指使用方便、灵活。

衡量基准电压源质量等级的关键性技术指标是电压温度系数 α_T，它表示由于温度变化而引起的输出电压的漂移量（简称温漂），单位是 $10^{-6}/℃$（通常用 ppm/℃ 表示，$1ppm=10^{-6}$）。相比之下，集成稳压器或稳压二极管的温漂大得多，电压温度系数的单位也变成 $10^{-2}/℃$（即%/℃），因此无法与基准电压源相比较。此外，线性集成稳压器能输出较大的电流，而基准电压源仅适合作为电压源使用，不能进行功率输出。

2）基准电压源的产品分类

目前，国内外生产的基准电压源有上百种，电压温度系数一般为 $(0.3\sim100)\times10^{-6}/℃$。根据不同产品 α_T 值的大小，基准电压源大致可分为三类：①精密型基准电压源，$\alpha_T=(0.3\sim5)\times10^{-6}/℃$；②准精密型基准电压源，$\alpha_T=(10\sim20)\times10^{-6}/℃$；③普通型基准电压源，$\alpha_T=(30\sim100)\times10^{-6}/℃$。严格地讲，当 $\alpha_T>100\times10^{-6}/℃$ 时，已称不上是基准电压源。

基准电压源全部采用集成工艺制成。在已形成的系列化产品中，输出电压分为 1.2V、2.5V、5V、6.95V（可近似视为 7V）和 10V 五种。表 1.1.3 列出了国内外生产的基准电压源的分类情况。有几点需要说明：第一，有的型号划分为几挡，各挡的电压温度系数不同。例如，MC1403 分为 A、B、C 三挡，C 挡的电压温度系数最低，B 挡的较高，A 挡的最高；第二，在同一系列产品中又有军品、民品之分。例如，LM199（一类军品）、LM299（二类军品）、LM399（民品）同属一个系列，它们的内部电路与外形完全相同，只是工作温度范围存在差异，分别为 -55℃～+125℃、-25℃～+85℃ 和 0℃～+70℃；第三，由表 1.1.3

可见，LM399 的电压温度系数最低，典型值仅为 $0.3×10^{-6}/℃$；其次是 REF-05（$0.7×10^{-6}/℃$），然后是 LM3999、MAX672、MAX673（均为 $2×10^{-6}/℃$）；第四，表中所列的 α_T 均为典型值，对同一产品而言，其最大值与典型值可相差几倍。另外，实际值与典型值还允许有一定的偏差。

表 1.1.3　国内外生产的基准电压源的分类情况

基准电压典型值/V	国外型号[①]	电压温度系数典型值 $\alpha_T/（10^{-6}/℃）$	最大工作电流 I_{RM}/mA	国产型号[②]	封 装 形 式
1.2	LM113, LM313	100	10	CJ313	TO-46
	TC04, TC9491	50	20		TO-52, TO-92, DIP-8
	LM385-1.2	20	10	CJ385-1.2	TO-46, TO-92
	MP5010（分四挡）	10～100	10	SW5010	
	ICL8069（分四挡）	10～100	5		TO-52, TO-92
	AD589（分七挡）	10～100	10		TO-99
2.5	MC1403（分三挡）	10～100	10	5G1403, CH1403	DIP-8
	AD580（分七挡）	10～40	10		TO-52
	LM336-2.5	20	10	CJ336-2.5	TO-46, TO-92
	LM368-2.5	11	30		TO-52
	LM385-2.5	20	10	CJ385-2.5	TO-46
	TC05	50	20		TO-52, TO-92, DIP-8
	μPC1060	≤40	10		DIP-8
5	MC1404（分两挡）	10	10		DIP-8
	LM336-5.0	30	10	CJ336-5.0	TO-46, TO-92
	MAX672	2	10		TO-99, DIP-8, SOIC[③]
	REF-05	0.7	20		TO-99
6.95	LM129, LM329	20	15		TO-46
	LM199, LM399	0.3	10	CJ399, W399	TO-46
	LM3999	2	10		TO-92
10	AD581（分六挡）	5～30	10		TO-5
	MAX673	2	10		TO-99, DIP-8
	LM169, LM369	10	27		TO-92, SOIC
	REF-01	20	21		TO-99, DIP-8
	REF-10	3	20		TO-99
2.5V, 5V, 7.5V, 10V（可编程）或在 2.5～10V 内设定	AD584	5～10	10		TO-99

① 国外产品的生产厂家：LM，美国 NSC 公司；AD，美国 AD 公司；ICL，美国 Harris 公司；MC，美国 Motorola 公司；μPC，日本公司；MAX，美国 MAXIM 公司；TC，美国 Telcom 公司。

② 国内产品的生产厂家：SW，上海无线电七厂；5G，上海元件五厂；CH，上海无线电十四厂；CJ，北京半导体器件五厂。

③ SOIC 为小型双列直插式封装，其相邻引脚的中心距离仅为 1.27mm。

AD584 属于可编程基准电压源，它采用 TO-99 圆金属壳封装，共有 8 个引脚。其输出电压可通过编程从 10V、7.5V、5V、2.5V 四种电压值中任意设定一种（见表 1.1.4），因此使用更加灵活。除典型输出电压外，它还可以通过外部电阻在范围 2.5～10V 内获得所需基准电压值。

表 1.1.4　AD584 输出电压的设定程序

输出电压 U_O/V	程序端接法	电压温度系数 α_T/（10^{-6}/℃）	最大工作电流 I_{RM}/mA
10.000	第 2 脚和第 3 脚开路		
7.500	第 2 脚和第 3 脚短接		
5.000	第 2 脚与第 1 脚短接	5	10
2.500	第 3 脚与第 1 脚短接		

2. 带隙基准电压源的基本原理

零温度系数的基准电压源是人们在电子仪器和精密测量系统中长期追求的一种基本部件。传统基准电压源是基于三极管或稳压二极管的原理制成的，其电压温漂为 mV/℃级，电压温度系数高达 10^{-3}/℃～10^{-4}/℃，根本无法满足现代电子测量的需要。随着带隙基准电压源的问世，才将上述愿望变为现实。

20 世纪 70 年代初，维德拉首先提出能带间隙基准电压源的概念，简称带隙电压。所谓能带间隙，是指硅半导体材料在热力学零度（0K）时的带隙电压，其数值约为 1.205V，用符号 U_{g0} 表示。带隙基准电压源的基本工作原理，就是利用电阻上压降的正温漂去补偿 EB 结正向压降的负温漂，从而实现零温漂。因为它不使用工作在击穿状态下的齐纳稳压管，因此噪声电压很低。

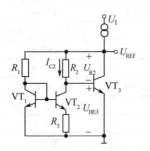

图 1.1.10　带隙基准电压源的简化电路

带隙基准电压源的简化电路如图 1.1.10 所示，其中 VT_1、VT_2 是两个尺寸完全相同的硅管，在集成电路中称为"镜像管"。假定 VT_1、VT_2 的共发射极电流放大系数 β 很高，且忽略基极电流，则有 $I_E = I_C$。由图 1.1.10 得到基准电压的表达式为

$$U_{REF} = U_{BE3} + U_{R2} = U_{BE3} + I_{C2}R_2 \tag{1.1.5}$$

因为 VT_1 和 VT_2 构成微电流源电路，于是有

$$I_{C2} = \frac{U_T}{R_3} \cdot \ln\frac{I_{C1}}{I_{C2}} \tag{1.1.6}$$

式中，U_T 为温度电压当量，根据半导体理论有

$$U_T = \frac{kT}{q} \tag{1.1.7}$$

式中，k 为玻耳兹曼常数，$k = 8.63×10^{-5}$eV/K；q 为电子当量，$q = e$；T 为热力学温度。

将式（1.1.7）代入式（1.1.6）得

$$I_{C2} = \frac{1}{R_3} \cdot \frac{kT}{q} \cdot \ln\frac{I_{C1}}{I_{C2}} \tag{1.1.8}$$

将式（1.1.8）代入式（1.1.5）得

$$U_{REF} = U_{BE3} + \frac{R_2}{R_3} \cdot \frac{kT}{q} \cdot \ln \frac{I_{C1}}{I_{C2}} \tag{1.1.9}$$

由于 R_1、R_2 上的压降相等，因此根据欧姆定律有 $I_{C1}/I_{C2} = R_2/R_1$，于是有

$$U_{REF} = U_{BE3} + \frac{R_2}{R_3} \cdot \frac{kT}{q} \cdot \ln \frac{R_2}{R_1} \tag{1.1.10}$$

在这一基准电压表达式中，第二项仅与集成电路内部的电阻比 R_2/R_1 和 R_2/R_3 有关，其余量均为常数，因此 U_{REF} 值可以做得很准。

下面分析带隙基准电压源的温漂表达式及实现零温漂的条件。

式（1.1.10）对温度求导，并用 U_{BE} 代替 U_{BE3} 得

$$\frac{dU_{BE}}{dT} = \frac{dU_{BE}}{dT} + \frac{R_2}{R_3} \cdot \frac{k}{q} \cdot \ln \frac{R_2}{R_1} \tag{1.1.11}$$

式中，右边第一项为负数（$dU_{BE}/dT = \alpha_T < 0$），第二项为正数。因此，可以选择适当的电阻比 R_2/R_3 和 R_2/R_1，使这两项之和等于零，从而实现零温漂。下面推导零温漂和条件。根据半导体理论，有关系式

$$U_{BE} = U_{g0}\left(1 - T/T_0\right) + U_{BE0} \cdot \frac{T}{T_0}$$

即

$$\frac{dU_{BE}}{dT} = -\frac{U_{g0}}{T_0} + \frac{U_{BE0}}{T_0} \tag{1.1.12}$$

式中，U_{BE0} 是常温 T_0 下的 U_{BE} 值。将式（1.1.12）代入式（1.1.11）并令 $dU_{REF}/dT = \alpha_T = 0$，有

$$\alpha_T = \frac{dU_{REF}}{dT} = \frac{U_{g0}}{T_0} + \frac{U_{BE0}}{T_0} + \frac{R_2}{R_3} \cdot \frac{k}{q} \cdot \ln \frac{R_2}{R_1} = 0$$

最后得到

$$U_{REF} = U_{BE0} + \frac{R_2}{R_3} \cdot \frac{kT_0}{q} \cdot \ln \frac{R_2}{R_1} = U_{g0} = 1.205\text{V} \tag{1.1.13}$$

这便是实现零温漂的条件。只要使上式的左侧恰好等于硅材料的带隙电压值（1.205V），基准电压就与温度变化无关。实际上，这里忽略了基极电流 I_B 的影响，因此严格地讲只是近似于零温漂。由于图 1.1.10 中未采用齐纳稳压管，因此这种基准电压源的热噪声电压可低至微伏级。

3. MC1403 型基准电压源的应用

MC1403 是美国摩托罗拉公司首先推出的高准确度、低温漂、采用激光修正的带隙基准电压源，其国产型号为 5G1403 和 CH1403。

1）MC1403 的结构原理

MC1403 采用 8 脚双列直插式封装（DIP-8），引脚排列如图 1.1.11(a)所示。其输入电压范围是 4.5～15V，输出电压的允许范围是 2.475～2.525V，典型值为 2.500V，电压温度系数可达 10×10^{-6}/℃。为便于配 8P 插座，MC1403 上设置了 5 个空引脚（NC）。MC1403 的电路符号如图 1.1.11(b)所示。

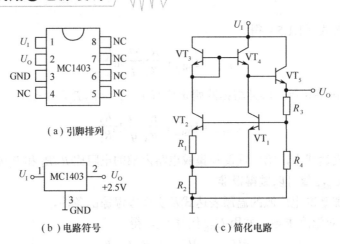

图 1.1.11　MC1403 的引脚排列、电路符号和简化电路

MC1403 的简化电路如图 1.1.11(c)所示。由前述带隙基准电压源的工作原理，对于 MC1403，其输出电压由下式确定：

$$U_O = \frac{R_3 + R_4}{R_4}\left(U_{g0} - CT + \frac{2R_2}{R_1}\cdot\frac{KT}{q}\cdot\ln\frac{A_{e2}}{A_{e1}}\right) \qquad (1.1.14)$$

式中，U_{g0} 为硅在 0K 时的带隙电压，约为 1.205V；C 为比例系数；A_{e1} 和 A_{e2} 分别为 VT_1 和 VT_2 的发射极周长，设计的 $A_{e2}/A_{e1} = 8$。

只要选择合适的电阻比 R_2/R_1，就能使式（1.1.4）中括号内的第二项与第三项之和等于零，进而实现零温漂，即输出电压与温度无关。此时有

$$U_O = \frac{R_3 + R_4}{R_4}\cdot U_{g0} \qquad (1.1.15)$$

实取$(R_3 + R_4)/R_4 = 2.08$，代入式（1.1.15）中算出 $U_O = 2.08 \times 1.205V = 2.5V$。

2）典型应用

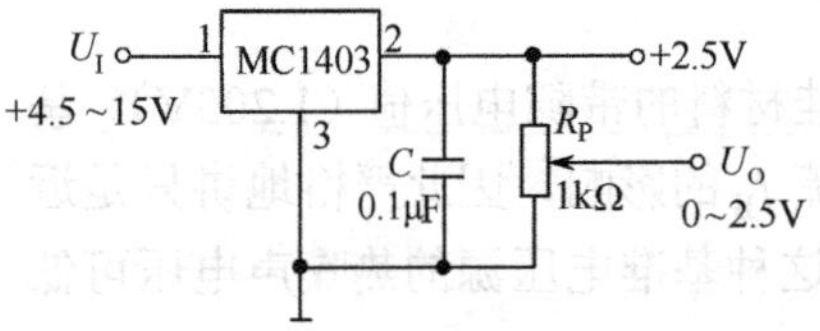

MC1403 的典型应用电路如图 1.1.12 所示。在输出端接有 1kΩ 的精密多圈电位器，用以精确调整输出的基准电压值。C 是消噪电容，也可省去不用。实测 MC1403 的输入/输出特性见表 1.1.5。由表可知，当输入电压从 10V 下降到 4.5V 时，输出电压只变化 0.0001V，相对变化率仅为±0.0018%。

图 1.1.12　MC1403 的典型应用电路

表 1.1.5　实测 MC1403 的输入/输出特性

输入电压/V	10	9	8	7	6	5	4.5
输出电压/V	2.5028	2.5028	2.5028	2.5028	2.5028	2.5028	2.5027

4. LM399 型精密基准电压源的应用

在目前生产的基准电压源中，以 LM199、LM299 和 LM399 的电压温度系数为最低，性能也最佳。它们均属于四端器件，可等效于带恒温槽的稳压二极管。作为高稳定性的精密基准电压源，它们可取代普通的齐纳稳压二极管，用于 A/D 转换器、精密稳压电源、精

密恒流源和电压比较器中。

1）LM399 的结构

LM399 的内部电路分成两部分：基准电压源和恒温电路。图 1.1.13 显示了它的引脚排列、结构框图和电路符号。1 脚、2 脚分别为基准电压源的正极、负极。3 脚、4 脚之间接 9～40V 的直流电压。图中的 H 表示恒温器。LM399 的同类产品还有 LM199、LM299，它们均采用 TO-46 封装。LM399 的工作温度范围是 0℃～+70℃，LM299 和

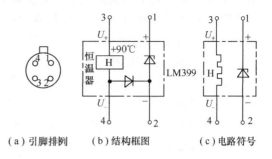

（a）引脚排列　（b）结构框图　（c）电路符号

图 1.1.13　LM399 的引脚排列、结构框和电路符号

LM199 的工作温度范围分别是-25℃～+85℃和-55℃～+125℃。电压温度系数的典型值为 $0.3×10^{-6}$/℃，最大值为 $1×10^{-6}$/℃，仅相当于普通基准电压源的 1/10。其动态阻抗为 0.5Ω，能在工作电源范围 0.5～10mA 内保持基准电压和温度系数不变。噪声电压的有效值为 7μV，25℃时的功耗为 300mW。

LM399 的基准电压由隐埋齐纳二极管提供，这种新型稳压二极管是采用次表面隐埋技术制成的。普通稳压管在半导体表面产生齐纳击穿，因此噪声电压高，稳定性较差。次表面隐埋技术在半导体内部（次表面）产生击穿，可明显降低噪声电压，稳定性大幅度提高。恒温器电路能把芯片温度自动调节到90℃，只要环境温度不超过90℃，就能消除温度变化对基准电压的影响。因此，LM399 的电压温度系数已降至 $1×10^{-6}$/℃以下，这是其他基准电压源难以达到的指标。

LM399 的基准电压实际上由次表面稳压二极管的稳定电压 U_Z（6.3V）与硅三极管的发射结压降 U_{BE}（0.65V）叠加而成。输出的基准电压为

$$U_O = U_{REF} = U_Z + U_{BE} = 6.3V + 0.65V = 6.95V ≈ 7V$$

2）LM399 的应用技巧

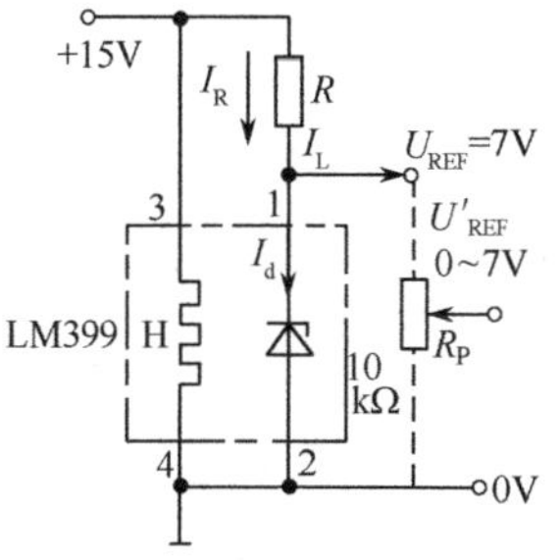

使用 LM399 时的要求如下：环境温度不能超出范围 0℃～+70℃；安装位置应尽量远离发热器件（如变压器、功率管等）；输入电压不能超过 40V，否则会损坏恒温器；纹波电压必须很小；接地线要短；工作电流 I_d 不超过 10mA，否则要加限流电阻。

（1）典型应用

LM399 的典型应用电路如图 1.1.4 所示，其中 R 为限流电阻。通常负载电流 $I_L ≪ I_d$，可忽略不计，因此有 $I_d ≈ I_R$。R 值由下式确定：

图 1.1.14　LM399 的典型应用电路

$$R = \frac{U_I - U_{REF}}{I_R} \tag{1.1.16}$$

式中，$U_I = 9～40V$，$U_{REF} = 7V$，$I_R = 0.5～10mA$。例如，当 $U_I = 20V$，I_R 选 2mA 时，由式（1.1.16）算出 $R = 6.5kΩ$。

要得到 0～7V 以内的非标称值基准电压，可在图 1.1.14 的输出端并联一个 10kΩ 的多

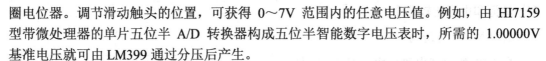
圈电位器。调节滑动触头的位置，可获得 0～7V 范围内的任意电压值。例如，由 HI7159 型带微处理器的单片五位半 A/D 转换器构成五位半智能数字电压表时，所需的 1.00000V 基准电压就可由 LM399 通过分压后产生。

（2）双电源供电电路

LM399 也可采用双电源（如±15V）供电，电路如图 1.1.15 所示。

（3）串联使用

将两个 LM399 串联使用，可获得 14V 的基准电压，电路如图 1.1.16 所示。两者可共用一个限流电阻，而恒温器只能并联在电路中。

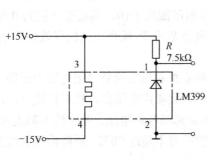

图 1.1.15　双电源供电电路

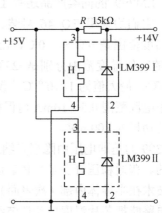

图 1.1.16　两个 LM399 串联使用

（4）提高输出电压的方法

利用 F007 运算放大器进行同相放大后，如图 1.1.17 所示，可获得其他输出电压 U_O 值，其计算机公式为

$$U_O = 7\left(1 + \frac{R_f}{R_1}\right) \tag{1.1.17}$$

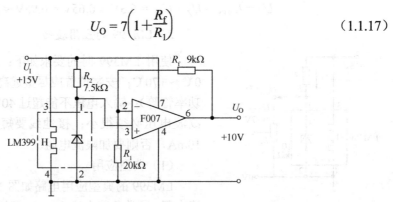

图 1.1.17　利用运算放大器获得其他 U_O 值

在图 1.1.17 图中，取 $R_f = 9k\Omega$，$R_1 = 20k\Omega$，由式（1.1.17）算出 $U_O = 10V$。R_f、R_1 应选用电阻温度系数低的金属膜电阻。

为进一步提高 U_O 的温度稳定性，还可采用精密运算放大器 ICL7650 来代替普通运算放大器 F007（或 μA741）。

5. TL431 型可调式精密并联稳压器

TL431 是美国 TI 公司生产的 2.50～36V 可调式精密并联稳压器，是一种具有电流输出能力的可调基准电压源，其性能优良，价格低廉，可广泛用于单片精密开关电源或精密线性稳压电源中。此外，TL431 还能构成电压比较器、电源电压监视器、延时电路、精密恒流源等。目前，在单片精密开关电源中，常用 TL431 构成外部误差放大器，再与光电耦合器一起组成隔离式反馈电路。

TL431 的同类产品还有低压可调式精密并联稳压器 TLV431A，后者能输出 1.24～6V 的基准电压。

1）TL431 的性能特点

（1）TL431 系列产品包括 TL431C, TL431AC, TL431I, TL431AI, TL431M, TL431Y，共 6 种型号。它们的内部电路完全相同，仅个别技术指标略有差异。例如，TL431C 和 TL431AC 的工作温度范围是 0℃～70℃，而 TL431I 的工作温度范围是-40℃～85℃，TL431M 的工作温度范围是-55℃～125℃。

（2）TL431 属于三端可调式器件，利用两个外部电阻可设定范围 2.50～36V 内的任何基准电压值。TL431 的电压温度系数 $\alpha_T = 30 \times 10^{-6}/℃$（即 30ppm/℃）。

（3）动态阻抗低，典型值为 0.2Ω。

（4）输出噪声低。

（5）阴极工作电压 U_{KA} 的允许范围是 2.50～36V，极限值为 37V。阴极工作电流 $I_{KA} = 1～100mA$，极限值是 150mA。其额定功率值与器件的封装形式和环境温度有关。例如，双列直插式塑料封装的 TL431CP 在环境温度 $T_A = 25℃$ 时，额定功率为 1000mW，在 $T_A > 25℃$ 时额定功率则按 8.0mW/℃ 的规律递减。

2）TL431 的工作原理

TL431 大多采用 DIP-8 或 TO-92 封装形式，分别如图 1.1.18(a)和(b)所示。图中，A 为阳极，使用时需要接地；K 为阴极，需要经过限流电阻后，接正电源；U_{REF} 是输出基准电压值的设定端，外接电阻分压器；NC 为空脚。TL431 的等效电路如图 1.1.18(c)所示，主要包括四部分：①误差放大器 A，其同相输入端接取样电压 U_{REF}，反相输入端接内部 2.50V 基准电压 U_{ref}，且设计的 $U_{REF} = U_{ref}$；②内部 2.50V（准确值为 2.495V）基准电压源 U_{ref}；③NPN 型三极管 VT，在电路中起调节负载电流的作用；④保护二极管 VD，防止因为 K-A 间电源极性接反而损坏芯片。

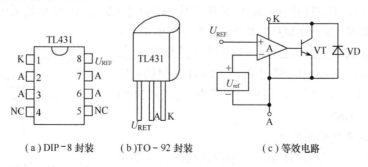

（a）DIP-8 封装　　（b）TO-92 封装　　（c）等效电路

图 1.1.18　TL431 的封装形式和等效电路

TL431 的电路符号和基本接线如图 1.1.19 所示。它相当于一个可调齐纳稳压二极管，输出电压由外部精密电阻 R_1 和 R_2 设定，即

$$U_O = U_{KA} = (1 + R_1/R_2)U_{REF} \tag{1.1.18}$$

在图 1.1.19 中，R_3 是 I_{KA} 的限流电阻。选取 R_3 阻值的原则是，当输入电压 U_I 为最小值时，为使 TL431 能正常工作，必须保证 $100\text{mA} \geqslant I_{KA} \geqslant 1\text{mA}$。

TL431 的稳压原理分析如下：当由于某种原因致使 U_O 升高时，取样电压 U_{REF} 也随之升高，使 $U_{REF} > U_{ref}$，比较器输出高电平，令 VT 导通，$U_O \downarrow$。反之，$U_O \downarrow \rightarrow U_{REF} \downarrow \rightarrow U_{REF} < U_{ref} \rightarrow$ 比较器再次翻转，输出变成低电平 $\rightarrow$ VT 截止 $\rightarrow U_O \uparrow$。这样循环下去，从动态平衡的角度来看，就迫使 U_O 趋于稳定，达到稳压目的，并且 $U_{REF} = U_{ref}$。

3）TL431 的应用技巧

TL431 在单片开关电源中的具体应用详见有关参考资料。下面介绍几种特殊应用。

（1）三端固定式稳压器实现可调输出的电路

将 7800 系列三端固定式集成稳压器配上 TL431，即可实现可调电压输出，电路如图 1.1.20 所示。现将 TL431 接在 7805 型三端稳压器的公共端（GND）与地之间，通过调节 R_1 来改变输出电压值。需要说明两点：第一，因 7805 的静态工作电流 I_d 为几毫安至几十毫安，并且从 GND 端流出来，恰好可为 TL431 提供合适的阴极电流 I_{KA}，因此 U_I 与 TL431 的阴极之间无须接限流电阻；第二，TL431 能提升 7805 的 GND 端电位，使 $U_{GND} = U_{KA}$，因此该稳压器的最低输出电压 $U_{Omin} = U_{REF} + 5 = 7.5\text{V}$。最高输入电压 $U_{Imax} = 37.5\text{V}$，7805 的最高输入电压为 35V，其余 2.5V 压降由 TL431 承受。

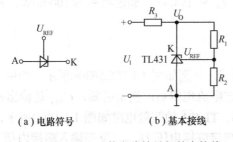

（a）电路符号　　　（b）基本接线

图 1.1.19　TL431 的电路符号与基本接线

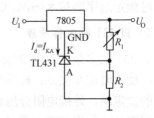

图 1.1.20　可调电压输出电路

（2）5V、1.5A 精密稳压器

TL431 也可配 LM317 型三端可调式集成稳压器，构成如图 1.1.21 所示的 5V、1.5A 固定输出式精密稳压器。TL431 接在 LM317 的调整端（ADJ）与地之间。R_1 和 R_2 均采用误差为 $\pm 0.1\%$ 的精密金属膜电阻。鉴于 LM317 本身的静态工作电流 $I_d = I_{ADJ} = 50\mu\text{A} \ll 1\text{mA}$，无法给 TL431 提供正常的阴极电流值，因此在电路中需增加 R_3。U_O 经过 R_3 向 TL431 提供的阴极电流 I_{KA} 应大于 1mA，才能保证芯片正常工作。当 $R_3 = 240\Omega$ 时，$I_{KA} \approx 5\text{mA} > 1\text{mA}$。

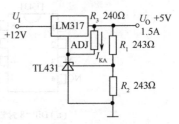

图 1.1.21　固定输出式精密稳压器

（3）大电流并联稳压器

前面介绍的内容均为 TL431 在串联式线性稳压器中的应用。若将 TL431 配以 PNP 型功率管，还可构成大电

流并联式稳压器，其电路如图 1.1.22 所示，调整 R_1 就能改变 U_O 值。

（4）简易 5V 精密稳压器

由 TL431 和 NPN 型功率管构成的 5V 串联式精密稳压器电路如图 1.1.23 所示。

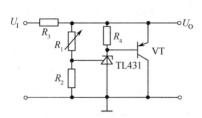

图 1.1.22　大电流并联式稳压器电路

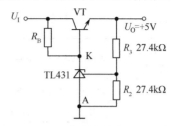

图 1.1.23　5V 串联式精密稳压器电路

1.1.3　直流恒流源

能够向负载提供恒定电流的电源，称为恒流源，也称稳流源。理想恒流源的输出电流值是绝对不变的，但实际恒流源只能在一定范围（包括温度范围、输入电压范围、负载变化范围）内保持输出电流的稳定性。

恒流源与稳压源是稳定电源中的两个分支。与稳压源一样，恒流源的应用也十分广泛。目前，恒流源已被广泛用于传感技术、电子测量仪器、现代通信、激光、超导等领域，显示了良好的发展前景。

1. 恒流源的产品分类

从广义上讲，恒流源分为通用型和专用型两大类。通用型恒流源是由通用型半导体器件或通用集成电路构成的恒流源，其电路设计灵活多样，但恒流效果不太理想，且有的外围电路比较复杂。专用型恒流源由特种电真空器件、半导体器件或专用集成电路构成，具有恒流效果好，性能指标高，外围电路简单，便于制作、调试和维修，成本较低廉等优点，是电子技术人员的优选产品。

专用恒流源发展迅速，早期采用电真空器件稳流管，后来采用半导体恒流二极管（CRD）、恒流晶体管（CRT），现已进入集成恒流源全面发展的新时期。集成恒流源具有单片集成化、性能指标最佳、外围电路简单等优点，它代表了恒流源的发展方向。集成恒流源主要包括 4 种类型，即三端可调恒流源、四端可调恒流源、高压集成恒流源、恒流源型集成温度传感器。

目前，国内外生产的专用恒流源器件的型号达数百种。恒流管与集成恒流源典型产品的分类情况见表 1.1.6。需要说明的几点如下：第一，表中的稳流管也称镇流管，属于电真空器件。第二，恒流二极管的恒定电流是固定不变的；恒流晶体管可在较小范围（0.08～7mA）内连续调节恒定电流；三端可调恒流源能在较大范围（5～500mA）内精确调节恒定电流。四端可调恒流源的显著特点是，不仅能在极宽范围（3μA～2.5A）内对恒定电流进行精细调节，而且能调节本身的电流温度系数，使 α_T 为正、为负或等于零，因此极大地方便了用户。第三，高压集成恒流源的最高工作电压可达 100～150V。第四，AD590、HTS1、LM135/235/335 均属于集成温度传感器，但原理上它们等效于一个高内阻且输出电流与温度成正比的恒流源。此外，某些基准电压源（如 LM134/234/334）也可作为集成温度传感器使用，构成测温仪表。

表 1.1.6　恒流管与集成恒流源典型产品的分类情况

产品名称		型号①	恒定电流 I_H/mA	封装形式②	生产厂家
恒流管	电真空稳流管	WL1P～WL31P（10 种）	175～1000	J8-1B4 型 8 脚封装	上海电子管厂
	恒流二极管（CRD）	2DH1～2DH15（8 种）	(0.08～0.15)～	EC-1 或 S-1	江苏南通晶体管厂
		2DH101～2DH115（8 种）	(0.85～1.15)		
		2DH02～2DH60（11 种）	0.2～6.0	EC-1 或 EC-2	杭州大学
		2DH022～2DH560（18 种）	0.22～5.60		浙江海门晶体管厂
		1N5283～1N5314（32 种）	0.22～4.70	DO-7	美国 Motorola 公司
		CR022～CR470（32 种）	0.22～4.70	TO-18	美国 Siliconix 公司
		J500～J511（12 种）	0.24～4.7	TO-90	美国 Siliconix 公司
		A122～A561	1.2～5.6		日本石冢电子公司
	恒流晶体管（CRT）	3DH1～3DH15（15 种）	(0.08～0.15)～	B-1 或 S-1	江苏南通晶体管厂
		3DH101～3DH115（15 种）	(5.30～7.00)		
集成恒流源	三端可调恒流源	3DH010～3DH050（5 种）	5～500	B-4 或 F-2	杭州大学
		3DH011～3DH031（3 种）			
		W334、SL134/234/334	1μA～100mA	TO-46 或 TO-92	北京半导体器件五厂等
		LM134/234/334			美国 NSC 公司
	四端可调恒流源	4DH1～4DH5（5 种）	3μA～2.5A	B-3 或 F-2	杭州大学
	高压集成恒流源	3CR3H（耐压 100V）	1.5～50	B-3（三端）	杭州大学
		HVC2（耐压 150V）	1～10	B-3（四端）	
	恒流源型集成温度传感器	AD590	1μA/℃	TO-52	美国 Harris 公司
		HTS1	1μA/℃	TO-92 或 B-3	杭州大学
		LM135/235/335	10mV/℃	TO-46 或 TO-92	美国 NSC 公司

① 括号内的数字表示该系列产品共有多少种型号。

② J8-1B4 为大 8 脚电子管座；EC-1 为金属壳封装；S-1 为塑料封装；DO-7 为玻壳封装。

2. 可调式精密集成恒流源的应用

可调式精密集成恒流源是目前性能最优的集成化恒流源，特别适合于制作精密型恒流源，可广泛用于传感器的恒流供电电路、放大器、光电转换器、恒流充电器、基准电压源中。

这类恒流源按照引出端的数量分为三端、四端两类器件。典型产品有 4DH1～4DH5（四端）、LM134/234/334（三端）、3CR3H（三端）和 HVC2（四端）。根据器件能承受电压的高低，又可分成普通型、高压型两类。3CR3H 和 HVC2 均属于高压可调集成恒流源。下面以 4DH 系列可调式精密集成恒流源为例，说明其应用情况。

1) 性能特点

国产 4DH 系列可调式精密恒流源属于四端双极型集成电路。与恒流晶体管相比，它具有以下特点：

（1）恒定电流（I_H）的调节范围非常宽。通过两个外接电阻能够大范围地调节 I_H 值，其最小值 $I_{Hmin} = 3{\sim}5\mu A$，最大值 I_{Hmax} 分别为 10mA、40mA、100mA，个别管子甚至可达 2.5A。

（2）在调节 I_H 的同时，还能调节电流温度系数 α_T，使之为正、为负或接近于零。调节范围是±0.2%/℃。

（3）尽管它属于四端器件，但外接两个电阻后就变换成两端器件，因此使用简便。

（4）功耗低，输出电流大，电源利用率高。

4DH 系列共包括五种型号，即 4DH1，4DH2，4DH3，4DH4 和 4DH5。它们采用 B-2 或 F-2 封装，主要参数见表 1.1.7，电路符号、典型接线如图 1.1.24 所示。R_{SET1} 和 R_{SET2} 为外接设定电阻，改变两者的电阻比即可调节电流温度系数。需要指出的是，对于不同型号的产品，其内部电路不同，引脚排列顺序及接线方式也不相同。

表 1.1.7 4DH 系列产品的主要参数[①]

型　号	恒定电流 I_H/mA	超始电压 U_S/V	最高工作电压 U_{Imax}/V	电压调整率 S_V/%/V	电流温度系数 α_T/%/℃	最大功耗 P_M/mW
4DH1	0.005~0.1	2.5	50~70	0.02	-0.2~+0.2	50
4DH2	0.002~10	2.0	50~70	0.02	-0.2~+0.2	200
4DH3	10~40	2.5	50	0.02	-0.2~+0.2	700
4DH5	1~100	3.0	40	0.02	-0.2~+0.2	700

① 4DH2 的动态阻抗为 0.5~10MΩ，4DH3 的动态阻抗为 50~200kΩ。

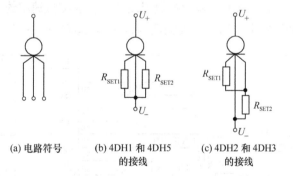

(a) 电路符号　　(b) 4DH1 和 4DH5　　(c) 4DH2 和 4DH3
的接线　　　　　的接线

图 1.1.24 4DH 系列的电路符号和典型接线

4DH 系列的恒定电流由下式确定：

$$I_H = k_1/R_{SET1} + k_2/R_{SET2} \tag{1.1.19}$$

式中，k_1 和 k_2 是具有量纲的常数。若 k_1 和 k_2 的单位为 mV，电阻的单位为 Ω，则 I_H 的单位为 mA。对 4DH1 而言，恒定电流的计算公式为

$$I_H = 160/R_{SET1} + 600/R_{SET2} \tag{1.1.20}$$

$$R_{SET2}/R_{SET1} = 4 \tag{1.1.21}$$

此时, 电流温度系数 $\alpha_T \approx 0$。

对 4DH5 而言, 恒定电流的计算公式变成

$$I_H = 540/R_{SET1} + 600/R_{SET2} \qquad (1.1.22)$$

当 $R_{SET2}/R_{SET1} = 1.26$ 时, 4DH5 的电流温度系数 $\alpha_T \approx 0$。

2) 应用电路

（1）红外发射管的恒流供电

红外光测量仪中的红外发射管需要采用恒流供电工作方式。TLN104 型红外发射管的正向电流 $I_F = 50\text{mA}$, 正向电压 $U_F = 1.5\text{V}$, 输出光功率 $P > 1.5\text{mW}$, 峰值发光波长 $\lambda_\rho = 940\text{nm}$。红外发射管的恒流供电电路如图 1.1.25 所示, 这里由 4DH5 提供 50mA 的恒定电流。

令 $R_{SET2} = 1.26R_{SET1}$, $I_H = 50\text{mA}$, 代入式（1.1.22）中并解出得 $R_{SET1} = 20.32\Omega$, 因此 $R_{SET2} = 1.26 \times 20.32\Omega = 25.6\Omega$。实际取标称值 $R_{SET1} = 20\Omega$, $R_{SET2} = 25\Omega$, 代入

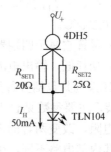

图 1.1.25 红外发射管的恒流供电电路

式（1.1.22）中进行核算得 $I_H = 51\text{mA} \approx 50\text{mA}$。又因 $R_{SET2}/R_{SET1} = 25\Omega/20\Omega = 1.25 \approx 1.26$, 即 $\alpha_T \approx 0$, 因此上述电路符合设计要求。

（2）数字温度计

三位半数字温度计的电路如图 1.1.26 所示。现在利用 1N4148 型硅开关二极管作为 PN 结温度传感器, 1N4148 具有负的电压温度系数, $\alpha_T \approx -2.1\text{mV/℃}$。由 4DH2 型集成恒流源向温度传感器提供恒定电流。测温电桥由 4DH2, 1N4148, R_3, R_{P1}, R_4 构成。当温度变化时, 测温电桥的输出电压随之而变, 并送至三位半 A/D 转换器 ICL7106 的模拟输入端, 转换成数字量后驱动液晶显示器（LCD）显示被测温度值。仪表测量速率约为 3 次/s。R_{P1} 和 R_{P2} 分别为校准 0℃、100℃ 的电位器, 仪表的测温范围是-50℃～+150℃。

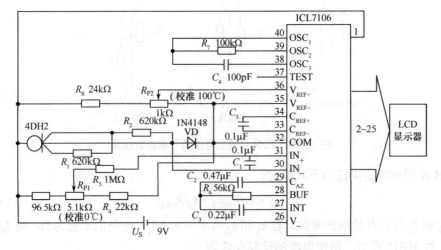

图 1.1.26 三位半数字温度计的电路

3．由三端集成稳压器构成的恒流源

由三端集成稳压器构成的恒流源可向负载 R_L 提供某一恒定的电流 I_H，当负载发生变化时，7800 通过改变调整管的压降来维持 I_H 不变，具体的恒流源电路如图 1.1.27 所示。此时，三端稳压器呈悬浮状态，GND 端经外部负载 R_L 接地。U_O 与 GND 之间接固定电阻 R，负载接在 GND 与地之间。下面分析该电路的恒流原理。

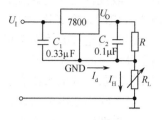

图 1.1.27　恒流源电路

因为稳压器的标称输出电压 U_O 的偏差很小（不超过标称值的±5%），所以通过 R 的电流（即流过负载 R_L 的电流）I_H 的准确度与稳定度较高。I_H 的计算公式为 $I_H = U_O/R$。若负载发生变化，引起 I_H 改变，则 R 上的压降 $U_R = I_H R$ 随之而变。但稳压器具有稳压作用，它通过自动调节内部调整管压降的大小，来保证 U_O（即 U_R）值不变，从而使 I_H 不受负载变化的影响。这就是恒流的原理。

考虑到稳压器的静态工作电流 I_d 也流过 R_L，因此恒定电流的表达式应为

$$I_H = U_O/R + I_d \tag{1.1.23}$$

然而，I_d 一般仅为几毫安，只要 R 的阻值取得尽量小，使得 $I_H \gg I_d$，式（1.1.23）就可简化为

$$I_H = U_O/R \tag{1.1.24}$$

为提高电源效率，设计恒流源电路时宜选用输出电压低的三端稳压器，如 7805，此时 $I_H = 5/R$。

1.1.4　开关稳压电源

前面介绍的稳压电路，包括由分立元器件组成的串联型直流稳压电路和集成稳压器，都属于线性稳压电路，因为其中的调整管总是工作在线性放大区。线性稳压电路的优点是结构简单、调整方便、输出电压脉动较小；主要缺点是效率低，一般只有 20%～40%。由于调整管消耗的功率较大，有时需要在调整管上安装散热器，致使电源的体积和重量增大，比较笨重。开关型稳压电路克服了上述缺点，因此其应用日益广泛。

1．开关型稳压电路的特点和分类

开关型稳压电路的特点如下。

（1）效率高。开关型稳压电路中的调整管工作在开关状态，可以通过改变调整管导通与截止时间的比例来改变输出电压的大小。调整管饱和导电时，流过的电流较大，但饱和管压降很小；调整管截止时，管子承受的电压较高，但流过的电流基本等于零。可见，工作在开关状态调整管的功耗很小，因此开关型稳压电路的效率较高，一般可达 65%～90%。

（2）体积小、重量轻。调整管的功耗小，散热器也可随之减小。此外，许多开关型稳压电路还可省去 50Hz 工频的变压器，而开关频率通常为几万赫兹，因此滤波电感、电容的容量均可大大减小，所以开关型稳压电路与同样功率的线性稳压电路相比，体积和重量都要小得多。

（3）对电网电压的要求不高。由于开关型稳压电路的输出电压与调整管导通与截止时间的比例有关，而输入直流电压的幅度变化对其影响很小，因此允许电网电压有较大的波

动。一般线性稳压电路允许电网电压波动±10%，而开关型稳压电路在电网电压为 140～260V、电网频率变化±4%时仍然能正常工作。

（4）调整管的控制电路比较复杂。为使调整管工作在开关状态，需要增加控制电路，调整管输出的脉冲波形还需经过 LC 滤波后送到输出端，因此相对于线性稳压电路，其结构比较复杂，调试比较麻烦。

（5）输出电压中的纹波和噪声较大。调整管工作在开关状态时会产生尖峰干扰和谐波信号，虽然经过了整流滤波，输出电压中的纹波和噪声仍较线性稳压电路中的大。

总体而言，开关型稳压电路的突出优点使得其在计算机、电视机、通信和空间技术等领域得到了越来越广泛的应用。

开关型稳压电路的类型很多，而且可按不同的方法来分类。

例如，按控制的方式，开关型稳压电路可分为脉冲宽度调制型（PWM），即开关工作频率保持不变，控制导通脉冲的宽度；脉冲频率调制型（PFM），即开关导通的时间不变，控制开关的工作频率；混合调制型，以上两种控制方式的结合，即脉冲宽度和开关工作频率都将变化。在以上三种方式中，脉冲宽度调制型用得较多。

按是否使用工频变压器，开关型稳压电路可分为：低压开关稳压电路，即 50Hz 电网电压先经工频变压器转换成较低电压后，再进入开关型稳压电路，这种电路需用笨重的工频变压器，且效率较低，目前已很少采用；高压开关稳压电路，即无工频变压器的开关稳压电路。高压大功率晶体管的出现，使得我们能对 220V 交流电网电压直接进行整流滤波，然后进行稳压，因此使得开关稳压电路的体积和重量大大减小，效率更高。目前，实际工作中大量使用的主要是无工频变压器的开关稳压电路。

又如，按激励的方式，开关型稳压电路可分为自激式和他激式；按所用开关调整管的种类，开关型稳压电路可分为双极型晶体管、MOS 场效应管和晶闸管开关电路等。此外，还有其他许多分类方式，在此不一一列举。

2. 开关型稳压电路的组成和工作原理

串联式开关型稳压电路的组成如图 1.1.28 所示，它包括开关调整管、滤波电路、脉冲调制电路、比较放大器、基准电压和采样电路等组成部分。

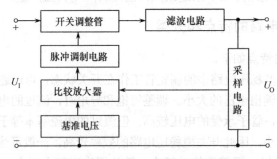

图 1.1.28　串联式开关型稳压电路的组成

输入直流电压或负载电流波动引起输出电压变化时，采样电路将输出电压变化量的一部分送到比较放大器，与基准电压进行比较，并将两者的差值放大后送至脉冲调制电路，使脉冲波形的占空比发生变化。该脉冲信号作为开关调整管的输入信号，使得调整管导通和截止时间的比例也随之发生变化，从而使滤波后输出电压的平均值基本保持不变。

图 1.1.29 显示了最简单开关型稳压电路的原理示意图，电路采用脉冲宽度调制方式。

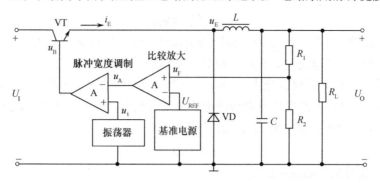

图 1.1.29　最简单开关型稳压电路的原理示意图

在图 1.1.29 中，三极管 VT 为工作在开关状态的调整管，由电感 L 和电容 C 组成滤波电路，二极管 VD 称为续流二极管。脉冲宽度调制电路由一个比较器和一个产生三角波的振荡器组成。运算放大器 A 作为比较放大电路，基准电源产生一个基准电压 U_{REF}，电阻 R_1、R_2 组成采样电阻。

下面分析图 1.1.29 所示电路的工作原理。由采样电路得到的采样电压 u_F 与输出电压成正比，它与基准电压进行比较并放大后得到 u_A，并送到比较器的反相输入端。振荡器产生的三角波信号 u_t 加在比较器的同相输入端。当 $u_t > u_A$ 时，比较器输出高电平，即

$$u_B = +U_{OPP}$$

当 $u_t < u_A$ 时，比较器输出低电平，即

$$u_B = -U_{OPP}$$

因此调整管 VT 的基极电压 u_B 是高、低电平交替的脉冲波形，如图 1.1.30 所示。

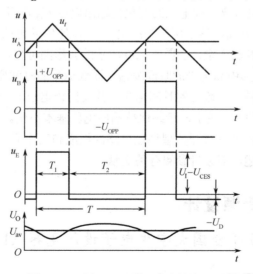

图 1.1.30　图 1.1.29 所示电路的波形图

当 u_B 为高电平时，调整管饱和导通，发射极电流 i_E 流过电感和负载电阻，一方面向负载提供输出电压，另一方面将能量存储到电感的磁场和电容的电场中。由于三极管 VT 饱

和导通，因此其发射极电位 u_E 为

$$u_E = U_I - U_{CES}$$

式中，U_I 为直流输入电压，U_{CES} 为三极管的饱和管压降。若 u_E 的极性为上正下负，则二极管 VD 被反向偏置，不能导通，此时二极管不起作用。

当 u_B 为低电平时，调整管截止，$i_E = 0$，但电感具有维持流过电流不变的特性，此时释放存储的能量，在电感上产生的反电势使电流通过负载和二极管继续流动，因此二极管 VD 称为续流二极管。此时，调整管发射极的电位为

$$u_E = -U_D$$

式中，U_D 为二极管的正向导通电压。

由图 1.1.30 可见，调整管处于开关工作状态，其发射极电位 u_E 也是高、低电平交替的脉冲波形。但是，经过 LC 滤波电路后，在负载上可以得到比较平滑的输出电压 U_O。理想情况下，输出电压 U_O 的平均值 U_{av} 就是调整管发射极电压 u_E 的平均值。根据图 1.1.30 中 u_E 的波形，可求得

$$U_{av} = \frac{1}{T}\int_0^T u_E dt = \frac{1}{T}\left[\int_0^{T_1}(U_I - U_{CES})dt + \int_{T_1}^T(-U_D)dt\right]$$

因为三极管的饱和管压降 U_{CES} 和二极管的正向导通电压 U_D 均很小，与直流输入电压 U_I 相比通常可以忽略，因此上式可近似表示为

$$U_{av} \approx \frac{1}{T}\int_0^{T_1} U_I dt = \frac{T_1}{T}U_I = DU_I \qquad (1.1.25)$$

式中，D 为脉冲波形 u_E 的占空比。由上式可知，在一定的直流输入电压 U_I 下，占空比 D 的值越大，开关型稳压电路的输出电压 U_O 越高。

下面分析电网电压波动或负载电流变化时，图 1.1.29 所示的开关型稳压电路如何起稳压作用。假设由于电网电压或负载电流的变化使输出电压 U_O 升高，那么经过采样电阻后得到的采样电压 u_F 也随之升高，该电压与基准电压 U_{REF} 比较后再放大得到的电压 u_A 也将升高，u_A 送到比较器的反相输入端。由图 1.1.30 所示的波形图可见，当 u_A 升高时，将使开关调整管基极电压 u_F 的波形中高电平的时间变短，而低电平的时间变长，于是调整管在一个周期中饱和导电的时间减少，截止的时间增多，其发射极电压 u_E 脉冲波形的占空比减小，从而使输出电压的平均值 U_{av} 减小，最终保持输出电压基本不变。

以上简要介绍了脉冲调宽式开关型稳压电路的组成和工作原理，至于其他类型的开关稳压电路，此处不再赘述，请读者参阅有关文献。

1.2 数控恒流源设计

[（2005 年全国大学生电子设计竞赛（F 题）]

1.2.1 任务与要求

1. 任务

设计并制作数控直流电流源。输入交流电压为 200～240V（频率为 50Hz），输出直流

电压小于等于 10V。设计任务原理示意图如图 1.2.1 所示。

2．要求

1）基本要求

（1）输出电流范围为 200～2000mA。

（2）可设置并显示给定的输出电流值，要求
输出电流与给定值的偏差的绝对值小于等于给
定值的 1% + 10mA。

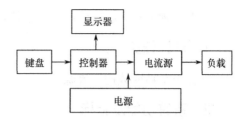

图 1.2.1　设计任务原理示意图

（3）具有"+""-"步进调整功能，步进小
于等于 10mA。

（4）改变负载电阻，输出电压在 10V 内变化时，要求输出电流变化的绝对值小于等于
输出电流值的 1% + 10mA。

（5）纹波电流小于等于 2mA。

（6）自制电源。

2）发挥部分

（1）输出电流范围为 20～2000mA，步进为 1mA。

（2）设计、制作测量并显示输出电流的装置（可同时或交替显示电流的给定值和实测
值），测量误差的绝对值小于等于测量值的 0.1% + 3 个字。

（3）改变负载电阻，输出电压在 10V 内变化时，要求输出电流变化的绝对值小于等于
输出电流值的 0.1% + 1mA。

（4）纹波电流小于等于 0.2mA。

（5）其他。

3．评分标准

	项　　目	满　分
基本要求	设计与总结报告：方案比较、设计与论证，理论分析与计算，电路图及有关设计文件，测试方法与仪器，测试数据及测试结果分析	50
	实际完成情况	50
发挥部分	完成第（1）项	4
	完成第（2）项	20
	完成第（3）项	16
	完成第（4）项	5
	其他	5

4．说明

（1）需留出输出电流和电压测量端子。

（2）输出电流可用高精度电流表测量；如果没有高精度电流表，那么可在采样电阻上
测量电压后换算成电流。

（3）纹波电流的测量可用低频毫伏表先测量输出纹波电压，再换算成纹波电流。

1.2.2　题目分析

仔细阅读考题后，设计任务、系统功能和主要技术指标归纳如下。

1. 设计任务

设计一个精密数控恒流源。

2. 系统功能及指标

1）恒流源

（1）输出电压：小于 10V。

（2）输出电流范围：200～2000mA（基本要求）；20～2000mA（发挥部分要求）。

（3）步进：小于等于 10mA（基本要求）；1mA（发挥部分要求）。

（4）预置电流值并显示：测量值与预置值的误差为 1% + 10mA（基本要求）。

（5）负载特性：输出电压在 10V 内变化，改变 R_L 时，

$$|\Delta I_O| < I_O \times 1\% + 10\text{mA（基本要求）}$$

$$|\Delta I_O| < I_O \times 0.1\% + 1\text{mA（发挥部分要求）}$$

（6）纹波电流：测试条件 $I_O = 2000\text{mA}$；小于等于 2mA（基本要求）；小于等于 0.2mA（发挥部分要求）。

2）电流测量仪

（1）电流测量范围：20～2000mA。

（2）测量误差：测量误差的绝对值 $|\Delta I_O| < I_O \times 0.1\% + 3$ 个字。

3）自制稳压电源

（1）输出直流电压+18V，额定电流为 2A，纹波电压小于 10mV。

（2）输出直流电压±15V，额定电流为 1A，纹波电压小于 10mV。

（3）输出直流电压+5V，额定电流为 1A，纹波电压小于 10mV。

1.2.3　方案论证

恒流源系统框图如图 1.2.2 所示，它由键盘、控制器、显示器、电流源、电流测量装置、负载、自制稳压电源组成。

1. 控制部分

近年来的全国大学生电子设计竞赛题目均涉及控制方面的内容。对于此类问题，大体上可以采用如下三种方案来实现：

▶方案一：采用中小规模集成电路构成的控制电路。

▶方案二：采用以单片机为核心的单片

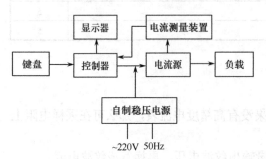

图 1.2.2　恒流源系统框图

机最小系统。

▶方案三：采用可编程逻辑器件（如 FPGA）构成的控制器。

方案一的外围元器件多，容易出故障；方案三的价格较贵；方案二的外围元器件不算多，价格便宜，容易掌握，可靠性高，因此系统采用方案二，即采用以 AT89C51 为核心的控制器。单片机最小系统原理框图如图 1.2.3 所示。

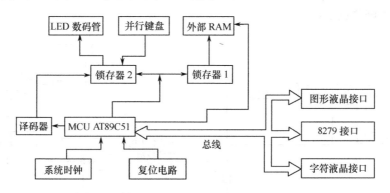

图 1.2.3　单片机最小系统原理框图

2．恒流源部分

▶方案一：采用由三端可调式集成稳压器构成的恒流源。

以 W350 为例，其最大输出电流为 3A，输出电压 U_O' 为 1.2～33V。由 W350 构成的典型恒流源电路如图 1.2.4 所示。

当可调稳压器 W350 调节到输出电压 U_O' = 1.2V 时，若 R 固定不变，则 I_H 不变，可以获得恒流输出。例如，R = 0.6Ω 时，$I_H = U_O'/R$ = 1.2/0.6 = 2A。改变 R 的值，可使输出电流 I_H 改变。例如，R = 6Ω 时，I_H = 200mA，可满足输出电流范围为 200～2000mA 的要求。R 由 60Ω 变到 0.6Ω 时，I_H 为 20～2000mA，满足发挥部分的要求。假设 R 改为数控电位器，则输出电流可以某个步长进行改变。

该方案的优点是结构简单、外围元件少、调试方便、价格便宜，缺点是精密的大功率数控电位器很难购买。

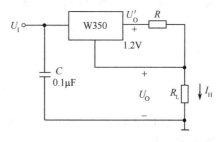

图 1.2.4　由 W350 构成的典型恒流源电路

▶方案二：采用由数控稳压器构成的恒流源。

方案一在 U_O' 不变的情况下，改变 R 的数值来获得输出电流的变化。固定 R 不变，令 R = 1Ω，改变 U_O' 的数值，同样可以构成恒流源，即把图 1.2.4 中的三端可调式集成稳压源改为数控电压源，其原理框图如图 1.2.5 所示。数控电压源的工作原理及设计方法在 1.2.2 节介绍过，这里不再重复。

这种方案的优点：原理清楚，若赛前培训过数控电压源的设计，则方案容易实现。缺点：由图 1.2.5 可知，数控稳压源的地是浮地，与系统不共地线，因此对于系统而言地线不便处理。

▶方案三：采用由电流串联负反馈机理构成的恒流源。

采用由电流串联负反馈机理构成的恒流源电路图如图 1.2.6 所示，它由 LM399 型精密基准电压源、D/A 转换器、低噪声误差放大器 A、调整管、负载电阻 R_L、取样电阻 R_F 和精密多圈电位器 R_P 等组成。来自 CPU 的电流控制字数据加至 D/A 转换器，转换成电压信号通过多圈电位器 R_P 加到低噪声误差信号放大器 A 的同相端，由取样电阻引入的与输出电流 I_O 成正比的反馈电压 U_F 加到低噪声误差信号放大器 A 的反相端。由 A、VT、R_L、R_F 构成典型的电流串联负反馈。

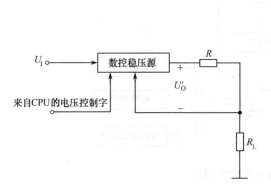

图 1.2.5　由数控稳压器构成的恒流源框图

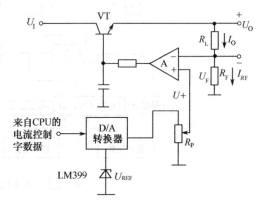

图 1.2.6　由电流串联负反馈机理构成的恒流源电路图

因为

$$I_O = I_{RF} = \frac{U_F}{R_F} \tag{1.2.1}$$

而

$$U_+ = KU_{REF}\sum_{i=0}^{n-1}D_i 2^i \tag{1.2.2}$$

根据理想运算放大器"虚短"原理，有

$$U_+ = U_- = U_F \tag{1.2.3}$$

于是有

$$I_O \approx \frac{K}{R_F}U_{REF}\sum_{i=0}^{n-1}D_i 2^i \tag{1.2.4}$$

由式（1.2.4）可知，确定 K、R_F、U_{REF} 后，输出电流 I_O 与来自 CPU 的电流控制字的数值成正比。

方案三的优点：原理清楚，若经过数控稳压源设计的培训，则实现此方案很容易。

综合考虑后，系统设计选取方案三。

3. 供电部分

因为三端稳压器具有结构简单、外围元器件少、性能优良、调试方便等显著优点，因此供电部分采用三端稳压电路，供电部分的原理图如图 1.2.7 所示。

4. 电流测量与显示部分

要测量输出电流 I_O，一般要在输出回路中串联数字电流表，以便直接读出 I_O 的值。自制一个测量输出电流装置时不能这样做，而要将输出电流 I_O 转换成采样电压信号后，经过直流电压放大、模数转换，交给 89C51 处理，最后由液晶屏显示测量数值，其原理框图如图 1.2.8 所示。

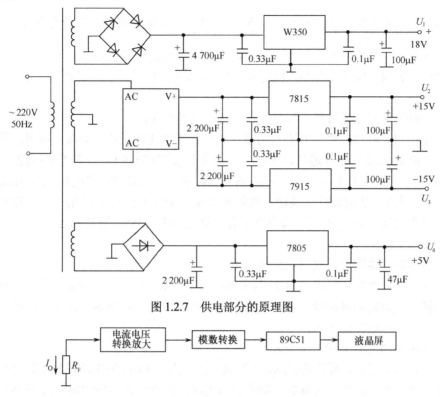

图 1.2.7　供电部分的原理图

图 1.2.8　电流测量与显示部分的原理框图

5. 系统主要技术指标论证

该系统有 4 个技术指标：

（1）在输出电流为 20～2000mA 的情况下，步进为 1mA。

（2）输出电压在 10V 内变化，改变 R_L 时，$|\Delta I_O| < I_O \times 0.1\% + 1\text{mA}$。

（3）纹波电流在 $I_O = 2000\text{mA}$ 时，输出电流 ≤0.2mA。

（4）自制测流仪的测量误差为 $|\Delta I_O| < I_O \times 0.1\% + 3$ 个字。

这些技术指标很高，不采取措施就难以满足。下面重点讨论这些问题。

1）在输出电流为 20～2000mA 的情况下，如何实现步进 1mA

输出电流范围为 0～2000mA、步进为 1mA 时，共有 2001 个状态。12 位字长的 D/A 转换器具有 4096 个状态，能满足要求。设计时用两个电流控制字代表 1mA，电流控制字为 0, 2, 4,…, 4000 时，电源输出电流为 0.001mA, 1mA, 2mA,…, 2000mA。因此，电路必须采用 12 位 D/A 转换器。设计选用 TLV5618 作为 D/A 转换芯片。

2）输出电压在 10V 以内变化，如何通过改变 R_L 实现 $|\Delta I_O| < I_O \times 0.1\% + 1\text{mA}$

（1）选择电流放大倍数高的调整管和误差放大器

式（1.2.4）是一个近似公式，$1 + A_a F_a$ 越大，该公式越近似。虽然使系统电流放大倍数

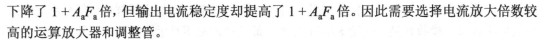

下降了 $1+A_aF_a$ 倍，但输出电流稳定度却提高了 $1+A_aF_a$ 倍。因此需要选择电流放大倍数较高的运算放大器和调整管。

（2）选择高位的数模转换器

由式（1.2.4）可知，输出电流 I_O 与 $\sum_{i=0}^{n-1} D_i 2^i$ 成正比，因为数模转换器会引入半个字到 1 个字的量化误差。数模转换器的位数越高，数模转换时的误差就越小。然而，数模转换时的位数太高会影响转换速率并使 CPU 的存储容量加大。因此，折中考虑选取 12 位 D/A 转换器。

（3）选择电压温度系数低、性能优良的精密基准电压源

由式（1.2.4）可知，输出电流 I_O 与基准电压源的电压成正比。基准电压源的稳定性越高，输出电流 I_O 的稳定性也越高。因此，在系统中选用 LM399 作为基准电压源。

在目前生产的基准电压源中，LM199、LM299 和 LM399 的电压温度系数（$\alpha_T = 0.3 \times 10^{-6}/℃$）最低，性能最佳，其动态电阻为 0.5Ω，能在 $0.5 \sim 10\text{mA}$ 的工作电流范围内保持基准电压和温度系数 α_T 不变。噪声电压有效值为 $7\mu V$，25°时的功耗为 300mW，输出基准电压 $U_{REF} = 6.95V$。

（4）用康铜、锰铜电阻丝自制采样电阻

由式（1.2.4）可知，输出电流 I_O 与采样电阻 R_F 成反比，R_F 不准或电阻温度系数高都会影响到输出电流的测量精度。因此，采用电阻温度系数低的康铜、锰铜电阻丝作为采样电阻，并用电桥准确测量其阻值。

（5）采用高精度的多圈电位器 R_P

由式（1.2.4）可知，输出电流 I_O 与 K 成正比。来自 CPU 的电流控制字数据经过数模转换后输出电流值，再经过运算放大器转换为电压，最后由 R_P 调整为所需的电压值。K 值与上述几个环节有关，因此选取输入阻抗大的 LF356 作为运算放大器。R_P 选取高精度的多圈电位器。

3）如何减小纹波电流

纹波电流主要来自 4 个方面：一是自制稳压电源滤波不干净，主要成分是 100Hz 电流；二是 50Hz 市电干扰；三是周边环境的电磁干扰（如雷电、电焊机、电气设备等产生的脉冲信号）；四是机内噪声和数控部分的脉冲干扰等。针对这些来源，我们采取如下措施来尽量减小纹波。

（1）改善自制直流稳压源的滤波特性。例如，增大滤波电容的容量，在电解电容的旁边并联一个 $0.33\mu F$ 或 $0.1\mu F$ 的瓷片电容，去除高频干扰。

（2）在主回路的供电部分单独设计一个三端稳压电源。例如，图 1.2.7 中所示的 W350 可使电流源供电部分的纹波降至最小。

（3）加大电流源电流串联负反馈的反馈深度（$1+\dot{A}_aF$），使输出电流的纹波近似减小 $1/\left|1+\dot{A}_a\dot{F}_a\right|$ 倍。

（4）加装数模隔离、电源隔离、地线隔离等措施，防止数控部分的脉冲信号、自制直流稳压源的纹波和 50Hz 市电干扰信号进入电流控制主回路。

4）如何提高自制测量电流装置的测量精度

（1）选用高精度模数转换器，其位数选择为 12 位以上。

（2）在模数转换电路中，选用高精度的基准电源。最好选取 LM399 作为基准电源。

（3）软件程序设计要合理，要通过实验对测量计算公式进行修正。

1.2.4　硬件设计

系统框图如图 1.2.2 所示，它由数控部分、电流源部分、稳压电源部分和电流测量部分等组成。下面分别对各部分进行硬件设计。

1）数控部分

数控部分主要由数字电路构成，完成键盘控制、电流控制字输出、数码管显示控制、液晶显示控制、电流测量仪的计算、电流过流保护等功能。由于控制功能多，控制精度高，因此设计选用单片机 89C51 最小应用系统，如图 1.2.9 所示。

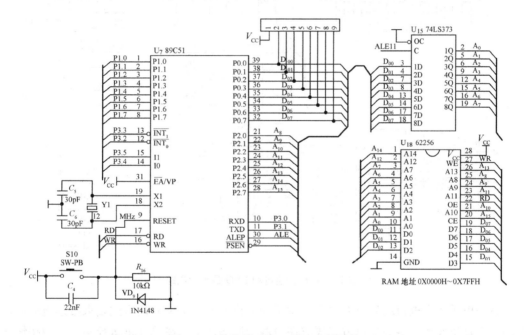

图 1.2.9　单片机 89C51 最小应用系统

（1）单片机 89C51 最小应用系统

系统包括时钟电路、复位电路、片外数据存储器 RAM62256、地址锁存器 74LS373 等。系统设置了 8 个并行键盘键 S1～S8、6 个共阳极 LED 数码管 LED1～LED6，如图 1.2.10 所示。系统还提供基于 8279 的通用键盘显示电路、液晶显示模块、A/D 转换及 D/A 转换等众多外围器件和设备接口，如图 1.2.11 所示。图 1.2.9～图 1.2.11 共同组成单片机 89C51 最小应用系统。

在图 1.2.9 中，89C51 的引脚 X1 和 X2 跨接晶振 Y1 和微调电容 C_5、C_6，构成时钟电路，时钟频率的默认值是 12MHz。

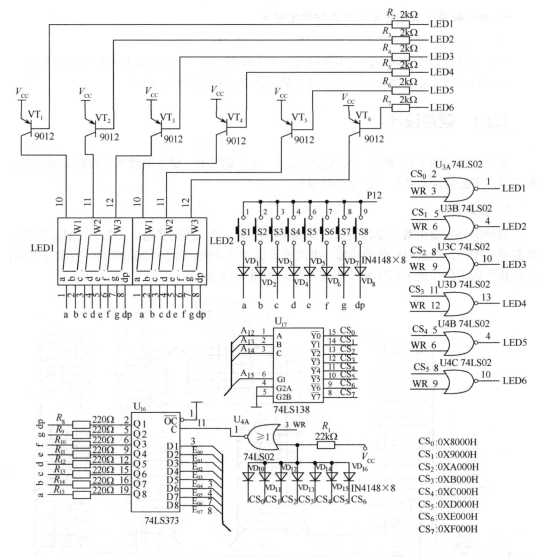

图 1.2.10　并行键盘键和 LED 数码管电路图

系统板采用上电自动复位方式和按键手动复位方式。上电复位方式要求接通电源后，自动实现复位操作；手动复位方式要求在电源接通条件下，在单片机运行期间，用按钮开关操作使单片机复位。上电自动复位通过外部复位电容 C_4 充电来实现，按键手动复位通过复位端经电阻和 V_{CC} 接通实现。二极管 VD_9 用于防止反相放电。

系统板扩展了一片 32KB 的数据存储器 62256。数据线 $D_{00} \sim D_{07}$ 直接与单片机的数据地址复用口 P0 相连，地址的低 8 位 $A_0 \sim A_7$ 由 U_{15} 锁存器 74LS373 获得，地址的高 7 位直接与单片机的 P2.0～P2.6 口相连。片选信号由地址线 A_{15}（P2.7 口）获得，低电平有效。这样，数据存储器就占用了系统中从 0X0000H～0X7FFFH 的 XDATA 空间。

系统板设置了 8 个并行键盘键 S1～S8 和 6 个共阳极 LED 数码管 LED1～LED6。可以看出，为了节省单片机的 I/O 端口，在图 1.2.9 和图 1.2.10 中各采用了 1 个 74LS373。

锁存器 U_{15} 和 U_{16} 扩展了 8 个 I/O 端口。U_{15} 用来锁存 P0 口送出的地址信号，其片选信

号 $\overline{OC}$ 接地，表示一直有效，其控制端 C 接 ALE 信号。U_{16} 的输出端通过限流电阻 $R_8\sim R_{15}$ 与数码管的段码数据线和并行键盘相连，用来送出 LED 数码管的段码数据信号和并行键盘的扫描信号，其片选信号 $\overline{OC}$ 接地，表示一直有效，其数据锁存允许信号 C 由 $CS_0\sim CS_6$ 和 WR 信号经一个或非门 74LS02 得到（其中 $CS_0\sim CS_5$ 控制 LED 数码管，CS_6 控制键盘）。这样，只有当 $CS_0\sim CS_6$ 中的某个和 WR 同时有效且由低电平跳变到高电平时，输入数据 $D_{00}\sim D_{07}$ 才被输出到输出端 Q1～Q8。U_{17} 为 3 线-8 线译码器 74LS138，通过它将高位地址 $A_{15}\sim A_{12}$ 译成 8 个片选信号 $CS_0\sim CS_7$。它的 G2A、G2B 端接地，G1 接 A_{15}，所以 A_{15} 应始终为高电平，这样 $CS_0\sim CS_7$ 的地址就分别为 QX8000H，QX9000H，QX0A000H，QX0B000H，QX0C000H，QX0D000H，QX0E000H，QX0F000H。$CS_0\sim CS_5$ 和 WR 信号经过 6 个或非门分别控制 6 个三极管 9012 的导通，进而控制 6 个 LED 数码管的导通，三极管 9012 用来增强信号的驱动能力。

基于 8279 的通用键盘和显示电路如图 1.2.11 所示。

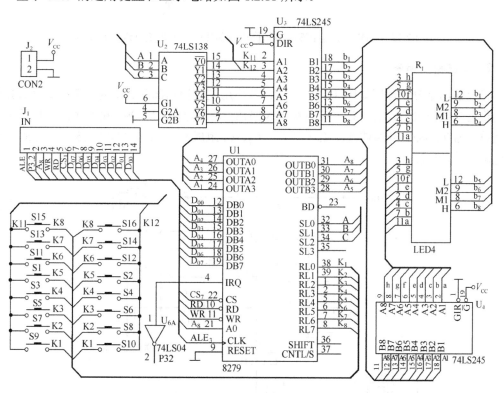

图 1.2.11　基于 8279 的通用键盘和显示电路

（2）单片机与液晶显示电路的接口电路设计

要同时显示预置电流值和测量值，可利用数码管显示预置电流值，用液晶屏显示测量值，这样既直观又便于比较。MDLS 字符型液晶显示模块与单片机最小系统电路板的接口如图 1.2.12 所示。

从单片机最小系统原理图可知，CS_7 信号由 74LS138 译码器产生，当 A_{15}，A_{14}，A_{13}，A_{12} = 1111 时选中 CS_7，所以 CS_7 的有效地址范围为 0XF000H～0XFFFFH，使能端信号在读/写时由读/写信号和片选信号共同产生。

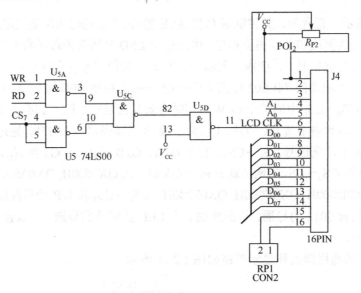

图 1.2.12　MDLS 字符型液晶显示模块与单片机最小系统电路板的接口

2）稳流输出部分

稳流输出部分原理图如图 1.2.13 所示，其作用是将控制部分送来的电流控制字数据转换为稳定的电流输出。它由数模转换器 TLV5618、基准电源 LM399、精密多圈电位器 R_{P1}、误差放大器 TL082、低通滤波网络（由 R_1、C_7、C_8 组成）、调整管 MJE8055、负载 R_L 和采样电阻 R_F 等组成。

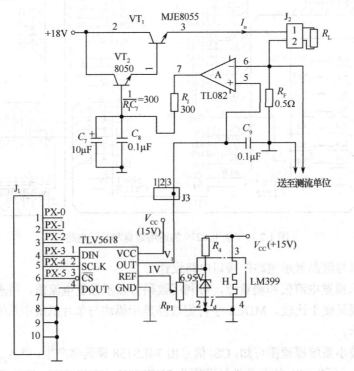

图 1.2.13　稳流输出部分原理图

输出电流 I_O 的最大值为 2000mA、步进为 1mA 时，共有 2001 种状态，12 位字长的数模转换器（TLV5618）有 4096 种状态，完全满足要求。设计时用两个电流控制字代表 1mA，电流控制字为 0, 2, 4, ···, 4000 时，电源输出电流为 0mA, 1mA, 2mA, ···, 2000mA。TLV5618 是串行输入、串行输出的 12 位数模转换器，它需要一个基准电压源，因此选取精度高、电压温度系数小、性能好的精密基准电压源 LM399，其基准电压为 6.95V。

由数模转换器 TLV5618 产生的模拟量 U_I 加到误差放大器的同相端，若将 U_I 作为运算放大器 TL082 的输入量，则由采样电阻 R_F 引入的反馈是典型的电流串联负反馈，其输出电流 I_O 仅取决于 U_I 和 R_F 的大小，即 $I_O = \dfrac{U_-}{R_F} \approx \dfrac{U_+}{R_F} = \dfrac{U_I}{R_F}$。

若 R_F 一定，U_I 不变，则 I_O 为恒定值。这就是恒流源的工作原理。

若 R_F 一定，则 U_I 随电流控制字的变化而变化，因此 I_O 也随电流控制字的变化而变化。根据题目要求，输出电流 I_O 的变化范围为 20～2000mA，因此 $I_{Omax} = 2000$mA。

取 $R_F = 0.5\Omega$，有 $U_{pmax} = U_{Imax} = I_{Omax}R_F = 1$V，这意味着当电流控制字为 4000 时，对应数模转换器输出的电压值 U_I 为 1V。于是，可求得数模转换器满幅值为

$$\frac{4095}{4000} \times 1 = 1.02375\text{V} \tag{1.2.5}$$

该值就是 TLV5618 的参考电压值。通过调节 R_{P1}，很容易得到这个数值。

于是，不难推出输出电流 I_O 与电流控制字的表达式为

$$I_O = \frac{K}{R_F} \frac{U_{REF}}{2^n - 1} \sum_{i=0}^{11} 2^i D_i = \left(500 \sum_{i=0}^{11} 2^i D_i \right) \text{mA} \tag{1.2.6}$$

由 1.2.2 节的分析可知，这一部分的性能好坏会直接影响系统的技术指标能否得到满足。下面就电路中的几个关键元器件进行讨论。

（1）采样电阻的选择

采样电阻的选择十分重要。要求采样电阻的噪声小、温度特性好，因此最好选低温度系数的高精度采样电阻。例如，锰铜线制成的电阻，其温度系数约为 5ppm/℃。另外，由于采样电阻与负载串联时流过采样电阻的电流通常较大，因而温度会随之上升。此时，可以减小载流量和增大散热面积来避免因温度过高导致的采样电阻值的变化。在条件允许时，还可采取风冷办法解决。另外，采样电阻的阻值取得大一些对稳定度有好处，但会使系统效率下降，因此折中考虑取 $R = 0.5\Omega$。

（2）调整管的选择

由于稳流电源的输出电流全部流经调整管，因此调整管上的功耗会很大，必须选择大功率的三极管作为调整管。为了与误差放大器更好地匹配，我们采用由一个三极管 8050 和一个功率管 MJE8055 组成的复合管结构，其中 MJE8055 的最大输出电流可达 8A。

通常调整管承受的电压和流过的电流是变化的，在极限情况下，即最小输出电压和最大输出电流时，为了防止调整管上的功率损耗不致过大，并防止它进入饱和状态，最好采用稳流电源的输入电压随其输出电压的改变而进行调节的方式，使调整管的集射电压保持不变，但由于时间和条件限制，本设计中没有采用这种方式。

（3）误差电压放大器

电流稳定度与放大器直接相关，在大功率电源中基本上呈倒数关系。例如，若要求电流源的稳定度小于 10^{-4}，则放大器的放大倍数要大于 10000。现有集成运算放大器基本上能满足这一要求。

本设计选用 TL082 作为误差放大器，其具有：$1.2\text{V}/\mu\text{V}$（$R_L = 2\text{k}\Omega$）和 $0.5\text{V}/\mu\text{V}$（$R_L = 600\Omega$）的高增益；$300\mu\text{V}$ 的低输入失调电压；1.5nA 的低失调电流；$2.5\mu\text{V}/℃$ 的低温漂；$0.55\mu\text{V}$ 的低噪声电压。

TL082 的引脚图如图 1.2.14 所示，内部电路原理图如图 1.2.15 所示。

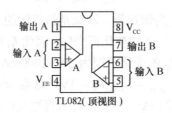

图 1.2.14　TL082 的引脚图

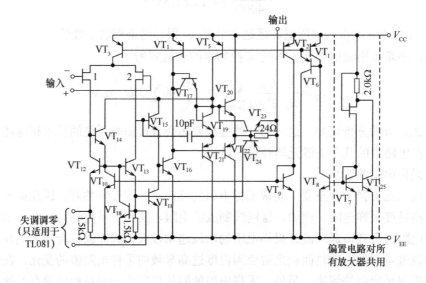

图 1.2.15　TL082 内部电路原理图

由于采样电阻选为 0.5Ω，其最大采样电压为 1V，而负载端的最高电压为 10V，复合调整管的 $U_{BE} = 1.4\text{V}$，因此要求误差放大器的最大输出电压为 12.4V。为了防止放大器进入饱和状态，将放大器的工作电压取为 ±15V。

（4）数模转换器的选择

由 1.2.2 节的分析可知，数模转换器的性能好坏会直接影响系统的技术指标，因此设计选择具有掉电模式的 12 位电压输出数模转换器 TLV5618。

① TLV5618 的特点如下：

● 电源电压为 2.7～5.5V。

● 可编程置位时间：$3\mu\text{s}$（高速模式）；$9\mu\text{s}$（低速模式）。

- 差分非线性：小于 0.5LSB（典型值）。
- 具有与 TMS320、SPI 兼容的串行接口。
- 温度范围内单调。

② TLV5618 的引脚图、内部原理框图如图 1.2.16 和图 1.2.17 所示。

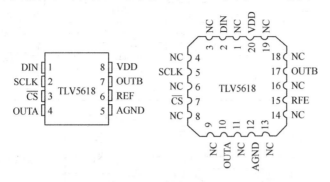

图 1.2.16　TLV5618 的引脚图

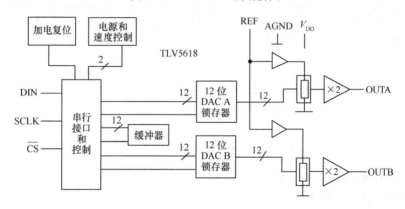

图 1.2.17　TLV5618 的内部原理框图

（5）基准电压源的选择

基准电压源的选择非常重要，它直接影响到恒流源输出电流的准确性、稳定性及纹波系数等技术指标。设计选择目前生产的性能最佳、电压温度系数最低的精密基准电压源 LM399。

3）电流测量部分

电流测量与显示原理框图如图 1.2.8 所示，其中单片机与液晶显示的接口电路如图 1.2.12 所示，电流测量电路如图 1.2.18 所示。电流测量电路由三级组成：第一级由 AD620 构成缓冲放大器，主要起隔离和增益可调的作用；第二级由 TL082 构成直流放大器；第三级由 TLV1549 构成模数转换器。电流测量电路的作用是将输出电流 I_O 先转换成电压，再经过两级电压放大，放大后的最大输出电压控制在 12V 以内，最后经模数转换为数字量交给 CPU 进行处理。

（1）元器件的选择

① 缓冲级选择。缓冲级选取低功耗仪表放大器 AD620，它具有如下特点：

- 单电阻设置增益（1～1000dB）。

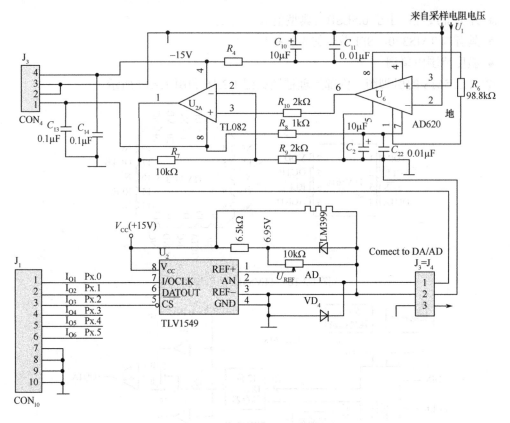

图 1.2.18　电流测量电路

- 宽电源范围：±(2.3～18)V。
- 低功耗：最大 1.3mW。
- 输入失调电压：最大为 50μV。
- 输入失调漂移：最大为 0.6μV/℃。
- 共模抑制比：大于 100dB（$G = 10^5$）。
- 低噪声：峰峰值小于 0.28μV（0.1～10Hz）。
- 带宽：120kHz（$G = 100$）。
- 置位时间：15μs（0.01%）。

AD620 的引脚图、内部原理简图分别如图 1.2.19 和图 1.2.20 所示。

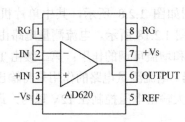

图 1.2.19　AD620 的引脚图

② 电平放大级的选择。电平放大级选择 TL082，其内部电路如图 1.2.15 所示。

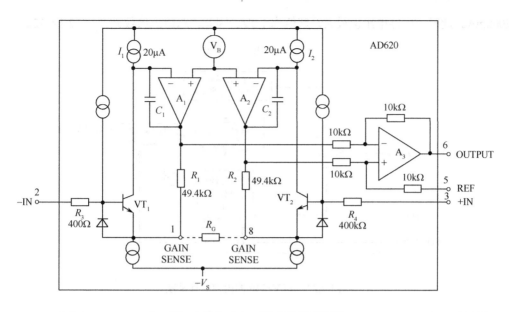

图 1.2.20　AD620 的内部原理简图

③ 模数转换器选择。恒流源主电路采用的是 12 位数模转换器，电流测量电路模数转换器应该至少保证为 12 位。因为一时购不到 12 位以上的模数转换集成片，因此用 10 位模数转换器 TLV1549 代替，它具有如下特点：

- 3.3V 电源。
- 10 位分辨率。
- 内置采样与保持电路。
- 片内系统时钟。
- 总不可调误差：±1LSB（max）。
- 与 TLC1549 兼容。
- CMOS 工艺。

TLV1549 的引脚图和内部原理框图分别如图 1.2.21 和图 1.2.22 所示。

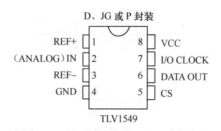

图 1.2.21　TLV1549 的引脚图

④ 基准电流的选择。基准电流选择精密电压源 LM399。经过精密多圈电位器（10kΩ）调节，使输出电压为 3.3V，加至模数转换器 TLV1549 的 1 脚与 3 脚之间，作为参考基准电压。

（2）参数计算

① 总电压放大倍数的计算及分配。因为模数转换电路的工作电压为+15V，为使得模数转换器工作在线性区，模数转换器输入电压的最大值应取 12V。该值对应于输出电流最大值 I_{Omax}

$= 2000\text{mA}$。此时，采样电压也最大，其值为 1.0V。因此，总放大倍数为 $A_u = 12/1 = 12$。

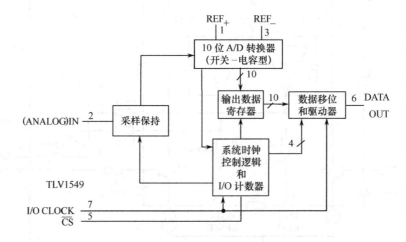

图 1.2.22　TLV1549 的内部原理框图

设缓冲级的放大倍数 $A_{u1} = 2$，第二级电压放大器的放大倍数 $A_{u2} = 6$，就能满足 $A_u = A_{u1}$ 和 $A_{u2} = 12$ 的要求。

在图 1.2.18 中，令 $R_7 = 10\text{k}\Omega$，$R_9 = 2\text{k}\Omega$，则有

$$A_{u2} = \left(1 + \frac{R_7}{R_9}\right) = 6$$

在图 1.2.20 中，有 $R_1 = R_2 = 49.4\text{k}\Omega$，根据

$$A_{u2} = \left(1 + \frac{R_2}{R_G / 2}\right) = 2$$

求得 $R_G = 2R_2 = 49.4 \times 2\text{k}\Omega = 98.8\text{k}\Omega$。$R_G$ 可考虑由固定电阻 82kΩ 与阻值为 30kΩ 的电位器串联，以便使得 A_{u2} 有一定的调节范围。

② 模数转换器的输出数据与采样电压 U_I 的关系。因为 TLV1549 是双积分模数转换器，于是有

$$D = \frac{T_1}{T_s \cdot U_{REF}} U'_I = \frac{T_1}{T_s} \cdot \frac{A_u U_I}{V_{REF}} \tag{1.2.7}$$

设 $N = T_1/T_s$，于是有

$$D = \frac{N \cdot A_u U_I}{U_{REF}} \tag{1.2.8}$$

式中：U_{REF} 为模数转换器的参考电压，在本系统中 $U_{REF} = 3.3\text{V}$；A_u 为总电压放大倍数，在本系统中 $A_u = 6$；U_I 为采样电阻上的采样电压值；N 为 T_1 期间的脉冲数；T_1 为模数转换器在输入电压为 $A_u U_I$ 时转换成时间的值；D 为对应输入电压为 U_I 时转换成的数字量。

③ D 与 I_O 的关系。因为 $U_I = I_O R = 0.5 I_O$，于是有

$$D = 0.5 \times \frac{N A_u}{U_{REF}} \cdot I_O \tag{1.2.9}$$

测得 D 后，输出电流 I_O 便能计算得到。最后，在单片机的控制下显示 I_O 的值，即

$$I_O = \frac{2U_{REF}}{NA_u} \cdot D \qquad\qquad (1.2.10)$$

4）供电部分

供电部分的原理图如图 1.2.23 所示。

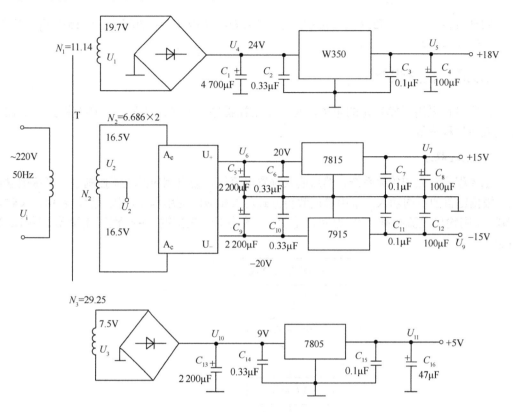

图 1.2.23　供电部分的原理图

（1）供电部分的主要技术指标（自定）

电压为+18V，额定电流为 3A，纹波电压小于等于 10mV。

电压为+15V，额定电流为 1.5A，纹波电压小于等于 10mV。

电压为+5V，额定电流为 1.5A，纹波电压小于等于 10mV。

注：输出额定电流均有富余量，目的是提高整个系统可靠性。

（2）电路组成

供电部分有 4 组电压输出，它们的电路结构相同，即都由变压器、桥式整流、滤波和稳压等组成。

（3）参数计算

以+18V，3A 为例，计算各点的电压值。

设市电电压范围为 195～240V，正常供电电压为 220V。在满载和输入电压为 195V 时，要保证稳压器工作在线性区，即 W350 两端有 3V 以上的压降，计算变压比 N_1。

根据关系式

$$\frac{195}{N_1} \times 1.2 - 3 = 18$$

有 $N_1 = 11.14$。在市电电压为 220V 的正常情况下，有

$$U_1 = \frac{220}{N_1} = \frac{220}{11.14}V = 19.74V, \quad U_4 = 1.2U_1 \approx 24V, \quad U_5 = 18V$$

同理可得 $N_2 = 13.372$，$U_2 = 16.5V$，$U_6 = 20V$，$U_7 = 15V$，$U_8 = -20V$，$U_9 = -15V$，$N_3 = 29.25$，$U_3 = 7.5V$，$U_{10} = 9V$，$U_{11} = 5V$。

1.2.5 软件设计

程序设计采用了模块化的思想，有 1 个主控程序和 4 个应用程序，还有键盘中断程序和过流保护程序等。

1）主控程序

主控程序首先初始化系统，然后读入预置电流值，输出相应的电流控制字，等待键盘输入。根据键盘的不同输入，采用键值散转方式转入相应的应用程序，执行后，若用户又输入"清除"，则输出电流控制字 0，返回初始状态，等待下一次按键。主控程序流程图如图 1.2.24 所示。

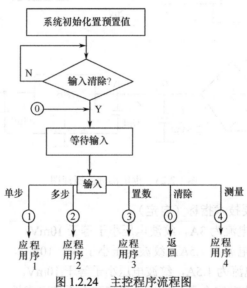

图 1.2.24　主控程序流程图

2）应用程序

每个应用程序都根据每步的键盘输入进行相应的控制操作，按错键认为输入无效，按"清除"键返回初始状态。

应用程序 1（"单步"）的框图如图 1.2.25 所示。

应用程序 2（"多步"）的框图如图 1.2.26 所示。

应用程序 3（"置数"）的框图如图 1.2.27 所示。

应用程序 4（"测量"）的框图如图 1.2.28 所示。

3）中断程序

输出电流 I_O 是实时测得的，输出电流范围为 20～2000mA，$I_O > 2000$mA（如 $I_O = 2050$mA）

时，应响应"中断请求"，状态立即返回至0。中断服务程序的框图如图1.2.29所示。

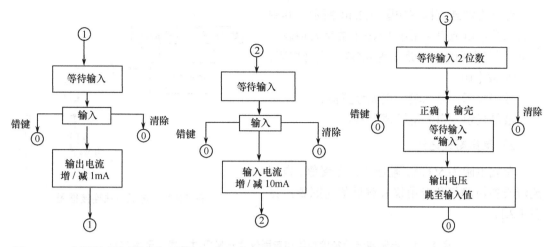

图 1.2.25　应用程序 1 的框图　　图 1.2.26　应用程序 2 的框图　　图 1.2.27　应用程序 3 的框图

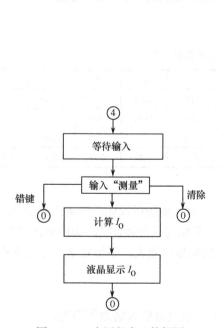

图 1.2.28　应用程序 4 的框图

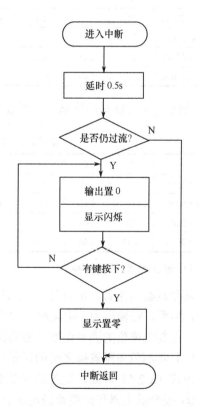

图 1.2.29　中断服务程序的框图

1.2.6　测试方法及测试结果

为了确定系统与题目要求的符合程度，对系统中的关键部分进行了实际测试。

1）测试方法

测试方法连接框图如图 1.2.30 所示，其中 Ⓐ表示数字电流表（采用 UNI-T 数字万用表），⊝表示低频毫伏表，R 是值为 0.5Ω 的采样电阻，R_L 为负载电阻。

数码显示：显示输出电流预置值。

液晶显示：自测电流值显示。

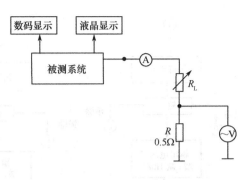

图 1.2.30　测试方法连接框图

2）指标测试记录

负载电阻为 5Ω 时，输出电流预置值、自制测流设备检测值和专用仪表测试值对照表，见表 1.2.1。

表 1.2.1　自制测流设备检测值和专用仪表测量值对照表（R_L = 5Ω）

	1	2	3	4	5	6	7	8	9	10
预置电流/mA	20	240	460	680	900	1120	1340	1560	1780	2000
显示电流/mA	19	241	459	680	898	1118	1337	1561	1783	1998
实测电流/mA	21	242	460	680	900	1120	1340	1560	1780	1999
纹波电流/mA	0.05	0.06	0.06	0.07	0.08	0.09	0.08	0.09	0.09	0.1

负载 R_L = 15Ω 时的测试记录见表 1.2.2。

表 1.2.2　负载 R_L = 15Ω 时的测试记录

	1	2	3	4	5	6	7	8	9	10
预置电流/mA	20	240	460	680	900	1120	1340	1560	1780	2000
显示电流/mA	19	241	461	679	895	1119	1340	1561	1778	1998
实测电流/mA	20	240	460	680	900	1120	1340	1560	1780	1999
纹波电流/mA	0.07	0.08	0.08	0.08	0.09	0.09	0.09	0.09	0.1	0.11

3）测试结果及误差分析

从测试数据来看，本设计完全达到题目的要求，而且某些指标如纹波电流优于题目的要求。然而，在输出为小电流时，如 I_O = 20mA 时，其相对误差要比 I_O = 2000mA 时的大。另外，自制测流仪的测量误差一般要比精密电流表的测量误差大，下面对误差进行分析。

（1）实测值与预置值之间的误差分析

由式（1.2.4）可知，误差的主要来源如下：

① 差分放大器和调整管的电流放大倍数不够大，或电流放大倍数不稳定。

② 数模转换器（TLV5618）引入的量化误差。

③ 基准电压源 LM399 因温度变化引起的误差。

④ 取样电阻 R_F 因温度上升而引起的误差。

⑤ 多圈精密电位器因滑动头接触不良引起的误差。

（2）自制测流仪的测量误差分析

由式（1.2.10）可知测量误差的主要来源如下：

① 模数转换器（TLV1549）引入的量化误差。

② 基准电源 LM399 因温度变化引起的电压变化。

③ 多圈电位器因滑动头接触不良引起的调节电压变化。

④ 时钟频率不稳或时钟频率偏低引起的误差。

⑤ 在 AD620、TL082 构成的直流放大电路中，因电压放大倍数 A_u 的变化引起的误差。

1.3 三相正弦变频电源设计

[2005 年全国大学生电子设计竞赛（G 题）]

1.3.1 任务与要求

1. 任务

设计并制作一个三相正弦波变频电源，其输出线电压有效值为 36V，最大负载电流有效值为 3A，负载为三相对称阻性负载（Y 形联结）。变频电源设计框图如图 1.3.1 所示。

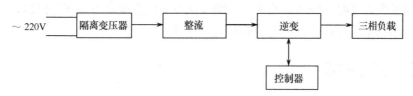

图 1.3.1 变频电源设计框图

2. 要求

1）基本要求

（1）输出频率范围为 20～100Hz 的三相对称交流电，各相电压有效值之差小于 0.5V。

（2）输出电压波形应尽量接近正弦波，用示波器观察无明显失真。

（3）当输入电压为 198～242V、负载电流有效值为 0.5～3A 时，输出线电压有效值应保持在 36V，误差的绝对值小于 5%。

（4）具有过流保护（输出电流有效值达 3.6A 时动作）、负载缺相保护及负载不对称保护（三相电流中任意两相电流之差大于 0.5A 时动作）功能，保护时自动切断输入交流电源。

2）发挥部分

（1）当输入电压为 198～242V、负载电流有效值为 0.5～3A 时，输出线电压有效值应保持在 36V，误差的绝对值小于 1%。

（2）设计制作具有测量、显示该变频电源输出电压、电流、频率和功率的电路，测量误差的绝对值小于 5%。

（3）变频电源的输出频率在 50Hz 以上时，输出相电压的失真度小于 5%。

（4）其他。

3. 评分标准

	项 目	满 分
基本要求	设计与总结报告：方案比较、设计与论证，理论分析与计算，电路图及有关设计文件，测试方法与仪器，测试数据及测试结果分析	50
	实际完成情况	50
发挥部分	完成第（1）项	10
	完成第（2）项	24
	完成第（3）项	11
	完成第（4）项	5

4. 说明

（1）在调试过程中，要注意安全。

（2）不能使用产生 SPWM（正弦波脉宽调制）波形的专用芯片。

（3）必要时可在隔离变压器前使用自耦变压器调整输入电压，可用三相电阻箱模拟负载。

（4）测量失真度时，应注意输入信号的衰减及与失真度仪的隔离等问题。

（5）输出功率可通过电流、电压的测量值计算。

1.3.2 题目分析

根据题目的任务和要求，归纳题目的任务、系统功能及主要技术指标如下。

任务：设计一个三相对称稳压、稳频的交流电源。

系统的功能及主要技术指标如下。

（1）输出三相对称电压，在输入电压为 198~242V、负载相电流为 0.5~3A 时：

① 基本要求：输出线电压 36±1.8V，输出相电压 20.785±1.035V。

② 发挥部分：输出线电压 36±0.36V，输出相电压 20.785±0.207V。

（2）输出频率范围为 20~100Hz，各相电压有效值之差小于 0.5V（基本要求）。

（3）失真度：无明显失真（基本要求）；小于 5%（50Hz 以上）（发挥部分）。

（4）具有过流保护（输出电流有效值达 3.6A 时动作）、负载缺相保护及负载不对称保护（三相电流中任意两相电流之差大于 0.5A 时动作）功能，保护时自动切断交流电源（基本要求）。

（5）具有测量输出电压、电流、功率和频率的功能，测量误差的绝对值小于 5%（发挥部分）。

1.3.3 方案论证

从结构上讲，变频器可分为直接变频和间接变频两类。直接变频又称交-交变频，是一种将工频交流电直接变换为频率可控制的交流电，中间没有直流环节的变频形式；间接变频又称交-直-交变频，是一种将工频交流电先经过整流器整流为直流，再经过逆变器将直流变换成频率可变的交流的变频形式，因此，这种变频方式又称有直流环节的变频。根据题目给出的示意框图，我们研究的是后者。变频电源系统框图如图 1.3.2 所示。

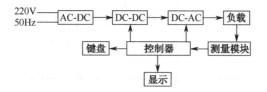

图 1.3.2　变频电源系统框图

图中，AC-DC 的作用是将 220V 的市电经过隔离变压器降至 60V，然后经整流滤波输出一个不太稳定的直流电压；DC-DC 的作用是将不稳定的直流电压转换成稳定的直流电压；DC-AC 是三相逆变器，其作用是将稳定的直流电压变换成三相对称的稳幅、稳频交流电压。

负载接成 Y 形三相对称负载。

测量模块的作用是对输出的电压、电流、功率及频率进行测量。

控制器是系统的控制中心，起指挥、控制和协调的作用，使整个系统正常运行。

下面对各模块进行论证。

（1）AC-DC 模块

AC-DC 模块的原理图如图 1.3.3 所示。图中 T 为电源变压器，它将 220V 的电压降至 60V。$VD_1 \sim VD_4$ 为整流二极管，一般采用整流桥堆，起整流作用。C_1、C_2 为滤波电容。

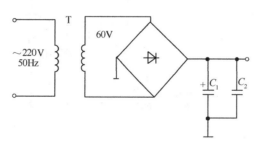

图 1.3.3　AC-DC 模块的原理图

（2）DC-DC 模块

DC-DC 模块的作用是将纹波较大的、不稳定的直流电压变换成纹波较小的、稳定的直流电压。电压变换可采用如下两种方法。

▶方案一：采用串联型直流稳压电路。

串联型直流稳压电路如图 1.1.2 所示。该方案的优点是稳压效果好，纹波电压小，电路简单，容易实现。缺点就是效率较低。

▶方案二：采用开关直流稳压电路。

开关直流稳压电路原理示意图如图 1.3.4 所示，又称斩波电路。该电路能产生一个低于输入电压的直流输出电压。图中 S 为开关，L 为滤波电感，C 为滤波电容，VD 为续流二极管。这种方案的优点是效率高，缺点是控制电路复杂，纹波和脉冲干扰较大。但在电力电子系统中，效率更为重要，因此选取方案二。

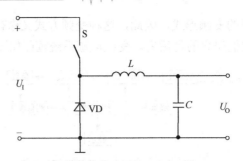

图 1.3.4　开关直流稳压电路原理示意图

在 DC-DC 部分选定斩波电路方案后，斩波电路中的开关常采用绝缘栅双极型晶体管（IGBT），其驱动电路应该选择什么电路？斩波电路的控制信号一般采用脉宽调制（PWM）信号，那么 PWM 信号又如何得到？下面论证这两个部分。

1）IGBT 驱动电路方案

▶**方案一：应用脉冲变压器直接驱动 IGBT。**

应用脉冲变压器驱动 IGBT 的电路如图 1.3.5 所示，其工作原理是：来自控制脉冲形成单元的脉冲信号经高频三极管 VT_1 进行功率放大后，加到脉冲变压器上，由脉冲变压器隔离耦合、稳压二极管稳压和限幅后，驱动 IGBT。它的优点是电路简单，能应用价廉的脉冲变压器隔离 IGBT 与控制脉冲形成部分。

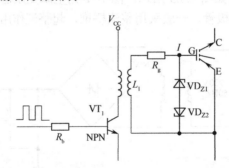

图 1.3.5　应用脉冲变压器驱动 IGBT 的电路

▶**方案二：由分立元器件构成的具有保护功能的驱动电路。**

由分立元器件构成的具有保护功能的驱动电路如图 1.3.6 所示。该电路实现了控制电路与被驱动 IGBT 栅极的电隔离，并且提供了合适的栅极驱动脉冲。

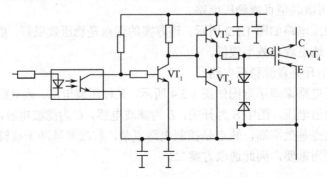

图 1.3.6　由分立元器件构成的具有保护功能的驱动电路

▶方案三：采用 IGBT 栅极驱动控制通用集成电路的 EXB 系列芯片。

EXB 系列芯片性能更好，整机的可靠性更高且体积更小。EXB 系列中的 EXB841 芯片作为 IGBT 的驱动器，它采用具有高隔离电压的光耦合器隔离信号，因此能用在交流 380V 的动力设备上。驱动器内设有电流保护电路。IGBT 在开关过程中需要一个 +15V 的电压来获得低开启电压，还需要一个 -5V 的关栅电压来防止关断时的误动作。这两种电压（+15V 和 -5V）均可由 20V 供电的驱动器内部电路产生。

比较以上三种方案可知，方案一的不足是高频脉冲变压器因漏感及集肤效应的存在而较难绕制，且因漏感的存在容易出现振荡现象。为了限制振荡，常常需要增加栅极电阻，而这会影响了栅极驱动脉冲前沿、后沿的陡度，降低可应用的最高频率。方案二的不足是采用的分立元器件较多，抗干扰能力较差。与前面两种方案相比较，方案三采用集成芯片，整机的可靠性好，且内部有保护电路，是驱动 IGBT 的一种合适方案。

2）PWM 波产生电路

▶方案一：采用 PWM 集成芯片。

可供选择的 PWM 专用芯片有多种，如集成芯片 TL494。该方案技术成熟，完全可行。

▶方案二：利用 FPGA 可编程逻辑器件，生成 PWM 信号。

这种方案的 PWM 信号生成机理将在系统设计再详细介绍。

以上两种方案均可行。

3）DC-AC 模块论证

根据题目要求，选用三相逆变电路。

▶方案一：选用电压型三相逆变器。

电压型三相桥式逆变器的电路如图 1.3.7(a) 所示。当 VT_1 导通时，节点 a 接直流电源的正端，$u_{ao} = U_D/2$；当 VT_4 导通时，节点 a 接直流电源的负端，$u_{ao} = -U_D/2$。同理，b 点和 c 点也是根据上下管的导通情况来决定其电位的。图 1.3.7(a) 中依序标号的开关器件的驱动信号彼此之间相差 60°。若每个开关管的驱动信号持续 180°，如图 1.3.7(b) 所示，则任何时刻都有三个开关管导通，并按 1，2，3，2，3，4，3，4，5，4，5，6，5，6，1，6，1，2 的顺序导通，因此能获得图 1.3.7(b) 所示的输出线电压波形：

$$u_{ab} = u_{ao} - u_{bo}$$
$$u_{bc} = u_{bo} - u_{co}$$
$$u_{ca} = u_{co} - u_{ao}$$

其基波分量彼此之间相差 120°。逆变器的负载按图 1.3.7(c) 所示连接成星形。

▶方案二：选用电流型三相桥式逆变电路。

电流型三相桥式逆变电路及其波形如图 1.3.8 所示。

电流型逆变器适合于单机传动，频繁加速、减速、反向运行的场合。电压型逆变器适合于向多机供电，以及可逆转动、稳速系统及对快速性要求不高的场合。题意并未说明变频电源应用的场合，因此上述两种方案均可行。本设计采用方案一。6 个开关管选择为 MOSFET SK1358。

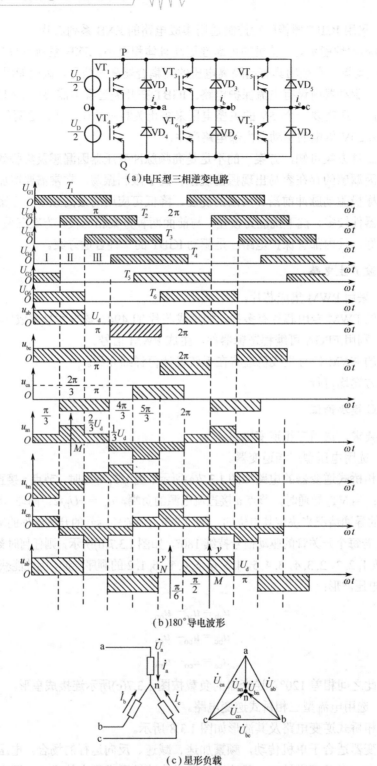

（a）电压型三相逆变电路

（b）180°导电波形

（c）星形负载

图 1.3.7　电压型三相桥式逆变器的电路、波形和负载连接方式

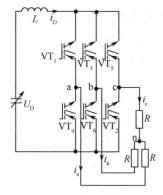

（a）电流型三相逆变电路

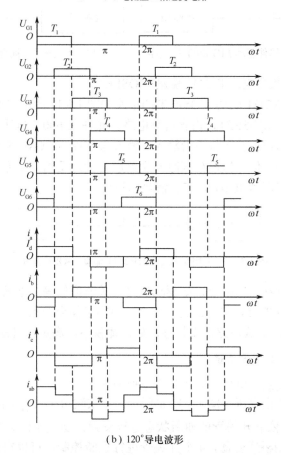

（b）120°导电波形

图 1.3.8　电流型三相桥式逆变电路及其波形

由图 1.3.7(a)可见，VT_1 与 VT_4、VT_2 与 VT_5、VT_3 与 VT_6 不能同时导通，否则会造成电源短路，这是不允许的。因此，对 MOSFET 驱动电路的设计很有讲究。同时，开关信号一般采用正弦脉宽调制（Sinusoidal Pulse Width Modulation，SPWM）信号，SPWM 信号如何得到？下面讨论这两个问题。

1）MOSFET 驱动电路方案论证

▶方案一：采用 CMOS 器件驱动 MOSFET。

采用 CMOS 器件驱动 MOSFET 的电路如图 1.3.9 所示。直接用 CMOS 器件驱动电力 MOSFET，可共用一组电源。栅极电压小于 10V 时，MOSFET 将处于电阻区，不需要外接电阻 R，电路简单。不过，这种驱动电路的开关速度低，并且驱动功率受限于电流源和 CMOS 器件的吸收容量。

▶方案二：采用光耦合器驱动 MOSFET。

采用光耦合器驱动 MOSFET 的电路如图 1.3.10 所示。通过光耦合器将控制信号回路与驱动回路隔离，使得输出级设计电阻减少，从而解决与栅极驱动源低阻抗匹配的问题。这种方式的驱动电路由于光耦合器响应速度低，使得开关延迟时间加长，因此限制了使用频率。

图 1.3.9　采用 CMOS 器件驱动 MOSFET 的电路　　图 1.3.10　采用光耦合器驱动 MOSFET 的电路

▶方案三：采用集成电路 IR2111 驱动 MOSFET。

采用集成电路 IR2111 驱动 MOSFET 的电路如图 1.3.11 所示。IR2111 采用 8 引脚封装，可驱动同桥臂的两个 MOSFET，内含自举电路，允许在 600V 母线电压下直接工作，栅极驱动电压范围宽，单通道施密特逻辑输入，输入与 TTL 及 CMOS 电平兼容，死区时间内置，输出、输入同相，低边输出死区时间调整后与输入反相。该方案整机的可靠性高、体积小，最高工作频率可达 40kHz，充分满足题目要求。

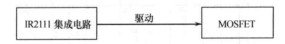

图 1.3.11　采用集成电路 IR2111 驱动 MOSFET 的电路

方案一的电路存在一些缺点，如驱动电路开关速度低等，不满足题目要求。方案二采用光耦合器驱动 MOSFET，自身的速度不高，限制了使用的频率，不满足题目要求。方案三采用 MOSFET 专用集成电路，整机性能好，体积小，满足题目需求，因此采用方案三。

2）SPWM 波产生方案论证

正弦脉冲宽度调制（SPWM）的基本原理如下。

逆变器的理想输出电压是图 1.3.12(a) 所示的正弦波 $u(t) = U_{1m} \sin \omega t$。逆变电路的输入电压是直流电压 U_D，依靠开关管的通断状态进行变换，逆变电路只能直接输出三种电压值 $+U_D$，0，$-U_D$。对单相桥逆变器，4 个开关管进行通断控制，可以得到半个周期内交流电压 $u_{ab}(t)$ 的数量，如图 1.3.12(b) 所示。图中正、负半周（180°）各被分为 p（$p = 5$）个相等的时段，每个时段的宽度为 $\pi/p = \pi/5 = 36°$，每个时段有一个幅值为 U_D、宽度为 θ_m 的脉冲电压，相邻两脉冲电压中点之间的距离相等（$\pi/p = \pi/5 = 36°$）。5 个脉冲电压的宽度分别为 θ_1，θ_2，θ_3，θ_4（$= \theta_2$），θ_5（$= \theta_1$），如果要求任何一个时段的脉宽为 θ_m，幅值为 U_D 的矩形脉冲电压 $u_{ab}(t)$ 等效于该时段的正弦电压 $u(t) = U_{1m} \sin \omega t$，那么首要条件应是在该时段中两个电压对时间的积分值相等，即

$$\int U_D \, \mathrm{d}t = U_D \Delta t_m = \int U_{1m} \sin \omega t \, \mathrm{d}t \tag{1.3.1}$$

$$\Delta t_m = \frac{1}{U_D} \int U_{1m} \sin \omega t \, \mathrm{d}t \tag{1.3.2}$$

式中，$\omega = 2\pi f = 2\pi/T$。

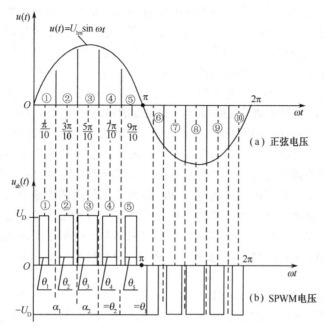

图 1.3.12　采用 SPWM 电压等效正弦电压

在第 m 个时段中，矩形脉冲电压作用时间 Δt_m 对应的脉宽角度为 θ_m，因此有

$$\theta_m = \omega \Delta t_m = \omega \frac{1}{U_D} \int U_{1m} \sin \omega t \, \mathrm{d}t = \frac{1}{U_D} \int U_{1m} \sin \omega t \, \mathrm{d}(\omega t) \tag{1.3.3}$$

例如，在图 1.3.12(a)和(b)中，正弦波第一个时段的起点 $\alpha = 0$，终点 $\alpha_1 = \pi/p = \pi/5$，按面积相等原则，第一个幅值为 U_D 的矩形脉冲的脉宽 θ_1 应为

$$\theta_1 = \frac{1}{U_D} \int_0^{\pi/5} U_{1m} \sin \omega t \, \mathrm{d}(\omega t) = \frac{U_{1m}}{U_D} (-\cos \omega t) \Big|_0^{\pi/5} = \frac{U_{1m}}{U_D} \left(\cos 0° - \cos \frac{\pi}{5} \right) = 0.19 \frac{U_{1m}}{U_D} \tag{1.3.4}$$

第 m 个时段中幅值为 U_D 的矩形脉冲的脉宽 θ_m 应为

$$\theta_m = \frac{1}{U_D} \int_{\frac{(m-1)\pi}{p}}^{\frac{m\pi}{p}} U_{1m} \sin \omega t \, \mathrm{d}(\omega t) = \frac{U_{1m}}{U_D} \left[\cos \frac{(m-1)\pi}{p} - \cos \frac{m\pi}{p} \right] \tag{1.3.5}$$

因此，在第 2～5 时段，幅值为 U_D 的矩形脉冲的脉宽 $\theta_2, \theta_3, \theta_4, \theta_5$ 分别如下：

$m = 2$ 时，$\theta_2 = \dfrac{1}{U_D} \int_{\pi/5}^{2\pi/5} U_{1m} \sin \omega t \, \mathrm{d}(\omega t) = \dfrac{U_{1m}}{U_D} \left[\cos \dfrac{\pi}{5} - \cos \dfrac{2\pi}{5} \right] = 0.5 \dfrac{U_{1m}}{U_D}$。

$m = 3$ 时，$\theta_3 = \dfrac{1}{U_D} \int_{2\pi/5}^{3\pi/5} U_{1m} \sin \omega t \, \mathrm{d}(\omega t) = \dfrac{U_{1m}}{U_D} \left[\cos \dfrac{2\pi}{5} - \cos \dfrac{3\pi}{5} \right] = 0.62 \dfrac{U_{1m}}{U_D}$。

$m = 4$ 时，$\theta_4 = \dfrac{U_{1m}}{U_D} \left[\cos \dfrac{3\pi}{5} - \cos \dfrac{4\pi}{5} \right] = 0.5 \dfrac{U_{1m}}{U_D} = \theta_2$。

$m = 5$ 时，$\theta_5 = \dfrac{U_{1m}}{U_D}\left[\cos\dfrac{4\pi}{5} - \cos\pi\right] = 0.19\dfrac{U_{1m}}{U_D} = \theta_1$。

采样控制理论的一个重要原理是冲量等效原理：大小、波形不同的窄脉冲变量作用于惯性系统时，只要它们的冲量即变量对时间的积分相等，那么它们的作用效果基本相同。大小、波形不同的两个窄脉冲电压［图 1.3.11(a)中某时段的正弦电压与同一时段的等幅脉冲电压］作用于 RL 电路时，只要两个窄脉冲电压的冲量相等，那么它们所形成的电流响应就相同。因此，要使图 1.3.12(b)所示的 PWM 电压波在每个时段都与该时段的正弦电压等效，除每个时段的面积相等外，每个时段的电压脉冲还必须很窄，这就要求脉冲数量 p 很多。脉冲数量越多，不连续地按正弦规律改变宽度的多脉冲电压 $u_{ab}(t)$ 就越等效于正弦电压。另一方面，对开关器件的通断状态进行控制，使多脉冲的矩形脉冲电压宽度按正弦规律变化时，通过傅里叶分析可知，输出电压中除基波外，仅含某些高次谐波，而消除了许多低次谐波，因此开关频率越高，脉冲数量越多，就越能消除更多的低次谐波。

若按同一比例改变所有矩形脉冲的宽度 θ，则可成比例地调控输出电压中的基波电压数值。这种控制逆变器输出电压大小及波形的方式，被称为正弦脉宽调制（SPWM）。

各种 PWM 控制策略，特别是正弦脉宽调制（SPWM）控制已在逆变技术中得到广泛应用。在 DC-DC、AC-DC、AC-AC 变换中，PWM 控制技术也是一种很好的控制方案，并已得到广泛应用。

▶方案一：采用软件生成 SPWM 波。

设三相逆变电路的输出三相分别为 A 相、B 相和 C 相。就 A 相而言，设 $u_A(t) = U_{1m}\sin\omega t$，将正弦函数的一周分为 $2p$ 个等分。考虑到对称性，只要计算正半周，负半周自然就得到，即正半周分为 p 等分。第 m 时段幅值为 U_D 的矩形脉冲的宽度 θ_m 按式（1.3.5）计算，即

$$\theta_m = \frac{1}{U_D}\int_{\frac{(m-1)\pi}{p}}^{\frac{m\pi}{p}} U_{1m}\sin\omega t\, \mathrm{d}(\omega t) = \frac{U_{1m}}{U_D}\left[\cos\frac{(m-1)\pi}{p} - \cos\frac{m\pi}{p}\right] \tag{1.3.6}$$

在第 m 时段中，矩形脉冲电压作用时间 Δt_m 对应的相位宽度为 θ_m，因此有

$$\Delta t_m = \frac{\theta_m}{\omega} = \frac{\theta_m}{2\pi f} = \frac{1}{2\pi f}\frac{U_{1m}}{U_D}\left[\cos\frac{(m-1)\pi}{p} - \cos\frac{m\pi}{p}\right] \tag{1.3.7}$$

而每个区间的相角宽度为 π/p，因此占空比 D 为

$$D = \frac{\theta_m}{\pi/p} = \frac{P}{\pi}\frac{U_{1m}}{U_D}\left[\cos\frac{(m-1)\pi}{p} - \cos\frac{m\pi}{p}\right] \tag{1.3.8}$$

由式（1.3.6）和式（1.3.7）可知，当参数 U_{1m}，U_D，p 和 f 被预置后，通过 MATLAB 仿真不难得到 SPWM 函数表。顺便指出，根据题意要求"变频电源输出频率在 50Hz 以上时，输出相电压的失真度小于 5%"，因此 p 值不能太小，太小会使失真度技术指标不满足要求；然而，p 值又不能太大，太大会影响运算速度并占用太多的存储单元。因此，需要折中考虑，最好通过实验解决。

利用该方法容易实现 PWM 波。这就是前面介绍的产生 PWM 波的方案二。PWM 波是等幅、等宽的矩形波，而 SPWM 波是等幅、不等宽的矩形波。

▶方案二：采用软/硬件结合的方法生成 SPWM 波。

这种方法先利用软件生成单纯的三角波（载波）和正弦波，再利用硬件生成 SPWM 波。下面先介绍双极性正弦脉冲宽度调制（BSPWM）。

图 1.3.13(c)中的调制参考波仍为幅值为 U_{rm} 的正弦波 u_r，其频率 f_r 就是输出电压的基波频率 f_1。高频载波为双极性三角波 u_c，其幅值为 U_{cm}，频率为 f_c。图中无论是在 u_r 的正半周还是在 u_r 的负半周，当瞬时值 $u_r > u_c$ 时，图 1.3.13(b)中的比较器输出电压 u_G 为正值，以此作为 VT_1、VT_4 的驱动信号 u_{G1}、u_{G4}，因此 $u_{G1} > 0$，$u_{G4} > 0$。同时，正值 u_G 反相后为负值，使 u_{G2}、U_{G3} 为负值，VT_2、VT_3 截止，于是逆变器输出电压 $u_{ab} = +u_D$；当瞬时值 $u_r < u_c$ 时，图 1.3.13(b)中的比较器输出电压 u_G 为负值，使 VT_1、VT_4 截止，这时 u_G 反相后输出 VT_2、VT_3 的驱动信号 u_{G2}、u_{G3} 为正值，VT_2、VT_3 导通，于是逆变器的输出电压 $u_{ab} = -U_D$。

利用图 1.3.13(b)所示的简单硬件电路可以获得图 1.3.13(c)中的输出电压 u_{ab}，它由多个不同宽度的双极性脉冲电压方波组成，载波比 $N = f_c/f_r = f_c/f_1$，因此每半个周波中正脉冲和负脉冲共有 N 个。若固定三角载波频率 f_c，改变 f_r，则可改变输出交流电压基波的频率 f_1（$f_1 = f_r$）。固定三角载波电压幅值 U_{cm}，改变正弦调制参考波 u_r 的幅值 U_{rm}，即改变调制比 M（$M = U_{rm}/U_{cm}$，$U_{rm} = MU_{cm}$），则将改变 u_r 与 u_c 两波形的交点，从而改变每个脉冲电压的宽度，改变 u_{ab} 中基波和谐波的数值。由于图 1.3.13(c)中的输出电压在正、负半周中都有多个正、负脉冲电压，因此称这种 PWM 控制为双极性正弦脉冲宽度调制。可以证明，如果载波比 N 足够大，调制比 $M \leqslant 1$，那么基波电压幅值 $U_{1m} \approx MU_D = U_D \cdot U_{rm}/U_{cm}$，输出电压基波最大时其有效值只能达到 $U_D/\sqrt{2} = 0.707U_D$，即 $U_{1m} = U_D$（$M = 1$），这与单极性 SPWM 控制是一样的。对比 180°宽的方波交流电压，其基波有效值为 $U_1 = 0.9U_D$，可见双极性正弦脉冲宽度调制（SPWM）改善输出电压波形的代价也是牺牲直流电压的利用率，即输出电压的基波电压从 $U_1 = 0.9U_D$ 减小到 $0.707U_D$。

图 1.3.13(d)所示为 $N = 15$ 时，双极性 SPWM 控制的基波和各次谐波的相对值随电压调制系数 $M = U_{rm}/U_{cm}$ 变化的特性曲线。图中纵坐标基准值取为 $2\sqrt{2}\,U_D/\pi$，分析计算得知双极性 SPWM 控制时输出电压中可以消除 $N-2$ 次以下的谐波。因此，除基波外，其最低阶次的谐波为 $N-2$ 次。例如，$N = 15$ 时，最低次谐波为 13 次谐波。15 次谐波最大，$U_{15} = 2\sqrt{2}\,U_D/\pi = 0.9U_D$。如果逆变器输出频率 $f_1 = 50Hz$，开关的通断频率 $f_K = 2kHz$，那么 $N = 2000/50 = 40$，这时可以消除 38 次以下的谐波。存留的高次谐波相对值比 180°宽的方波中同阶次的谐波相对值虽然还可能高一些，但由于其阶次高，容易滤除，相应的畸变系数还是很小的。

在图 1.3.13 中，正弦波 u_r 和三角波 u_c 来自何处？下面讨论如何利用软件生成双极性正弦波和三角波，其中正弦波的频率可变。根据题意，输出正弦波的频率范围为 $20\sim100Hz$，三相之间的相位差为 120°，这类问题的求解一般采用直接数字频率合成法（Direct Digital Freguncy synthesis，DDS）。

DDS 突破了模拟频率合成法的原理，从"相位"的概念出发进行频率合成。这种合成方法不仅可以给出不同频率的正弦波，而且可以给出不同初始相位的正弦波，甚至可以给出各种任意波形。

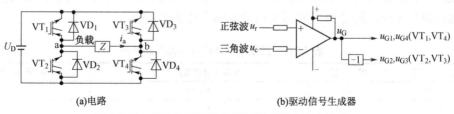

图 1.3.13　双极性正弦脉宽调制原理及其输出波形

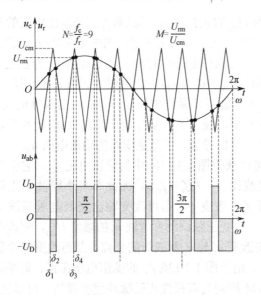

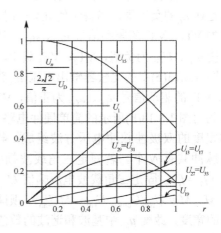

(c)输出电压波形 (d)$N=15$，基波和谐波值

图 1.3.13 双极性正弦脉宽调制原理及其输出波形（续）

（1）直接数字合成基本原理

在微机内，若插入一块 D/A 卡，然后编制一段小程序，如连续进行加 1 运算到一定值，然后连续进行减 1 运算回到原值，再反复运行该程序，则微机输出的数字量经 D/A 变换成小阶梯式的模拟量波形，如图 1.3.14 所示。再经低通滤波器滤除引起小阶梯的高频分量，则得到三角波输出。若更换程序，令输出 1（高电平）一段时间，再令输出 0（低电平）一段时间，反复运行这段程序，则会得到方波输出。PWM 波可以根据这种方法生成。实际上，可以将要输出的波形数据（如正弦函数表）预先存储在 ROM（或 RAM）单元中，然后在系统标准时钟（CLK）频率下，按照一定的顺序从 ROM（或 RAM）单元中读出数据，再进行 D/A 转换，就可得到一定频率的输出波形。

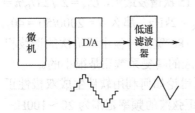

图 1.3.14 直接数字合成基本原理图

现以正弦波为例进一步说明如下。在正弦波的一个周期（360°）内，按相位划分为若干等分 $\Delta\varphi$，将各相位对应的幅值 A 按二进制编码并存入 ROM。设 $\Delta\varphi = 6°$，则一个周期内共有 60 等分。由于正弦波对 180°为奇对称，对 90°和 270°为偶对称，因此 ROM 中只需存 0°～90°范围内的幅值码。若以 $\Delta\varphi = 6°$计算，则在 0°～90°之间共有 15 等分，其幅值在 ROM 中占 16 个地址单元。因为 $2^4 = 16$，所以可以按 4 位地址码对数据 ROM 进行寻址。现设幅值码为 5 位，则在 0°～90°范围内的编码关系见表 1.3.1。

表 1.3.1 正弦波信号相位与幅度的关系

地 址 码	相 位	幅度（满度值为 1）	幅值编码
0000	0°	0.000	00000
0001	6°	0.105	00011
0010	12°	0.207	00111
0011	18°	0.309	01010

续表

地　址　码	相　　位	幅度（满度值为 1）	幅值编码
0100	24°	0.406	01101
0101	30°	0.500	10000
0110	36°	0.588	10011
0111	42°	0.669	10101
1000	48°	0.743	11000
1001	54°	0.809	11010
1010	60°	0.866	11100
1011	66°	0.914	11101
1100	72°	0.951	11110
1101	78°	0.978	11111
1110	84°	0.994	11111
1111	90°	1.000	11111

（2）信号的频率关系

在图 1.3.15 中，时钟 CLK 的频率为固定值 f_c。在 CLK 的作用下，若按照 0000, 0001, 0010, …, 1111 的地址顺序读出 ROM 中的数据，即表 1.3.1 中的幅值编码，则其输出正弦信号频率为 f_{o1}；若每隔一个地址读一次数据（即按 0000, 0010, 0100, …, 1110 顺序），则其输出信号频率为 f_{o2}，且 f_{o2} 将比 f_{o1} 提高一倍，即 $f_{o2} = 2f_{o1}$；以此类推，就可以实现直接数字频率合成器的输出频率的调节。

上述过程是由控制电路实现的，由控制电路的输出决定选择数据 ROM 的地址（即正弦波的相位）。输出信号波形的产生是相位逐渐累加的结果，这由累加器实现，称为相位累加器，如图 1.3.15 所示。图中，K 为累加值，即相位步进码，也称频率码。若 $K = 1$，每次累加结果的增量为 1，则依次从数据 ROM 中读取数据；若 $K = 2$，则每隔一个 ROM 地址读一次数据；以此类推。因此 K 值越大，相位进步越快，输出信号波形的频率就越高。在时钟 CLK 频率一定时，输出的最高信号频率为多少？或者说，在相应于 n 位常见地址的 ROM 范围内，最大的 K 值应为多少？对于 n 位地址来说，共有 2^n 个 ROM 地址，在一个正弦波中有 2^n 个样点（数据）。若取 $K = 2^n$，则意味着相位步进为 2^n，因此一个信号周期中只取 1 个样点，它不能表示一个正弦波，因此不能取 $K = 2^n$；若取 $K = 2^{n-1}$，$2^n / 2^{n-1} = 2$，则一个正弦波形中有 2 个样点，这在理论上满足了取样定理，但实际上难以实现。一般来说，限制 K 的最大值为

$$K_{max} = 2^{n-2}$$

这样，一个波形中至少有 4 个样点（$2^n 2^{n-2} = 4$），经过 D/A 转换，相当于 4 级阶梯波，即图 1.3.15 中的 D/A 输出波形由 4 个不同的阶跃电平组成。在后继低通滤波器的作用下，可以得到较好的正弦波输出。相应地，K 为最小值（$K_{min} = 1$）时，共有 2^n 个数据组成一个正弦波。

根据以上讨论，可以得到如下频率关系。假设控制时钟频率为 f_c，ROM 地址码的位数为 n。当 $K = K_{min} = 1$ 时，输出频率 f_o 为

$$f_o = K_{min} \cdot \frac{f_c}{2^n}$$

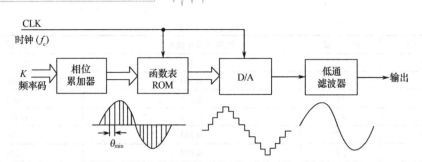

图 1.3.15 以 ROM 为基础组成的 DDS 原理图

因此最低输出频率 f_{omin} 为

$$f_{\text{omin}} = f_c/2^n \tag{1.3.9}$$

当 $k = k_{\max} = 2^{n-2}$ 时，输出频率 f_o 为

$$f_o = K_{\max} \cdot \frac{f_c}{2^n}$$

因此最高输出频率 f_{omax} 为

$$f_{\text{omax}} = f_c/4 \tag{1.3.10}$$

在 DDS 中，输出频率点是离散的，当 f_{omax} 和 f_{omin} 已经设定时，其间可输出的频率个数 M 为

$$M = \frac{f_{\text{omax}}}{f_{\text{omin}}} = \frac{f_c/4}{f_c/2^n} = 2^{n-2} \tag{1.3.11}$$

现在讨论 DDS 的频率分辨率。如前所述，频率分辨率是两个相邻频率之间的间隔，现在定义 f_1 和 f_2 为两个相邻的频率，若

$$f_1 = K \cdot \frac{f_c}{2^n}$$

则

$$f_2 = (K+1) \cdot \frac{f_c}{2^n}$$

因此，频率分辨率 Δf 为

$$\Delta f = f_2 - f_1 = (K+1)\frac{f_c}{2^n} - K\frac{f_c}{2^n}$$

因此得到频率分辨率为

$$\Delta f = f_c/2^n \tag{1.3.12}$$

为了改变输出信号的频率，除调节累加器的 K 值外，还有一种方法，即调节控制时钟的频率 f_c。由于 f_c 不同，读取一轮数据所花时间不同，因此信号频率也不同。用这种方法调节频率，输出信号的阶梯仍取决于 ROM 单元的多少，只要有足够的 ROM 空间，就能输出逼近正弦的波形，但调节比较麻烦。

DDS 不仅改变频率方便，而且改变相位也非常方便。例如，一个正弦函数表有 2^n 个地址，若 $n = 6$，则有 64 个地址（000000，000001，000010，…，111111）。A 相的起始地址为 000000，B 相的起始地址应为 010101，C 相的起始地址应为 101010。在制作正弦函数表时，尽量取

$2^n - 1$ 能被 3 整除。例如，$2^6 - 1 = 63$ 能被 3 整除，$2^8 - 1 = 255$ 能被 3 整除。这样做的目的在于减小三相的初始相位误差。

方案一与方案二相比，软件工作量大，硬件工作量小。方案二改变频率和相位非常方便。这两种方案均可行。

4. 测量模块方案论证

1）电压测量

将三相电压分别取样后，由有效值/直流转换芯片（AD637）转换成直流电平，再经 A/D 转换为数字量，交给控制器处理。

2）电流测量

由三个电流传感器将三相电流信号转换成交流电压信号，经过信号放大由 AD637 转换成直流电平信号，再经过 A/D 转换成数字信号，最后由控制器进行处理。计算出三相电流值，并送给显示器显示。计算相电流的差值，判断是否执行保护操作。

3）频率测量

在三相中任取一相电压，经过施密特触发器（74HC14）整形后，直接送给控制器（FPGA）进行测频。当然，也可由单片测频集成芯片直接测出频率数值送给显示器显示。

测压、测流、测频原理框图如图 1.3.16 所示。

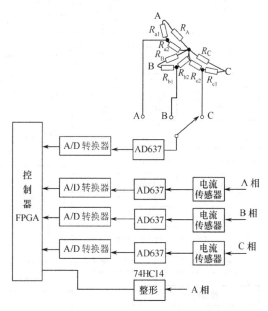

图 1.3.16　测压、测流、测频原理框图

4）功率测量

测得相电流、相电压后，功率由控制器（FPGA）计算得出。

5. 控制模块方案论证

▶方案一：单片机+FPGA 控制系统。

以单片机（AT89S52）为核心的单片机最小系统，配有按键、E^2PROM、温度传感器

（DS18B20）等外围器件。

以 FPGA（XC2S100e-6PQ208）为核心的可编程逻辑器件最小系统，配有液晶显示（RT12864-M）。

▶方案二：FPGA 最小系统。

采用 Xinlinx 公司 Spartan-3 系列的一个芯片 XC3S200-4PQ208 芯片，配有按键、液晶显示等外围元器件。

这两种方案均可行，可以任选一种。

1.3.4　硬件设计

变频电源系统框图如图 1.3.17 所示。

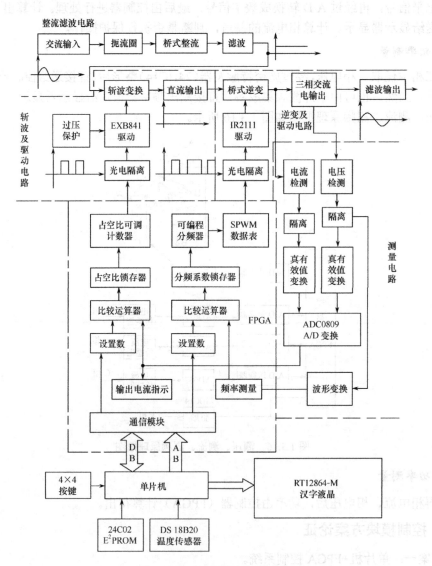

图 1.3.17　变频电源系统框图

采用 Xinlinx 公司 Spartan 2E 系列的一个 XC2S100e-6PQ208 芯片，利用 VHDL（超高速硬件描述语言）编程，产生 PWM 波和 SPWM 波，实现核心部分。整个设计采用单片机与 FPGA 结合的控制方式，即用单片机完成人机界面，用 FPGA 完成采集控制逻辑、显示控制逻辑，系统控制，信号分析、处理、变换等功能。

220V/50Hz 的市电经过一个 200V/60V 的隔离变压器，输出 60V 的交流电压，经整流器得直流电压，再经斩波变换电路得到一个幅度可调的稳定直流电压。斩波电压的 IGBT 开关器件选用 BUP304，BUP304 的驱动电路由集成化专用 IGBT 驱动器 EXB841 构成，EXB841 的 PWM 驱动输入信号由 FPGA 提供。输出的斩波电压经逆变得到一系列频率的三相对称交流电。逆变电路采用全桥逆变电路，MOSFET 的桥臂由 6 个 K1358 构成，K1358 的驱动电路选用 IR2111，IR2111 的控制信号 SPWM 由 FPGA 提供。逆变输出电压通过低通滤波输出平滑的正弦波，输出信号分别经电压、电流检测，送至 AD637 真有效值转换芯片，输出模拟电平，经模数转换器 ADC0809，输出数据送至 FPGA 处理。送入 FPGA 的数据经过一系列处理后，送至显示电路，显示输出电压、电流、频率及和率。下面对图 1.3.17 所示的各部分电路进行设计。

1）整流滤波电路

市电经 220V/60V 隔离变压器变压为 60V 的交流电压输入扼流圈，消除大部分的电磁干扰，经整流输出，交流电转变成脉动大的直流电，经电容滤波输出脉动小的直流电，其电路如图 1.3.18 所示。在电路中，FU1、FU2 为熔断器，题目要求输出电流有效值达 3.6A 时，执行过流保护，因此采用 4A 的保险丝。JD0IN 端接过压保护电路，在过电压时保护电路。并联的电容 $C_{1.1}$ 为滤波电容，容值为 470μF，用于滤除电压中的纹波。

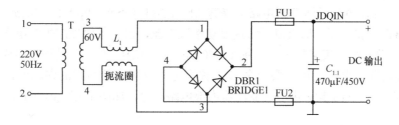

图 1.3.18　交流电源整流滤波电路

2）斩波及驱动电路

BUP304 是整个应用电路中的主导器件，采用集成化的 IGBT 专用驱动器 EXB841 进行驱动，性能更好，整机的可靠性更高，体积更小。由于 EXB 系列驱动器采用具有高隔离电压的光耦合器作为信号隔离，因此能用于交流 380V 的动力设备上。EXB841 的引脚图如图 1.3.19 所示。

IGBT 的专用驱动器 EXB841 的引脚说明：

① 驱动脉冲输出相对端。

② 电源连接端。

③ 驱动脉冲输出端。

④、⑦、⑧、⑩、⑪ 空端。

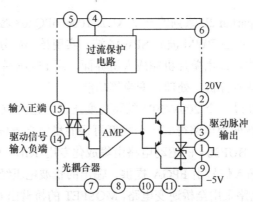

图 1.3.19 EXB841 的引脚图

⑤ 过电流保护动作信号输出端。

⑥ 过电流保护取样信号连接端。

⑨ 驱动输出级电源地端。

⑭ 驱动信号输入连接负端。

⑮ 驱动信号输入连接正端。

EXB841 是混合 IC，能驱动高达 400A/600V 的 IGBT 和高达 300A/1 200V 的 IGBT。因为驱动电路信号延迟小于等于 1μs，所以此混合 IC 适用于高约 40kHz 的开关操作。在该电路中采用最大电压为 1000V、T0-218 AB 封装、BUP 304 的 IGBT（隔离栅双极型晶体管）。

IGBT 通常只能承受 10μs 的短路电流，所以必须有快速保护电路。EXB 系列驱动器内设有过电流保护电路，根据驱动信号与集电极之间的关系检测过电流，其检测电路如图 1.3.20(a)所示。当集电极电压过高时，虽然输入信号也认为存在过电流，但是如果发生过电流，那么驱动器的低速切断电路就慢速关断 IGBT（不到 10μA 的过电流不响应），从而保证 IGBT 不被损坏。如果以正常速度切断过电流，那么集电极产生的电压尖脉冲足以破坏 IGBT，关断时的集电极波形如图 1.3.20(b)所示。IGBT 在开关过程中需要一个正 15V 电压以获得高开启电压，还需要一个-5V 关栅电压以防止关断时的误动作。这两个电压（+15V 和-5V）均可由 20V 供电的驱动器内部电路产生，如图 1.3.20(c)所示。

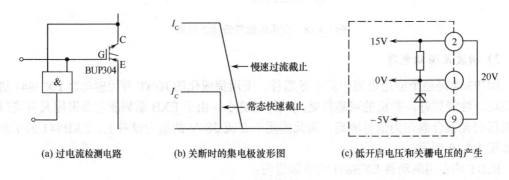

(a) 过电流检测电路   (b) 关断时的集电极波形图   (c) 低开启电压和关栅电压的产生

图 1.3.20 快速保护电路

具体应用电路如图 1.3.21 所示。图中 JDQOUT 是整流滤波的输出量，EXB841 的第 6 脚所接的快恢复二极管选择 U8100，第 5 脚接一个光电耦合器 TLP521，根据资料，与 2 脚相接的电阻为 4.7kΩ（1/2W），1 脚和 9 脚、2 脚和 9 脚之间的电容 $C_{1,2}$、$C_{1,3}$ 为 47μF，两个电容并非滤波电容，而是用来吸收输入电压波动的电容。在斩波后的电路中接一个续流二极管（$VD_{1.2}$），以消除电感储能对 IGBT 造成的不利影响，并采用由电感（L_3）与电容（$C_{1.6}$）组成的低通滤波器来降低输出电压的纹波。当 IGBT 闭合时，二极管反偏，输入端向负载和电感（L_3）提供能量，当 IGBT 断开时，$VD_{1.2}$、L_3、$C_{1.6}$ 构成回路，电感电流流经二极管，对 IGBT 起保护作用，因为 IGBT 通常只能承受 10μA 的短路电流。

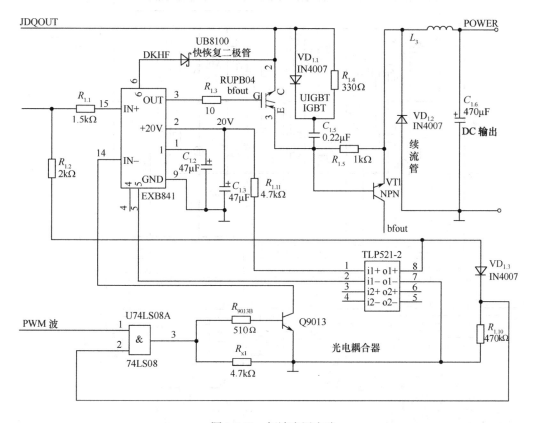

图 1.3.21　斩波应用电路

3）逆变及驱动电路

在设计中采用三相电压桥式逆变电路，6 个型号为 K1358 的 MOSFET 组成该逆变电路的桥臂，桥中各臂在控制信号作用下轮流导通。它的基本工作方式是 180°导电方式，即每个桥臂的导电角度为 180°，同一相（即同一半桥）上、下两个桥臂交替导电，各相开始导电的时间相差 120°。三相电压桥式逆变电路如图 1.3.22 所示，每个 K1358 并联一个续流二极管并串接一个 RC 低通滤波器。

MOSFET 驱动电路的设计对提高 MOSFET 性能具有举足轻重的作用，并对 MOSFET 的效率、可靠性、寿命都有重要影响。MOSFET 对驱动它的电路也有要求：能向 MOSFET 栅极提供需要的栅压，以保证 MOSFET 可靠地开通和关断，为了使 MOSFET 可靠地触发导通，触发脉冲电压应高于管子的开启电压，并且驱动电路要满足 MOSFET 快速转换和高峰值电流的要求，具备良好的电气隔离性能，能提供适当的保护功能，驱动电路还应简单可靠、体积小。在设计中采用 IR2111 作为 MOSFET 的驱动电路，IR2111 是美国国际整流器（IR）公司研制的 MOSFET 专用驱动集成电路，它采用 DIP-8 封装，可驱动同一桥臂的两个 MOSFET，内部自举工作，允许在 600V 母线电压下直接工作，栅极驱动电压范围宽，单通道施密特逻辑输入，输入与 TTL 及 CMOS 电平兼容，死区时间内置，高边输出与输入同相，低边输出死区时间调整后与输入反相。

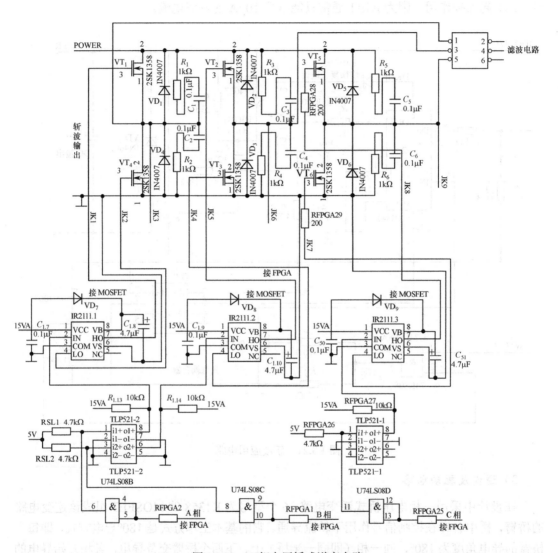

图 1.3.22　三相电压桥式逆变电路

4）真有效值转换电路

AD637 是有效值/直流变换芯片，它能转换输出任意复杂波形的真有效值，可测量的信号有效值高达 7V，精度优于 0.5%，外围元件少，频带宽。对于一个有效值为 1V 的信号，其 3dB 带宽为 8MHz，并且可对输入信号的电平以分贝形式指示，但不适用于频率高于 8MHz 的信号。逆变输出的信号经过低通滤波，三相电流分别由电流检测器转换为电压量，单相电压由电压检测器转换为适合测量的电压。信号的有效值测量由 4 个 AD637 构成，其基本电路如图 1.3.23 所示。在进行真有效值转换之前，使输入信号经过一个放大倍数可调的放大电路，该电路的作用是提高输入阻抗并起隔离作用，由于该变频电源的工作频率不高，电路采用的是由 AD637 构成的低频应用电路，电路中参数依据的是 AD637 的 PDF 资料。

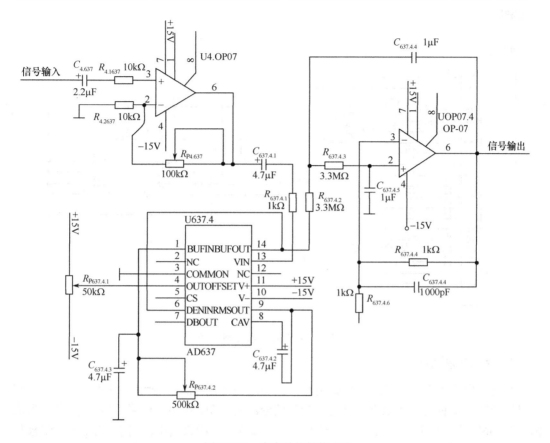

图 1.3.23 真有效值转换电路

5）液晶显示及存储电路

采用 RT12864-M 汉字液晶实时显示输出的电压、电流、频率、功率等，利用芯片 AT24C02 存储上次液晶显示的数据，单片机对其进行总体控制。液晶显示及存储电路如图 1.3.24 所示，其中液晶的 D0～D7 口接单片机的 P0 口，LCD_DATA、LCD_RW、LCD_CLK、LCD_RST 分别接单片机的 P2.8 口、P2.7 口、P2.6 口、P2.3 口。运用 24C02 存储芯片，把上一次液晶显示的数据存储到 24C02 中，以备掉电保护数据，SCL、SDA 为其控制信号，分别接单片机的 P2.1 口、P2.2 口。

6）过流保护电路

题目要求具有过流保护功能，而过流保护电路也是负载缺相保护电路。由于三相负载对称时流过任一相的电流值彼此相差不会很大，所以当任一负载开路时会导致三相负载不对称，从而使流过各相中的电流值发生较大的变化。各相中的电流值都在 FPAG 的监测范围内，所以只要当前电流超出预定的范围，控制保护电路就会动作，从而切断输入电源。

过流保持电路如图 1.3.25 所示。利用软件编程来控制该电路继电器的吸合、关断。FPGA 依据采样的电流信号随时监控电路中的电流情况，一旦发现电路中的电流超过设定的最大电流，FPGA 就给出高电平控制信号使晶体管导通，继电器吸合进入保护状态，同时接通过流指示电路，切断电源的输入，对电路起保护作用。否则，电路不动作，输入的交流电直接输出。

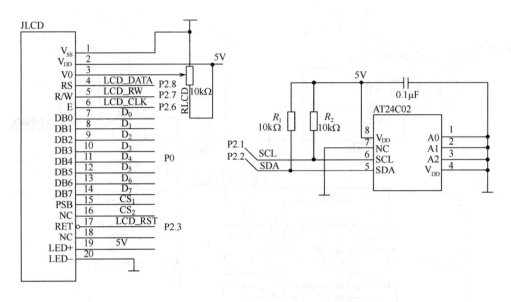

图 1.3.24 液晶显示及存储电路

7) 过压保护电路

在整个电路中，设计了过压保护电路，其电路图如图 1.3.26 所示。图中 TL431 是 TI 公司生产的一个有良好热稳定性能的三端可调分流基准源，用两个电阻可将 U_{REF} 设置为范围 2.5～36V 内的任何值。TL431 相当于一个二极管，但阳极端电压高于 U_{REF} 时，阳极与阴极导通。电路中的电压正常时，JDQIN 与 JDQOUT 直线连接，不起保护作用，此时 R_{BH1} 和 R_{BH2} 的中点电压 U_B 为

$$U_B = U_{in} \frac{R_{BH2}}{R_{BH1} + R_{BH2}}$$

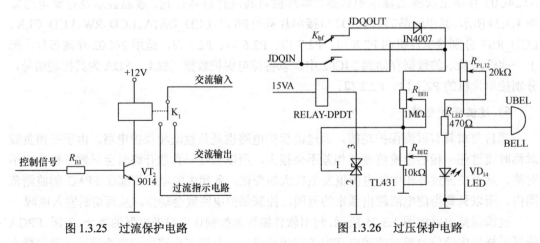

图 1.3.25 过流保护电路　　　　　　图 1.3.26 过压保护电路

TL431 的基准电压为

$$U_{REF} = U_{in} \frac{R_{BH2}}{R_{BH1} + R_{BH2}}$$

发生过电压时，两电阻的中点电压值将大于 TL431 的基准电压值，继电器吸合，输入电压接通蜂鸣器电路，发光二极管指示过压现象。

8）单片机及外围电路

单片机及外围电路如图 1.3.27 所示。

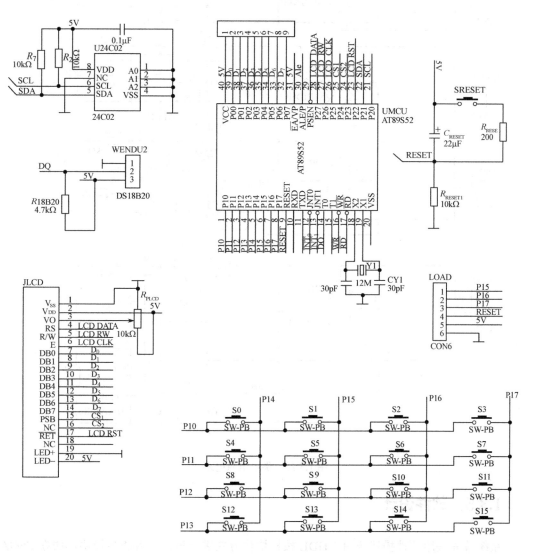

图 1.3.27　单片机及外围电路

9）供电电源

本系统的模块较多，因此需要的电源种类也多。为测试方便，自制了一个供电电源，其电路如图 1.3.28 所示。

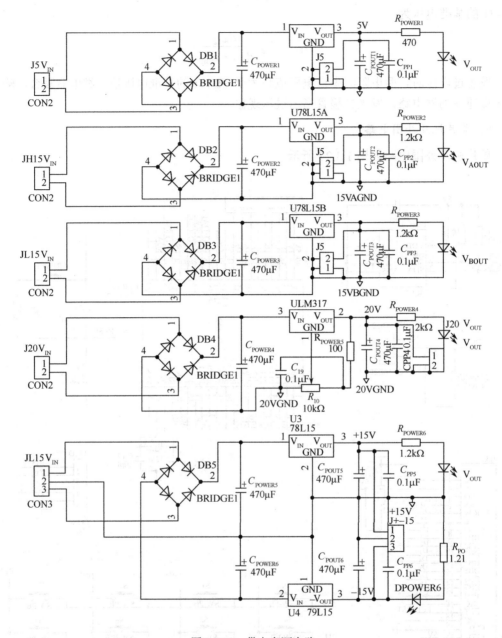

图 1.3.28　供电电源电路

1.3.5　软件设计

系统首先采用硬件描述语言 VHDL 按模块化方式进行设计，并将各模块集成在 FPGA 芯片中，然后通过 Xilinx ISE 6.2 软件开发平台和 ModelSim Xilinx Edition 5.3d XE 仿真工具，对设计文件自动完成逻辑编译、逻辑化简、综合与优化、逻辑布局布线、逻辑仿真，最后对 FPGA 芯片进行编程，实现系统的设计要求。

采用 VHDL 设计复杂数字电路的优点是设计技术齐全、方法灵活、支持广泛。

VHDL 描述硬件的能力很强，具有多层描述系统硬件功能的能力，高层次的行为描述可与低层次的 RTL 描述混合使用。VHDL 在描述数字系统时，可以使用前后一致的语义和语法跨越多个层次，并使用跨越多个级别的混合描述模拟该系统。因此，VHDL 可以模拟由高层次行为描述的子系统和低层次详细实现的子系统组成的系统。

本系统软件设计基于 FPGA，采用单片机和液晶构成人机界面，用 VHDL 和 C 语言共同编制。采用模块化、结构化的设计思想，具有易读性、易于移植等优点。

1）SPWM 波的实现

相关软件用 VHDL 编写。正弦脉冲宽度调制的基本原理如下。根据采样控制理论中的冲量等效原理：大小、波形不同的窄脉冲变量作用于惯性系统时，只要它们的冲量（即变量对时间的积分）相等，它们的作用效果就基本相同，且窄脉冲越窄，输出的差异越小。这一结论表明，惯性系统的输出响应主要取决于系统的冲量，即窄脉冲的面积，而与窄脉冲的形状无关。依据该原理，可将任意波形用一系列冲量与之相等的窄脉冲进行等效。以正弦波为例，将一正弦波的正半波 p 等分（图中 $p = 7$），其中每等分包含的面积（冲量）均用一个与之面积相等的、等幅但不等宽的矩形脉冲代替，且使每个矩形脉冲的中心线和等分点的中线重合，那么各个矩形脉冲的宽度将按正弦规律变化，如图 1.3.29 所示，这就是 SPWM 控制理论的依据，由此得到的矩形脉冲序列称为 SPWM 波形。

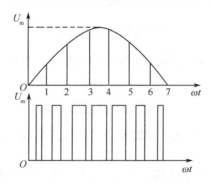

图 1.3.29　与正弦波等效的矩形脉冲序列波形

设三相逆变电路的输出三相分别为 A 相、B 相和 C 相。以 A 相为例，设 $u_A(t) = U_{1m}\sin\omega t$，将一周分为 $2p$ 等分，并设等效矩形幅度为 U_D，则有

$$\theta_m = \frac{U_{1m}}{U_D}\left[\cos\frac{(m-1)\pi}{p} - \cos\frac{n\pi}{p}\right] \tag{1.3.13}$$

$$\Delta t_m = \frac{\theta_m}{2\pi f} \tag{1.3.14}$$

$$D_m = \frac{\theta_m}{2\pi / 2\pi} = \frac{p\theta_m}{\pi} \tag{1.3.15}$$

式中，$m = 1, 2, \cdots, p/4$。

于是可以获得 1/4 个周期内的每个小区间的相角宽度 θ_m、脉宽 Δt_m 和占空比 D_m 的值，再利用正弦函数的奇偶性，得到整个周期内每个小区间的 θ_m、Δt_m、D_m 值。将它们列成一个表并存放到 ROM（或 RAM）中。这个表称为 SPWN 函数表。

2) PWM 波的实现

本系统有两个重要的软件包：一是 SPWM 生成软件包，二是 PWM 软件包。前者直接影响三相输出电压的对称性（三相的相位差是否差 120°）、输出频率的准确度、稳定度及输出电压的失真度等指标，后者直接影响三相输出相电压的准确度和稳定度。根据设计要求，在输入电压和负载变化的情况下，输出相电压在范围 20.785±0.207V 内。为此，系统必须引入电压负反馈，系统简化框图如图 1.3.30 所示。

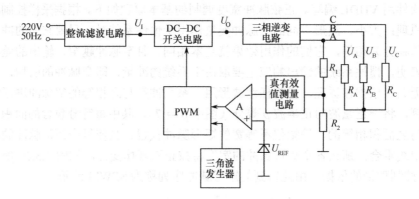

图 1.3.30 系统简化框图

在开环（不加负反馈电路）情况下，输出电压与输入电压的关系为

$$U_O = DU_I$$

$$U_A \approx U_B \approx U_C = KU_O = DKU_I \tag{1.3.16}$$

式中，D 为 PWM 的占空比；K 为三相逆变电路的转换系数，它与负载变化、MOSFET 的导通内阻、滤波网络等有关。

由式（1.3.16）可知，当 PWM 的占空比一定时，输出的三相电压随输入电压的变化和负载的变化而变化。

引入电压负反馈后，输出电压为

$$U_A = \left(1 + \frac{R_1}{R_2}\right) U_{REF} \tag{1.3.17}$$

式中，U_{REF} 为基准电源电压，其准确度和稳定度极高，因此输出电压的准确度和稳定度也极高。

在本系统中，PWM 的生成和反馈控制不是采用如图 1.3.30 所示的硬件电路实现的，而是采用软件的办法实现的，如图 1.3.17 所示。输出相电压的额定值（20.785V）经过取样、真有效值变换后，再经 A/D 转换成对应的数字量 D_I。在计算机中预置一个数值量 D_R，它应与 PWM 的占空比、三相输出电压有效值有对应关系。若输入电压的变化或负载的变化使得三相输出的相电压增加，则 D_I 增加。D_I 与预置数字量 D_R 比较，若 $D_R > D_I$，则 PWM 的占空比减小，使得三相输出电压下降；反之亦然。

3) ADC0809 的控制程序设计

ADC0809 的引脚图和工作时序图如图 1.3.31 所示，其相关软件用 VHDL 编写。程度主要对 ADC0809 的工作时序进行控制。ADC0809 是 8 位 MOS 型 A/D 转换器，可实现 8

路模拟信号的分时采集，片内有 8 路模拟选通开关，以及相应的通道地址锁存用译码电路，其转换时间为 100μs。START 是转换启动信号，高电平有效；ALE 是 3 位通道选择地址（ADDA, ADDB, ADDC）信号的锁存信号。当模拟量送至某一输入端（如 IN₁ 或 IN₂ 等）时，由 3 位地址信号选择，而地址信号由 ALE 锁存；启动转换约 100μs 后，EOC 产生一个负脉冲，以示转换结束；在 EOC 的上升沿，若使输出使能信号 OE 为高电平，则控制打开三态缓冲器，把转换好的 8 位数据传输至数据总线。至此，ADC0809 的一次转换结束。

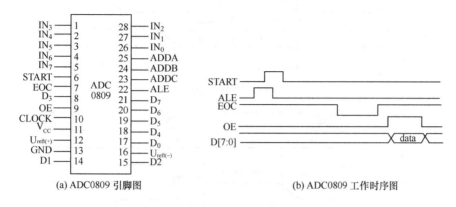

(a) ADC0809 引脚图　　　　(b) ADC0809 工作时序图

图 1.3.31　ADC0809 的引脚图和工作时序图

采用状态机来设计 ADC0809 的控制程序，其状态转换图如图 1.3.32 所示，共有 6 个状态。从图中可以清晰地看出 ADC0809 的工作过程。

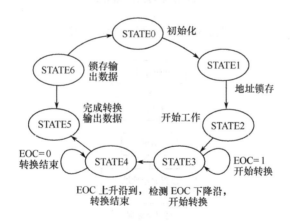

图 1.3.32　ADC0809 控制程序状态转换图

4）液晶显示驱动设计

开发仿真软件时，使用 Keil μVision2 和 C 语言编程。采用 RT12864-M（汉字图形点阵液晶显示模块）可显示汉字及图形，内置 8192 个中文汉字（16×16 点阵）、128 个字符（8×16 点阵）及 64×256 点阵显示 RAM（GDRAM），显示内容为 128 列×64 行。该模块有并行和串行两种连接方法，在本设计中采用并行连接方法。8 位并行连接时序图如图 1.3.33 所示，图 1.3.33(a)为单片机写数据到液晶，图 1.3.33(b)为单片机从液晶读出数据。

该部分利用单片机来控制液晶显示，显示输出电压、电流、频率、功率等。液晶驱动流程图如图 1.3.34 所示。

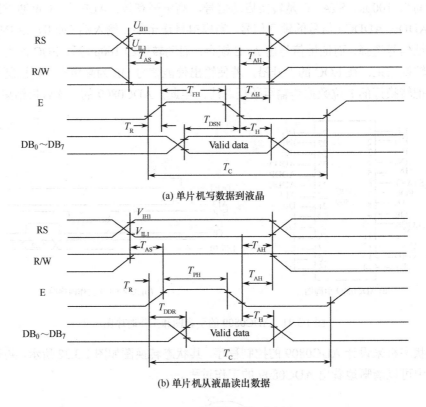

(a) 单片机写数据到液晶

(b) 单片机从液晶读出数据

图 1.3.33　8 位并行连接时序图

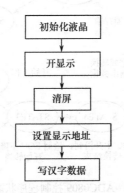

图 1.3.34　液晶驱动流程图

5）矩阵式键盘设计

矩阵式键盘以 I/O 口线组成行、列结构，4×4 的行列结构可构成 16 个键的键盘。按键设置在行、列线的交点处，行、列线分别连接到按键开关的两端。但行线通过上拉电阻接 +5V/+3.3V 电源时，会被钳位到高电平状态。本设计中用 P1 口来控制 4×4 的行列线。

键盘中有无按键按下是由列线送入全扫描字、行线读入行线状态来判断的，具体方法如下：首先将列线的所有 I/O 线均置成低电平，然后将行线电平状态读入累加器 A，如果有键按下，那么总会有一根行线电平被置为低电平，从而使行输入不全为 1。

键盘中的哪个键按按下是由列线置低电平后检查行输入状态来判断的,具体方法如下:首先依次给列线送低电平,然后检查所有行线状态,如果全为 1,那么所按下的键不在此列;如果不全为 1,那么所按下的键必在此列,而且是在与 0 电平行线相交的交点上的那个键。

键盘上的每个键都有一个键值。键值赋值的最直接方法是,将行、列按二进制顺序排列,当某个按键被按下时,键盘扫描程序给该列置 0 电平,读出各行状态为非全 1 的状态,这时的行、列数据组合为键值。行列式键盘电路原理图如图 1.3.35 所示。

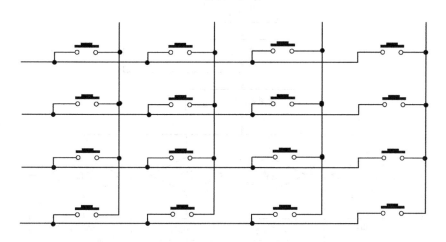

图 1.3.35 行列式键盘电路原理图

单片机工作时,并不经常需要按键输入,因此 CPU 经常处于空扫描工作状态。为了提高 CPU 的工作效率,可以采用中断工作方式,即当有键被按下时,才执行键盘扫描,执行该键的功能程序。外部中断扫描键盘程序:4×4 的键盘以 P1 口低 4 位为行输入,以高 4 位为列输入。应用时将 4 位行输入用与门连接到外部中断 0 上,一旦有键被按下,就有 1 位行输入被拉为低电平,从而触发外部中断 0 的服务程序扫描键盘,即有中断输入才去扫描,否则就不扫描。

6) 系统总体软件设计

软件设计的关键是利用 FPGA 产生 SPWM 波,软件实现的功能如下:
① 产生 SPWM 波。
② 产生 PWM 波。
③ 测量输出电压、电流、频率,计算功率并显示。
④ 控制 ADC0809 的工作。
⑤ 驱动液晶显示器。

系统软件设计的总体流程图如图 1.3.36 所示。程序初始化,读上次频率,判断是否有按键输入,如有按键输入,调出相应程序,执行程序命令。判断是否有过压、过流、缺相等现象,如果存在上述现象,那么保护电路发生作用。通过信号的计算、处理,在液晶上显示电压、电流、频率,计算功率并显示。

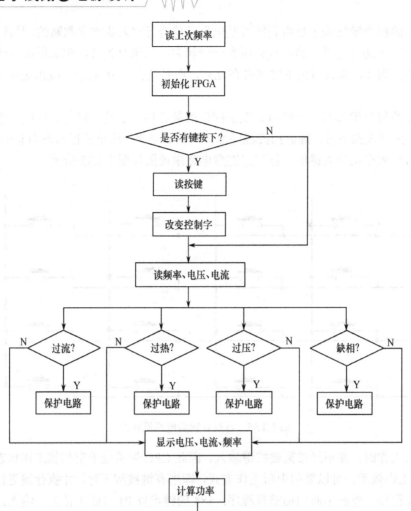

图 1.3.36　系统软件设计的总体流程图

1.3.6　系统测试

1）测试仪器与设备

测试仪器与设备见表 1.3.2。

表 1.3.2　测试仪器与设备

序　　号	名称、型号、规格	数　　量	备　　注
1	湘星 42L6-A 交流电流表	1	湘江仪器仪表制造公司
2	ZQ4121A 型自动失真度仪	1	浙江电子仪器厂
3	UT56 数字万用表（四位半）	1	优利德科技（东莞）有限公司
4	SP-1500A 等精度频率计	1	南京盛普实业有限公司
5	YB33150 函数/任意波信号发生器（15MHz）	1	中国台湾固纬电子有限公司
6	TDS1002 数字存储示波器（60MHz，1.0GS/s）	1	泰克科技（中国）有限公司

2）指标测试

（1）输出电压波形测试

测试仪器：TDS1002 数字存储示波器（60MHz, 1.0GS/s）。

测试方法：使用与泰克示波器配套的 Tektronix Open Choice Desktop 应用程序，从 Microsoft Windows 中捕获示波器的屏幕图像、波形和数据，存储波形和数据，修改参数。测试时，探头一端接示波器，另一端接低通滤波电路的输出端，在示波器上显示波形，然后存储波形。输出电压波形测试框图如图 1.3.37 所示。

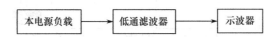

图 1.3.37　输出电压波形测试框图

输出电压波形如图 1.3.38 所示，可以看出输出电压波形为平滑的正弦波，满足题目要求。

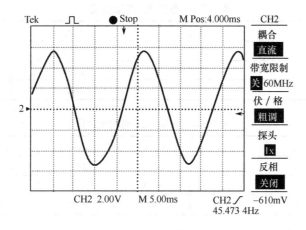

图 1.3.38　输出电压波形

（2）FPGA 产生的 SPWM 波检测

测试仪器：TDS1002 数字存储示波器（60MHz, 1.0GS/s）。

测试方法：控制信号的 SPWM 波是实现该变频电源的核心技术，运用上述测试方法观察得到的波形。SPWM 波测试结构简化图如图 1.3.39 所示。

图 1.3.39　SPWM 波测试结构简化图

FPGA 产生的 SPWM 波如图 1.3.40 所示。

（3）输出相电压有效值之差测试

测试仪器：UT56 数字万用表（四位半）

测试方法：用 UT56 数字万用表（四位半）测量输出端的相电压，令三相电压分别为 U_A、U_B 和 U_C，测试数据见表 1.3.3（万用表置于交流 200V 挡）。

测试结果见表 1.3.4。

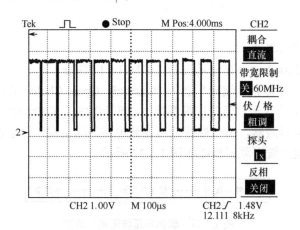

图 1.3.40 FPGA 产生的 SPWM 波

表 1.3.3 各相电压的测试数据

频率/Hz	U_A/V	U_B/V	U_C/V
50	20.78	20.72	20.79
60	20.75	20.70	20.75
70	20.72	20.68	20.72

表 1.3.4 各相电压的测试结果

频率/Hz	$|U_A-U_B|$	$|U_A-U_C|$	$|U_B-U_A|$	$|U_B-U_C|$	$|U_C-U_A|$	$|U_C-U_B|$
50	0.05V	0.01V	0.05V	0.07V	0.01V	0.07V
60	0.05V	0.00V	0.05V	0.05V	0.00V	0.05V
70	0.04V	0.00V	0.04V	0.04V	0.00V	0.04V

由表 1.3.4 可以看出，各相电压有效值之差小于 0.1V，达到并超过题目"输出频率为 20~100Hz 时，各相电压有效值之差小于 0.5V"的要求。

（4）输出线电压有效值测试

测试条件：当输入电压为 198~242V 时，负载电流有效值为 0.5~3A。

测试方法：在隔离变压器前接一个 500VA 的自耦变压器，通过调节自耦变压器来改变输入电压，在电源的输出端接一个 200W 的三相电动机启动电阻，用以调节输出电流，测试结果见表 1.3.5（以测试 A 相线电压为例），输出线电压有效值测试简化图如图 1.3.41 所示。

表 1.3.5 输出线电压有效值测试结果

输入电压/V	负载电流/A	A 相/V	B 相/V	C 相/V
198	1	35.86	35.87	35.89
	2	35.74	35.76	35.77
	3	35.67	35.69	35.70
220	1	36.01	36.04	36.10
	2	36.00	36.00	36.03
	3	35.97	35.98	36.00

续表

输入电压/V	负载电流/A	A 相/V	B 相/V	C 相/V
240	1	36.30	36.32	36.35
	2	36.27	36.29	36.30
	3	36.15	36.18	36.12

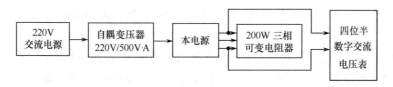

图 1.3.41　输出线电压有效值测试简化图

输出线电压有效值应保持在 36V，误差的绝对值小于 5%。

（5）输出指标实测与显示测试

测试仪器：UT56 数字万用表（四位半）、湘星 42L6-A 交流电流表、SP-1500A 等精度频率计。

输出指标实测测试数据见表 1.3.6（以测试 A 相线电压为例）。

表 1.3.6　输出指标实测测数据

测 试 指 标	显示值（预置值）	实 测 值	误 差
U_A	36V	37.47V	4.08%
I_A	1.39A	1.45A	3.57%
f	60Hz	62.30Hz	3.83%
P	62W	63.50W	2.42%

可以看出，该变频电源输出电压、电流、频率、功率测量误差的绝对值均小于 5%。

（6）输出相电压的失真度测试

利用 ZQ4121A 型自动失真度仪进行测试，失真仪的两个探头接到设计电源的相电压测量处，调整仪器，并将输出频率调整为 60Hz。测量结果为：A 相的失真度为 4.7%，B 相的失真度为 4.7%，C 相的失真度为 4.7%。因此，该变频电源的输出频率在 50Hz 以上时，输出相电压的失真度小于 5%。

（7）保护性能测试

① 过流保护：调整负载电阻，使输出电流增大，当输出电流等于 3.62A 时，电路自动保护并发出声、光告警信号。

② 负载缺相保护：人为地将三相负载电阻中的一相电阻断开，电路自动保护并发出声、光告警信号。

③ 负载不对称保护：人为地将三相负载电阻中的一相电阻阻值增大，增大 9Ω 时，电路自动保护并发出声、光告警信号。

④ 过压保护：调整稳压器的输出电压，当输出电压高于 250V 时，电路自动保护并发出声、光告警信号。

1.3.7 结论

本设计利用硬件描述语言 VHDL，在 Xilinx 公司 Spartan IIE 系列的 XC2S100Epq‑208FPGA 芯片上完成两路控制信号：PWM 波与 SPWM 波；控制电力电子器件 IGBT 和 MOSFET 构成的斩波、逆变输出电路，实现直流稳压、交流调频输出。采用芯片 AD637 对输出电压、电流进行真有效值变换，经 ADC0809 变换后送 FPGA 处理，实时对 SPWM 波进行修正，保证输出电压的稳定性。经测试，输出频率范围为 10～100Hz 的三相对称交流电的各相电压有效值之差小于 0.5V，符合题目要求的范围 20～100Hz；输出电压波形为正弦波；当输入电压为 198～242V、负载电流有效值为 0.5～3A 时，输出线电压有效值保持在 36V，误差的绝对值小于 1%，满足发挥部分的要求；该变频电源显示的电压、电流、频率和功率指标与测量的各项指标误差的绝对值均小于 5%；该变频电源输出频率在 50Hz 以上时，输出相电压的失真度为 4.7%，满足题目中相电压失真度小于 5% 的要求。根据上述测试结果，系统达到设计要求。

1.4 开关稳压电源

[2007 年全国大学生电子设计竞赛（E 题）]

1.4.1 任务与要求

1. 任务

设计并制作如图 1.4.1 所示的开关稳压电源。

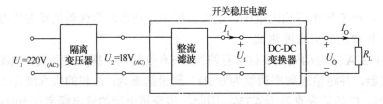

图 1.4.1 开关稳压电源框图

2. 要求

在电阻负载条件下，使电源满足下述要求。

1）基本要求

（1）输出电压 U_O 可调范围：30～36V。

（2）最大输出电流 I_{Omax}：2A。

（3）U_2 从 15V 变到 21V 时，电压调整率 $S_U \leqslant 2\%$（$I_O = 2A$）。

（4）I_O 从 0A 变到 2A 时，负载调整率 $S_I \leqslant 5\%$（$U_2 = 18V$）。

（5）输出噪声纹波电压峰峰值 $U_{OPP} \leqslant 1V$（$U_2 = 18V$，$U_O = 36V$，$I_O = 2A$）。

（6）DC-DC 变换器的效率 $\eta \geqslant 70\%$（$U_2 = 18V$, $U_O = 36V$, $I_O = 2A$）。

（7）具有过流保护功能，动作电流 $I_{Oth} = 2.5 \pm 0.2A$。

2）发挥部分

（1）进一步提高电压调整率，使 $S_U \leqslant 0.2\%$（$I_O = 2A$）。

（2）进一步提高负载调整率，使 $S_I \leqslant 0.5\%$（$U_2 = 18V$）。

（3）进一步提高效率，使 $\eta \geqslant 85\%$（$U_2 = 18V$, $U_O = 36V$, $I_O = 2A$）。

（4）排除过流故障后，电源能自动恢复为正常状态。

（5）能对输出电压进行键盘设定和步进调整，步进为 1V，同时具有输出电压、电流的测量和数字显示功能。

（6）其他。

3．说明

（1）DC-DC 变换器不允许使用成品模块，但可使用开关电源控制芯片。

（2）U_2 可通过交流调压器改变 U_1 来调整。DC-DC 变换器（含控制电路）只能由 U_I 端口供电，不得另加辅助电源。

（3）本题中的输出噪声纹波电压是指输出电压中的所有非直流成分，要求用带宽不小于 20MHz 的模拟示波器（AC 耦合，扫描速度为 20ms/div）测量 U_{OPP}。

（4）本题中的电压调整率 S_U 是指 U_2 在指定范围内变化时，输出电压 U_O 的变化率；负载调整率 S_I 是指 I_O 在指定范围内变化时，输出电压 U_O 的变化率；DC-DC 变换器的效率 $\eta = P_O/P_I$，其中 $P_O = U_O I_O$，$P_I = U_I I_I$。

（5）电源在最大输出功率下应能连续安全工作足够长的时间（测试期间不能出现过热等故障）。

（6）制作时应考虑方便测试，合理设置测试点（参考图 1.4.1）。

（7）设计报告正文中应包括系统总体框图、核心电路原理图、主要流程图、主要测试结果。完整的电路原理图、重要的源程序和完整的测试结果用附件给出。

4．评分标准

	项　　目	应包括的主要内容或考核要点	满　　分
设计报告	方案论证	DC-DC 主回路拓扑；控制方法及实现方案；提高效率的方法及实现方案	8
	电路设计与参数计算	主回路器件的选择及参数计算；控制电路设计与参数计算；效率的分析及计算；保护电路设计与参数计算；数字设定及显示电路的设计	20
	测试方法与数据	测试方法；测试仪器；测试数据（着重考查方法和仪器选择的正确性以及数据是否全面、准确）	10
	测试结果分析	与设计指标进行比较，分析产生偏差的原因，并提出改进方法	5
	电路图及设计文件	重点考查完整性、规范性	7
	总分		50

续表

基本要求	实际制作完成情况	50
发挥部分	完成第（1）项	10
	完成第（2）项	10
	完成第（3）项	15
	完成第（4）项	4
	完成第（5）项	6
	完成第（6）项	5
	总分	50

1.4.2 题目分析

此题是考查开关电源基本原理的典型题。根据题目的任务和要求，将原题的任务、要完成的功能、技术指标归纳如下：

任务很明显，DC-DC 变换器的输出电压要高于输入电压，就需要设计一个升压斩波电源，电力电子学中又称自举电路。

该开关稳压直流电源应具有输出电压步进可调、键盘设定、过流保护、排除过流故障后能自动恢复正常状态的功能，同时具有输出电压、电流的测量与显示等功能。

主要技术指标详见表 1.4.1。

表 1.4.1 主要技术指标

技术指标名称及符号	基本要求	发挥部分	条件
1. 输出电压 U_O 可调范围	30～36V		
2. 可调步进		1V	
3. 最大输出电流 I_{Omax}	2A		
4. 电压调整率 S_U	≤2%	≤0.2%	$U_2 = 15 \sim 21V, I_O = 2A$
5. 负载调整率 S_I	≤5%	≤0.5%	$I_O = 0 \sim 2A, U_2 = 18V$
6. 输出噪声纹波电压 U_{OPP}	≤1V		$U_2 = 18V, U_O = 36V, I_O = 2A$
7. DC-DC 变换器效率 η	≥70%	≥85%	$U_2 = 18V, U_O = 36V, I_O = 2A$
8. 过流保护动作电流 I_{Oth}	2.5±0.2A		

首先要确定系统方案。在表 1.4.1 所列的技术指标中，要求 3, 4, 5, 6, 8 对总体方案的影响不大，这些指标都与器件选择、制作工艺等因素有关，所以要把注意力集中在剩下的 3 个指标上。首先，输出电压 U_O 可调范围为 30～36V，而隔离变压器的次级输出范围为 15～21V，整流滤波后最大约 27V（加负载），空载约 29.6V，小于 30V，显然在整个电压范围内都需要升压输出。当然，题目没有限制整流电路的形式。另一种解决方案是，先倍压整流再滤波，这样后级就可采用降压电路。

其次，要求 DC-DC 变换器的整体效率大于 85%。对小功率电源而言，这个要求已经比较高。可以计算得到输出最大功率 $P_{Omax} = 36 \times 2 = 72W$，在 85% 的效率下，变换器的损耗不能超过 10.8W。要达到此项要求,必须使用尽量少的器件,无论是功率主回路还是控制测量电路都必须尽量简单。题目还要求控制电路的电源只由整流滤波输出口(U_I)引出,不得另加辅助电源,这就要求自制辅助电源,并且自制辅助电源的效率不应太低,所以传统的线性直流稳压电源不是理想选择,建议采用开关电源芯片。

从以上分析可以得出总体要求:主电路需要使用升压拓扑,并且升压幅度不大,电路结构应尽量简单,器件数量应尽量少,自制辅助电源,且效率较高。分析后还可发现,输入/输出没有隔离要求,并且输入端已有隔离变压器隔离,因此可用输入/输出无电气隔离的电路拓扑结构。

1.4.3 方案论证

1. 系统的整体框图

1)方案一

根据上述对题意的分析,不难构建系统的整体框图,如图 1.4.2 所示。220V 交流电压经降压、整流、滤波后,得到比较稳定的直流电压,该直流电压经自举电路升压、滤波后,得到平滑的直流输出,输出电压、电流经采样后输入 A/D 转换芯片,由单片机 PID 调节器实现稳压和调压,然后输出指令信号,指令信号经 FPGA 后显示,FPGA 生成 PWM 信号,该信号经过驱动电路驱动功率开关管,从而实现闭环反馈控制。当输出电流大于保护设定值时,产生过流保护信号,过流保护信号驱动继电器动作,切断主电路,同时关闭驱动信号,然后延时再行尝试通电并进行过流检测,若过流,则再断开主电路,直到电路恢复正常为止。

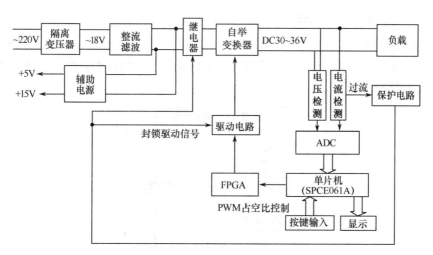

图 1.4.2 方案一的系统整体框图

2)方案二

方案二的系统整体框图如图 1.4.3 所示。方案二与方案一大同小异,只有控制部分和调整管驱动电路不同。方案一采用凌阳 16 位单片机作为控制器,以 FPGA 产生的 PWM 信号

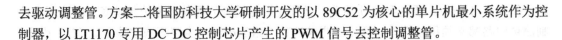

去驱动调整管。方案二将国防科技大学研制开发的以89C52为核心的单片机最小系统作为控制器，以LT1170专用DC-DC控制芯片产生的PWM信号去控制调整管。

2．整流滤波电路方案论证

对于单向电源输入的整流电路，可采用半波、全波、全桥和倍压整流方式。这些方式各有优缺点，通常采用全桥整流。滤波电路可采用π形滤波，以便减小纹波电压。

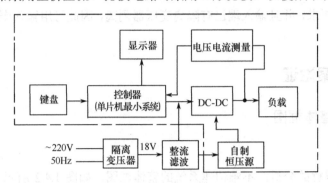

图1.4.3　方案二的系统整体框图

3．DC-DC变换器方案论证

1）控制电源

控制直流电源为整个系统提供控制用电，如5V、15V等。由于控制电源的损耗计入整个系统的效率，而效率所占的分值很高，因此不建议用78××系列、79××系列线性稳压芯片产生控制电压，而建议采用开关稳压芯片来进一步提高整机效率。

2）DC-DC变换器方案论证

开关型稳压电路的类型很多，按控制的方式分类，有脉冲宽度调制型（PWM）、脉冲频率调制型和混合调制型。在这三种方式中，脉冲宽度调制型用得较多，其PWM型稳压电路的组成如图1.4.4所示。

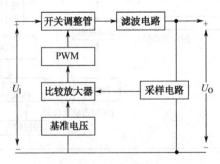

图1.4.4　PWM型稳压电路的组成

根据题目要求，DC-DC变换器不允许使用成品模块，但可使用开关电源控制芯片。因为开关电源控制芯片的种类繁多，下面只列举几种开关电源控制芯片。

（1）DC-DC变换器方案一

采用专用电压转换芯片LT1170实现DC-DC变换。

LT1170 的内部电路图如图 1.4.5 所示。LT1170 是一款集成度很高的电压转换芯片,内含 1.24V 基准电源、100kHz PWM 发生器、电流双环控制器、5A/75V 功率开关管和过流保护电路,使用它可以轻松地完成各种电压转换电路,输出指标和效率都很高。LT1170 的升压转换应用电路如图 1.4.6 所示。

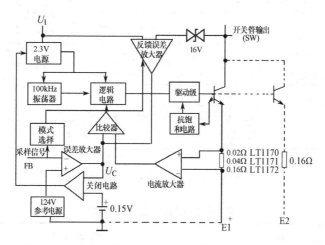

图 1.4.5　LT1170 的内部电路图

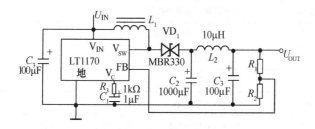

图 1.4.6　LT1170 的升压转换应用电路

图 1.4.6 是典型的自举升压转换应用,通过电感 L_1 的储能和 VD_1 的续流使得输出电压 U_{OUT} 高于输入电压 U_{IN},并且 $U_{OUT} = \left(\dfrac{R_1}{R_2}+1\right)\times 1.24$。

(2) DC-DC 变换器方案二

采用具有待机功能的 PWM 初级控制器 L5991,L5991 由 ST 公司生产。

① 特点:L5991 是一个标准电流型 PWM 控制器,具有可编程软启动电路、输入/输出同步、闭锁(用于过压保护和电源管理)、精确的极限占空比控制、脉冲电流限制、用软启动来进行过流保护及空载或轻载时使振荡器频率降低的待机功能等优点。

② 内部电路:L5991 的内部电路框图如图 1.4.7 所示,各引脚的功能见表 1.4.2。

③ 应用电路:L5991 有一个待机功能控制端,可以采用微处理器直接控制待机功能,且待机电流小于 120μA。

采用 L5991 设计的 90W 离线式电源转换器电路如图 1.4.8 所示。该输出功率与本题要设计的开关电源的输出功率接近,但脉冲变压器的次级根据题意改变匝数及组数即可。

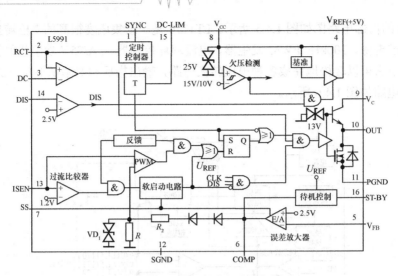

图 1.4.7 L5991 的内部电路框图

表 1.4.2 L5991 各引脚的功能

引 脚 号	引 脚 名 称	引 脚 功 能
1	SYNC	同步信号输入
2	RCT	振荡阻容元器件外接端
3	DC	输出脉冲占空比控制
4	V_{REF}	+5V 基准电压输出
5	V_{FB}	误差信号输入
6	COMP	误差放大信号输出
7	SS	软启动外接电容端。电压高于 7V 时，电路启动
8	V_{CC}	供电端
9	V_C	输出推动电路供电端
10	OUT	驱动脉冲信号输出
11	PGND	功率电路接地端
12	SGND	小信号电路接地端
13	ISEN	开关管过流检测电压输入端
14	DIS	去磁检测控制端：电压高于 2.5V 时，电路停止工作
15	DC-LIM	输出脉冲占空比控制 2
16	ST-BY	待机控制。电压高于 4V 时正常工作，电压低于 2.5V 时待机

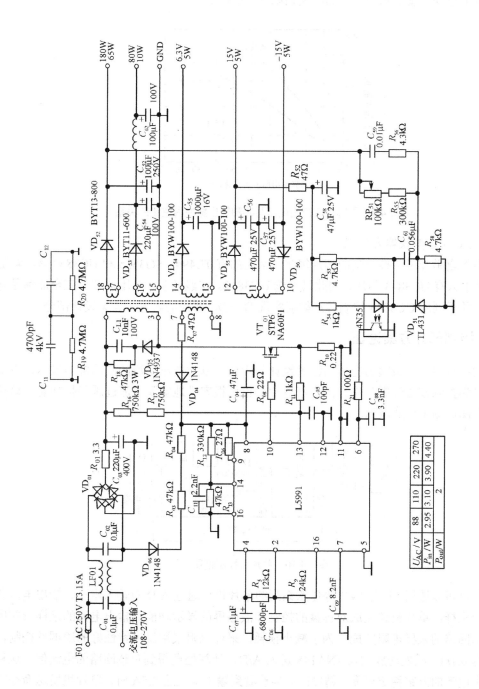

图 1.4.8 采用 L5991 设计的 90W 离线式电源转换器电路

U_{AC}/V	88	110	220	270
P_{in}/W	2.95	3.10	3.90	4.40
P_{out}/W			2	

L5991 的⑩脚输出的脉冲占空比是通过调整③脚的直流控制电压来改变的，其③脚直流控制电压与⑩脚输出脉冲占空比的关系如图 1.4.9 所示。

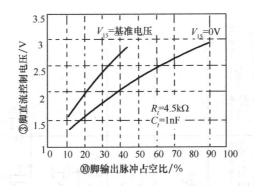

图 1.4.9　③脚直流控制电压与⑩脚输出脉冲占空比的关系

（3）DC-DC 变换器方案三

可用于自举升压转换控制的芯片很多，常用的有 TL494、SG3525 和 UC3843 等。竞赛期间，手中只有 UC3843 芯片，因此只有选 UC3843。实践证明，采用该芯片完全能满足竞赛要求。关于利用 UC3843 控制芯片如何实现 DC-DC 变换的内容，详见设计部分。

4．控制部分方案论证

控制部分主要完成输出电压的键盘设计与步进，以及电压电流的液晶屏幕显示，主要以单片机为控制核心开展工作。围绕着单片机也可很容易地实现过流过压保护功能。单片机控制框图如图 1.4.10 所示。

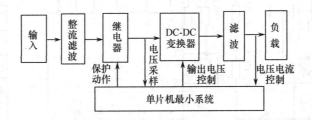

图 1.4.10　单片机控制框图

单片机可以选用 51 或 AVR 等任意系列的单片机，通过 A/D 对输入电压、输出电压和电流进行采样，单片机还完成对键盘的控制和液晶屏的显示功能。输出电流的采样依靠串联在输出回路的采样电阻完成，为了减小损耗，采样电阻采用温度特性好的康铜丝绕制，阻值约为 0.1Ω，经差动放大器 1NA148 送入 A/D，计算处理得到负载回路的电流值。这种检测输出电流的方案稳定可靠，精度高。当检测到输出电流达 2.5A 时，单片机发送命令断开前级处理电路的继电器，使供电中断，从而可靠地保护电路的安全。采用延时恢复技术实现故障排除后的自动恢复功能。

为了使输出电压在范围 30～36V 内步进可调，我们用数字电位器 X9312 作为采样电阻 R_2，通过调整其阻值来改变输出电压的幅度。X9312 为 ×10k、×100 挡数字电位器，足以满足题目输出 30～36V 可调的要求。X9312 和与其串联的 5kΩ 电阻 R_1 两端的电压受 UC3843

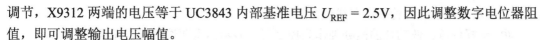

调节，X9312 两端的电压等于 UC3843 内部基准电压 $U_{REF} = 2.5V$，因此调整数字电位器阻值，即可调整输出电压幅值。

根据测试精度要求选用合适的 A/D，例如可选用 10 位串行模数转换器 TLC1549，用于采样电流值。单片机接收 A/D 转换器的数据并定时刷新，通过内部处理得出实际的电压、电流值，实现实时采样和电压电流值的显示。为了提高实时检测的精度，对所测数据求平均数，以减小干扰。

这部分涉及的都是通用技术，不做详细分析，可以查阅相关书籍。

值得一提的是，随着技术的发展，数字电源技术方兴未艾。本设计完全可以抛弃 LT1170 或 UC3843 等模拟控制芯片，而直接采用微处理进行电源控制。也就是说，对电压、电流进行 A/D 采样，然后输入微处理器，微处理器经过运算后，直接得到需要的 PWM 波来驱动功率开关。数字控制可以大大简化系统设计，便于实现各种各样的控制算法，提高电源性能。

5．提高效率的方法及实现方案

由前面的分析可知，要提高系统的效率，应从如下几个方面想办法。

（1）DC-DC 变换器采取线性稳压电路时，效率一般只有 20%～40%，而采用开关稳压电路时，效率可达 65%～90%。技术指标要求 $\eta \geqslant 85\%$，因此 DC-DC 变换器必须采用开关稳压电路。

（2）题目要求不允许另加辅助电源，并且辅助电源的损耗必须计入 DC-DC 变换器的总效率中。因此，自制辅助电源也必须采用开关稳压电源。本题选用 MC34063 专用开关集成电源。采用升压、降压和反向变压方式组成自制辅助稳压电源。

（3）DC-DC 变换器设计力求简单实用，尽量减小元器件的数量，因为电路中的每个元器件均会产生损耗。

（4）电路中的元器件应该选择低损耗元器件。

在 DC-DC 变换器中，主回路包含充电电感、滤波电感、充电电容、滤波电容、开关管、续流二极管、DC-DC 控制芯片、单片机最小系统、取样电阻等，它们均会产生损耗，影响整机效率。因此，如何正确地选择元器件或自制元器件就是重点内容之一。

① 充电电感与滤波电感属于储能器件，理想的电感是不损耗能量的。而 DC-DC 中的电感一般是自制的，即由铜线绕制而成，并且电感量是通过题目要求计算得到的。一个实际的电感可等效为一个电阻 r 与一个电感 L 的串联，其中 r 与匝数成正比，L 与匝数的平方成正比。为了减小 r 的值，必须增大导线的横截面积并减小匝数。通常将充电电感和滤波电感的线圈绕在磁导率高的材料上，如铁钢氧，而不宜采用矽钢片，采用钢片会产生涡流，导致损失更大。

② 充电电容和滤波电容的容量较大，一般采用电解电容，而电解电容有漏阻，因此建议将电解电容改为钽电容，以便减少损耗。

③ 开关管应选择开关特性好的，对脉冲上升沿和下降沿的反应要迅速，导通时饱和压降要尽量小。

④ 续流二极管应选择正向动态电阻小而反向电阻大的二极管。

⑤ 选择 DC-DC 控制芯片时，芯片本身的损耗要小，同时产生的脉冲上升沿和下降沿

较陡，要尽量减小开关管工作在线性区的时间。

⑥ 选择低压、低功耗的微处理作为控制器，显示器也要选择低损耗器件。

（5）适当提高工作频率 f 不仅有利于减轻重量、缩小体积，而且有利于提高整机效率。

1.4.4　电路设计与参数计算

1. 自制辅助电源设计与参数计算

辅助电源为整个系统提供控制电路用电，如 5V、15V 等。由于辅助电源的损耗计入整个系统的效率，因此该电路采用开关稳压芯片来提高系统效率。

常用的开关稳压芯片有 MC34063 等，其效率可达 80% 以上。MC34063 的内部电路如图 1.4.11 所示。MC34063 常用的几种电压变换原理如下。

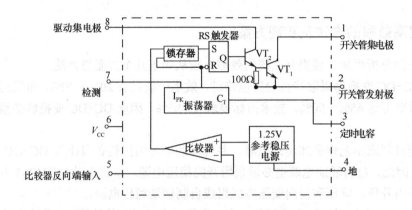

图 1.4.11　MC34063 的内部电路

1）升压变换应用

MC34063 升压变换典型应用电路如图 1.4.12 所示。升压变换时，有

$$U_{\text{OUT}} = \left(1 + \frac{R_2}{R_1}\right) \times 1.25\text{V}$$

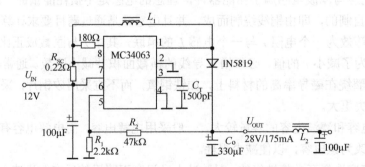

图 1.4.12　MC34063 升压变换典型应用电路

2）降压变换应用

MC34063 降压变换典型应用电路如图 1.4.13 所示。降压变换时，有

$$U_{\text{OUT}} = \left(1 + \frac{R_2}{R_1}\right) \times 1.25\,\text{V}$$

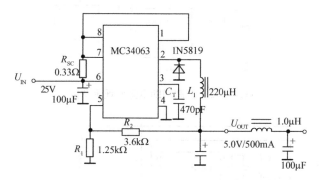

图 1.4.13　MC34063 压降变换典型应用电路

3）反向变换应用

MC34063 反向变换典型应用电路如图 1.4.14 所示。反向变换时，有

$$U_{\text{OUT}} = -\left(1 + \frac{R_2}{R_1}\right) \times 1.25\,\text{V}$$

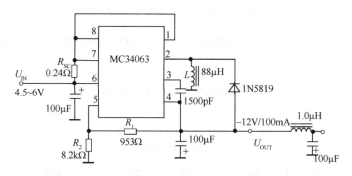

图 1.4.14　MC34063 反向变换典型应用电路

本方案应用时，可从整流滤波后的直流母线输入，用一个 MC34063 降压得到+5V 电压供单片机等数字部分使用，用另一个 MC34063 降压得到 12V 电压供电源控制芯片等模拟部分使用。如果还需要-12V 电压，那么可用+5V 作为输入，用第三个 MC34063 反转变换得到-12V 电压。自制辅助电源原理示意图如图 1.4.15 所示。

2. DC-DC 变换器的设计与参数计数

DC-DC 变换器采用德州仪器公司生产的 UC3843 作为控制器件，构成的升压转换电路如图 1.4.16 所示。图中 L_1、VT、R_S、VD 和 C_2 构成功率主回路。当功率开管 VT 导通时，输入 U_{IN} 通过电感 L_1、开关管 VT 和 R_S 构成通电回路，电感 L_1 储存能量。此时续流二极管 VD 截止，C_2 对负载放电维持 U_{OUT}，由于 C_2 的容量足够，在 VD 截止期间 C_2 上

的电压基本不变；当开关管 **VT** 截止时，开关管的漏极电压突然变高，使续流二极管导通，并对 C_2 进行充电，控制功率开关的占空比就能控制输出电压 U_{OUT}。R_S 用来检测流过功率开关的电流。

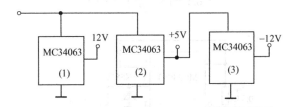

图 1.4.15　自制辅助电源原理示意图

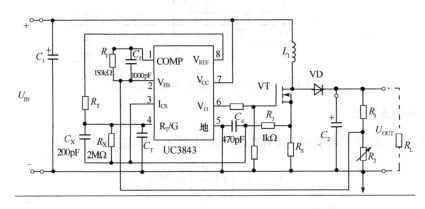

图 1.4.16　采用 UC3843 作为控制器件构成的升压转换电路

当电源的频率为 50Hz、电压为 220V 时，$U_2 = 18V$，经桥式整流与滤波后，可得直流电压为

$$U_I = 1.3U_2 = 1.3 \times 18 = 23.4V$$

题目要求输出电压 U_O 为

$$U_O = 30 \sim 36V$$

根据题目测试效率的条件 $U_2 = 18$，$U_O = 36V$，$I_O = 2A$，取 $U_O = 36V$。

现对 DC-DC 主回路元器件参数进行计算并确定元器件的型号。

1）电路开关频率 f_S 的选择

开关频率 f_S 对 DC-DC 电路的效率影响很大。f_S 太低时，会使充电电感、充电电容的体积太大，在保证充电电感量的前提下，线圈匝数增多，铜损耗加大。f_S 太高时，会使充电电感和电容体积缩小，重量减轻，但充电电感的涡流损耗、磁滞损耗加大，其他元器件的损耗也加大。开关频率 f_S 的选择必须综合考虑诸多因素。一般市面出售的开关电源的 f_S 在 20～200kHz 范围内，本设计选定 $f_S = 49kHz$。

2）确定最大占空比 D_{max} 的计算

$$D_{max} = \frac{U_O - U_I}{U_O} = \frac{36 - 23.4}{36} = 35\%$$

3）充电电感量 L_1 的计算

$$L_1 \geqslant \frac{2(U_I - U_S)D(1-D)}{I_O f_S} = \frac{2 \times (23.4 - 0.9) \times 0.35 \times (1 - 0.35)}{2 \times 49000} = 105\mu H$$

同时考虑在 10%额定负载以上电流连续的情况，实际设计时可以假设电路在额定输出时，电感纹波电流为平均电流的 20%～30%，取 30%为平衡点，即

$$\Delta I_L = 30\% \times I_{Lav} = 30\% \times \frac{I_O}{1-D} = 0.3 \times \frac{2}{1-0.35} \approx 0.923\,A$$

于是

$$L_1 = \frac{U_I - U_S}{\Delta I_L f_S} = \frac{23.4 - 0.9}{0.923 \times 49000}H = 497\mu H$$

流过电感 L_1 的峰值电流

$$I_{Lr} = 1.15 \times \frac{I_O}{1-D} = 1.15 \times \frac{2}{1-0.35}A \approx 3.54\,A$$

取充电电感线圈载流量为 $2A/mm^2$。导线的截面积

$$S = I_{Lr}/2 = \frac{3.54}{2}\,mm^2 = 1.77mm^2$$

导线直径

$$d = \sqrt{\frac{4S}{\pi}} = \sqrt{\frac{4 \times 1.77}{\pi}}\,mm \approx 1.5\,mm$$

磁芯材料可以选用价格便宜的铁粉芯磁环，也可以先用低损耗的铁硅铝或非晶磁环。

4）电容 C_2 的选择

输出滤波电容的选取决定了输出纹波电压，纹波电压与电容的等效串联电阻 ESR 有关，电容的容许纹波电流要大于电路中的纹波电流。

电容的 ESR $< \Delta U_O/\Delta I_L = 36 \times 1\%/0.923\Omega \approx 0.39\Omega$。

另外，为满足输出纹波电压相对值的要求，滤波电容应满足

$$C_L = \frac{U_O^2 D_T}{\Delta U_O I_O} = \frac{36^2 \times 0.35}{36 \times 1\% \times 2 \times 49\,000}F \approx 12.86\mu F$$

为了减小纹波，采用两个 1000μF/50V 的高频特性优良的 CD288 电解电容并联使用，因为并联使用可降低 ESR。若选用钽电容，则其高频特性更好。

5）开关管 S 的选择

开关管 S 的峰值电流为 3.54A，耐压选择大于 40V 以上。为提高效率，应选用动态电阻较小的 MOS 场效应开关管；为了提高可靠性，电压、电流余量要足够。因此选择容易购买的 IRFP250，其耐压大于 200V，允许最大电流为 30A，导通动态电阻为 0.075Ω。

6）续流二极管的选择

为了提高效率和可靠性，选用 MUR3020 快恢复软特性二极管，其耐压为 200V，最大电流为 30A。

7）开关电源驱动控制电路的选择

选择 UC3843 芯片作为本设计的驱动控制芯片，它是一种电流型 PWM 电源芯片，内置脉冲可调振荡器，采用能够输出和吸收大电流的图腾柱输出结构，特别适用于 MOSFFT 的驱动。它有一个温度补偿的基准电压和高增益误差放大器和一个电流传感器，并有具有锁存功能的逻辑电路和能提供逐个脉冲限流控制的 PWM 比较器，最大占空比为 100%。UC3843 由 MC34063 提供的+12V 电源供电，其 6 脚输出 PWM 控制功率开关管的通断。R_T 和 C_T 决定输出 PWM 波的频率 f_S，PWM 波的频率太高会增大开关损耗，造成效率下降。f_S 太低会影响相应速度，使 DC-DC 的体积增大，重量加重。综合考虑，取 $f_S = 49$kHz。在控制环节上，整个稳压过程包括两个闭环控制部分。一部分为电压外环，即输出电压取样后送入误差放大器，与 2.5V 的基准电压进行比较，比较后输出的电平送 PWM 产生脉宽改变的脉冲信号，使开关管占空比 D 改变，从而使输出恒定。另一部分为电流内环，即通过开关管的源极到公共端间的电流检测电阻 R_S，使得开关管导通期间流经电感 L 的电流在 R_S 上产生电压，送至 TPWM 比较器的同相输入端，与误差信号进行比较后控制脉冲的宽度，利用反馈原理，保持稳定的输出电压。这种电压外环、电流内环的控制方式，具有响应速度快、电压调整率高的特点，可大大简化控制环路的设计。由于 R_S 上的开关噪声很大，所以先通过简单的 RC 滤波后再接入电流检测引脚 3。R_S 的取值由最大保护电流决定，本设计中 R_S 取 0.13Ω。

R_1、R_2 为采样网络，改变 R_1 或 R_2 的取值，可使 U_O 改变。输出电压 U_O 为

$$U_O = \left(1 + \frac{R_1}{R_2}\right) \times 2.5\,\text{V}$$

3. 人机交互及保护电路设计

人机交互及保护电路主要完成输出电压的键盘设定、步进，输入电压、输出电压和电流的测量与显示，以及过流保护等功能。人机交互及保护电路框图如图 1.4.17 所示。工作原理已在方案论证时做了说明。

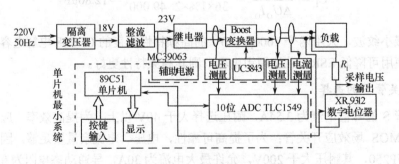

图 1.4.17 人机交互及保护电路框图

本设计的单片机最小系统采用国防科技大学 ASIC 研发中心设计的最小系统，它由时钟电路、复位电路、片外 RAM、片外 ROM、按键、数码管、液晶显示、ADC、DAC 和外部接口等组成。图 1.4.18、图 1.4.19 和图 1.4.20 分别给出了单片机最小系统的结构框图、实物照片和原理图。

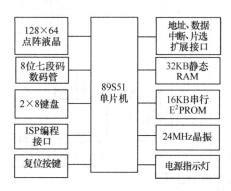

图 1.4.18　单片机最小系统结构框图

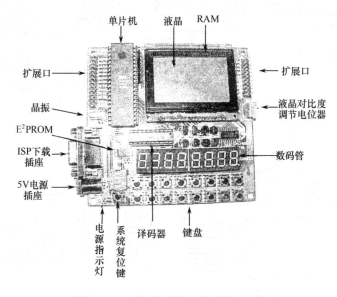

图 1.4.19　单片机最小系统实物照片

系统控制部分的软件设计相对比较简单，图 1.4.21 是主程序流程图，图 1.4.22 是中断程序流程图。

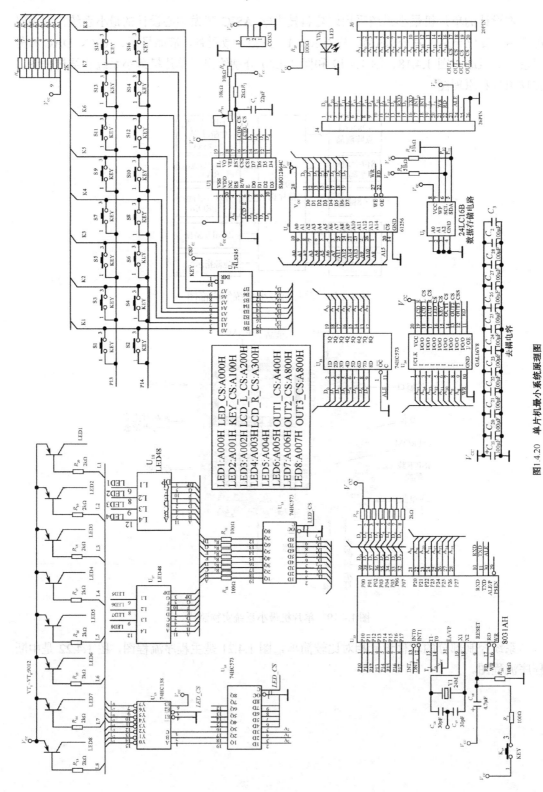

图1.4.20 单片机最小系统原理图

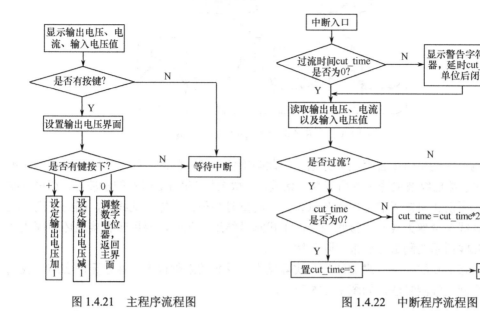

图 1.4.21　主程序流程图　　　　图 1.4.22　中断程序流程图

1.4.5　测试结果及分析

1．测试仪器

因为电源输入/输出都是直流，谐波含量较少，所以测试仪器选用四位半万用表和模拟示波器。万用表用来测量电压与电流，示波器用来测量波形。

2．测试方法

一些关键数据的测试计算公式如下：

转换效率 $\eta = \dfrac{U_{\text{OUT}}I_{\text{OUT}}}{U_{\text{IN}}I_{\text{IN}}}$；电压调整率 $S_{\text{U}} = \dfrac{2(U_1 - U_2)}{U_1 + U_2} \times 100\%$。

负载调整率 $S_{\text{I}} = \dfrac{2(U_1 - U_2)}{U_1 + U_2} \times 100\%$（$U_1$ 为实测最高电压，U_2 为实测最低电压）。

需要特别指出的是输出纹波的测量，题目规定输出噪声纹波电压是指输出电压中的所有非直流成分，要求用带宽不小于 20MHz 的模拟示波器（AC 耦合，扫描速度为 20ms/div）来测量 U_{OPP}。开关电源的这一指标不同于线性电源。线性电源的噪声是指电源内部有源器件如运放、基准、晶体管的固有噪声在电源输出端上的反应。这种噪声主要以白噪声的形式出现，伴有一定量的开关噪声，而纹波主要是指电源输出端上 50Hz 或 100Hz（半波或桥式整流）的成分。开关电源的输出噪声和纹波如图 1.4.23 所示。

开关电源开关纹波一般由输出 LC 滤波器的充放电引起，其频率和开关频率相同，幅值主要与输出电容的容量和 ESR（串联等效电阻）有关。高频噪声由功率开关元器件的开关动作和寄生振荡引起，其频率和幅值要比纹波的大得多。

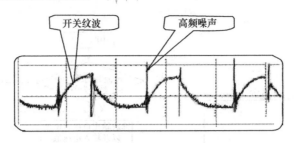

图 1.4.23　开关电源的输出噪声和纹波

因为测量的输出值中含有高频分量，因此必须使用特殊的测量技术才能获得正确的测量结果。为了测出纹波尖峰中的所有高频谐波，一般要用 20MHz 带宽的示波器。在进行纹波测量时，要防止将错误信号引入测试设备。测量时必须去掉探头地线夹，因为在高频辐射场中，地线夹会像天线一样接收噪声，干扰测量结果。此时，要用带有接地环的探头并采用图 1.4.24 所示的测量方法来消除干扰。

探头直接测量法——"靠测法"在实际操作中受到的限制很多，往往无法实施。我们还可以采用双绞线测量法，如图 1.4.25 所示。

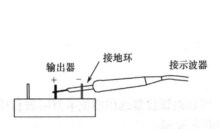

图 1.4.24　探头直接测量法（靠测法）

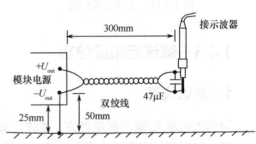

图 1.4.25　双绞线测量法

电源放在离接地板 25mm 的上方，接地板由铝或铜板构成。电源的输出公共端和 AC 输入地端直接与接地板连接，接地线应该很粗，而且不长于 50mm。用 16AWG 铜线做成 300mm 长的双绞线，一端接电源输出，另一端并联一个 47μF 的钽电容，再接到示波器上。电容的引线应尽可能短，同时要注意极性不要接反。示波器探头的"地线"应尽可能接到地线环，示波器的带宽不小于 50MHz，示波器本身交流接地。由于题目涉及的电压不高，功率不大，所以在条件不许可时，可以放弃对地平面和测试高度的要求，因为其带来的误差微乎其微。

测试过程中要时刻注意观察，避免短路、过压和过流等现象发生，一旦被测试样品过热、冒烟或起火，就应立即切断电源。

3. 测试数据

下面是一组典型的测试数据。

1）DC-DC 变换器的效率

在 $U_2 = 18V$，$U_O = 36V$，$I_O = 2A$ 时，使用 VC980+四位半万用表的测试结果如下。

次　　数	1	2	3	4	5
输出电压 U_O/V	36.01	36.03	35.96	36.00	35.99
输出电流 I_O/A	1.98	2.00	1.99	2.03	2.00
转 换 效 率	89.12%	88.74%	89.09%	88.93%	88.85%

2）电压调整率

在 $I_O = 2A$ 时，使用 VC980+四位半万用表的测试结果如下。

次　　数	1	2	3	4	5
输入的交流电压/V	15.30	16.04	17.14	19.22	21.01
输出的直流电压/V	30.14	30.17	30.19	30.23	30.26

计算得到电压调整率为 0.4%。

3）负载调整率

在 $U_2 = 18V$ 的情况下，使用 VC980+四位半万用表的测试结果如下。

次　　数	1	2	3	4	5
负载电流/A	0.00	0.51	1.02	1.52	2.04
输出电压/V	33.19	33.19	33.19	33.20	33.20

计算负载调整率为 0.4%。

4）纹波电压

通过 CA8022 模拟示波器（AC 耦合，扫描速度为 20ms/div），采用双绞线法对输出电压进行观察，纹波峰峰值约为 300mV。

4．误差分析

按照上述要求设计的电源基本上可以达到预定的指标。保护动作电流有一定偏差，主要原因如下：一方面，检流电阻自身存在误差，信号调理运放存在漂移现象，且 AD 转换器存在误差；另一方面，电路的抗干扰能力较弱，信杂比小，容易引起误动作。需要加强电磁兼容设计，周密考虑地线铺设，提高电源的可靠性和稳定性。

1.5　光伏并网发电模拟装置

［2009 年全国大学生电子设计竞赛（A 题）（本科组）］

1.5.1　任务与要求

1．任务

设计并制作一个光伏并网发电模拟装置，其结构框图如图 1.5.1 所示。用直流稳压电源 U_S 和电阻 R_S 模拟光伏电池，$U_S = 60V$，$R_S = 30 \sim 36\Omega$；u_{REF} 为模拟电网电压的正弦参考信号，其峰峰值为 2V，频率 f_{REF} 为 45～55Hz；T 为工频隔离变压器，变压器的变比为 N_2：$N_1 = 2:1$，$N_3:N_1 = 1:10$，将 u_F 作为输出电流的反馈信号；负载电阻 $R_L = 30～36\Omega$。

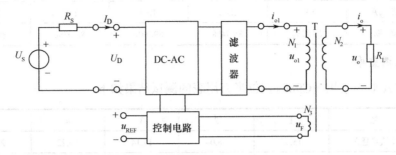

图 1.5.1　光伏并网发电模拟装置结构框图

2. 要求

1）基本要求

（1）具有最大功率点跟踪（Maximum Power Point Tracking，MPPT）功能：R_S 和 R_L 在给定范围内变化时，使 $U_D = \frac{1}{2}U_S$，相对偏差的绝对值不大于 1%。

（2）具有频率跟踪功能：当 f_{REF} 在给定范围内变化时，使 u_F 的频率 $f_F = f_{\text{REF}}$，相对偏差绝对值不大于 1%。

（3）当 $R_S = R_L = 30\Omega$ 时，DC-AC 变换器的效率 $\eta \geqslant 60\%$。

（4）当 $R_S = R_L = 30\Omega$ 时，输出电压 u_o 的失真度 THD $\leqslant 5\%$。

（5）具有输入欠压保护功能，动作电压 $U_{\text{Dth}} = 25\pm0.5\text{V}$。

（6）具有输出过流保护功能，动作电流 $I_{\text{Oth}} = 1.5\pm0.2\text{A}$。

2）发挥部分

（1）提高 DC-AC 变换器的效率，使 $\eta \geqslant 80\%$（$R_S = R_L = 30\Omega$ 时）。

（2）降低输出电压失真度，使 THD $\leqslant 1\%$（$R_S = R_L = 30\Omega$ 时）。

（3）实现相位跟踪功能：当 f_{REF} 在给定范围内变化以及加非阻性负载时，均能保证 u_F 与 f_{REF} 同相，相位偏差的绝对值小于等于 5°。

（4）过流、欠压故障排除后，装置能自动恢复为正常状态。

（5）其他。

3. 说明

（1）本题中的所有交流量除特别说明外均为有效值。

（2）U_S 采用实验室可调直流稳压电源，不需要自制。

（3）控制电路允许另加辅助电源，但应尽量减少路数和损耗。

（4）DC-AC 变换器的效率 $\eta = \dfrac{P_o}{P_d}$，其中 $P_o = U_{o1}I_{o1}$，$P_d = U_D I_D$。

（5）基本要求中第（1）项、第（2）项和发挥部分中第（3）项要求从给定条件发生变化到电路达到稳态的时间不大于 1s。

（6）装置应能连续安全工作足够长的时间，测试期间不能出现过热等故障。

（7）制作时应合理设置测试点（参考图1.5.1），以方便测试。

（8）设计报告正文中应包括系统总体框图、核心电路原理图、主要流程图、主要测试结果。完整的电路原理图、重要的源程序和完整的测试结果用附件给出。

4．评分标准

项　　目		主　要　内　容	满　　分
设计报告	方案论证	比较与选择 方案描述	4
	理论分析与计算	MPPT的控制方法与参数计算 同频、同相的控制方法与参数计算 提高效率的方法 滤波参数计算	9
	电路与程序设计	DC-AC主回路与器件选择 控制电路或控制程序 保护电路	9
	测试方案与测试结果	测试方案及测试条件 测试结果及其完整性 测试结果分析	5
	设计报告结构及规范性	摘要 设计报告正文的结构 图标的规范性	3
	总分		30
基本要求	实际制作完成情况		50
发挥部分	完成第（1）项		10
	完成第（2）项		5
	完成第（3）项		24
	完成第（4）项		5
	其他		6
	总分		50

光伏并网发电模拟装置（A题）测试说明如下。

（1）此表仅限赛区专家在制作实物测试期间使用，竞赛前、后都不得外传，每题测试组至少配备三位测试专家，每位专家独立填写一张此表并签字；表中凡是判断特定功能有、无的项目用"√"表示；凡是指标性项目需如实填写测量值，有特色或问题的可在备注中写明，表中栏目如有缺项或不按要求填写的，全国评审时该项按零分计。

（2）各项测试除特别说明外，参考信号频率 f_{REF} 均为50Hz，交流量均为有效值。

（3）基本要求（1）评分标准：计算 $\delta = \max\left(\left|\dfrac{U_{D1}-U_S/2}{U_S/2}\right|, \left|\dfrac{U_{D2}-U_S/2}{U_S/2}\right|\right)$，$\delta \leqslant 1\%$ 得满分，每增加1%扣1分。

（4）基本要求（2）评分标准：计算 $\delta = \left|\dfrac{f_F-f_{REF}}{f_{REF}}\right|$，$\delta \leqslant 1\%$ 得满分，每增加1%扣1分。

光伏并网发电模拟装置（A题）测试记录与评分表

赛区_____ 代码_____ 测评人_____　　　　　　　　　　　2009年9月 日

类型	序号	项目与指标		满分	测 试 记 录	评分	备注
基本要求	(1)	最大功率点跟踪功能	$R_L = 30\Omega$ 时，测量 $R_S = 30\Omega$ 和 $R_S = 36\Omega$ 时的 U_D，分别记为 U_{D1} 和 U_{D2}	8	$U_S = $ _____ V $U_{D1} = $ _____ V $U_{D2} = $ _____ V		
			$R_S = 30\Omega$ 时，测量 $R_L = 30\Omega$ 和 $R_L = 36\Omega$ 时的 U_D，分别记为 U_{D1} 和 U_{D2}	8	$U_S = $ _____ V $U_{D1} = $ _____ V $U_{D2} = $ _____ V		
	(2)	频率跟踪功能：$R_S = R_L = 30\Omega$ 时，测量不同 f_{REF} 下的 f_F	$f_{REF} = 45$Hz	3	$f_F = $ _____ Hz		
			$f_{REF} = 50$Hz	3	$f_F = $ _____ Hz		
			$f_{REF} = 55$Hz	3	$f_F = $ _____ Hz		
	(3)	$R_S = R_L = 30\Omega$ 时，测量效率：$\eta \geqslant 60\%$ 满分，每降低 1% 扣 1 分		10	$U_{o1} = $ ____ V，$I_{o1} = $ ____ A $U_D = $ ____ V，$I_D = $ ____ A $\eta = $ _____ %		
	(4)	$R_S = R_L = 30\Omega$ 时，测量 u_o 的失真度：THD ≤ 5% 满分，每增加 1% 扣 1 分		5	THD = _____ %		
	(5)	欠压保护		1	欠压保护功能（有　　无　）		
				2	动作电压 $U_{Dth} = $ _____ V		
	(6)	过流保护功能		1	过流保护功能（有　　无　）		
				2	动作电流 $I_{oth} = $ _____ A		
		工艺		4			
		基本要求总分		50			
发挥部分	(1)	$\eta \geqslant 80\%$ 满分，每降低 1% 扣 0.5 分		10	$\eta = $ _____ %		
	(2)	THD ≤ 1% 满分，每增加 1% 扣 1 分		5	THD = _____ %		
	(3)	相位跟踪功能：$R_S = R_L = 30\Omega$ 时，测 u_F 与 u_{REF} 的相位差 $\Delta\varphi$	测量不同 f_{REF} 下的 $\Delta\varphi$	12	$f_{REF} = 45$Hz，$\Delta\varphi_1 = $ _____ $f_{REF} = 50$Hz，$\Delta\varphi_2 = $ _____ $f_{REF} = 55$Hz，$\Delta\varphi_3 = $ _____		
			测量容性负载下的 $\Delta\varphi$	12	$f_{REF} = 45$Hz，$\Delta\varphi_1 = $ _____ $f_{REF} = 50$Hz，$\Delta\varphi_2 = $ _____ $f_{REF} = 55$Hz，$\Delta\varphi_3 = $ _____		
	(4)	自动恢复功能		5	有　　无		
	(5)	其他		6			
		总分		50			

（5）基本要求（5）评分标准：计算 $\delta = |U_{Dth}-25|$，$\delta \leq 0.5V$ 得 2 分，$\delta \leq 1V$ 得 1 分。

（6）基本要求（6）评分标准：计算 $\delta = |I_{oth}-2|$，$\delta \leq 0.2A$ 得 2 分，$\delta \leq 0.4A$ 得 1 分。

（7）发挥部分（3），首先在电阻负载下测试，为获得非阻性负载，要求在负载 R_L 上并联电容（可按图 1.5.2 操作）；调整过程结束后，相位差在稳定值附近小范围波动时，读取其平均值；若 $|\Delta\varphi|$ 不断增加，本项不得分。

（8）发挥部分（3）的评分方法：计算 $\Delta\varphi = \max(|\Delta\varphi_1|, |\Delta\varphi_2|, |\Delta\varphi_3|)$，评分标准：$\Delta\varphi \leq 5°$ 得 12 分；$5° < \Delta\varphi \leq 10°$ 得 9 分；$10° < \Delta\varphi \leq 15°$ 得 6 分；$15° < \Delta\varphi \leq 20°$ 得 3 分；$\Delta\varphi > 20°$ 得 0 分。

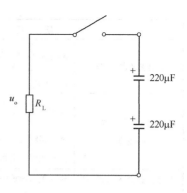

图 1.5.2　在负载上并联电容

1.5.2　题目分析

光伏并网发电是目前的热门话题之一，若能将取之不尽、用之不完的太阳能转换为电能并与市电并网，则其意义非常重大。此题推出后引起了人们的特别关注。我们清楚，要使发电装置与市电并网，必须满足频率、相位、幅度和波形完全一致的条件，即要求发电装置的幅度、频率、相位和波形（指失真）完全能实时跟踪市电信号，而实现这一点难点很大。题目对幅度跟踪未做特别的要求，但题目有其他（占 6 分）一项可能包含幅度跟踪的内容。

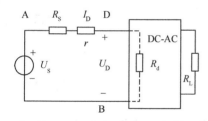

图 1.5.3　MPPT 等效电路

此题对节能也提出了较高的要求，具体包括两方面的要求：一是具有最大功率点跟踪（MPPT）功能，二是 DC-AC 变换器的效率 $\eta \geq 80\%$。

作为发电装置，其安全使用也非常重要。题目要求有输入欠压保护和输出过流保护功能。

为便于分析，我们将题目的任务与要求列成表格形式，见表 1.5.1。显然，此题的重点和难点是节能问题和反馈信号 u_F 如何跟踪参考信号 u_{REF} 的问题。下面就这两个问题进行重点论述。

1．节能问题

1）最大功率点跟踪（MPPT）

将图 1.5.1 简化成图 1.5.3 所示的 MPPT 等效电路，其中 U_S 为模拟光伏直流稳压电源，R_S 为光伏电源内阻，它们构成一个整体，实际上不可分割，A 点是虚设的点。许多考生将 A 点作为测试点，测出 U_{AB}、U_{DB}，算出 $I_D = \dfrac{U_{AB} - U_{DB}}{R_S}$，这种做法是错误的，与实际情况不符。要测量 I_D，必须在电路中串联一个取样电阻 r_o。根据图 1.5.1 可知，R_d 获得的功率为

表 1.5.1　技术指标要求一览表

项　目		基本要求	发挥部分要求
节能要求（占 36 分）	$\delta = \max\left(\left\|\dfrac{U_{D1}-U_S/2}{U_S/2}\right\|, \left\|\dfrac{U_{D2}-U_S/2}{U_S/2}\right\|\right)$ $\eta = P_o/P_D$	≤1% ≥60%	≥80%（$R_S = R_L = 30\Omega$ 时）
u_F 与 u_{REF} 参数一致性要求（占 43 分）	频率跟踪 $\delta = \left\|\dfrac{f_F - f_{REF}}{f_{REF}}\right\|$	≤1%	
	相位跟踪 $\Delta\varphi = \max(\|\Delta\varphi_1, \Delta\varphi_2, \Delta\varphi_3\|)$		≤5°
	波形跟踪（失真度 η）	≤5%	≤1%
安全保护要求（占 11 分）；工艺（占 4 分）	输入欠压保护的动作电压/V	25±0.5	欠压故障排除后，自动恢复正常
	输出过流保护的动作电流/A	1.5±0.2	过流故障排除后，自动恢复正常
其他（6 分）	包括 u_F 与 u_{REF} 的幅度跟踪，进一步提高各项技术指标等		

$$P_d = \frac{U_S^2 - R_d}{(R_S + R_d)^2} \tag{1.5.1}$$

根据题意，$U_S = 60V$ 是给定，而 R_S 和 R_L 在范围 30～36Ω 内变化，于是 P_{omax} 在范围 25～30W 内变化。要求 P_{max}，应有

$$\frac{dP_d}{dR_d} = 0 \tag{1.5.2}$$

解式（1.5.2）得 $R_d = R_S$，从而有

$$P_{dmax} = \frac{U_S^2}{4R_S} \tag{1.5.3}$$

以上就是最大功率跟踪的理论依据。最大功率跟踪的方法很多，有恒定电压法、扰动观察法和导纳增量法等。

2）如何提高 DC-AC 变换器的效率

根据电力电子方面的知识，DC-AC 逆变电源常采用图 1.5.4 所示的主回路原理框图。要提高变换效率，末级功放是关键。

图 1.5.4　DC-AC 逆变电源的主回路原理框图

工作于甲类状态时，$\eta_{max} = 50\%$；工作于乙类状态时，$\eta_{max} = 78.5\%$；工作于丙类状态时，若 $\theta = 60°$ 时，则 $\eta_{max} = 90\%$；工作于丁类状态时，$\eta_{max} = 100\%$。上述数据均为理想情况下算出的数据，实际上达不到。然而，由这些数据可知工作于丁类（D 类）状态时的效率最高，因此选用丁类放大器。成功的作品一般选用场效应管作为开关管的全桥功放电路。影响 DC-AC 转换器效率提高的主要原因如下：

① 开关管导通电阻的存在。

② LC 滤波器的 Q 值有限。

③ 隔离变压器存在铁损耗与铜损耗。

因此，要选用导通电阻小的场效应管作为开关管；滤波电感必须采用铁氧体作为磁通路，导线要粗一些或有多股；滤波电容要选损耗小的（如选用聚丙烯电容）；隔离变压器要采用冷轧钢带作为铁芯，绕组导线要选取粗一些的。这些措施对提高 DC-AC 变换器的转换效率均是行之有效的。

2．频率、相位和波形跟踪问题

根据题意，参考信号 u_{REF} 的频率 f_{REF} 的变化范围为 45～55Hz，而驱动放大器和末级放大器存在分布参数，负载也不一定为纯阻性，因此输出信号 $u_o(t)$ 会产生相移。由于输出信号 $u_o(t)$ 和 u_{REF} 客观上既存在频差又存在相差，因此必须采取措施使 $u_o(t)$ 的频率和相位跟踪 u_{REF} 的频率和相位，此时我们自然会想到 PLL 和 DDS。

1）利用 PLL 实现 DC-AC 变换的方法

利用锁相环（PLL）方法生成正弦波后，与三角波一起加至调制器，生成 SPWM 波，再经过驱动电路来驱动全桥功放电路工作，经 LC 滤波后恢复出正弦信号。对输出信号进行取样得 u_F，u_F 和 u_{REF} 一并加到 FD/PD 上，再经过环路滤波得一个控制信号 u_C，最后去控制 RC VCO，形成反馈闭合回路。这就是锁相环的工作原理，其原理框图如图 1.5.5 所示。

图 1.5.5　利用 PLL 实现 DC-AC 变换的方法的原理框图

2）利用 DDS 实现 DC-AC 变换的方法

利用 DDS 实现 DC-AC 变换的方法的原理框图如图 1.5.6 所示，其输出频率为

$$f_o = K \frac{f_C}{2^n} \tag{1.5.4}$$

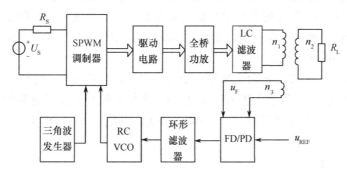

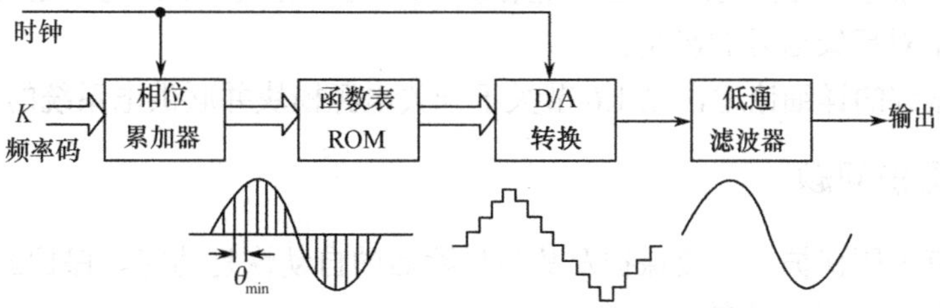

图 1.5.6　利用 DDS 实现 DC-AC 变换的方法的原理框图

由式（1.5.4）可知，只要改变频率码 K 就能改变输出 f_o 的值，改变起始的地址码就可方便地改变初始相位。

利用同样的方法可以生成三角波。再根据 SPWM 的原理，可用 DDS 生成正弦脉宽调制波。上述过程可在单片机（或 FPGA）上利用软件编程来实现。若实时测出 u_F（u_o 的取样值）和 u_{REF} 的频率差与相位差，对正弦信号的频率码和相位码随时进行修正，就能实现 $u_F(t)$ 跟踪 $u_{REF}(t)$ 的频率与相位的目的，实现原理框图如图 1.5.7 所示。

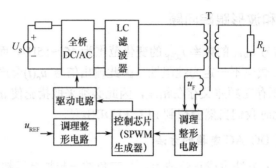

图 1.5.7　利用 DDS 实现频率和相位跟踪的原理框图

3）波形跟踪

在 u_F 跟踪 u_{REF} 的频率与相位时，我们希望 u_F 与 u_{REF} 的波形也能一致。我们知道，u_{REF} 是一个理想的正弦波，若 u_F 也是一个理想的正弦波，则就实现了波形跟踪。实际上，波形跟踪解决的就是输出波形失真问题。下面以 DDS 实现 DC-AC 变换的方案为例，介绍如何降低输出信号 $u_o(t)$ 的失真度。

① 由式（1.5.4）可知，n 为正弦波一个周期内的取样点数，n 值越大，失真度越小。

② 时钟频率 f_{CP}、三角波的重复频率 f_Δ 和参考信号频率 f_{REF} 呈整数倍关系。由于 f_{REF} 是变化的，因此可采用 f_{REF} 倍频的方法得到，即 $f_{CP} = nf_{REF}$，$f_\Delta = mf_{REF}$。

③ 合理设计 LC 滤波器。

④ 尽量减小干扰。

⑤ 尽量减小 u_F 与 u_{REF} 的相位差（即相位失真）。

4）幅度跟踪

本题对幅度跟踪未做要求，而要实现光伏发电装置与市电并网，幅度跟踪也是必要的。u_{REF} 可以视为由网上电压经取样得到，u_F 是光伏发电装置输出电压的取样值，它们均按固定比例减小。将 u_F 与 u_{REF} 进行幅度比较，得到幅度差，再改变 SPWM 的幅度，可实现幅度跟踪。幅度跟踪可能会影响最大功率点跟踪（MPPT）的效果。同时，还要考虑到市电通过隔离变压器 T 对反馈信号的影响。

关于幅度跟踪的详细论述，见 1.6 节关于开关电源模块并联供电系统的论述。

3. 安全保护问题

系统应具有欠压保护、过流保护及故障排除后的自动恢复功能。保护的方法有软件方法、硬件方法和软/硬件结合的方法。

1）软件保护方法

① 欠压保护：将 U_d 的采样值与设定的保护阈值进行比较，若超过阈值，则单片机停止输出 SPWM，实现欠压保护，欠压保护后，单片机每隔 5s 不断采样，若故障已排除，则恢复正常，即采用打嗝方式进行保护。将这个过程编写为程序，由单片机进行控制。

② 过流保护：故障保护思路与欠压保护一样，也采用打嗝方式通过软件实现。

2）硬件保护方法

① 过流保护：过流保护的原理框图如图 1.5.8 所示。

图 1.5.8　过流保护的原理框图

首先对输出电流 i_o 采样，将电流样值转换为电压样值，然后放大电压样值，并与已设定的阈值电压进行比较，过流时比较器输出低电平，使继电器动作，切断激励信号通路，使末级功放不工作；反之，恢复正常。

② 欠压保护：与过流保护的原理雷同。

分析题目可知，光伏并网装置的总体方案有多种。然而，根据题目对效率的要求（$\eta \geqslant 80\%$），大多数优秀作品的 DC-AC 变换均采用了丁类（D 类）放大器，不同的只是 SPWM 的生成方法。归纳起来，有硬件生成法和软件生成法，下面举两个典型例子加以说明。

1.5.3　采用硬件生成 SPWM 的光伏并网发电装置

来源：西安电子科技大学　刘东林　何昊　郭世忠（全国一等奖）

摘要：本设计利用锁相环倍频、比较器过零触发和单片机 D/A 产生与输入信号同频同相且幅值可控的正弦波，作为 DC-AC 电路的输入参考信号，其中 DC-AC 电路采用 D 类功放中的自激反馈模型，利用负反馈的自激振荡产生 SPWM 波，实现输出波形的内环控制。单片机实时采集入口电压、电流并计算，实现最大功率点的跟踪，完成了题目的要求。在 30Ω 额定负载下，实测效率高达 89%，失真度极低。频率相位均能实现小于 1s 的快速跟踪，跟踪后相差小于 0.9°，且具有欠压、过流保护及自恢复功能。

1．方案论证与比较

1）DC-AC 逆变方案比较

▶方案一：用 DSP 或 FPGA 产生 SPWM 信号驱动半桥式或全桥式 DC-AC 变换器，经输出 LC 滤波后得到逆变信号。此方案的缺点在于 SPWM 控制为开环，在电源功率和负载变化时难以保证波形的失真度满足题目要求。

▶方案二：采用 D 类功放中自振荡式模型的逆变拓扑，利用负反馈的高频自激产生所需的 PWM 开关信号。此方案为闭环系统，在电源功率和负载变化时波形基本无失真，且硬件电路简单。因此本设计采用方案二。

2）锁相、锁频方案比较

▶方案一：用高速 A/D 实时采集正弦参考信号 u_{REF} 和输出电压的反馈信号，两者进行比较，利用滞环比较控制算法控制主电路产生 PWM 驱动信号，从而实现波形跟踪。此方案对单片机和 A/D 的速度要求均比较高，系统软件开销很大。

▶方案二：利用锁相环的锁相、锁频功能，将参考信号倍频，产生与其同步的时钟，以此时钟调整输入与输出的频率和相位关系。此方案完全由硬件电路实现，简单方便，因此本设计采用方案二。

3）最大功率点跟踪方案比较

▶方案一：采用经典 MPPT 算法，对光伏阵列的输出电压电流连续采样，寻找 $\mathrm{d}P/\mathrm{d}U$ 为零的点，即为最大功率点。其原理框图如图 1.5.9 所示。

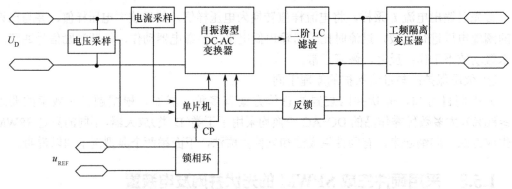

图 1.5.9　原理框图

▶方案二：使用模糊逻辑控制等现代 MPPT 跟踪方法。这类算法的优点是对于非线性光伏发电系统能够取得良好的控制效果，但控制方法复杂，系统开销很大，因此不采用此方案。

在实际制作中，我们选用 CD4046 锁相环芯片、功率 MOS 管 IRF540 等性价较高的器件，采用基于 MSP430F169 单片机的经典控制算法，较为出色地完成了各项指标要求。

2. 理论分析与参数计算

1）频率跟踪电路设计

利用锁相环 CD4046 可以实现输入信号的倍频和同步，输入频率 45～55Hz 经 256 倍频后为 11.52～14.08kHz 信号，送给单片机作为系统同步的时钟。单片机用 DDS 原理产生幅度可调的正弦信号，此时钟作为 D/A 转换输出的时钟，即可追踪输入信号的相位和频率。锁相环的原理框图如图 1.5.10 所示。CD4046 的内部电路与外围电路如图 1.5.11 所示。此正弦信号送给本设计中自闭环的 DC-AC 逆变器作为输入，输出电压就能与参考输入 u_{REF} 同频、同相。为保证快速锁定，需要调整 R_1、R_2、C_1 的值，使锁相环的中心频率稳定在 50Hz。

2）MPPT 最大功率点跟踪的实现

本设计采用 MSP430F169 单片机，其内部原理框图如图 1.5.12 所示。它有两路 D/A 转换、8 路 A/D 转换，可以轻松地实现连续的电压、电流采集。单片机由此数据计算出实时功率后，根据 MPPT 算法自动调整，当 $dP/dU > 0$ 时，通过增加系统的输入阻抗增加实际得到的输入电压 U 以提高功率，反之则降低 U，最终达到 $dP/dU = 0$ 的最大功率点跟踪。

图 1.5.10　锁相环的原理框图

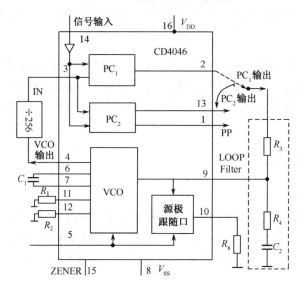

图 1.5.11　CD4046 的内部电路与外围电路

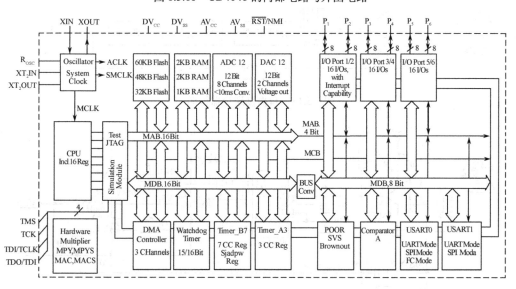

图 1.5.12　MSP430F169 内部原理框图

3）提高效率的方法

开关电源电路设计中的主要损耗包括：场效应管的导通电阻损耗和开关损耗；滤波电

路中电感和电容的损耗，隔离变压器的铜损与铁损。综合考虑成本和性能，本电路选用 IRF540，其导通电阻仅为 77mΩ，输入结电容为 1700pF。在带载额定电流为 1A 时，全桥的静态功耗 $P_{on} = 4I^2 R_{on} = 0.308\text{W}$。由于滤波电感和电容工作在高频下，起储能、释能作用，因此电感要尽量减小内阻，并保留 1mm 磁隙来防止饱和，电容则要选取等效串联电阻 ESR 较小的高频低阻类型，以减小在电容上产生的功率损耗。本作品中所用的电感线圈为多股漆包线并绕，以减小高频下导线集肤效应带来的损耗，并使用铁氧体材料的磁芯，以减小其磁滞损耗。电容则选用聚丙烯电容，它具有较好的高频特性、稳定性和较小的损耗。为减小隔离变压器 T 的损耗，可选用冷轧钢带替代矽钢片，且导线的载流量选为 2.5A/mm²。

4）滤波参数设计

滤波电感使用直径为 36mm 的瓷罐，加 1mm 的磁隙，用 0.4mm 的漆包线 5 股并绕 20 匝，实测电感约为 200μH；为减小通带衰减，取截止频率为 5kHz，100 倍于基频，得 $C = 4.7\mu\text{F}$。为进一步减小正弦波谐波分量，又用 60μH 铁粉环电感与 0.68μF 电容进行了二次滤波，最终效果比较理想。

3．电路与程序设计

1）DC-AC 电路

DC-AC 逆变器由自振荡的 D 类功率放大器构成，利用负反馈的高频自激，产生幅度较弱的高频振荡叠加到工频信号上，经过比较器产生高频 SPWM 开关信号，通过浮栅驱动器驱动 MOS 管半桥。自振荡逆变器框图如图 1.5.13 所示，DC-AC 逆变器原理图如图 1.5.14 所示。

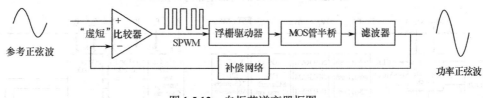

图 1.5.13　自振荡逆变器框图

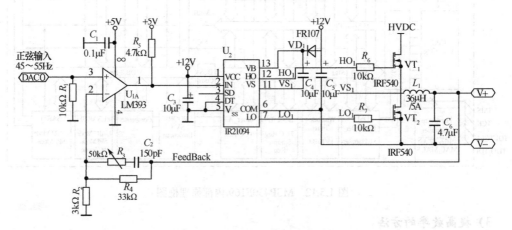

图 1.5.14　DC-AC 逆变器原理图

输出信号的放大倍数由 R_2 与 R_4 的分压比决定，而自振荡（产生的 SPWM）频率可通过微调补偿网络中的电阻、电容值进行调整，实际中综合考虑损耗和滤波电路的设计，选定频率约为 28kHz，保证输出电压在功率电源电压范围内，比例放大系数选为 12。

这种逆变器自身闭环，整个电路只使用一个比较器，可以根据负载的变化自动调整 SPWM 的占空比，使输入/输出电压始终成比例关系。

在本设计中，使用两个上述的自振荡逆变器构成平衡桥式 DC-AC 变换器，以 LM393 作为逆变的比较器，配合使用自带死区的 IR21094 浮栅驱动器驱动 IRF540 功率 NMOS 管，获得了较高的效率和极低的失真度。

2）过流保护及自恢复电路

电流 I 在采样电阻上产生的电压经 LM358 放大 10 倍后与参考电压进行比较，超过参考电压则输出低电平，C_7 经二极管迅速放电，使#SD 信号被拉低，浮栅驱动器输出被关闭，向单片机报警。同时 I 变小，运放 1 脚（见图 1.5.15）输出高电平，+5V 经过 R_{23} 对 C_7 充电，经过一段时间达到浮栅驱动器的高电平门限时，再次打开场效应管。这样可以保证过流时能迅速关断输出，关闭一段时间后自行试探，在故障消除后可自动恢复。

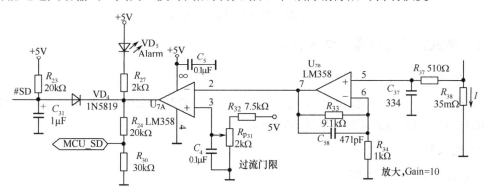

图 1.5.15 过流保护电路

3）欠压报警指示，实时显示当前入口处的 U_d 电压

欠压时 MPPT 算法将自动使输出为零，功率最小。单片机实时采样 U_d 电压后在液晶上显示，小于 25V 时报警。

4）控制电路与控制程序

在功率电源入口处用 470kΩ 与 20kΩ 金属膜电阻分压到合适电压后进行电压采样，电流则由 40mΩ 电阻高端采样后经隔离差动放大器 HCPL7800 放大后，再由仪表放大器 AD620 转换成单端电压，送给 A/D 转换采样，其中 HCPL7800 和 AD620 带有 48 倍的增益，将电压放大到 2V 左右，保证采样电流有足够的精度。

功率最大时有 $\mathrm{d}P = \dfrac{\partial P}{\partial U}\mathrm{d}U + \dfrac{\partial P}{\partial I}\mathrm{d}I = I\mathrm{d}U + U\mathrm{d}I = 0$，可得 $U\mathrm{d}I = -I\mathrm{d}U$，令 $\Delta I = U\mathrm{d}I = U[I(k+1) - I(k)]$，$\Delta U = -I\mathrm{d}U = I[U(k) - U(k+1)]$，则当 $\Delta I = \Delta U$ 时认为达到最大功率点。

经典控制算法流程图如图 1.5.16 所示。

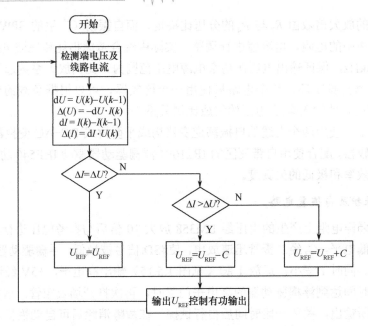

图 1.5.16 经典控制算法流程图

4．测试方法与数据、结果分析

1）仪器

数字示波器 TDS1002，四位半数字万用表 VC9807A+，20MHz 数字信号源 RIGOL DG1022；双路可跟踪直流稳定电源 HY1711。

2）测试框图

测试框图如图 1.5.17 所示。

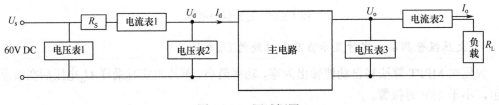

图 1.5.17 测试框图

3）测试方法

（1）最大功率点跟踪功能：在 60V 输入电压情况下，根据测试数据表 1.5.2 改变 R_S 与 R_L（30～36Ω），记录电压表 1 与电压表 2 的示数。

（2）频率相位跟踪功能：根据测试数据表 1.5.3 改变输入信号 u_{REF}，即在范围 45～55Hz 内步进，从示波器观察频率跟踪的速度和输出电压的频率，以及两者的相位差，记录在测试数据表 1.5.3 中。

（3）效率：额定 $R_S = R_L = 30Ω$ 时，记录电压表 2、电压表 3、电流表 1、电流表 2 的示数，效率 = $U_o I_o / U_d I_d$。

（4）失真度：用示波器 FFT 观察显示波形，记录基波和各次谐波的幅度。

4）测试数据

（1）数据记录：各数据列于表 1.5.2～表 1.5.4 中。

表 1.5.2　最大功率点跟踪

R_S/Ω	R_L/Ω	U_S/V	U_d/V	偏差/V
30	30	60	30.1	0.1
30	35.1	60	30.12	0.12
35.1	30	60	30.16	0.16
35.1	35.1	60	30.18	0.18

表 1.5.3　频率相位跟踪

f_{REF}/Hz	f_F/Hz	相差/°
45	44.99	0.9
47	47	0.9
50	50	0.9
52	52	0.9
55	55	0.9

表 1.5.4　DC-AC 变换器效率

U_d/V	I_d/A	U_o/V	I_o/A
30.12	1.03	13.81	2.02

（2）计算效率：$\eta = \dfrac{P_o}{P_d} \times 100\% = \dfrac{U_o I_o}{U_d I_d} \times 100\% \approx 89.9193\%$。

（3）输出过流保护和自恢复功能：将输出短路，电路进入过流保护，指示灯亮，液晶屏显示报警，除去短路后报警消失，电路恢复正常。

（4）输入欠压保护和自恢复功能：调节输入电压 U_S，当电压表 2 显示电压低于 25V 时液晶屏显示报警。再提高电源电压，报警消失，电路重新正常工作。

5）总结

本设计采用较少元件、较低成本的模拟方案实现了频率相位跟踪、DC-AC 逆变、欠压、过流自恢复保护等功能，通过精巧的模拟电路设计，在频率和相位跟踪、波形失真度、变换效率等方面远远超过指标要求，并且大大缓解了数字部分的逻辑负担。设计中所选的器件均具有相当高的性价比，如 MSP430F169 微控制器、IRF540 功率管、IR21094 浮栅驱动器。对比传统的 DSP 光伏逆变方案，本作品更为经济、简洁，实用性更强。

1.5.4　采用软件生成 SPWM 的光伏并网发电装置

来源：武汉大学　闻长远　王永曦　江超（全国一等奖）

摘要：以单片机 89S52 和 Cyclone 1 型 EP1C6Q240C8（FPGA）为控制核心，采用正弦脉宽调制技术（SPWM），以全桥逆变电路为功率变换主回路，设计制作了一台具有最大功率点跟踪（MPPT）、输出频率和相位跟踪参考信号功率的光伏并网发电模拟装置。该装置采用数字式闭环反馈控制，保证变压器反馈信号与参考信号之间同频、同相。DC-AC 功率变换部分的效率高达 92%，输出电压波形的失真度小于 1%，具有输入欠压保护、输出过流保护及故障排除后的自动恢复功能。此外，附加短路保护功能、过热保护功能和红外控制功能。还可对电路中的各个电参数进行检测和显示。整机结构紧凑，硬件设计简单，较好地达到各项指标。

1. 系统方案选择

1）DC-AC 主回路选择

DC-AC 主回路为系统功率变换的核心，负责将前置直流输入变换成交流输出。根据电路控制参数的不同，可分为电压型和电流型。电流逆变电路的交流输出电流为矩形波，控制电路较复杂。电压型逆变电路包括半桥式和全桥式电路，电路逆变功率脉动波形由直流电流体现，输出电压为矩形波，输出电流因负载阻抗的不同而不同。电压型控制电路对输出电压进行调节，便于进行功率转换，所以最终选用电压型全桥逆变电路为 DC-AC 的功率变换的核心。

2）正弦波脉宽调制（SPWM）方式选择

正弦波脉宽调制（SPWM）根据调制方式的不同分为模拟调制（硬件）和数字调制（软件）。模拟调制方式基于自然采样原理，在三角波和正弦波的自然交点时刻控制功率开关的通断。数字调制法同样基于自然采样原理，以可编程逻辑器件为载体将正弦波表存入存储器，三角波形也可存储（或计算得到），经过数字比较产生对应的波形。数字调制生成的相位分辨率可以达到很高的精度，改变调制比（正弦波与三角波的幅度比）即可改变输出电压。由于数字调制方式控制简单，实现方便，因此选用数字调制方式（或称软件调制方式）产生逆变电路的控制信号。

3）最大功率点跟踪（MPPT）方案

为保证系统正常工作时光伏电源对外界输出功率保持最大，需要对系统最大功率点跟踪。实际应用中，控制的方法有恒定电压法、扰动观察法和导纳增量法等。恒定电压法控制精度较低。扰动观察法扰动系统的输出电压，通过判断扰动前后输出功率的变化，保证系统的输出功率处于增加的状态。该方法控制思路简单，但"稳态"时在最大功率点附近处摆动，稳定性较差。导纳增量法根据功率最大点处变化率为零这一特性来实现对最大功率点的跟踪，控制效率好，稳定性高，但控制算法比较复杂，改变速度较缓慢。本文设计采用扰动观察法和导纳增量法相结合的方式：系统初始时采用扰动法，较快地跟踪和确定最大功率点；系统工作于最大功率点附近时，采用导纳增量法实现稳定的最大功率输出。

4）频率、相位同步方案

为保证系统的输出与参考信号同频、同相，通常采用边沿触发法和数字反馈调节法进行调整。边沿触发使用参考信号整形后的边沿对 SPWM 控制信号进行触发，控制输出相位与频率，保证同步。该方法响应速度快，但稳定性差，易受外部干扰而发生误操作。数字式反馈调节则根据参考信号与反馈信号的频率差和相位差对 SPWM 控制做相应的调整。该方法调整时间相对较长，但控制精度高，且由于反馈环节的引入使得系统具有较高的稳定性。考虑到系统稳定性和控制精确性，采用数字反馈方式对相位和频率进行跟踪。

2. 系统的总体结构

系统的总体结构框图如图 1.5.18 所示，它主要包括功率变换部分、信号采集部分和控制部分。

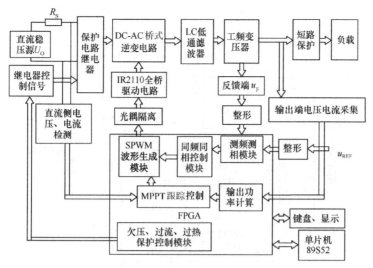

图 1.5.18　系统的总体结构框图

1）功率变换部分

功率变换部分包括模拟光伏电池输入端（直流稳压源 U_S 与电阻 R_s）、DC-AC 桥式逆变电路、LC 低通滤波器、工频隔离变压器和负载等。

2）信号采集部分

信号采集部分包括逆变部分的输入电压、电流，交流输出端的电压、电流，模拟电网正弦参考信号 u_{REF} 的频率与相位，隔离变压器反馈信号 u_F 的频率与相位。

3）控制部分

由单片机 89S52 和 FPGA 组成，包含 SPWM 信号产生、同频同相控制、MPPT 跟踪、参数测量和显示、人机交互等部分。系统供电采用强电弱电互相隔离的方式，有效地减小了两者之间的串扰，提高了系统的安全性。

3. 硬件电路设计

1）DC-AC 主回路设计与器件选择

全桥逆变的 SPWM 波形的产生由 FPGA 完成，信号经过光耦合隔离由 IR2110 驱动 MOSFET 导通，输出通过一阶 LC 低通滤波器滤除高频成分即得到 50Hz 的正弦波形。该回路的直流输入存在较大的脉动电流，需要前级添加功率退耦电容，采用 4700μF 的电解电容。

（1）光耦隔离

由 FPGA 产生的 SPWM 波形分为四路，两路对称且相同，中间间隔一定的死区时间，所以只需要加两路光耦进行隔离即可。

（2）驱动芯片

IR2110 为半桥驱动芯片，只需连接自举电容，利用内部自举电路即可实现对桥路的驱动。芯片还具有欠锁压、周期循环边沿触发关机等功能。对于全桥电路，只需用两个 IR2110 驱动各自的半桥即可，DC-AC 全桥逆变电路如图 1.5.19 所示。

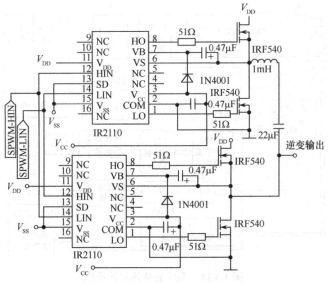

图 1.5.19　DC-AC 全桥逆变电路

（3）LC 低通滤波器

全桥电路的输出端为高频方波，为了得到正弦波，需要用 LC 低通滤波器进行滤波，谐振频率设计为 $f_o = (10 \sim 20) \times 50\text{Hz}$（选择 $f_o = 1\text{kHz}$），截止频率 $f_H = \frac{1}{10} f_c$（f_c 为开关频率）。为减小输出功率的无功分量，流过电容器的电流不大于额定输出电流满载时输出电流 I_o 的 $\frac{1}{5}$，即流过电容器的电流不能大于 $\frac{1}{5} I_o$，则滤波电容 C 为

$$C < \frac{0.2 I_o}{2\pi f_o U_o} \tag{1.5.5}$$

在滤波电容确定后，根据滤波器的截止频率和电感电流的纹波要求，算出滤波电感数值。计算得 $L = 2\text{mH}$，$C = 90\mu\text{F}$。

2）测频整形部分

电路采用 OP07 精密低噪声运放对信号进行饱和放大，后级采用低速比较器 LM311 对信号进行滞回比较。

3）信号采集部分

采集信号包括前置输入电压、电流，末级交流输出电压、电流，输入参考与反馈信号的频率和相位。直流输入电流值采用电流检测放大器 1NA206 对取样电阻电压取样后，采用线性光耦 HCNR201 隔离，直流输入电压则利用电阻分压后经过线性光耦隔离取样，通过 16 位功耗全差分串行 Σ-Δ 型 A/D 转换器 MAX1416 进行采集。交流信号经过电压电流互感器转换后采用 14 位伪差分串行 A/D 转换器 TLC3578 进行采样。

4）保护电路

系统具有欠压保护、过电流保护及故障排除后自动恢复正常的功能。利用单片机监测输入电压 U_d 和输出电流 I_o，采用试触方式实现自动恢复功能。检测到欠压状态和过流状态时，单片机断开继电器，经过 4s 延时后再次接通电路进行测试，直到故障排除为止。此外，系统还附加有短路保护和过热保护功能，短路保护电路具有自锁功能。

4. 控制程序介绍

1) DC-AC 控制

逆变控制以 FPGA 为核心，通过预存波表、调节调制比和改变寻址指针的方式实现幅度与频率的准确输出。FPGA 内部 SPWM 生成模块如图 1.5.20 所示。

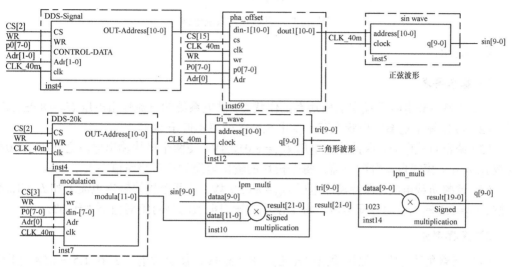

图 1.5.20　FPGA 内部 SPWM 生成模块

2) 同频同相控制

相位和频率的跟踪采用等精度测频的方式确定 u_{REF} 与 u_F 的频率差、相位差，然后通过改变 SPWM 控制信号的方式进行调节，确保二者重合。同频、同相控制流程如图 1.5.21 所示。

3) MPPT 控制

MPPT 控制采用扰动观测法和导纳增量法相结合的方式。初始化时，根据给出的 SPWM 初始调制比，采用扰动法改变调节的步长，使系统快速调节至最大功率点附近，当调节步长小于一定值时，将控制方式转换至导纳增量法，进一步控制系统的输出稳定度。

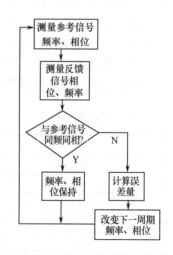

图 1.5.21　同频、同相控制流程

1.6　开关电源模块并联供电系统

［2011 年全国大学生电子设计竞赛（A 题）（本科组）］

1.6.1　任务与要求

1. 任务

设计并制作一个由两个额定输出功率均为 16W 的 8V DC/DC 模块构成的并联供电系

统，如图 1.6.1 所示。

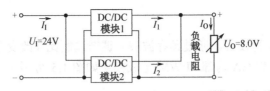

图 1.6.1　并联供电系统电路

2．要求

1）基本要求

（1）调整负载电阻至额定输出功率工作状态，供电系统的直流输出电压 $U_O = 8.0±0.4V$。

（2）额定输出功率工作状态下，供电系统的效率不低于 60%。

（3）调整负载电阻，保持输出电压 $U_O = 8.0±0.4V$，使两个模块输出电流之和 $I_O = 1.0A$，且按 $I_1 : I_2 = 1:1$ 模式自动分配电流，每个模块的输出电流的相对绝对值不大于 5%。

（4）调整负载电阻，保持输出电压 $U_O = 8.0±0.4V$，使两个模块输出电流之和 $I_O = 1.5A$，且按 $I_1 : I_2 = 1:2$ 模式自动分配电流，每个模块的输出电流的相对绝对值不大于 5%。

2）发挥部分

（1）调整负载电阻，保持输出电压 $U_O = 8.0±0.4V$，使负载电流 I_O 在 1.5～3.5A 之间变化时，两个模块的输出电流可在 0.5～2.0A 范围内按指定的比例自动分配，每个模块的输出电流相对误差的绝对值不大于 2%。

（2）调整负载电阻，保持输出电压 $U_O = 8.0±0.4V$，使两个模块输出电流之和 $I_O = 4.0A$，且按 $I_1 : I_2 = 1:1$ 模式自动分配电流，每个模块的输出电流的相对绝对值不大于 2%。

（3）额定输出功率工作状态下，进一步提高供电系统效率。

（4）具有负载短路保护及自动恢复工作，保护阈值电流为 4.5A。

3．评分标准

	项 目		满分
	报告要点	主要内容	
设计报告	系统方案	比较与选择、方案描述	2
	理论分析与计算	DC-DC 变换器稳压方法；电流电压检测；均流方法；过流保护	8
	电路设计	主电路、测控电路原理图及说明	6
	测试结果	测试结果完整性、测试结果分析	2
	结构及规范性	摘要、设计报告正文的结构及图表规范性	2
	总分		20
基本要求	实际制作情况		50
发挥部分	完成第（1）项		20
	完成第（2）项		10
	完成第（3）项		10
	完成第（4）项		5
	完成第（5）项		5
	总分		50

4．说明

（1）不允许使用线性电源及成品的 DC-DC 模块。

（2）供电系统含测控电路并由 U_{IN} 供电，其能耗纳入系统效率计算。

（3）除负载电阻为手动调整及发挥部分（1）由手动设定电流比例外，其他功能的测试过程均不允许手动干预。

（4）供电系统应留出 U_{IN}, U_{O}, I_{IN}, I_{O}, I_1, I_2 参数的测试端子，供测试时使用。

（5）每项测量须在 5s 内给出稳定读数。

（6）设计制作时，应充分考虑系统散热问题，保证测试过程中系统能安全工作。

1.6.2　题目分析

此题在竞赛期间曾引发考生和指导老师的质疑。多数考生认为只有两个恒流源才能并联使用，两个理想的恒压源是无法并联的，原因如下：若两个理想恒压源的输出电压不一样，则会产生电流倒灌。因此，多数参赛队采用两个电流源并联的方案，也有部分参赛队采用一个稳压源和一个稳流源并联的方案，只有少数参赛队采用两个电压源并联的方案。这样的选择是很自然的，因为前者符合基尔霍夫第一定律（KCL），而后者违背了电路分析基础的"基本理论"。因此，在省级评审测试过程中，部分省市赛区组委会只按第一种方案进行测评，在两条支路中和负载支路中均串联一个电流表（有的还是普通电流表）进行测流，观察两条支路的电流数值及它们的比例。这种测评方法自然对第一种方案有利，对第三种方案不利。因为恒流源并联（第一种）方案在支路中串联一个电流表并不影响总机效率（或影响不大），而对恒压源并联（第三种）方案而言这种影响不能忽略。于是选第三种方案的队员提出申诉，致使测评受阻。

对于这个问题，作者也谈谈自己的见解。根据题目的任务，设计并制作一个由两个额定输出功率均为 16W 的 8V DC-DC 模块构成的并联供电系统，其框图 1.6.1 所示，说明该供电系统只能用两个输出功率为 16W 的 8V 恒压源并联而成，用两个恒流源并联而成则不符合题意。若三种方案均可采用，则题目的任务应改为："设计并制作一个由两个额定功率均为 16W 的 DC-DC 模块并联，通过调整负载使输出电压为 8V 的供电系统。"

此题的背景应是 2009 年全国大学生电子设计竞赛 A 题（光伏并网发电模拟装置）的继续。大家知道，要使光伏发电装置能够并挂到市电网上，必须具备以下条件：①频率一致；②相位一致；③幅度一致；④波形一致（对正弦波而言就是不失真），光伏并网发电模拟装置（A 题）只要求解决频率跟踪、相位跟踪和波形失真问题，未涉及幅度跟踪问题。本题的意图就是要解决幅度一致问题。

另外，两个恒压源并联，输出电压 U_{O} 恒定不变，负载 R_{L} 变化，输出电流变化。若负载 R_{L} 减小，则输出电流增大。若负载短路，则输出电流 I_{O} 会很大，导致恒压源烧掉，因此要加装过流保护措施。根据本题发挥部分的第（4）项，即具有负载短路保护及自动保护和自动恢复工作，保护阈值电流为 4.5A，就是这个意思。两个恒流源并联时，若两个恒流源的输出电流已调节好，则其输出电流 I_{O} 为恒流，当 R_{L} 变化时，I_{O} 不变，而 U_{O} 会变，当负载短路时，I_{O} 仍然不变，而 U_{O} 降为 0，不会对恒流源造成危害，也就没有施加短路保护的必要，这样一来，发挥部分的第（4）项就没有意义。若采用两个恒流源并联的方案，则保护的不是短路而是负载开路，当 $R_L = \infty$ 时，输出电压 $U_O = I_O R_L$ 趋于 ∞，这是很可怕的事情。实践证明，采用方案一的考生，在调试过程中因负载开路（空载）造成输出电压过高，击穿了输出端所加的滤波电容并烧坏了恒流源。因此，这种情况应加过压保护电路，这显然与题意不符。

从以上分析得知，采用方案一（两只恒流源并联的方案）既违背了题目的任务与要求，又违背了题目的背景，因此不能采用，采用方案三才是正确的。下面重点讨论方案三的原理。

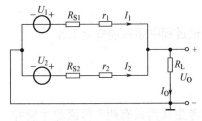

图 1.6.2　两个恒压源的并联方案

若采用两个恒压源并联的方式实现扩流，则必须加平衡电阻，平衡电阻的作用是为防止两个理想恒压源输出电压有压差而设置的，因此将这种压差降落在这两个平衡电阻上。我们知道，理想的恒压源是不存在的，一个实际的恒压源总可以等效为一个理想恒压源与一个电阻 R_S 的串联，如图 1.6.2 所示。

电路平衡时，U_O 是稳定的。由图 1.6.2 可知

$$U_1 - I_1(R_{S1} + r_1) = U_2 - I_2(R_{S2} + r_2) = U_O = (I_1 + I_2)R_L = I_O R_L \qquad (1.6.1)$$

即

$$\begin{cases} U_1 - U_2 = I_2(R_{S1} + r_1) - I_2(R_{S2} + r_2) \\ U_O = (I_1 + I_2)R_L = I_O R_L \end{cases} \qquad (1.6.2)$$

因为 r_1 和 r_2 是平衡电阻，会影响系统的效率，因此暂设 $r_1 = r_2 = 0$，且 $I_1 = nI_2$，则有

$$\begin{cases} U_1 - U_2 = I_2(nR_{S1} - R_{S2}) \\ U_O = (n+1)I_2 R_L = I_O R_L \end{cases} \qquad (1.6.3)$$

因为 $U_O = 8\text{V}$，若 n 和 I_2 为设定值，则有

$$R_L = \frac{U_O}{(n+1)I_2} \qquad (1.6.4)$$

将 U_2 作为参考恒压源，通过改变 U_2 的值，可使两路的电流达到一个稳定的比例值，并使 $U_O = 8\pm0.4\text{V}$。

从上述分析可知，两个恒压源并联的方案是可行的。

设计并调试好两个恒压源后，可通过实验方法测出它们的内阻，恒压源内阻测试原理框图如图 1.6.3 所示。测试步骤如下：

（1）K_1 断开，K_2 接至 A 点，可测出开路电压值 U_O'。

（2）K_1 闭合，K_2 接至 B 点，可测出接上负载后的输出电压值 U_O。

（3）用电桥精确测出 R_L 的值。

（4）按式（1.6.5）计算 R_S，

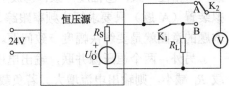

图 1.6.3　恒压源内阻测试原理框图

$$R_S = \left[\frac{U_O'}{U_O} - 1 \right] R_L \qquad (1.6.5)$$

注意：R_S 不是一个常量，它会随负载的变化而变化，可以绘出 R_S 随 R_L 变化的曲线。

测出 R_S 后，对软件编程和调整均是有利的。

选定做此题的参赛队，平时训练时一般进行过开关恒压源的设计与制作。根据题目说明的第（1）条，不允许使用线性电源及成品的 DC-DC 模块。DC-DC 转换一般有两种方案。方案一：采用由分立元件搭接的 DC-DC 开关恒压电源。方案二：采用 DC-DC 电源管理芯片 TD1501LADJ、LM2576 等电压转换主控芯片，外接几个元器件构成单路恒压源，然后再并联构成供电系统。

电流分配方法有如下几种。

（1）最大电流均流法（自主均流法）。该方法采用 Load-Share Controler（负载共享控制器）UCC29002 实现。在 DC-DC 模块正常工作时，连接两路 UCC29002 的均衡母线，此时 UCC29002 将自动选出电流最大的一路，并将此路电源作为主电源。均流母线上的电压由主电源的输出电流决定，从电源的 UCC29002 接收到母线上的信号后，会控制该路 DC-DC 模块稍稍提高输出电压，通过减小从电源与主电源的电压差来提高该路输出电流，从而达到均流的目的。该方法可通过简单的电路完成电路并联均流，支持热插拔。

（2）下垂法（斜率法）。此方法分流简单，分流精度取决于各模块的电压参考值、外特性曲线的斜率及各模块外特性的差异程度。但该方法对小电流的分流效果差，随着负载的增加，分流效果会有所改善。

（3）主从分流法。主从分流法在并联电源系统中人为地指定一个模块为主模块，指定另一个模块为从模块，主模块的输出电压固定，从模块的输出电压可调，因为系统在统一的误差下调整，模块的输出电流与误差电压成正比，所以不管负载电流如何变化，调整从模块的输出电压即可改变两路电流比。采用这种分流法时，精度很高，控制结构简单。

电流检测方法有如下几种。

（1）电阻取样法。这种方法在电路中串入一个精密采样电阻，将流过它的电流转换成电压，再经过精密运算放大器进行放大后，经过 A/D 转换送给单片机进行处理，从而得到电流值。该取样电阻值不宜太大，以免影响总机效率，一般用康铜丝或镍铜丝绕制而成。另外在两条支路中的串联取样电阻还可充当平衡电阻使用。

（2）电流表法。这种方法在两条支路中各串联一个直流电流表。电流表的内阻要小，因为它会消耗功率进而影响总系统效率。它的优点是直观，便于测量、调试，而且表内电阻也可充当支路平衡电阻使用。

（3）电流传感器法。直接将霍尔电流传感器 ACS712 串联在被测电路中，该电流传感器内部带有测量和转换电路，能自动地将流过的电流精确地转换成电压，线性度好，不用进行放大就能直接驱动 A/D 转换器送给单片机进行处理。霍尔传感器具有使用简单、功耗小、响应速度快、测量精度高、线性度好等优点。

下面举例加以说明。

1.6.3 采用 TD1501LDAJ 作为主控芯片的扩流装置

来源：国防科技大学　姜博　熊伟　贺学君（全国一等奖）

摘要：本系统是由两个额定输出功率均为 16W 的 8V DC-DC 开关电源构成的并联供电系统，实现了两路电源电流稳定可调、输出电压稳定在 8V 的设计要求。采用 DC-DC 电源管理芯片 TD1501LADJ 作为两路电压转换的主控芯片，稳定输出 8V 电压，各路的转换效

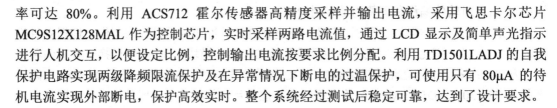

率可达 80%。利用 ACS712 霍尔传感器高精度采样并输出电流，采用飞思卡尔芯片 MC9S12X128MAL 作为控制芯片，实时采样两路电流值，通过 LCD 显示及简单声光指示进行人机交互，以便设定比例，控制输出电流按要求比例分配。利用 TD1501LADJ 的自我保护电路实现两级降频限流保护及在异常情况下断电的过温保护，可使用只有 80μA 的待机电流实现外部断电，保护高效实时。整个系统经过测试后稳定可靠，达到了设计要求。

1. 系统方案论证

本系统主要由功率电源模块、电压控制模块、电流采样模块、单片机控制模块、单片机供电电源模块组成。下面分别论证这几个模块的选择。

1）功率电源模块的论证与选择

▶方案一：电压源和电流源并联法。

将电压源和电流源并联，调节电压源的电压为要求值 8V。为达到电流可调的目的，在输出电流相对稳定的情况下，可以调节电流源的输出电流，使电流成要求的比例分配。该方案设计思路易想到，但要同时做电压源与电流源，比较麻烦，电流源的效率也不易做大。

▶方案二：两个开关电源并联法。

由于实际电压源必定存在一定的内阻，因此可将两个电压源并联使用，利用其内阻分压的不同来调节并联端的电压使其一致，并使电流呈一定的比例关系。可采用 DC-DC 开关稳压芯片 TD1501LADJ 设计单路稳压电源，TD1501LADJ 的外围只需 4 个外接元器件，可以使用通用的标准电感，开关频率为 150kHz，这就优化了 TD1501LADJ 的使用，极大地简化了开关电源电路的设计。

综合以上两种方案，选择方案二。

2）电压控制模块的选择

电压控制模块主要用来调节 TD1501LADJ 芯片的输出电压，调节外部分压，就可以调节 TDI5O1LADJ 的输出电压。

▶方案一：使用数控电位器改变分压网络阻值，从而改变输出电压。

数控电位器的优点是使用简单，但由于精度有限，调节步数无法达到要求，因而放弃此方案。

▶方案二：使用 DAC 器件和运算放大器搭成的加法器，通过 DAC 改变加法器最后的输出电压，从而改变分压比。

我们采用此方案。DAC 转换芯片采用 TLV5638，后者采用串行方式，内部自带基准电压源，并且具有 12 位的电压分辨率，满足精度控制要求。利用高精度低温漂运放 AD8638 搭成加法器。

3）电流采样模块的论证与选择

▶方案一：康铜丝采样放大。

将康铜丝串联到输出回路，输出电流将在康铜丝上形成电压降，然后进行差模放大处理，送入 12 位 AD 测量。该方案电路简单，但存在不足。一方面康铜丝的实际阻值不易测量或测准，电压测量值只能通过软件纠正解决，较为麻烦；另一方面，由于测量电路和功率电路未进行隔离处理，因此必然会引入噪声而带来随机误差，导致电流调整不能进行。

▶方案二：霍尔电流传感器电流采样。

霍尔电流传感器 ACS712 是一款将小电流信号测量转换为较大电压测量的高精度隔离测流芯片，其内部集成了滤波放大器件，可使测量精度大大提高。采用其测量的输出电流，并利用高精度低温漂运放 AD8638 放大输出电压，不仅可提高电流的测量精度，还可实现测量和功率电路的隔离，消除干扰的引入，提高电流测量的稳定度和可信度。

综合以上两种方案，选择方案二。

4）单片机控制的论证与选择

▶方案一：普通单片机外接 AD 测量控制。

采用时钟频率为 12MHz 的普通 STC51 系列单片机外加 12 位采样 AD 精确测量两路电流。但是，该方案的 AD 采样速度不够快，对电流的实时跟踪调整性不好，不能较快地使电流稳定，同时外加 AD 的方法也使得电路较复杂，不宜采用。

▶方案二：飞思卡尔单片机测量控制。

采用时钟频率为 32MHz 的 MC9S12X128MAL 飞思卡尔单片机，利用其内置的 12 位 AD 同时采样两路输出电流值，精度高，测量实时，速度快，灵敏度高，有利于准确调整电压值；另外，由于内置有 AD，因此使得电路大大简化，也消除了因外接 AD 引入的干扰。

综上所述，选择第二种方案，即采用飞思卡尔单片机测量控制电流。

5）单片机供电电源模块的论证与选择

▶方案一：采用三端集成芯片 7805。

将输入电压 24V 直接经过整流滤波后，送入 7805，稳压得到单片机所用的 5V 电压。该方法比较通用，稳压性能较好，但其过低的效率抑制了总体效率的提高，电路发热比较严重，电路工作不持久。

▶方案二：采用集成 DC-DC 电压调整芯片 LM2596。

LM2596 为开关电源芯片，它有着较宽的输入电压范围（4～40V），输出直流电压范围为 1.23～37V，输出电流为 3A，转换效率高于 80%，且外围只需要 4 个器件，结构简单，稳压性能好，噪声较小，并且噪声实际测量不大，相对于稳定电压上下波动均匀，可采用多次测量求均值的方法解决，能进一步提高测量精度。

综合考虑，采用 LM2596 为单片机提供工作电压。

2. 系统理论分析与计算

1）开关电源并联原理的分析

将开关电源建模为恒压源与小电阻的串联形式，并在两个电源支路上各外加一个二极管，以防止两个电源之间相互灌入电流。开关电源并联原理图如图 1.6.4 所示。

两个电源存在等效内阻，因此使得两个电源并联成为可能。当上述电路达到稳定状态时，A、B 两点的电压是稳定的。根据基尔霍夫定律得

$$U_{S1} - U_1 - U_{VD1} = U_{S2} - U_2 - U_{VD2} \tag{1.6.6}$$

$$I_1 + I_2 = I_O \tag{1.6.7}$$

式（1.6.6）等效为

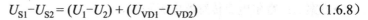

$$U_{S1}-U_{S2}=(U_1-U_2)+(U_{VD1}-U_{VD2}) \tag{1.6.8}$$

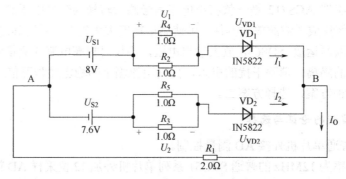

图 1.6.4　开关电源并联原理图

对肖特基二极管而言，导通压降可近似为

$$U_{VD1} \approx U_{VD2} \tag{1.6.9}$$

因此有

$$U_{S1}-U_{S2}=U_1-U_2 \tag{1.6.10}$$

$$\Delta U = I_1 r_1 - I_2 r_2 \text{（其中 } r_1 \text{ 为 } U_{S1} \text{ 的内阻，} r_2 \text{ 为 } U_{S2} \text{ 的内阻）} \tag{1.6.11}$$

可以稳定一个电源的电压而调节另一个电源的电压，以改变 ΔU。当电路达到稳定状态时，由于电源内阻基本稳定，因此两路的电流达到一个稳定的比例值。

由此可以得出结论：这种方案是可行的，当输入一个设定的电流比例值时，可以反复调节 ΔU，使实际比例逐渐逼近设定值。

我们采用此方案，使用一路 DC-DC 进行稳压，通过调节另一路的 DC-DC 电压来实现两路 DC-DC 电流的比例输出。

2）TD1501LADJ 外围电路参数的计算

条件：$U_{OUT}=8V$；$U_{INmax}=24V$，$I_{LOADmax}=3A$，f 为开关频率（为固定值 150kHz）

（1）输出电压值的计算（即选择图 1.6.5 中的 R_1 和 R_2）

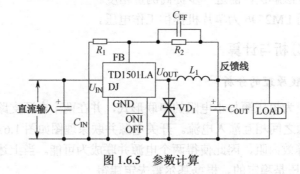

图 1.6.5　参数计算

第一路：选择精度为 1% 的 1kΩ 电阻 R_1 来计算 R_2，即

$$R_2 = R_1 \left(\frac{U_{OUT}}{U_{REF}} - 1 \right) \tag{1.6.12}$$

$$R_2 = 1 \times (6.50-1)\text{k}\Omega = 5.50\text{k}\Omega$$

第二路：选择精度为1%的5.4kΩ电阻 R_1 来计算 R_2，即

$$R_2 = R_1 \left(\frac{U_{OUT}}{U_{REF}} - 1 \right)$$

（1.6.13）

$$R_2 = 5.4 \times (6.50 - 1) k\Omega = 29.7 k\Omega$$

（2）电感（L_1）的选择

可用如下公式计算电感电压与微秒的乘积 UT。

$$UT = (U_{IN} - U_{OUT} - U_{SAT}) \frac{U_{OUT} + U_D}{U_{IN} - U_{SAT} + U_D} \frac{1000}{150}$$

（1.6.14）

$$UT = \frac{(24 - 8 - 1.16) \times (8 + 0.5) \times 1000}{150 \times (24 - 1.16 + 0.5)} V \cdot \mu s = 36.030 (V \cdot \mu s)$$

根据 UT 值和输出最大电流，由图1.6.6确定的电感为68μH。为进一步稳定输出电压，减小电流纹波，适当地增大电感，选择值为76μH的电感。

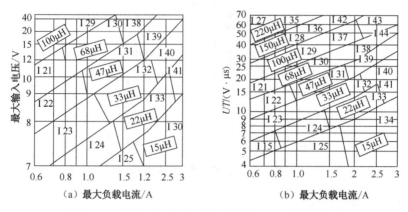

（a）最大负载电流/A   （b）最大负载电流/A

图1.6.6   电感 L 与电压 U 和开关周期之积的关系曲线

（3）输出电容（C_{out}）的选择

输出电压 N	直插式输出电容			表贴式输出电容		
	PANASONIC HFQ 系列（μF/V）	NICHICON PL 系列/（μF/V）	前馈电容/nF	AVX TPS 系列/（μF/V）	VISHAY 595D 系列/（μF/V）	前馈电容/nF
2	820/35	820/35	33	330/6.3	470/4	33
4	560/35	470/35	10	330/6.3	390/6.3	10
6	470/25	470/25	3.3	220/10	330/10	3.3
9	330/25	330/25	1.5	100/16	180/16	1.5
12	330/25	330/25	1	100/16	180/16	1

在本设计中，输出电压为8V，根据上表，选择50V/220μF的电容。

（4）前馈电容（C_{FF}）的选择

在本设计中，输出电压为8V，根据上表选用一个560pF的电容。

（5）续流二极管（VD_1）的选择

3A/40V的肖特基二极管IN5822本身的消耗小，回复时间短，而且在输出短路的情况下也不会过载。

（6）输入电容（C_{IN}）的选择

为了稳定输入电源芯片的电压，我们采用多个 470μF 的铝电容供电，减小 ESR，提高电源的稳定度。

（7）电压调节加法器的连接

3）电流采样与放大

（1）采样放大的原理

采样放大器的原理图如图 1.6.7 所示。霍尔传感器的测量输出为 $2.5 + 0.185 \times I_O$。当输出电流在范围 $0 \sim 2.0A$ 内变化时，传感器输出电压的变化范围为 $2.5 \sim 2.87V$。对霍尔传感器的输出电压进行差分放大，得到

$$U_{out} = 2.5 - 3.3 \times (U_{Iout} - 2.5)$$

因此 U_{out} 的变化范围为 $2.5 \sim 1.279V$。

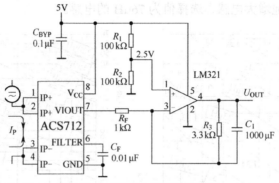

图 1.6.7　采样放大器的原理图

（2）电压和电流转换计算

由于霍尔器件和运算放大器存在漂移，且电阻的真实值不易测得，因此进行大量的数据采集，采用线性回归方法得到电压和电流的比例关系，进而对计算误差进行适当的修正。

4）TLV5638 外围电路及加法器使用方案

通过精确控制 D/A 的输出电压来实现反电压的高精度改变，达到改变某路电流的目的，如图 1.6.8 所示。

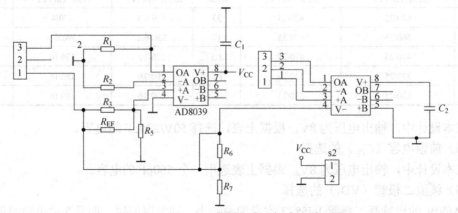

图 1.6.8　TLV5638 外围电路及加法器原理图

5）单片机供电模块外围电路的计算

LM2596 的连接方法和 TD1501LADJ 的完全相同，在此不再赘述。

3．电路与程序设计

1）电路的设计

系统总体框图如图 1.6.9 所示。

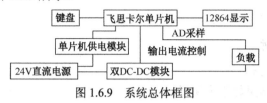

图 1.6.9　系统总体框图

本设计采用闭环反馈调节两路电流的方法，高精度霍尔传感器准确采样输出电流，飞思卡尔单片机实时测量，反馈调节，使两路电流得到精确控制。

2）程序的设计

程序功能描述与设计思路如下。

（1）程序功能描述

根据题目要求，软件部分主要实现键盘的设置和显示。

① 键盘实现功能：设置电流比例，选择电路的工作模式。

② 显示部分：显示输出电压值、两路电源的电流值、两路电流的比值。

（2）程序设计思路

根据本电源方案，程序的主要功能是通过调节一路 DC-DC 的输出电压来改变两路的输出电流比例，可通过调节 DAC 输出电压来进行微调。

（3）主程序流程图

主程序流程图如图 1.6.10 所示。

系统初始化主要负责开启 2596 开关电源芯片，初始化 IO 端口操作。通过循环进行 AD 采样，计算两路电流比例，进行期望比例比较，从而根据差值调节输出电流。为避免产生振荡操作，预留一定的阈值。

```
初始化
  ↓
AD转换
  ↓
计算当前电流参数
  ↓
与期望比例进行比较
  ↓
到达阈值范围？ ─N→ DA电压调节
  ↓Y
显示
```

图 1.6.10　主程序流程图

4．测试方案与测试结果

1）测试方案

（1）硬件测试

按原理图接好电路，检查无误后加入电压表、电流表，并从大到小接入负载，测量输入/输出的电压和电流，计算要求值，同时将输出电流调至 4.5A，检测电路的过流保护是否可靠。

（2）软件仿真测试

结合键盘和声光控制，综合调整飞思卡尔单片机的控制信号，不断完善程序，使之高

效、人性化，与硬件实现无缝连接。

（3）硬件软件联调

结合硬件和软件共同调节，改变电路的工作状态，检查软/硬件是否存在漏洞等。

2）测试条件与仪器

测试条件：检查多次，确保仿真电路和硬件电路与系统原理图完全相同，硬件电路保证无虚焊。

测试仪器：四位半数字万用表，数字示波器。

3）测试结果及分析

（1）测试结果（数据）

① 电流比例测试结果如下表所示。

总　电　流	A 路	B 路	比　　例
1A	0.507A	0.490A	1.035
1.5A	0.995A	0.49A2	2.022

② 过流保护测试：当负载电流达到 4.56A 时，蜂鸣器告警，同时切断主电源芯片，并自动恢复。

③ 按比例分配电流，测试结果如下表所示。

设 定 比 例	实际电流值（1）/A	实际电流值（2）/A	实 测 比 例
0.5	0.331	0.675	0.490
0.6	0.554	0.935	0.593
0.7	0.610	0.881	0.692
0.8	0.664	0.827	0.803
0.9	0.706	0.787	0.897
1.0	0.749	0.745	1.005
1.1	0.775	0.719	1.078
1.2	0.818	0.677	1.208
1.3	0.847	0.649	1.305
1.4	0.875	0.622	1.407
1.5	0.904	0.594	1.522
1.6	0.919	0.579	1.587
1.7	0.946	0.553	1.711
1.8	0.961	0.538	1.786
1.9	0.976	0.523	1.866
2.0	1.003	0.497	2.018

④ 额定功率下效率测试结果如下表所示。

输出电压/V	输出电流/A	输入电压/V	输入电流/A
24.50	1.480	8.001	1.49

系统在额定功率下的效率为 $\dfrac{8.001 \times 4.015}{24.50 \times 1.48} = 88.59\%$，远远超过了设计要求。

（2）测试分析与结论

从测试数据看，上述并联稳压电源完全达到了设计要求。此外，该电源的电压稳定性、电流的稳定性基本上均能达到指标要求，特别是效率接近 89%，最大输出电流也有提高，可达 2.5 A。

该系统的主电路简单可靠，外围元器件少，易于控制逻辑，并提供了友好的人机界面，提供多路测量显示功能，使得该电源更加完善，使用起来更加方便。

1.7 单向 AC-DC 变换电路

［2013 年全国大学生电子设计竞赛（A 题）］

1.7.1 任务与要求

1．任务

设计并制作如图 1.7.1 所示的单相 AC-DC 变换电路。输出直流电压稳定在 36V，输出电流额定值为 2A。

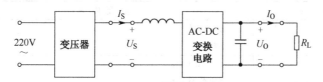

图 1.7.1　单相 AC-DC 变换电路

2．要求

1）基本要求

（1）在输入交流电压 $U_S = 24\text{V}$、输出直流电流 $I_O = 2\text{A}$ 的条件下，使输出直流电压 $U_O = 36 \pm 0.1\text{V}$。

（2）当 $U_S = 24\text{V}$，I_O 在 0.2～2.0A 范围内变化时，负载调整率 $S_I \leqslant 0.5\%$。

（3）当 $I_O = 2\text{A}$，U_S 在 20～30V 范围内变化时，电压调整率 $S_U \leqslant 0.5\%$。

（4）设计并制作功率因数测量电路，实现 AC-DC 变换电路输入侧功率因数的测量，测量误差绝对值不大于 0.03。

（5）具有输出过流保护功能，动作电流为 2.5±0.2A。

2）发挥部分

（1）实现功率因数校正，在 $U_S = 24\text{V}$, $I_O = 2\text{A}$, $U_O = 36\text{V}$ 的条件下，使 AC-DC 变换电路交流输入侧功率因数不低于 0.98。

（2）在 $U_S = 24\text{V}$, $I_O = 2\text{A}$, $U_O = 36\text{V}$ 的条件下，使 AC-DC 变换电路效率不低于 95%。

（3）能够根据设定自动调整功率因数，功率因数调整范围不小于 0.80～1.00，稳压误差绝对值不大于 0.03。

（4）其他。

3．说明

（1）图 1.7.1 中的变压器由自耦变压器和隔离变压器构成。

（2）题中交流参数均为有效值，AC-DC 电路效率 $\eta = \dfrac{P_O}{P_S} \times 100\%$，其中 $P_O = U_O I_O$，$P_S = U_S I_S$。

（3）本题定义：①负载调整率 $S_I = \left| \dfrac{U_{O2} - U_{O1}}{U_{O1}} \right| \times 100\%$，其中 U_{O1} 为 $I_O = 0.2A$ 时的直流

输出电压，U_{O2} 为 $I_O = 2A$ 时的直流输出电压；②电压调整率 $S_U = \left| \dfrac{U_{O2} - U_{O1}}{36} \right| \times 100\%$，$U_{O1}$ 为

$U_S = 20V$ 时的直流输出电压，U_{O2} 为 $U_S = 30V$ 时的直流输出电压。

（4）交流功率和功率因数测量可采用数字式电参数测量仪。

（5）辅助电源由 220V 工频供电，可购买电源模块（亦可自制）作为作品的组成部分。测试时，不再另行提供稳压电源。

（6）制作时须考虑测试方便，合理设置测试点，参考图 1.7.1。

4．评分标准

项 目		主 要 内 容	满 分
设计报告	方案论证	比较与选择 方案描述	3
	理论分析与计算	提高效率的方法 功率因数调整方法 稳压控制方法	6
	电路与程序设计	主回路与器件选择 控制电路与控制程序 保护电路	6
	测试方案与测试结果	测试方案及测试条件 测试结果及其完整性 测试结果分析	3
	设计报告结构及规范性	摘要、设计报告正文结构、公式、图表的规范性	2
	总分		20
基本要求	完成（1）		8
	完成（2）		12
	完成（3）		12
	完成（4）		12
	完成（5）		6
	总分		50
发挥部分	完成（1）		15
	完成（2）		15
	完成（3）		15
	其他		5
	总分		50

1.7.2 题目分析

随着工业生产和生活的发展，AC-DC 电路的使用也越来越多，使用二极管或晶闸管整流电路造成电网中的谐波污染也日趋严重。许多 AC-DC 电路没有对功率因数进行校正，其对电网的谐波污染降低了用电设备的效率，造成了一系列危害，阻碍了电力电子技术的发展。在电力电子技术领域，要求实施"绿色电力电子"的呼声日益高涨。对电力系统谐波污染的治理也已成为电气工程科学技术界必须解决的问题，而解决这一问题的有效办法就是使用 APFC（Active Power Factor Correction，有源功率因数校正技术）。此题有效结合了当今社会发展的需要。

1. 基础知识

供给负载的平均输入功率实际上对应于瞬时功率 P_{in} 在一个周期内的平均值，可表示为

$$P_{in} = \frac{1}{T}\int_0^T U_{in}(t)I_{in}(t)\mathrm{d}t \tag{1.7.1}$$

在电流与电压之间引入相位差 Φ，平均功率 P_{in} 的分析表达式变为

$$P_{in} = \frac{1}{T}\int_0^T I\sqrt{2}\sin(\omega t + \Phi)V\sqrt{2}\sin(\omega t)\mathrm{d}t = VI\cos\Phi \tag{1.7.2}$$

电压与电流两个变量有效值的乘积，定义为视在功率 S，单位为伏安，

$$S = VI \tag{1.7.3}$$

式（1.7.2）和式（1.7.3）之比为功率因数，用 PF（Power Factor）表示，即

$$PF = \frac{P_{in}}{S} = \cos\Phi \tag{1.7.4}$$

不论电压和电流信号的形状如何，式（1.7.1）始终成立。只要电压和电流信号都是正弦信号，式（1.7.4）就成立。在实际运用中，电压信号通常为正弦信号，而电流信号为失真信号，此时功率因数的表达式有所变化，而任何失真信号都由直流信号与基波及多次谐波组成。信号的有效值的定义是，信号的直流分量和基波及多次谐波分量的平方和的平方根，它表示为

$$I = \sqrt{I_0^2 + \sum_{n=1}^{\infty} I_n^2} \tag{1.7.5}$$

$$V = \sqrt{V_0^2 + \sum_{n=1}^{\infty} V_n^2} \tag{1.7.6}$$

式中，I_0 和 V_0 为电流及电压的直流分量；I_n 和 V_n 为各次谐波的有效值。由上面两式可以看出，谐波的存在会使有效值增大。存在不同的交叉频率时，与这些项相乘的平均值为零，而假设处理的信号为纯正弦信号（输入电压信号不包含任何谐波），因此式（1.7.1）简化为

$$P_{in} = VI\cos\Phi \tag{1.7.7}$$

关于视在功率，两个有效值的简单相乘意味着电压基波与电流谐波之间的交叉相乘，因而有

$$S = V_1\sqrt{\sum_{n=1}^{\infty} I_n^2} = V_1 I \tag{1.7.8}$$

式中，Φ为电压与电流基波之间的相位差；V_1与I_1表示电压电流基波的有效值。于是得到修正后的功率因数表达式为

$$\text{PF} = \frac{V_1 I_1}{V_1 I} \cos \Phi = \frac{I_1}{I} \cos \Phi = K_d K_\Phi \tag{1.7.9}$$

式中，K_d表示失真因子；K_Φ表示位移因子；Φ表示电压和电流基波之间的位移角。

信号的总谐波失真（THD）定义为除基波外的谐波从 $n = 2$ 到 $n = \infty$ 的有效值除以基波本身的有效值，即

$$\text{THD} = \frac{\sqrt{\sum_{n=2}^{\infty} I_n^2}}{I_1} \tag{1.7.10}$$

谐波成分可通过简单公式从总有效值电流求得，已知

$$I^2 = I_0^2 + I_1^2 + \sum_{n=2}^{\infty} I_n^2 \tag{1.7.11}$$

一般情况下，I_O为0，因此 PF 可以简化为

$$\text{PF} = K_d K_\Phi = \frac{1}{\sqrt{1 + \text{THD}^2}} \cos \Phi \tag{1.7.12}$$

2．题目分析

从题目的要求来看，输出电压大于输入电压，输入端有一个串联电感，且需要功率因数校正。功率因数校正的本质是监控整流后的正弦半波电压，强制电流波形跟踪电压波形。功率因数校正电路的任务有两个：一是利用升压变换器将沿正弦半波曲线上升和下降的不同输入电压转换成比输入正弦电压幅值稍高的稳定直流输出电压；二是检测输入电网的电流，使它变为与输入电网电压同相位的正弦波。升压转换器是实现高功率因数校正的基本方法，此电感使输入电流整形与线路电压同相。

方案一：采用高频脉宽调制的自举变换器来实现功率因数校正。

在整个正弦半波时间里，自举变换器的导通时间由 PWM 控制芯片控制，使输入电流变为正弦波，同时得到比输入正弦电压幅值高的稳定直流电压。脉宽调制的自举变换器实现功率校正原理图如图 1.7.2 所示。

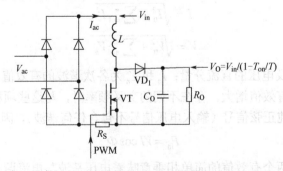

图 1.7.2　脉宽调制的自举变换器实现功率校正原理图

通过理论分析可得

$$V_O = \frac{V_{in}}{1 - T_{on}/T} \qquad (1.7.13)$$

在 V_{in} 的整个正弦半波时段里，VT 的导通时间 T_{on} 可根据式（1.7.13）调整，从而产生一个比输入正弦电压幅值稍高的稳定直流电压 V_O。导通时间由 PFC 控制芯片控制，它检测 V_O 并利用误差放大器将检测值与内部基准电压进行比较，通过反馈来设置 T_{on}，即在整个正弦半波曲线的较低位置，VT 的导通时间较长，随着 V_{in} 上升到幅值，PFC 芯片不断减少 VT 的导通时间，使正弦半波上升段的每个时刻的电压都被转换为比正弦波幅值稍高的相同直流电压。同时，PFC 控制芯片对电网电流采样并与基准正弦波电流进行比较，这两个正弦波的差值产生误差电压，由误差电压来调节导通时间，使电网电流与基准正弦波电流具有相同的幅值和相位。这要求控制自举变换器导通时间的总误差电压是电压环误差电压和电流环误差电压两者的合成电压。这种合成由实时乘法器实现，乘法器的输出与电压环误差电压和电流环误差电压的乘积成正比。

目前，PFC 中运用最多的一种控制方式是平均电流控制，具有增益和宽带的放大器始终跟踪电感平均电流，使之与正弦参考信号一致。平均电流控制的自举 PFC 原理图如图 1.7.3 所示。

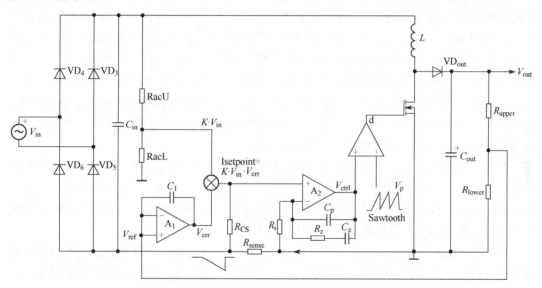

图 1.7.3 平均电流控制的 Boost PFC 原理图

基准信号的控制方式与定频峰值电流的相同，即输入电流经过检测电阻 R_{sense} 转换为电压信号与基准信号 $KV_{in}V_{err}$ 进行比较，$KV_{in}V_{err}$ 是与整流桥输出的正弦半波电压同相位的连续半波曲线，其幅值与误差电压 V_{err} 成比例。由于电流放大器将高频分量的变化进行平均化处理，平均化得到的误差信号与内部产生的锯齿波信号比较产生 PWM 信号，从而控制开关管的开关。由图 1.7.3 可知，该技术采用了两种控制环，即电压控制环和电流控制环。其中，电流控制环的作用是使输入的电流波形接近正弦波并与输入电压信号同相，电压控制环的作用是使输出电压保持稳定并具有良好的瞬态响应。

方案二：采用单相高频 PWM 整流电路实现。

PWM 整流电路可分为电压型和电流型，从题目的条件来看，应采用电压型 PWM 整流电路。图 1.7.4(a)和(b)分别为单相半桥高频 PWM 整流电路和单相全桥高频 PWM 整流电路。对半桥电路来说，直流侧电容必须由两个电容串联，其中点和交流电源连接。对全桥电路来说，直流侧电容只要一个即可。交流侧电感 L_S 包括外接电抗器的电感和交流电源内部的电感，是电路正常工作所必需的。电阻 R_S 包括外接电抗器中的电阻和交流电源的内阻。

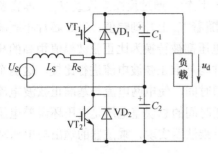 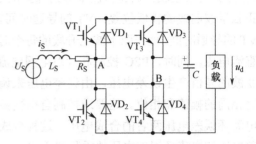

(a)单相半桥高频 PWM 整流电路　　　　　　(b)单相全桥高频 PWM 整流电路

图 1.7.4　单相高频 PWM 整流电路

下面以全桥电路为例说明 PWM 整流电路的工作原理。采用正弦信号波和三角波相比较的方法对图 1.7.4(b)中的 $VT_1 \sim VT_4$ 进行 SPWM 控制，可在电桥的交流输入端 A、B 间产生一个 SPWM 波 u_{AB}。u_{AB} 中含有和正弦信号波同频率且幅值成比例的基波分量，以及和三角波载波有关的频率很高的谐波，而不含有低次谐波。由于电感 L_S 的滤波作用，高次谐波电压只会使 i_S 产生很小的脉动，可以忽略。这样，当正弦信号波的频率和电源频率相同时，i_S 也为与电源频率相同的正弦波。在 u_S 一定时，i_S 的幅值和相位仅由 u_{AB} 中基波 u_{abf} 的幅值及其与 u_S 的相位差决定。改变 U_{abf} 的幅值和相位，可使 i_S 和 u_S 同相、反相，i_S 比 u_S 超前 90°，或使 i_S 与 u_S 的相位差为所需的角度。

在整流运行状态下，当 $u_S > 0$ 时，VT_2、VD_4、VD_1、L_S 和 VT_3、VD_1、VD_4、L_S 分别组成两个升压斩波电路。下面以 VT_2、VD_4、VD_1、L_S 为例进行说明。导通时，u_S 通过 VT_2、VD_4 向 L_S 储能。VT_2 关断时，L_S 中的储能通过 VD_1、VD_4 向电容 C 充电。$u_S < 0$ 时，VT_1、VD_3、VD_2、L_S 和 VT_4、VD_2、VD_3、L_S 分别组成两个升压斩波电路。

电压型 PWM 整流电路是升压型整流电路，其输出直流电压可以从交流电源电压峰值附近向高调节，如果向低调节，例如低于 u_S 的峰值，那么 u_{AB} 中就得到所需的足够高的基波电压幅值，或 u_{AB} 中含有较大的低次谐波，这样就不能按照需要控制 i_S，导致 i_S 波形发生畸变。

1.7.3　方案论证

1. 系统整体框图方案论证

▶方案一：全桥可控 PWM 整流器和数字控制器设计。

方案一的系统整体框图如图 1.7.5 所示。AC-DC 主电路采用全桥可控 PWM 整流，通过控制 4 个 MOS 管的开关，进行整流。PWM 整流能降低谐波，MOS 管的功耗低，可减小桥的功耗。但要对 4 个 MOS 管进行驱动控制，电路复杂，且需考虑死区时间的设置。

功率因数的测量及调节通过软件的方法实现。

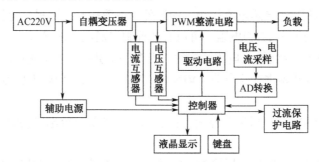

图 1.7.5　方案一的系统整体框图

▶方案二：全桥整流电路、单管 BOOST 升压变换器和模拟控制器 UCC28019 设计。

方案二的整体框图如图 1.7.6 所示。AC-DC 变换主电路由开关模拟控制器 UCC28019 带整流桥构成。主电路使用图 1.7.2，该电路结构简单，只需驱动一个 MOS 管，驱动控制简单，无须考虑死区时间。变压器交流电压经过 AC-DC 变换电路，输出直流电压，AC-DC 变换电路同时完成功率因数的校正。根据功率因数测量电路的输出，单片机反馈控制移相电路精准调节功率因数。电压电流测量电路实时监测输出电压和电流。当输出电流超过阈值时，单片机切断电路，实现过流保护。键盘用于手动设置功率因数，LCD12864 用于显示测得的各个参数。功率因数的测量及调节由软件配合硬件电路实现。

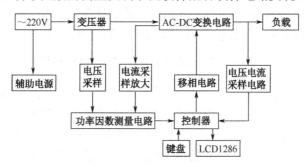

图 1.7.6　方案二的系统整体框图

此方案采用了可实现功率因数校正功能的专用集成电路芯片 UCC28019A。UCC28019A 属于开关模式控制器，主要应用于自举变换器的功率因数校正，以固定的开关频率工作于连续导通模式（CCM），它只需要很少的外围元器件就可设计出有源功率因数预调节器，内部的振荡器能够提供 65kHz 的固定开关频率，该芯片通过双闭环完成调制，而且提供多种系统级的保护功能。内环为电流环，在连续电感电流条件下，它使平均输入电流跟踪输入电压呈现正弦波。外环为电压环，依据电网和负载条件，通过引脚 VCOMP（电压环路补偿）对输出电压进行控制。UCC28019A 的引脚图如图 1.7.7 所示，各引脚的功能如下。

引脚 1（GND）：芯片接地端。

引脚 2（ICOMP）：电流环路补偿端。该端通过对地（GND）连接一个电容可以提供电流控制环路中的补偿和平

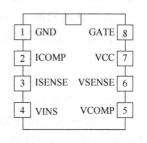

图 1.7.7　UCC28019A 的引脚图

均电流检测信号。

引脚 3（ISENSE）：电感电流检测。通过外部电流检测电阻提供电压输入，该引脚通过电流检测电阻外接一个 220Ω 电阻，可以有效抑制浪涌电流的涌入。

引脚 4（VINS）：交流输入电压检测端。当 VINS 引脚的电压超过门限电压 1.5V 时，芯片 UCC28019A 将开始进行软启动。VINS 引脚的电压低于门限电压 0.8V 时，控制器将处于关断状态。

引脚 5（VCOMP）：电压环路补偿。该引脚经过外部阻容电路接地，构成电压环路补偿器。

引脚 6（VSENSE）：输出电压检测。自举 PFC 变换器的直流输出电压经过电阻分压器采样后接入该引脚，为了滤除高频噪声干扰，该脚对地外接一个小电容。

引脚 7（VCC）：芯片工作电源。为了防止高频噪声对电源的干扰，通常该引脚对地外接一个 0.1μF 的陶瓷电容，并且尽量靠近 UCC28019A 芯片。

引脚 8（GATE）：栅极驱动。推挽式栅极驱动，可以驱动外部的一个或多个功率 MOSFET，提供 1.5～2.0A 的电流驱动，输出电压被钳位在 12.5V。

2．功率因数测量方案论证

▶方案一：电压、电流信号过零比较，得到相位差，直接测量法。

利用电压电流互感器分别提取电压、电流信号，经过比较整形后，得到两个矩形波信号，测量电压、电流信号间的相位差，再通过余弦运算得到功率因数。相位差测量原理图如图 1.7.8 所示。相位测量由单片机采集，通过测量与非门输出的方波信号的高电平时间 t，根据公式 $\varphi = \dfrac{t}{T} \times 360°$ 得到相位差。

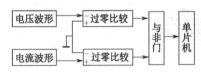

图 1.7.8　相位差测量原理图

相位差法测量易于操作，其主要依靠硬件装置来实现计算，受硬件本身的影响较大，需要考虑两路信号延时的差别，因此要适当经过时间延迟电路进行补偿修正，并且由于谐波和干扰信号的存在，电流、电压波形有失真，过零点的准确度难以保证，测量电流和电压波形的相位差来计算功率因数的方法误差很大。

▶方案二：快速傅里叶变换（FFT）分析法。

通常采用快速傅里叶变换（FFT）算法，模拟信号经采样、离散化数字序列信号后，经单片机或嵌入式控制器进行谐波分析和计算，得到基波和各次谐波的幅值与相位，计算出功率因数。这种谐波分析的方法有较好的抗干扰性和稳定性，还能同时计算电网中电流、电压及各次谐波的值，从而为功率因数调节提供监控的依据。所用到的公式见前面的介绍。

▶方案三：交流采样法直接计算有功功率和电压、电流有效值。

利用公式 $\cos\varphi = P/S$（P 为有功功率，也称平均功率；S 为视在功率）算出功率因数。S 可直接由实测输入电压有效值和输出电流有效值相乘得到，有功功率可直接让电压电流波形通过乘法器滤波后再计算其有效值得到。从变压器绕几圈线接出，即可得到输入电压波形，使用霍尔电流传感器得到电流波形。有效值测量直接使用集成有效值计算芯片 AD637，为保证 AD 采样的精准和稳定，采用 24 位 Σ-Δ 型 AD 芯片 ADS1248，其电压、电流有效值测量电路分别如图 1.7.9 和图 1.7.10 所示,其有功功率测量电路如图 1.7.11 所示。

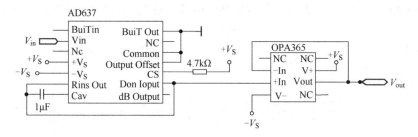

图 1.7.9 电压有效值测量电路

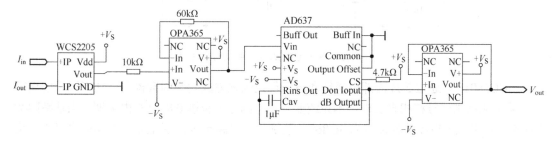

图 1.7.10 电流有效值测量电路

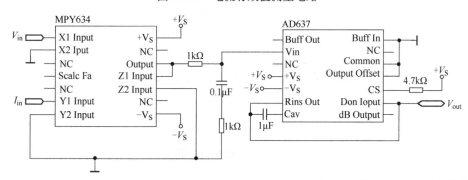

图 1.7.11 有功功率测量电路

3．功率因数的校正和调节方案论证

APFC 控制技术有多种分类方法。按电感电流的连续模式,可分为电流连续模式 (Continuous Current-Mode, CCM)、电流断续模式 (Discontinuous Current-Mode, DCM) 和电流临界模式 (Boundary Curren-Mode, BCM)。CCM 是目前运用最多的控制方式,在电源的 CCM 下,有峰值电流控制模式、平均电流控制模式和滞环电流控制。运用最多的方式是平均电流控制模式和滞环电流控制方式。自举电路输入电流不会发生突变,且控制电路较为简单的优点使它在实际运用中最为广泛。

▶方案一：通过微处理器软件实现。

首先利用理论计算,将一个正弦波的一个周期分为 1024 个等间隔点,根据所用的 MCU (控制器) 的时钟频率,可以得到定时器的定时时间。然后利用 MATLAB 数值计算产生正弦波波表,通过 DAC (数模转换器) 输出。这样不仅能够产生正弦波,还能控制波形的相位,从而实现功率因数的控制。

▶方案二：通过功率因数校正芯片实现。

基于 CCM 的功率因数校正芯片 UCC28019A 的 APFC 电路如图 1.7.12 所示。

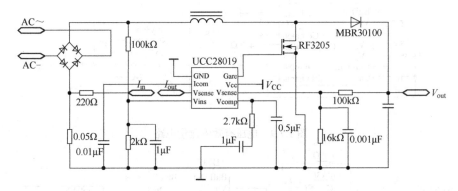

图 1.7.12　基于 UCC28019 的 APFC 电路

UCC28019A 通过芯片内部电流环和电压环控制来完成功率因数校正。功率因数的调节通过将电流反馈信号移相来实现，本系统要求功率因数在范围 0.8～1.0 内可调，当功率因数为 0.8 时，电压与电流的相位差为 36.86°，系统移相电路至少需保证 0°～36.68°的相移。采用的 RC 移相电路如图 1.7.13 所示。

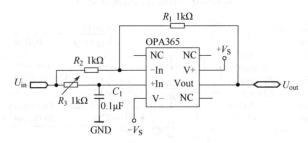

图 1.7.13　RC 移相电路

该电路的传递函数推导如下：

$$\begin{cases} U_+ j\omega C_1 = \dfrac{U_{in} - U_+}{R_3} \\ \dfrac{U_{in} - U_-}{R_2} = \dfrac{U_- - U_{out}}{R_1} \end{cases} \tag{1.7.14}$$

将运放视为理想运放，则有 $U_+ = U_-$，代入式（1.7.14）并求解得

$$\frac{U_{out}}{U_{in}} = \frac{1 - j\omega C_1 R_1 R_3 / R_2}{1 + j\omega C_1 R_3} \tag{1.7.15}$$

如果取参数 $R_1 = R_2$，那么表达式化简为

$$\frac{U_{out}}{U_{in}} = \frac{1 - j\omega C_1 R_3}{1 + j\omega C_1 R_3} \tag{1.7.16}$$

其模为 1，理论上只产生相移而不会影响幅度。当 $R_3 = 0$ 时，相移为 0；当 $\omega C_1 R_3 = \infty$ 时，相移为 $-\pi$。

将图 1.7.12 所示移相电路中的可调电阻用数字电位器 X9C102（1kΩ）代替，电阻值可以通过程序控制，即程序控制相位移动，数控移相电路如图 1.7.14 所示。

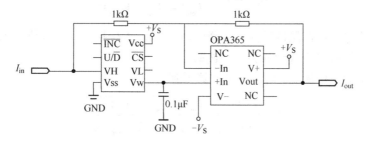

图 1.7.14　数控移相电路

4．输出电压、电流测量及过流保护方案论证

▶方案一：电阻检测法。

输出电压通过电阻串联分压后接入电压跟随器。输出电流通过电压输出端，与负载串联一个 100MΩ 的电阻，其上的电压正比于负载电流，两端电压通过 INA282 差分放大后接入电压跟随器。电压、电流经电压跟随器输出后，由 AD 采集计算后可得输出电压和电流。在检测到输出电流大于 2.5A 的情况下，电路自动切断，实现过流保护。

▶方案二：利用霍尔电压及电流传感器检测。

霍尔传感器利用磁路与霍尔器件输出的良好线性关系来检测电压电流，测量范围广、测量精度高、过载能力强。

1.7.4　主电路的参数设计

为简化参数设计过程中参数的重复说明，将公式中变量的定义说明如下：L 表示升压变换器的储能电感；V_{out} 表示升压变换器的输出电压；ΔI_L 表示电感的纹波电流；P_{out} 表示升压变换器输出的额定功率；V_{inmin} 表示输入的最小有效值电压；D_{min} 表示最小占空比；f_{sw} 表示开关管的工作频率；η 表示升压变换器的输出效率；γ 表示电感电流的电流纹波率；C_{out} 表示升压变换器的输出电容；t_{Hu} 表示升压变换器停止工作时输出电压的保持时间。

（1）电感纹波 ΔI_L 的计算

$$\Delta I_L = \frac{P_{out}\gamma\sqrt{2}}{\eta V_{in\,min}} \qquad (1.7.17)$$

（2）最小占空比 D_{min} 的计算

$$D_{min} = 1 - \frac{V_{in\,min}\sqrt{2}}{V_{out}} \qquad (1.7.18)$$

（3）电感 L 的计算

$$L = \frac{V_{in\,min}\sqrt{2}D_{min}}{\Delta I_L f_{sw}} \qquad (1.7.19)$$

（4）输出电容 C_{out} 的计算

$$C_{\text{out}} \geqslant 2P_{\text{out}} \frac{t_{\text{Hu}}}{V_{\text{out}}^2 - (V_{\text{out}} - V_{\text{drop}})^2} \qquad (1.7.20)$$

式中，V_{drop} 为输出电压在保持时间内下降的电压；t_{Hu} 为保持时间，取值为 100ms。

（5）升压变换器二极管和开关管的选取

开关管的有效值电流 I_{SW} 可由下式计算得到：

$$I_{\text{sw}} = \frac{P_{\text{out}}}{\eta V_{\text{in min}}} \frac{V_{\text{out}}}{\eta V_{\text{in min}}} \sqrt{2 - \frac{16 V_{\text{out}}}{3\pi V_{\text{inmin}} \sqrt{2}}} \qquad (1.7.21)$$

1.7.5　系统软件设计分析

1. 主程序流程图

主程序流程图如图 1.7.15 所示。

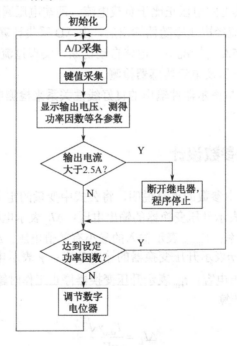

图 1.7.15　主程序流程图

2. 核心程序模块设计

（1）A/D 采样与显示

整个系统需要对多路模拟信号进行 A/D 采集，而电路纹波较大，为了使 A/D 采集稳定和精准，采用 24 位 Σ-Δ 型 A/D 芯片 ADS1248，ADS1248 是 SPI 接口，所以在程序中让单片机的 IO 口模拟 SPI 时序，以实现对不同端口的 A/D 值的读取。采集的值是 24 位二进制，所以用长整型格式保存，为避免一次采集数据的误差，程序对 A/D 值又进行了 32 次采样取平均，取平均通过向低位移 5 位实现，提高了程序效率。

显示采用 LCD12864，先将每个数据转换成字符串，长整型数据的每位通过先除再求

余转换成 ASCII 码，然后通过 SPI 时序向其写入数据进行显示。

（2）功率因数的 PD 调节

在功率因数精确测量的情况下，通过对比设定的功率因数就可得到误差，因为只需要调整后的功率因数稳定，所以利用对误差的比例和微分运算实现 PD 调节就可满足系统对响应时间的要求和功率因数的稳定，相比开环控制具有更强的适应性。具体实现方式是，将功率因数测量值和设定值的差值作为误差，计算得到误差的比例项和微分项之和，以此作为移相电路中数字电位器的电阻变化量，并根据测试选取合适的比例参数和微分参数。这种调节方式的精度只与数字电位器调节精度和功率因数测量精度相关，因此大大降低了电路非线性和参数变化的影响。

1.7.6　测试结果及分析

1）测试使用的仪器

根据题目要求，测试所用的仪器见表 1.7.1。

表 1.7.1　测试所用的仪器

序　号	名称、型号、规格	数　量
1	LRC 数字电桥	1
2	交流调压器	1
3	数字示波器	1
4	单相电电参数测试仪	1
5	万用表	2

2）参数测试

用调压变压器将输入电压 U_S 调至 24V，调整输出电阻，使输出电流为 2A，测量输出电压为 $U_O = 35.99V$。

由单相电参数测试仪测得电路功率因数为 0.997。

根据输入/输出功率计算得到电路效率为 91.4%。

3）电压调整率测试

用调压变压器将输入电压 U_S 调至 24V，慢慢增加负载电阻，使输出电流由 2.0A 变化到 0.2A，记录输出电流和输出电压，见表 1.7.2。

表 1.7.2　输出电流和输出电压

输出电流 I_O/A	2.00	1.51	1.08	0.51	0.20
输出电压 U_O/V	35.99	36.00	36.01	36.01	36.01

负载调整率 $S_I = 0.056\%$。

4）电压调整率测试

调节负载使输出电流 $I_O = 2A$，调节输入电压 U_S 在 20～30V 范围内变化，记录输入电压和输出电压，见表 1.7.3。电压调整率为 $S_U = 0.028\%$。

表 1.7.3　输入电压和输出电压

输入电压 U_I/V	20	22	24	26	28	30
输出电压 U_O/V	36.00	36.00	36.01	36.01	35.99	36.01

5）功率因数调整测试

设定不同的功率因数，设定值和测量值见表 1.7.4。

表 1.7.4　功率因素设定值和测量值

设 定 值	0.8	0.85	0.9	0.95	1.0
测 量 值	0.801	0.848	0.903	0.951	0.998

6）过流保护测试

调节负载，使输出电流增加，当增加至 2.49A 时，电路切断。

7）作者点评

各项技术指标均达到或接近技术指标要求，但效率只有 91.4%，未能达到 95%。原因是主回路方案所限。主回路采用 LLC 谐振变换电路，使晶闸管零电压开启，整流管零电流关断，效率可望达到要求。

1.8　电能收集充电器

［2009 年全国大学生电子设计竞赛（E 题）（本科组）］

1.8.1　任务与要求

1. 任务

设计并制作一个电能收集充电器，充电器测试原理示意图如图 1.8.1 所示。该充电器的核心为直流电源变换器，它从一直流电源中吸收电能，以尽可能大的电流充入一个可充电池。直流电源的输出功率有限，其电动势 E_S 在一定范围内缓慢变化，当 E_S 为不同值时，直流电源变换器的电路结构、参数可以不同。监测和控制电路由直流电源变换器供电。由于 E_S 的变化极慢，监测和控制电路应该采用间歇工作方式，以降低其能耗。可充电池的电动势 $E_C = 3.6V$，内阻 $R_C = 0.1\Omega$。

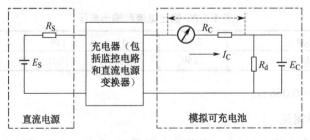

（E_S 和 E_C 用稳压电源提供，R_d 用于防止电流倒灌）

图 1.8.1　充电器测试原理示意图

2．要求

1）基本要求

（1）在 $R_S = 100\Omega$，E_S 为 10～20V 时，充电电流 I_C 大于 $(E_S - E_C)/(R_S + R_C)$。

（2）在 $R_S = 100\Omega$ 时，能向电池充电的 E_S 尽可能低。

（3）E_S 从 0 逐渐升高时，能自动启动充电功能的 E_S 尽可能低。

（4）E_S 降低到不能向电池充电，最低至 0 时，尽量降低电池放电电流。

（5）监测和控制电路工作间歇设定范围为 0.1～5s。

2）发挥部分

（1）在 $R_S = 1\Omega$，E_S 为 1.2～3.6V 时，以尽可能大的电流向电池充电。

（2）能向电池充电的 E_S 尽可能低。当 $E_S \geqslant 1.1$V 时取 $R_S = 1\Omega$，当 $E_S < 1.1$V 时取 $R_S = 0.1\Omega$。

（3）电池完全放电，E_S 从 0 逐渐升高时，能自动启动充电功能（充电输出端开路电压大于 3.6V，短路电流大于 0）的 E_S 尽可能低。当 $E_S \geqslant 1.1$V 时取 $R_S = 1\Omega$，当 $E_S < 1.1$V 时取 $R_S = 0.1\Omega$。

（4）降低成本。

（5）其他。

3．评分标准

	项　目	主　要　内　容	满　分
设计报告	系统方案	电源变换及控制方法实现方案	5
	理论分析与计算	提高效率方法的分析及计算	7
	电路与程序设计	电路设计与参数计算 启动电路设计与参数计算 设定电路的设计	10
	测试结果	测试数据完整性 测试结果分析	3
	设计报告结构及规范性	摘要，设计报告正文的结构图表的规范性	5
	总分		30
基本要求	实际制作完成情况		50
发挥部分	完成第（1）项		30
	完成第（2）项		5
	完成第（3）项		5
	完成第（4）项		5
	其他		5
	总分		50

4．说明

（1）测试最低可充电 E_S 的方法：逐渐降低 E_S，直到充电电流 I_C 略大于 0。当 E_S 高于 3.6V 时，R_S 为 100Ω；当 E_S 低于 3.6V 时，更换 R_S 为 1Ω；E_S 降低到 1.1V 以下时，更换 R_S

为 0.1Ω。然后继续降低 E_S，直到满足要求。

（2）测试自动启动充电功能的方法：从 0 开始逐渐升高 E_S，R_S 为 0.1Ω；当 E_S 升高到高于 1.1V 时，更换 R_S 为 1Ω。然后继续升高 E_S，直到满足要求。

电能收集充电器（E 题）测试记录与评分表

赛区_____ 代码_____ 测试人_____ 　　年　月　日

类型	序号	测试项目与条件或要求		满分	测试记录	评分	备注
基本要求	（1）	充电电流 内阻 $R_S = 100Ω$	$E_S = 20V$	10	$I_C =$ _____mA		
			$E_S = 15V$	10	$I_C =$ _____mA		
			$E_S = 10V$	10	$I_C =$ _____mA		
	（2）	最低电源电动势 内阻 $R_S = 100Ω$	$I_C > 0$ $E_C = 3.6V$	5	$E_S =$ _____V		
	（3）	自动启动充电功能内阻 $R_S = 100Ω$	$I_C > 0$ $E_C = 3.6V$	5	$E_S =$ _____V		
	（4）	放电电流 内阻 $R_S = 100Ω$	$E_S = 0V$ $E_C = 3.6V$	5	$I_C = -$ _____mA		
	（5）	监控电路工作间歇设定范围		5	最小：____s；最大：____s		
		总分		50			
发挥部分	（1）	充电电流 内阻 $R_S = 1Ω$	$E_S = 3.6V$	10	$I_C =$ _____mA		
			$E_S = 2.4V$	10	$I_C =$ _____mA		
			$E_S = 1.2V$	10	$I_C =$ _____mA		
	（2）	最低电源电动势	$I_C > 0$ $E_C = 3.6V$	5	$E_S =$ _____V $R_S =$ _____Ω		
	（3）	自动启动充电功能	输出短路电流大于 0 输出开路电压大于 3.6V	5	$E_S =$ _____V $R_S =$ _____Ω		
	（4）	成本		5			
	（5）	其他		5			
		总分		50			

电能收集充电器（E 题）测试说明：

（1）所有指标记录实测值，项目内评分标准自定。

（2）基本要求（5）除外，其余测试项目监控电路工作间歇设定为 5s。

（3）测试最低可充电电源电动势的方法：逐渐降低 E_S，直到充电电流 I_C 略大于 0。当 E_S 高于 3.6V 时，R_S 为 100Ω；当 R_S 低于 3.6V 时，更换 R_S 为 1Ω；当 E_S 降低到低于 1.1V 时，更换 R_S 为 0.1Ω，继续降低 E_S，直到满足要求。

（4）测试自动启动充电功能的方法：从 0 开始逐渐升高 E_S，R_S 为 0.1Ω，当 E_S 升高到高于 1.1V 时，更换 R_S 为 1Ω，继续升高 E_S，直到满足要求。

1.8.2　题目分析

本题属于节能装置，它收集废旧电池（E_S 为 10～20V，$R_S = 100Ω$）和低压电源（$E_S =$

$1.2\sim3.6V$，$R_S = 1\Omega$，或 $E_S \leqslant 1.1V$，$R_S = 0.1\Omega$）的能量并存储在可用的电池 E_C 中，或收集类似于光伏发电装置（白天有阳光能发电，夜晚无阳光不能发电但需要用电）的能量并存储起来以备后用。

1. 直接充电的功率与效率分析

$E_S \leqslant 3.6V$ 时，对 $E_C = 3.6V$ 不能直接充电，必须升压。

$E_S > 3.6V$ 时，虽然可以直接对 E_C 充电，但其充电电流 I_C 较小，效率 η 很低。直接充电电路图如图 1.8.2 所示。

充电电流

$$I_C = \frac{E_S - E_C}{R_S + R_C} \qquad (1.8.1)$$

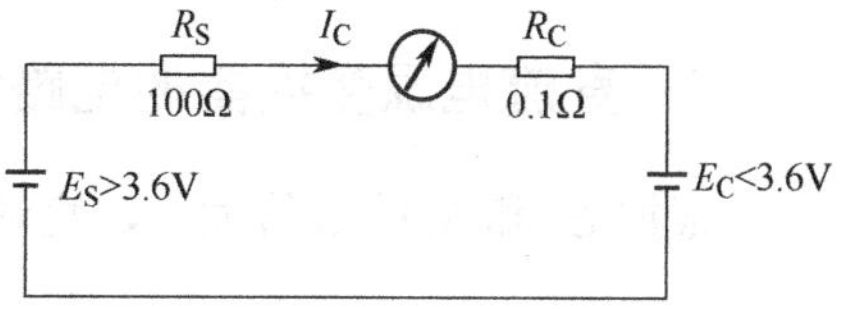

输出功率为

$$P_o = I_C^2 R_C + E_C I_C \qquad (1.8.2)$$

图 1.8.2　直接充电电路图

R_S 消耗的功率为

$$P_{R_S} = I_C^2 R_S \qquad (1.8.3)$$

输出效率 η 为

$$\eta = \frac{P_o}{P_o + P_{R_S}} \qquad (1.8.4)$$

由表 1.8.1 可知，当 $E_S = 7.2V$ 时，直充式满足最大功率输出定理，其充电电流 $I_C = 36\text{mA}$，且 $\eta = 50\%$，当 E_S 为 $3.6\sim7.2V$ 时，充电电流随 E_S 的下降而下降，但总效率在提高。当 E_S 为 $7.2\sim20V$ 时，充电电流虽然随 E_S 的增加而增加，但总效率却下降。由此可以得出结论：E_S 在 $3.6\sim7.2V$ 之间时采用直充方式，而 E_S 在 $7.2\sim20V$ 之间时采用降压方式。

表 1.8.1　直充式效率、充电电流与 E_s 的关系

E_S（$R_S = 100\Omega$）/V	4	7.2	8	10	15	20
I_C/mA	4	36	44	64	114	164
P_o/mW	14.4	129.6	158.4	230.4	400.8	590.4
P_{RS}/mW	1.6	129.6	193.6	409.6	1299.6	2689.6
η/%	90	50	45	35	24	12

2. 最大功率与极限充电电流的计算

下面分析直流电源能够提供的最大功率。根据最大功率输出定理有

$$P_{max} = \frac{E_S^2}{4R_S} \qquad (1.8.5)$$

充电电流极限值为

$$I_{cmax} \approx \frac{P_{max}}{E_C} \qquad (1.8.6)$$

为方便起见，我们列出 P_{max} 与 E_S、R_S 的关系一览表，见表 1.8.2。

表 1.8.2　P_{max} 与 E_S、R_S 关系一览表

E_S/V	1.1 $R_S = 0.1\Omega$	1.2 $R_S = 1\Omega$	3.6 $R_S = 1\Omega$	7.2 $R_S = 100\Omega$	10 $R_S = 100\Omega$	20 $R_S = 100\Omega$
$P_{max} = \dfrac{E_S^2}{4R_S} / W$	3.025	0.36	3.24	0.12	0.25	1.00
$I_{cmax} = \dfrac{P_{max}}{R_C} / mA$	840	100	900	33	69	277

由表 1.8.2 可知，在 $E_S = 3.6V$，$R_S = 1\Omega$ 时，直流电源可提供最大的功率输出和最大的充电电流。其次在 $E_S = 1.1V$，$R_S = 0.1\Omega$ 时，也能提供较大的输出功率和充电电流。

3. 直流电源变换器的电路结构

根据 E_S 和 R_S 的数值大小，直流电源变换器的电路结构采用不同的形式，见表 1.8.3。

表 1.8.3　直流电源变换器的电路结构

E_S/V	< 1.1	1.2~3.6	3.6~8	8~20
R_S/Ω	0.1	1	100	100
变换器电路结构	升压	升压	直接	降压

4. 开关调整器拓扑结构

本题电路设计的关键是开关调整器拓扑结构的选择。由表 1.8.3 可知，对于不同的 E_S 和 R_S，可选择不同的电路结构。下面给出常见的开关调整器拓扑结构图。场效应管 buck 电路结构图如图 1.8.3 所示，场效应管 boost 电路结构图如图 1.8.4 所示，场效应管 buck-boost 电路结构图如图 1.8.5 所示。

目前已有许多包括驱动电路在内的 DC–DC 转换电路，如集成芯片 LH25576、TPS5430、MAX 1708、TPS61200 等。

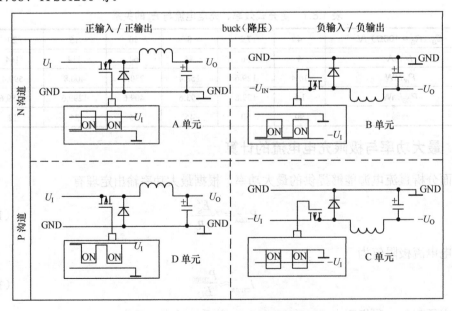

图 1.8.3　场效应管 buck 电路结构图

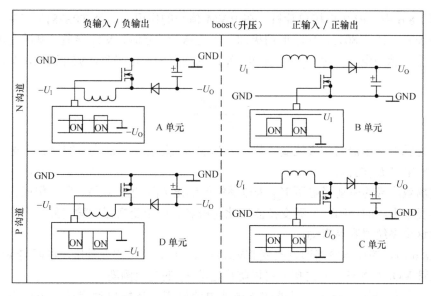

图 1.8.4　场效应管 boost 电路结构图

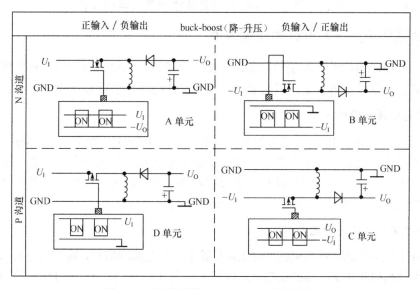

图 1.8.5　场效应管 buck-boost 电路结构图

随着电力电子技术的飞速发展，除上述 DC-DC 变换的基本类型外，还出现了 Cuk 变换器、反激变换器和复合型变换器等。下面只介绍反激变换器，其电路图如图 1.8.6 所示。

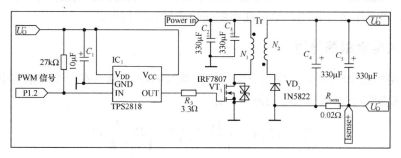

图 1.8.6　反激变换器电路图

在图 1.8.6 中，P1.2 口接单片机，在 PWM 信号的作用下，经 TPS2818 产生一个驱动信号驱动 VT_1（1RF7807）。VT_1 的栅极加一个正脉冲信号时，VT_1 导通，脉冲变压器次级 N_2 感应一个正脉冲电压，对 C_4、C_5 充电。VT_1 的栅极为低电平时，VD_1 截止，其输出电压 U_O 为

$$U_O = \frac{N_2 D}{N_1(1-D)} U_{IN} \tag{1.8.7}$$

式中，N_1 为脉冲变压器的初级线圈匝数，N_2 为次级线圈匝数，D 为占空比。改变 D 值就可以控制输出电压 U_O 的值。

开关场效应管的驱动级电源 V_{CC} 来自系统的输出 U_O^+。也就是说，驱动级能否正常工作受变换器反馈电压的控制，反激变换器以此而得名。由于变换器的输出外接一个充电电池 E_C，因此这个系统很容易启动。

图 1.8.6 所示的反激电路通过改变 PWM 的占空比，即可实现升压，也可实现降压。肖特基二极管 VD_1（1N5822）的接入可以防止电池 E_C 的电流倒灌。

该电路既能升压、降压，又能防止电池电流倒灌，还能自动启动。选择该电路作为 DC-DC 变换器是一个不错的决定，其设计关键是脉冲变压器的设计。

5. 高频脉冲变压器设计的注意事项

关于脉冲变压器的设计方法和步骤，在雷达收发设备和电力电子学等有关教材中均有较详细的叙述，这里不再重复，只就脉冲变压器设计的注意事项做一些补充说明。

1）开关电源频率的选择

开关电源（含 DC-DC 变换器）的频率一般为 10～400kHz，频率升高，变换器的体积、重量及成本下降，但对开关管和高频脉冲变压器的要求越高。由于开关管的分布参数（主要指极间电容）和脉冲变压器的铁损（磁滞损耗和涡流损耗等）限制了开关频率的提高，因此这里建议将开关频率选择在范围 20～100kHz 内比较合适。

2）脉冲变压器铁芯的选择

由于开关频率较高，且高频脉冲变压器传输的信号是脉冲信号，脉冲信号的谐波成分极为丰富，因此高频脉冲变压器的铁芯不宜选用厚度为 0.35mm 的 D310～D360 矽钢片。而一般应选取高频铁氧体作为铁芯材料。建议选择磁环形的铁氧体，并且截面积要稍大一些。

3）对绕组的要求

一次、二次绕组不要叠绕，以使分布电容减小。绕组的载流量宜偏小（如载流量选为 $2.5A/mm^2$）。可采用多股并绕，尽量减小集肤效应导致的铜损。

6. 最大电流跟踪探讨

测试电路如图 1.8.7 所示。假设充电器的效率为 100%，那么在一个周期内电源 E_S 提供的最大的能量应等于充电池吸收的能量，即

$$\frac{E_S^2}{4R_S}\tau = U_O I_C = \frac{D}{1-D}U_1 I_C T = \frac{D}{1-D}\frac{E_S}{2}TI_C$$

所以

$$I_{C\max} = \frac{E_S}{2R_S}\frac{1-D}{D} \tag{1.8.8}$$

但同时又必须满足 $U_O \geqslant I_C R_C + E_C$，即

$$\frac{D}{1-D}U_I \geqslant I_C R_C + E_C \tag{1.8.9}$$

通过改变占空比 D，可使之同时满足式（1.8.8）和式（1.8.9）。只要不断地检测输出电流 I_C，改变 D 值，就能找到 $I_{C\max}$。这项任务必须交给检测控制系统去完成。这就称为最大输出电流最大跟踪。

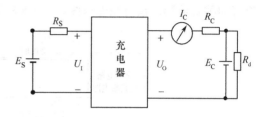

图 1.8.7　测试电路

上述分析未考虑变换器的损耗。下面再讨论如何减小变换器的损耗。

7．提高直流变换器效率的措施

以反激变换电路为例（如图 1.8.6 所示），提高反激变换电路的效率应从如下几方面想办法：

（1）选择分布参数小的、导通电阻小的开关管。

（2）选择正向动态电阻小的、反向电阻大的肖特基二极管作为高频信号整流管。

（3）合理设计脉冲变压器，在不同的输入电压范围内，采用不同的变压比。

（4）选择损耗小的储能电容，如 C_2，C_3，C_4，C_5 全部由电解电容改为钽电容。

（5）采用低压、低功耗的驱动电路及测试控制电路。

下面举两个实例，供大家参考。

1.8.3　采用集成芯片实现 DC-DC 转换的电能收集充电器

来源：昆明理工大学　刘晓明　施旺（全国一等奖）　指导教师：卢诚

摘要：本系统主要由控制监控电路、降压电路和升压电路等部件组成。控制监控电路采用 MC34063 集成芯片，降压电路采用 LM25576 集成芯片，升压电路采用 MAX 1708 集成芯片。系统全部实现了题目要求的功能，并达到了基本要求和发挥部分的全部性能指标。

关键词：MC34063，LM25576，MAX 1708，最大电流跟踪

1．方案论证

▶方案一：使用 LT1S12 和 MAX 1708 两种芯片分别实现系统的升降压设计。

分析：当电压为 1.2～3.6V 时，使用 MAX 1708 芯片进行升压，并对电池进行充电，此时能够达到设计要求，并满足精度要求。当电压为 10～20V 时，采用 LT1512 芯片进行降压，并对电池充电。在测试中发现，其带负载能力很差，并且成本也相对较高。

▶方案二：使用 LM25576 芯片和 MAX 1708 芯片分别实现系统的升降压设计。

分析：当电压为 1.2～3.6V 时，使用 MAX 1708 进行升压，并对池进行充电，此

时满足技术指标要求且精度高。当电压为 10～20V 时，使用 LM25576 芯片进行降压，并对电池进行充电。在测试中发现，能达到设计要求，精度高且成本极低。

综合上述分析和实验，选择方案二。

2．方案实施

1）工作原理

本方案采用 LM25576 芯片和 MAX 1708 芯片分别实现系统的升降压功能，并能对电路进行间隙式监测，系统原理框图如图 1.8.8 所示。

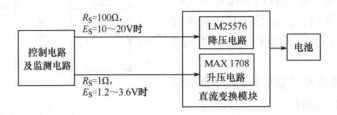

图 1.8.8　系统原理框图

当电压为 1.2～3.6V 时，通过自动检测电路，使用 MAX 1708 芯片进行升压，并对电池进行充电，能达到设计要求。当电压为 10～20V 时，使用 LM25576 芯片进行降压，并对电池进行充电，也能满足设计要求。

2）电路图

本电路包括三个基本单元：升压电路单元、降压电路单元和控制监测单元，如图 1.8.9 所示。以 MAX 708 芯片为核心的升压电路，在直流电压为 1.2～3.6V 时，通过电路进行升压并对电池进行充电。以 LM25576 芯片为核心的降压电路，在直流电压为 10～20V 时，通过电路进行降压并对电池进行充电。以 MC34063 芯片为核心的控制监控电路进行控制和监测，自动选择升降压电路对电池进行充电。

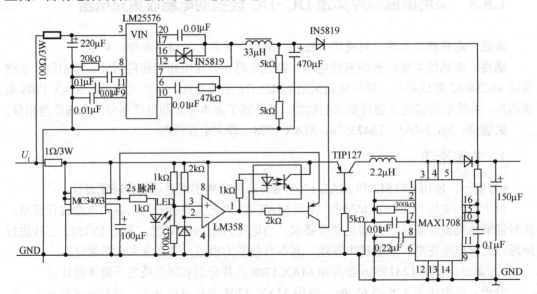

图 1.8.9　直流升降压电路

3. 理论分析与计算

本题收集并存储废旧蓄电池、干电池等的残存电能，这些废旧电源的电压范围是 0～20V，且内阻大小各异。本设计成败的关键是 DC–DC 变换器电路的选择，而 DC–DC 变换器的效率又是重中之重。下面重点分析 DC–DC 变换器的效率问题。测试电路效率的等效电路如图 1.8.10 所示。

电源的输出功率有限，设负载等效电阻为 R，输出功率（充电器的输入功率）为

$$P_i = E_S I_S - I_S^2 R_S \qquad (1.8.10)$$

当 $I_S = \dfrac{E_S}{2R_S}$ 时，电源 E_S 的输出功率最大（如图 1.8.11 所示），即

$$P_{imax} = E_S^2 / 4R_S \qquad (1.8.11)$$

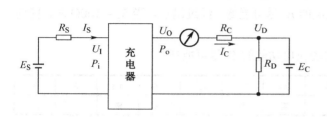

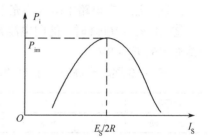

图 1.8.10 测试电路效率的等效电路　　　　图 1.8.11　P_i 与 I_S 的关系曲线

充电器的输出功率为

$$P_o = U_O I_C = (E_C + I_C R_C) I_C$$

$$U_O = E_C + I_C R_C > E_C + R_C (E_S - E_C)/(R_S + R_C)$$

效率 η 为

$$\eta = P_o / P_i \qquad (1.8.12)$$

在 $E_S = 10V$ 时，电源的最大输出功率为

$$P_{imax} = \frac{E_S^2}{4R_S} = \frac{10^2}{4 \times 100} W = 0.25W$$

输出电流为

$$I_C > (E_S - E_C)/(R_S + R_C) = \frac{10 - 3.6}{100 + 0.1} = 63.9 mA$$

$P_o > 0.230W$，所以 $\eta > 92.0\%$。当 $E_S = 20V$ 时，

$$P_{imax} = 1W, \qquad P_O > 0.723W$$

所以 $\eta > 72.3\%$。

结论：在最理想的状态下（E_S 达到最大输出功率，充电器部分不消耗功率），所选降压芯片的转换效率要超过 92.0%，才能保证 E_S 在 10～20V 下满足 $I_C > \dfrac{E_S - E_C}{R_S + R_C}$ 的题目要求。

4．测试方法及结果

（1）测试中使用的工具

工　具	电压表	电流表	万用表	示波器	直流稳压电源
型　号	DB3-DV	HD2851-1X1	LGB-818-DCA	YB4324	WYJ-302B2

（2）测试方法及测试结果

① 在 $R_S = 100\Omega$，$E_S = 10\sim20V$ 时，充电电流 I_C 大于 $(E_S-E_C)/(R_S+R_C)$。

电压/V	10.0	11.0	12.0	13.0	14.0	15.0	16.0	17.0	18.0	19.0	20.0
电流/mA	76.5	80	90.5	110	120	140	156	180	200	200.5	220

测试方法：在电路中串入待充电电池，用电流表进行测试。

② 在 $R_S = 100\Omega$ 时，能向电池充电的 E_S 尽可能低。经过测试，当 $R_S = 100\Omega$ 时，能向电池充电的 $E_S = 8V$。

③ E_S 从 0 逐渐升高时，能自动启动充电功能的 E_S 尽可能低。

电压/V	0	0.2	0.4	0.6	1.2	2.4	3.6	4.8	6	8
启　　动	不能	不能	不能	能	能	能	能	能	能	能

④ E_S 降低到不能向电池充电，最低降至 0 时，尽量降低电池的放电电流。

电压/V	0.5	0.4	0.3	0.2	0.1	0
电流/mA	5	9	13	17	24	31

⑤ 监测和控制电路工作间歇设定范围为 0.1～5s。本方案的监测和控制电路工作间歇设定为 2s，符合要求。

（3）发挥部分

① 在 $R_S = 1\Omega$，$E_S = 1.2\sim3.6V$ 时，尽可能以大的电流向电池充电。

电压/V	1.2	1.4	1.8	2.0	2.2	2.4	2.6	3.0	3.2	3.6
电流/mA	20	30	45	56	77	80	100	150	180	280

② 能向电池充电的 E_S 尽可能低。

当 $E_S \geqslant 1.1V$ 时，取 $R_S = 1\Omega$；当 $E_S < 1.1V$ 时，取 $R_S = 0.1\Omega$。

经过测试，当 $R_S = 100\Omega$ 时，能向电池充电的 $E_S = 0.6V$。

③ 电池完全放电，E_S 从 0 逐渐升高时，能自动启动充电功能（充电输出端开路电压大于 3.6V，短路电流大于 0）的 E_S 尽可能低。当 $E_S \geqslant 1.1V$ 时，取 $R_S = 1\Omega$；当 $E_S < 1.1V$ 时，取 $R_S = 0.1\Omega$。

本设计能够启动充电功能。

④ 降低成本。

本设计所用的元件都是普通元件，可在本地的电子元器件店买到。因此价格低廉，设计合理，精度也能达到要求。

1.8.4　采用反激变换器的电能收集充电器

来源：电子科技大学　张仁辉　周华　杨毓俊（全国一等奖）

摘要：本设计使用 TPS2836 与 MSP430F4794 制作了一个电能收集充电器，主电路采用单端反激变换器，加入同步整流技术，效率最高可达 91%；具有最大充电电流跟踪能力；$E_S = 10～20V$，$R_S = 100\Omega$ 时，最大锁定电流为 240mA；$R_S = 1\Omega$，E_S 在 1.2～3.6V 范围内变化，给电池的最大充电电流为 710mA；$R_S = 0.1\Omega$，$0.35V < E_S < 1.1V$，输出电流 $I_C > 0$。本设计基本实现了题目的要求。

关键词：充电器，最大电流跟踪，单端反激变换器，同步整流

1．方案论证

1）电源变换拓扑方案论证

本题要求制作一个电能收集器，从输出 0～20V 电压（内阻随输入电压变化）的直流电源吸收电能，模拟太阳能电池。充电器输出电压不小于 3.6V，用吸入型电源模拟充电电池。

▶方案一：Cuk 变换器。

如图 1.8.12 所示，Cuk 变换器的输出电压为

$$U_O = \frac{D}{1-D}U_I \tag{1.8.13}$$

式中，D 为占空比。能量存储和传递同时在两个开关期间和两个环路中进行，这种对称性使其可以达到较高效率，而且两个电感适当耦合可以从理论上达到"零纹波"，但该方案对电容要求较高，且需要两个电感，成本高，同时因为输入/输出相对地不同，监控及控制电路取样较为复杂。

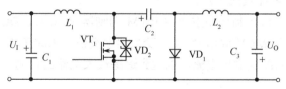

图 1.8.12　Cuk 变换器原理图

▶方案二：Buck 变换器与 Boost 变换器组合。

如图 1.8.13 所示，以 VT_1 为核心构成的电路为降压电路，以 VT_2 为核心构成的电路为升压电路。在 $E_S = 10～20V$ 时，采用 Buck 电路实现功能；在 $E_S < 3.6V$ 时，开关切换到 Boost 电路工作。该方案原理简单，监控与控制电路简单且功耗能降到最低，可加入同步整流技术，大大提高系统的效率，但成本较高、系统复杂。

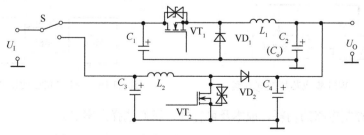

图 1.8.13　Buck 变换器与 Boost 变换器组合原理图

▶方案三：单端反激变换器。

如图 1.8.14 所示，将变压器原边地与副边地短接，输入/输出共地，可以方便信号取样，输出与输入的关系为

$$U_O = \frac{N_s D}{N_p(1-D)} U_I \qquad (1.8.14)$$

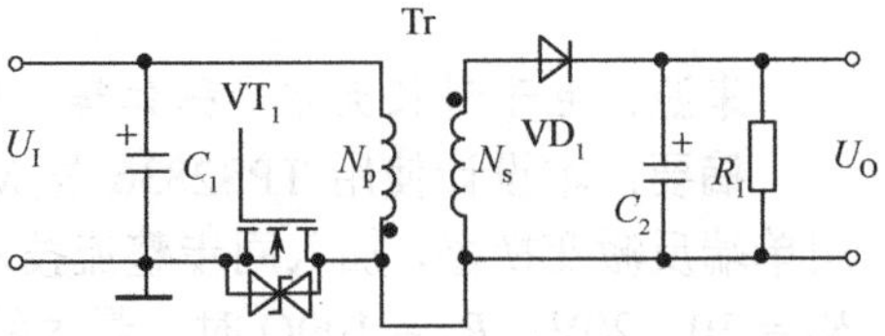

式中，N_p 为初级线圈匝数，N_S 为次级线圈匝数，D 为占空比。

图 1.8.14　单端反激变换器原理图

该方案成本低，电路简单，可以防止电流倒灌，在很宽的输入电压范围内都能正常工作，结合同步整流技术，效率可以达到 90%以上，基本能达到题目要求。然而，高频变压器设计是该方案的关键。

为了尽可能降低成本，提高效率，增加可行性，我们选择方案三来制作充电器，并采用同步整流技术。

2）控制方案论证

要在 $E_S = 10 \sim 20V$ 时达到 I_C 大于 $\dfrac{E_S - E_C}{R_S + R_C}$ 的要求，系统的效率要大于 92.07%，$E_S = 10V$ 时只允许控制监控部分有 10mW 的功耗，只有同步整流能达到要求。同时，为了获取尽可能大的充电电流，要求充电器能够传输最大功率。根据最大功率传输定理，当充电器获得最大功率时，充电器输入电压 $U_{IN} = E_S/2$，又因为充电器输出电压恒定为 3.6V，假设 DC-DC 转换效率恒定，那么可以认为当输出电流最大时即获得最大功率。根据以上分析，我们考虑了以下两种控制方案。

▶方案一：采用 PWM 集成芯片。

如图 1.8.15 所示，该控制环路主要由 PWM 调制器 TL5001，DC-DC 拓扑，电流采样处理电路和单片机组成，MCU 取出 DC-DC 变换器电流信号来改变 TL5001 的基准，TL5001 输出占空比变化，从而改变输出电流，以达到追踪最大电流的目的。该方案能做到实时采样，但功耗较大。

▶方案二：采用单片 MCU 实现 PWM 调制。

如图 1.8.16 所示，因为 E_S 的变化极慢，不要求反馈的实时性，所以 PWM 可由单片机提供。当单片机检测到输出电流变化时，通过调节 PWM 的占空比追踪到最大电流，且单片机的采样和监控电路都工作于间歇模式，预设每隔 5s 处理一次，在 0.1～5s 范围内可调。

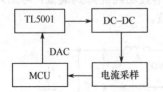

图 1.8.15　PWM 集成芯片控制方案

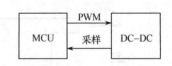

图 1.8.16　单片 MCU 实现 PWM 调制

综合考虑控制电路的功耗、成本及可行性，我们选择方案二。

2. 理论分析与计算

1）充电器效率分析与理论计算

认真分析题目要求，$I_C > \dfrac{E_S - E_C}{R_S + R_C}$ 隐含了对效率的要求，当 $E_S = 10\text{V}$ 时，根据最大功率传输定理，充电器能获得的最大功率是 0.25W，$I_C > \dfrac{10 \sim 3.6\text{V}}{100.1\Omega} > 63.7\text{mA}$，要达到这个指标，系统的效率要大于 92.07%，所以必须使用同步整流技术，而且控制监控部分的功耗不得高于 10mW；同时，为了降低磁芯损耗，单片机给出的 PWM 频率要尽量低，我们选定为 20kHz；但当 E_S 增大时，对系统的效率要求降低，当 $E_S = 20\text{V}$ 时，只要效率为 60% 就能达到题目要求。

2）单端反激变压器的设计与计算

因为同步整流技术只能在电感工作于连续模式时才能发挥作用，但考虑到 E_S 在范围 10～20V 内变化时，输出电流很小（50～240mA），要使变压器工作于连续模式所需的电感量很大，会使成本和体积都增大，同时绕线长度增加会增大铜损。综合考虑，我们把电感临界电流点 I_{OC} 设在 400mA 处，当输出电流 $I_O < I_{OC}$ 时电感工作于断续状态，使能非同步整流，当 $I_O > I_{OC}$ 时，使能同步整流。

变压器设计如下。根据题意，充电器输出的最大功率 $P_O = 3.2\text{W}$，且 $I_{OC} = 400\text{mA}$，在本电路中选用 TDK 磁芯 PQ2625，$f = 20\text{kHz}$ 时其最大传输功率 15W。

① 计算初级电感

$$L_c = \frac{U_{IN(max)}^2 D_{min}^2 T}{2P_{IN(min)}} = \frac{3.6^2 \times 0.6^2 \times 50 \times 10^{-6}}{2 \times 0.3 \times 3.6}\text{H} = 108\mu\text{H}$$

② 计算总负载功率

$$P_O = (U_O + U_F)I_{max} = (3.6 + 0.4) \times 0.8\text{W} = 3.2\text{W}$$

③ 计算电流峰值

$$I_{pk} = \frac{2P_{Omax}T}{\eta U_{INmin}T_{onmax}} = \frac{2 \times 3.2 \times 50 \times 10^{-6}}{0.9 \times 2 \times 45 \times 10^{-6}} = 4\text{A}$$

④ 计算能量处理能力

$$W = \frac{L_c I_{pk}^2}{2} = \frac{110 \times 10^{-6} \times 4^2}{2}\text{J} = 8.8 \times 10^{-4}\text{J}$$

⑤ 计算电状态 K_e

$$K_e = 0.145P_o B_m^2 \times 10^{-4} = 0.145 \times 3.2 \times 0.5^2 \times 10^{-4} = 1.16 \times 10^{-5}$$

⑥ 计算磁芯几何常数 K_g

$$K_g = \frac{W^2}{K_e \alpha} = \frac{8.8^2 \times 10^{-8}}{1.16 \times 10^{-5}}\text{cm}^5 = 0.066\text{cm}^5$$

选用 TDK 磁芯 PQ2625，其 $K_g = 0.0832$，满足要求。

⑦ 选择线径：实际绕制时选用 0.4mm 的线径，四股并绕。

⑧ 计算匝数：设气隙长度 $l_g = 0.1$mm，则初级、次级匝数为

$$N_p = \sqrt{\frac{l_g L_p}{0.4\pi A_c F \times 10^{-8}}} = \sqrt{\frac{10^{-4} \times 110 \times 10^{-6}}{0.4\pi \times 1.18 \times 10^{-10} \times 1.05}} = 9.1$$

$$N_s = 1.2 N_p = 12$$

因此 N_p 取 10 匝，N_s 取 12 匝。

3. 电路与程序设计

1) 主电路的设计与参数设计

主电路原理图如图 1.8.17 所示，它采用单端反激拓扑，其中 TPS2836 是具有同步整流功能的 PWM 驱动芯片，其静态功耗为 2mA，能以 3.6V 供电，最大驱动电流为 2A。IRF7822 是增强型 N 沟道 MOS 管，其导通电阻为 5.5mΩ，损耗小，最大漏源电流 $I_{DS} = 20$A，完全能满足题目要求。

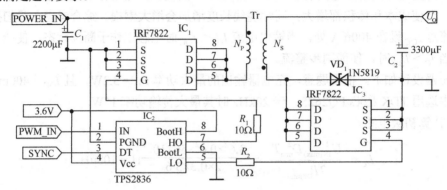

图 1.8.17　主电路原理图

图 1.8.17 中，TSP2836 的 1 脚是 PWM 波的输入端，经内部反相分别从 5 脚和 7 脚输出两路反相的 PWM 信号驱动 IRF7822，电阻 R_1 和 R_2 起缓冲作用，防止驱动的电压尖峰击穿 MOS 管。3 脚 DT 端用作同步整流使能，低电平有效；当充电器输出电流小于 400mA 时，单片机将 3 脚置高，不使能同步整流，5 脚输出低电平，IRF7822 截止，肖特基二极管 1N5819 工作；相反，输出电流大于 400mA 时，3 脚置低，使能同步整流，5 脚输出 PWM 波，IRF7822 正常工作。

2) 启动电路设计与参数设计

题目要求以尽量低的 E_S 启动充电器，启动电路原理图如图 1.8.18 所示。使用升压芯片 TPS61202 能够在 $E_S = 0.5$V 的情况下，稳定输出 5V 给控制电路供电，保证系统低电压空载启动。当输入电压大于 3.6V 时，单片机控制继电器导通，TPS61202 不工作，控制及监控电路由充电器输出 3.6V 供电。遗憾的是，由于时间原因，启动电路未能做出，所以我们的作品没有空载自启动功能。

3) 监控及控制电路的设计

题目要求在 E_S 为 10~20V 时达到 $I_C > \dfrac{E_S - E_C}{R_S + R_C}$ 的要求，由此可得出监控电路的功耗最大

不能超过 10mW。因此，我们选择超低功耗单片机 MSP430F4794 作为控制核心，其 3.3V 时的静态电流为 280μA，4MHz 外部高速晶振下，程序正常运行的电流为 1.3mA，且其内部具有 3 路 32 倍信号放大能力的 16 位 A/D，具有多路 PWM 波输出，完全满足本题最大输出电流跟踪的要求。同时，单片机的绝大部分时间都工作在低功耗模式，以降低功耗，并由内部定时器每隔一段时间低功耗唤醒一次，调节输出电流，达到最大电流跟踪的目的，其间隙低功耗时间在范围 0.1～5s 内任意可调。

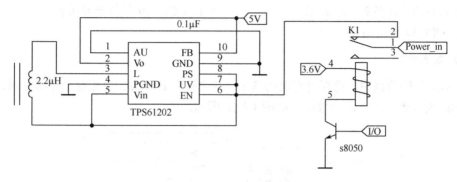

图 1.8.18 启动电路原理图

图 1.8.19 所示为整体软件流程图。当主功率电路开始工作时，控制电路先通过大范围的占空比变化，比较对应电流的大小，初步判断最大输出电流所处的区域，一旦锁定区域，就在此区域内调节，以找到最大电流点。输入电压变化时，单片机会自动调节占空比以跟踪最大电流。

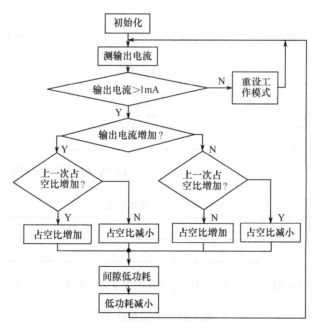

图 1.8.19 整体软件流程图

流程图说明：程序初始化时，占空比设为 50%，占空比变化的初始状态设为递增方式，间隙时间为 5s。进入主循环中，先测量输出电流，输出电流小于 1mA 时，单片机输出固定

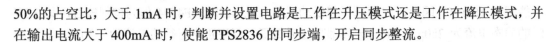

50%的占空比，大于 1mA 时，判断并设置电路是工作在升压模式还是工作在降压模式，并在输出电流大于 400mA 时，使能 TPS2836 的同步端，开启同步整流。

4．测试方法、结果及分析

1）测试仪器

① MY-65 型四位半万用表　　　② HG6333 直流稳压电源

③ TDS1012B 型数字示波器　　④ FLUCK189 五位半万用表

⑤ BX7-14 型变阻器

2）测试方案

在本作品的测试中，可充电电池的 3.6V 电动势由 HG6333 直流稳压电源提供，R_d 是 20W/10Ω 的水泥电阻，用于放电，如图 1.8.20 所示。

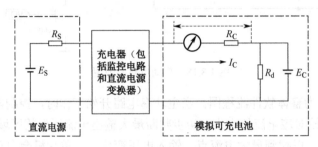

图 1.8.20　测试方案

3）测试数据

测试条件：$R_S = 100\Omega$，E_S 为 10～20V。在 $E_C = 3.61V$ 时，测试数据见表 1.8.4。

表 1.8.4　测试数据 1

直流输入电压 E_S/V	10.001	12.514	14.999	17.518	19.998
直流输出电流 I_C/mA	59	94	135	184	235
$(E_S-E_C)/(R_C + R_S)$/mA	63.84	74.70	113	138	163

测试条件：$R_S = 1\Omega$，E_S 为 1.2～3.6V。在 $E_C = 3.61V$ 时，测试数据见表 1.8.5。

表 1.8.5　测试数据 2

直流输入电压 E_S/V	1.206	1.800	2.402	3.002	3.622
直流输出电流 I_C/mA	77	176	304	506	712

测试条件：$R_S = 100\Omega$，$E_S < 10V$。在 $E_C = 3.61V$ 时，测试数据见表 1.8.6。

表 1.8.6　测试数据 3

直流输入电压 E_S/V	2.181	3.003	4.002	6.012	8.001
直流输出电流 I_C/mA	0	3	8	20	38

当 $R = 0.1\Omega$，$E_S < 1.1V$ 时，最低充电电压可达 0.4V。监控电路的工作间歇时间设定为 5s，在 0.1～5s 内可调，步进为 0.1s。

4）结果分析

根据实际测得的结果，充电时的最大电流值不是稳定在某个固定的值，而是在某个值附近来回跳动，原因是单片机在跟踪最大电流值时会不停地改变占空比。此外，在最大电流输出时，充电器并未工作在最大功率传输点，原因是后端电源等效为一个容性阻抗。

5）总结

本系统以低功耗单片机 MSP430F4794 为控制核心，结合 MOS 驱动 TPS2836、低导通电压开关管和 IRF7822，设计并制作了电能收集充电器，完成了题目基本要求和发挥部分的全部要求。

1.9 双向 DC-DC 变换器

［2015 年全国大学生电子设计竞赛（A 题）］

1.9.1 任务与要求

1. 任务

设计并制作用于电池储能装置的双向 DC-DC 变换器，实现电池的充放电功能，功能可由按键设定，亦可自动转换。电池储能装置结构框图如图 1.9.1 所示，图中除直流稳压电源外，其他器件均需自备。电池组由 5 节 18650 型、容量为 2000～3000mA·h 的锂离子电池串联组成。所用电阻阻值误差的绝对值不大于 5%

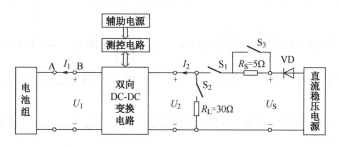

图 1.9.1 电池储能装置结构框图

2. 要求

1）基本要求

接通 S_1、S_3，断开 S_2，将装置设定为充电模式。

（1）在 $U_2 = 30V$ 时，实现对电池恒流充电。充电电流 I_1 在 1～2A 范围内步进可调，步进值不大于 0.1A，电流控制精度不低于 5%。

（2）设定 $I_1 = 2A$，调整直流稳压电源输出电压，使 U_2 在 24～36V 范围内变化时，要

求充电电流 I_1 的变化率不大于 1%。

（3）设定 $I_1 = 2A$，在 $U_2 = 30V$ 条件下，变换器的效率 $\eta_1 \geq 90\%$。

（4）测量并显示充电电流 I_1，在 $I_1 = 1 \sim 2A$ 范围内测量精度不低于 2%。

（5）具有过充保护功能：设定 $I_1 = 2A$，当 U_1 超过阈值 $U_{1th} = 24 \pm 0.5V$ 时，停止充电。

2）发挥部分

（1）断开 S_1，接通 S_2，将装置设定为放电模式，保持 $U_2 = 30 \pm 0.5V$，此时变换器效率 $\eta_2 \geq 95\%$。

（2）接通 S_1 和 S_2，断开 S_3，调整直流稳压电源输出电压，使 U_S 在 $32 \sim 38V$ 范围内变化时，双向 DC-DC 电路能够自动转换工作模式并保持 $U_2 = 30 \pm 0.5V$。

（3）在满足要求的前提下简化结构、减轻重量，使双向 DC-DC 变换器、测控电路与辅助电源三部分的总重量不大于 500g。

（4）其他。

3．说明

（1）要求采用带保护板的电池，使用前认真阅读所用电池的技术资料，学会估算电池的荷电状态，保证电池全过程的使用安全。

（2）电池组不需封装在作品内，测试时自行携带至测试场地；测试前电池初始状态由参赛队员自定，测试过程中不允许更换电池。

（3）基本要求（1）中的电流控制精度定义为 $e_{ic} = \left| \dfrac{I_1 - I_{10}}{I_{10}} \right| \times 100\%$，其中 I_1 为实际电流，I_{10} 为设定值。

（4）基本要求（2）中电流变化率的计算方法：设 $U_2 = 36V$ 时，充电电流值为 I_{11}；$U_2 = 30V$ 时，充电电流值为 I_1；$U_2 = 30V$ 时，充电电流值为 I_{12}，则 $S_{I_1} = \left| \dfrac{I_{11} - I_{12}}{I_1} \right| \times 100\%$。

（5）DC-DC 变换器效率 $\eta_1 = \left| \dfrac{P_1}{P_2} \right| \times 100\%$，$\eta_2 = \left| \dfrac{P_2}{P_1} \right| \times 100\%$，其中 $P_1 = U_1 I_1$，$P_2 = U_2 I_2$。

（6）基本要求（5）的测试方法：在图 1.9.1 的 A、B 点之间串入滑线变阻器，使 U_1 增加。

（7）辅助电源需自制或自备，可由直流稳压电源（U_S 处）或工频电源（220V）为其供电。

（8）作品应能连续安全工作足够长的时间，测试期间不能出现过热等故障。

（9）制作时应合理设置测试点（参考图 1.9.1），以方便测试；为方便测重，应能较方便地将双向 DC-DC 变换器、测控电路与辅助电源三部分与其他部分分开。

（10）设计报告正文中应包括系统总体框图、核心电路原理图、主要流程图、主要测试结果。完整的电路原理图、重要的源程序和完整的测试结果可用附件给出，在附件中提供作品较清晰的照片。

4．评分标准

项　　目		主 要 内 容	满　　分
设计报告	方案论证	比较与选择：方案描述	2
	电路与程序设计	双向 DC-DC 主回路与器件选择。测量控制电路、控制程序	5
	理论分析与计算	主回路主要器件参数选择及计算。控制方法与参数计算。提高效率的方法	5
	测试方案与测试结果	测试方案及测试条件。测试结果及其完整性。测试结果分析	5
	结构及规范性	摘要的规范性。设计报告正文的结构。图表的规范性	3
	小计		20
基本要求	完成第（1）项		16
	完成第（2）项		10
	完成第（3）项		10
	完成第（4）项		8
	完成第（5）项		6
	小计		50
发挥部分	完成第（1）项		20
	完成第（2）项		20
	完成第（3）项		5
	其他		5
	小计		50
总分			120

1.9.2　题目分析

双向 DC-DC 是既可以降压充电又可以升压供电的共用电路，可实现能量的双向传输，在功能上相当于两个单向直流变换器，是典型的"一机两用"设备，在需要双向能量流动的场合可大幅度减小系统的体积、重量和成本。在系统中的直流电源（或直流源性负载）之间需要双向能量流动的场合，都需要双向 DC-DC 变换器。因此，DC-DC 变换器适用于直流电动驱动系统、不中断供电电源系统、航空航天电源系统、太阳能（风能）发电系统、能量储存系统（如超导储能）、电动汽车系统等。

本题要求设计一个双向 DC-DC 变换电路对 5 节 18650 锂电池串联电路进行充放电。常见 18650 锂离子电池的电压是 3.6V 或 3.7V，充满电时是 4.2V。3.6V 或 3.7V 是指电池使用过程中放电的平台电压（即典型电压），而 4.2V 是指充满电时的电压，它跟容量的关系不大。5 节 18650 锂电池串联构成的电池组的电压为 18~21V。

1．任务理解

设计并制作用于电池储能放电的双向 DC-DC 变换器装置，实现两个功能：一是电能从右边的模拟供电电源经变换器向左边的 I_1 恒流充电；二是电能从左边的电池经变换器向右边的负载 U_2（30V）恒压放电。恒流电流可调，并在左端电压 $U_1 = 24$V 时能够触发保护功能。同时要求高效率及小质量（小于 500g），有精度要求，能够测量显示电流。电池的充放电功能可由按键设定，两种功能之间可自动转换。

2．控制模式

从 DC-DC 变换器的两个功能要求来看，可将变换器的控制模式设定为三种：

（1）对电池组的降压充电模式，其等效电路如图 1.9.2 所示，使用恒流控制算法。

（2）对电池组的升压恒压放电模式，其等效电路如图 1.9.3 所示，使用恒压控制算法。

（3）根据直流稳压电源的大小，对电池充放电自动转换的模式，其等效电路如图 1.9.4 所示。

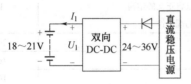

图 1.9.2　充电等效电路

图 1.9.3　放电等效电路

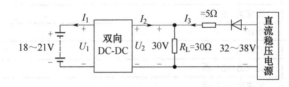

图 1.9.4　充放电自动转换等效电路

三种工作模式的切换由按键设定。工作于充电模式时，要求对 I_1 恒流控制并步进可调，同时监测 U_1 的大小，当 U_1 超过阈值 $U_{1\text{th}} = 24$V 时，停止充电，因此需要采集 U_1 和 I_1 信号进行反馈控制。工作于放电模式和自动转换工作模式时，要求保持 $U_2 = 30$V，因此需要采集 U_2 信号进行反馈恒压控制。

1.9.3　方案论证

1．主电路的论证

主电路部分是一个双向 DC-DC，能够实现双向 DC-DC 的主电路拓扑有很多，如非隔离型（如图 1.9.5 所示）、隔离型（如图 1.9.6 所示）和双有源桥式结构（如图 1.9.7 所示）。

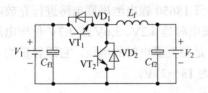

(a)Buck/Boost 双向 DC-DC 变换器

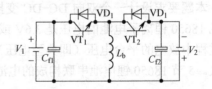

(b)Buck-Boost 双向 DC-DC 变换器

图 1.9.5　非隔离型双向 DC-DC 变换器

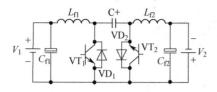

(c)Cuk 双向 DC-DC 变换器

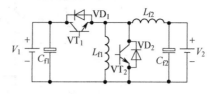

(d)Zcta/SEPIC 双向 DC-DC 变换器

图 1.9.5　非隔离型双向 DC-DC 变换器（续）

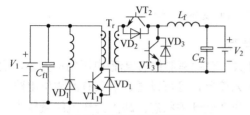

(a)正激双向 DC-DC 变换器

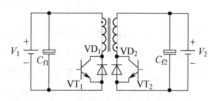

(b)反激双向 DC-DC 变换器

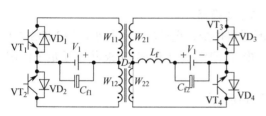

(c)推挽双向 DC-DC 变换器

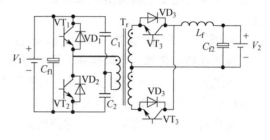

(d)半桥双向 DC-DC 变换器

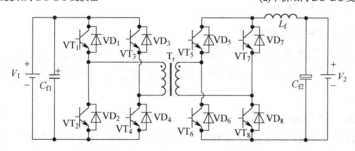

(e)全桥双向 DC-DC 变换器

图 1.9.6　隔离型双向 DC-DC 变换器

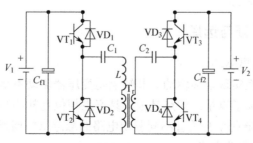

(a)双有源半桥双向 DC-DC 变换器

图 1.9.7　双有源桥式双向 DC-DC 变换器

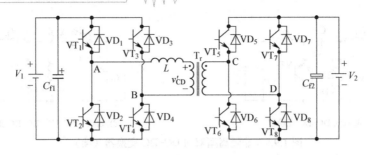

(b)双有源全桥双向 DC-DC 变换器

图 1.9.7　双有源桥式双向 DC–DC 变换器（续）

▶方案一：采用隔离的双向全桥 DC-DC 变换器。

用移相软开关控制方式实现桥臂的零电压开关，对功率器件的电流/电压的应力小，适用于高压、大功率场合。主要优点为控制方法较为简单，且可以通过引入有源钳位电路、无源谐振电路和饱和电感使全部功率开关管均工作在软开关状态；缺点为环流能量较大，且由于主要使用变压器漏感传递能量，因此降低了变换器效率，增加了功率变压器的设计成本。

▶方案二：采用非隔离双向 Buck-Boost DC-DC 变换器。

该拓扑结构简单、可靠性高、易于控制、所用器件少、重量轻、体积小，用 MOSFET 代替传统的二极管整流，减少了导通损耗和整流损耗，无论是工作在 Buck 状态还是工作在 Boost 状态，均能获得很高的效率。

综合考虑，采用方案二，其电路图如图 1.9.5(a)所示。

2．控制方案论证与选择

▶方案一：采用软开关谐振技术。

利用变换器中元器件间的谐振来实现开关管的零电压开关，减少开关噪声和开关损耗，系统效率高，但增加了辅助开关管和谐振电感，体积变大，重量增加，且易受杂散电容的影响，控制较难。

▶方案二：采用同步整流技术。

用可控 MOSFET 代替传统的二极管整流，减少导通损耗与整流损耗，有效地提高了系统效率，并且单片机只需产生两路互补的 PWM 控制信号，易于控制和系统的调试。但开关频率不宜过高，过高时会产生较大的开关尖峰，导致输出电压纹波大。

综合考虑，选择方案二。

3．驱动方式的论证与选择

▶方案一：变压器隔离驱动。

通过电-磁-电的变换实现隔离驱动。其缺点是变压器驱动不易制作，参数设计不当会产生振荡，体积大，增加了重量；优点是很容易产生相位互补的两路隔离驱动信号，不需要考虑 Buck/Boost 变换器两个开关管不同驱动电路的悬浮供电问题。

▶方案二：光耦隔离驱动电路。

使用带光耦隔离的驱动电路芯片，输入控制信号与输出驱动信号电路间互相隔离，隔断了主电路高电压部分与微处理器的直接连接。优点是电气绝缘能力和抗干扰能力强，可

靠性高，操作简单和通用性强；缺点是需要悬浮的自举电源。

▶方案三：采用 TI 公司的专用 MOS 管自举驱动器 UCC27211。

该芯片能输出两路独立互补的 PWM 波，驱动电流达 4A，开关速度快，但驱动回路未与功率板隔离，干扰大。

综合以上三种方案，选择方案二。

1.9.4　电路与程序设计

根据题目及任务要求，系统框图如图 1.9.8 所示。采用 STM32F103ZET6 作为核心控制器，利用内部集成的 12 位 A/D 分别对双向 DC-DC 变换器两端的电流 I_1 和 I_2 以及电压 U_1 和 U_2 进行采样。通过产生两路互补的 PWM 信号来控制开关管，实现对电池充放电控制，以及自动切换、充放电电流的大小控制和过冲保护。考虑到系统必然需要单片机作为辅助，且切换逻辑较为复杂，因此不使用硬件电路输出 PWM。若使用单片机生成 PWM，则采用 PID 数字闭环控制对电压、电流进行精确的反馈控制，测量、切换、控制、显示于一体，能够减小重量，简化系统结构，提高稳定性。

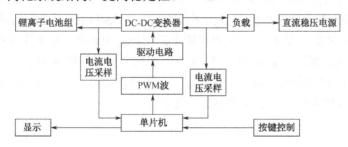

图 1.9.8　系统框图

1. 双向 DC-DC 主电路设计

主电路采用基于同步整流的非隔离 Buck-Boost 变换拓扑，选用低导通电阻的 N-MOS 管（CSD19536KCS）作为开关管，设计的主电路如图 1.9.9 所示。场效应管驱动电路使用 TLP250 为核心器件，上桥臂需用到自举电路供电，驱动电路如图 1.9.10 所示。

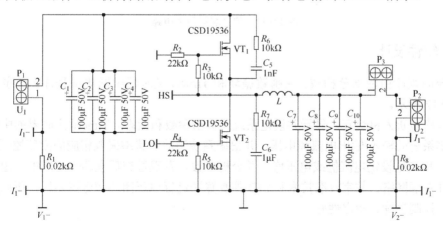

图 1.9.9　同步整流非隔离 Buck-Boost 电路

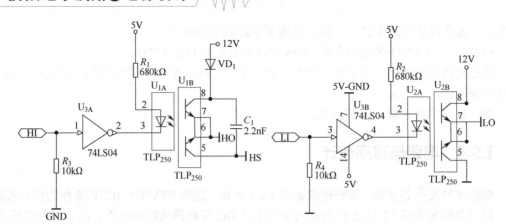

图 1.9.10　驱动电路

2．电流、电压信号测量电路设计

测控电路由电压、电流检测电路和 STM32 单片机最小系统组成，具体电路如图 1.9.11 所示。电流检测电路由 0.02Ω 的采样电阻和 INA282 组成。INA282 是一款专用电流采样芯片，其增益为 50dB，考虑到单片机 A/D 的采样范围为 0～3.3V，采样电阻阻值为 $R_s = 20\text{m}\Omega$，反馈电压为 $V_{IFB} = 50R_sI$，满载（2A）时电阻上的功耗为 80mW，功率损失很小。电压检测电路由电阻分压电路和隔离运放 AD8552 组成。在嵌入式系统的 A/D 输入端，使用两个二极管 1N4148 和 3.3V 电源的正极、负极相连，完成限幅功能，保护输入端免受过压冲击损坏，并使用电阻与电容设计低通滤波器进行滤波。

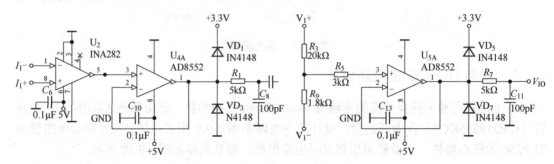

图 1.9.11　信号取样放大电路

3．软件设计

系统的程序由两部分构成：主函数循环和 Timer1 定时器中断服务程序，程序流程图如图 1.9.12 所示。

主程序负责人机交互，显示并设定系统的输出参数和状态。Timer1 定时器的中断服务函数采集系统的输入/输出电流和电压，并根据系统当前的状态采取相应的闭环控制。通过 PID 算法稳定地设定电流值或电压值，并分析参数，发现过充后立即停止充电。由于系统采用软件补偿网络、数字校准技术和 PID 控制算法进行电压闭环和电流闭环，所以系统灵活性高、控制精确、稳定性好。

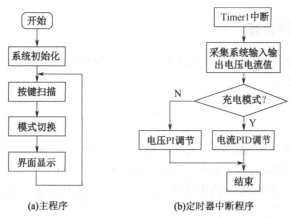

(a)主程序   (b)定时器中断程序

图 1.9.12　程序流程图

1.9.5　理论分析与计算

1．主电路工作模式

同步整流原理利用开关速度快、导通电阻极低的功率 MOSFET 代替整流二极管，以便达到降低整流损耗的目的。主电路如图 1.9.9 所示，它可以实现两种主电路工作模式。

（1）Buck 充电模式

此时开关管 VT_1 和 VT_2 都处于开关状态和互补状态。在一个周期内，当 VT_1 开通而 VT_2 关断时，电感储能，电源 V_1 通过电感向负载供电，负载电压为 V_2；当 VT_1 关断而 VT_2 开通时，负载电流经 VT_2 续流。假设开关管 VT_1 的占空比为 d，并且电感 L 大到足以保证电路工作在连续模式下，那么此时变换器的降压比为 d。

（2）Boost 升压放电模式

此时开关管 VT_1 和 VT_2 都处于开关状态和互补状态。假设电路中电感 L 和电容 C 的值很大。在一个周期内，当 VT_1 关断而 VT_2 开通时，V_2 向电感 L 充电，同时电容 $C_1 \sim C_4$ 上的电压向负载供电：当 VT_1 开通而 VT_2 关断时，V_2 和 L 共同向电容 $C_1 \sim C_4$ 充电并向负载提供能量。假设 VT_2 的占空比为 d，且电感 L 大到足以保证电路工作在连续模式下，那么此时变换器的升压比为 $\dfrac{1}{1-d}$。

2．储能电感的计算

在 Buck 电路的基础上来计算电感参数。考虑到开关损耗，Buck-Boost 电路的开关频率选择为 18kHz。由基本要求可知，在任何工作状态和工作功率等级下电流纹波率都应保持在 10%内，因此电感满足

$$L > \frac{5(V_1 - V_2)V_2 T}{V_1 I_2} \tag{1.9.1}$$

将 $V_1 = 36V$, $V_2 = 18V$, $f = 18kHz$, $I_2 = 2A$ 代入上式得电感值为 1.25mH。为保证有足够的余量，本设计选择 $L = 1.58mH$，选用 PQ 磁芯绕制电感。

3．滤波电容的计算

由基本要求可知，在任何工作状态和工作功率等级下，变换器的电压纹波率要控制在2%以内，因此电容满足

$$C \geqslant \frac{V_2 DT}{2R\Delta V_2} \tag{1.9.2}$$

式中，ΔV_2 为 Buck 模式下输出电压的纹波峰峰值，R 为等效输出负载阻值。经计算得 $C = 347\mu F$。实际应用中电容会有一定的 ESR，因此采用多个电容并联的方式来减小电容的串联等效电阻（ESR），进而减小输出电压纹波，更好地实现稳压。因此，本设计选择 4 个 $100\mu F/50V$ 的电解电容并联构成滤波电容。

4．提高效率及可靠性的方法

（1）权衡开关频率与质量、体积之间的关系，选择合适的开关频率。选择适当的 MOS 管，降低开关损耗。

（2）选取耐压值合适、低导通电阻的 MOSEET，降低导通损耗。

（3）设计合适的电感参数，选择合适的漆包线大小。

（4）上下开关管死区时间调整：死区时间在能够正常工作的情况下应尽量小，以便使同步整流时的二极管整流时间降至最低。本设计中因为 MOS 管开关速度较快，因此不断调试，最后确定采用 30ns 的死区时间。

（5）系统稳定性优化：为避免程序跑飞，导致 PWM 输出失控，使用看门狗模块。同时，硬件上加入扼流圈，以净化辅助电源供电；在作品提交之前进行了数小时的老化过程，使性能和测量趋于稳定。

（6）ADC 采样时采用同步采样模式，即采样与开关电源同步。因此，通过控制采样位置可以避开开关尖峰，使采样准确。

1.9.6　测试方案与测试结果

1．测试仪器

根据题目要求，测试所用的仪器见表 1.9.1。

表 1.9.1　测试所用的仪器

序　号	名称、型号、规格	数　量	备　注
1	直流电源	1	5A/40V
2	安捷伦 34450A 五位半万用表	2	
3	100MHz 数字示波器	1	
4	RLC 参数测试仪	1	
5	功率电阻器	若干	

2．测试方法与测试结果

测试电路如图 1.9.13 所示。

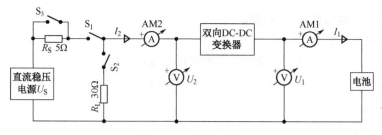

图 1.9.13　测试电路

1）基本要求部分

（1）充电模式下，$U_2 = 30V$，充电电流 I_1 控制精度测试

测试方法：在 1～2A 范围内，按键控制 I_1 以 0.01A 步进，并记录 I_1（实测值）、I_{10}（设定值）于表 1.9.2 中。

表 1.9.2　测试结果 1

I_{10}/A	1.000	1.200	1.400	1.400	1.800	2.000
I_1/A	1.006	1.210	1.403	1.613	1.806	2.003
控制精度/%	0.600	0.833	0.214	0.812	0.333	0.150

结论：电流控制精度低于 0.833%。

（2）充电电流 I_1 的变化率测试

测试方法：$I_1 = 2A$，U_2 在范围 24～36V 内变化，并记录 U_2、I_1 于表 1.9.3 中。

表 1.9.3　测试结果 2

U_2/V	24.0	30.0	36.0
I_1/A	1.990	2.000	2.009
变化率/%	0.95		

结论：充电电流 I_1 的变化率为 0.95%。

（3）充电模式效率测试

测试方法：$I_1 = 2A$，$U_2 = 30V$，并记录 I_1, I_2, U_1, U_2。

$$\eta_1 = \frac{U_2 I_2}{U_1 I_1} \times 100\% = \frac{21.7 \times 2.007}{30.0 \times 1.48} \times 100\% = 98.08\% \tag{1.9.3}$$

结论：给定条件下的充电模式效率为 98.08%。

（4）电流测量精度测试

测量方法：$I_1 = 1 \sim 2A$，记录 I_1、I_{10} 在范围 1～2A 内的变化，并记录 I_1、I_1（显示）于表 1.9.4 中。

表 1.9.4　测试结果 3

I_1/A	1.006	1.210	1.403	1.613	1.806	2.003
I_1（显示）/A	1.006	1.209	1.402	1.605	1.807	2.000
测量精度/%	0.000	0.082	0.071	0.498	0.055	0.150

结论：电流测量精度高于 0.15%。

（5）过充电压保护测试

测试方法：$I_1 = 2A$，调节滑线变阻器至停止充电，并记录 U_1。

结论：过充电压保护阈值为 23.8V，误差为 0.2V。

2）发挥部分

（1）放电模式效率测试

测试方法：断开 S_1，接通 S_2，保持 $U_2 = 30\pm0.5V$，并记录 I_1, I_2, U_1, U_2。

$$\eta_2 = \frac{U_2 I_2}{U_1 I_1} \times 100\% = \frac{30 \times 1.03}{17.6 \times 1.823} = 96.3\% \qquad （式1.9.4）$$

结论：给定条件下的放电模式效率为 96.3%。

（2）自动切换模式测试

测试方法：接通 S_1、S_2，断开 S_3，U_S 在 32～38V 范围内变化，并记录 U_S、U_2 于表 1.9.5 所示。

表 1.9.5　测试结果 4

U_S/V	32	34	35	36	38
U_2/V	30.2	30.0	29.9	29.9	29.8
误差电压 /V	0.2	0	0.1	0.1	0.2

结论：双向 DC-DC 电路能够自动转换工作模式，并将 U_2 的误差保持在 ±0.2V 内。

（3）系统重量测试

测试方法：用电子秤测量质量，并记录质量。

结论：双向 DC-DC 变换器、测控电路与辅助电源三部分的总质量为 389g，满足测试要求。

3．总结

以 STM32F103ZET6 单片机为控制核心，设计并制作了双向 DC-DC 变换电路，其主电路拓扑为同步整流式非隔离 Buck-Boost 电路，所用的核心技术为软件补偿网络、数字校准技术和 PID 数字闭环控制。系统能量可双向流动，并且具有过充报警功能。充电模式转换效率高达 98%，电流控制精度高。放电模式转换效率高达 96.3%。系统能自动转换工作模式并保持 $U_2 = 30\pm0.2V$。整个系统稳定可靠，完成了任务要求的所有功能，各项指标均超出了任务要求。

1.10　直流稳压电源及漏电保护装置

[2013 年全国大学生电子设计竞赛（L 题）（高职高专组）]

1.10.1　任务与要求

1．任务

设计并制作一台线性直流稳压电源和一个漏电保护装置，电路连接图如图 1.10.1 所示。

图中 R_L 为负载电阻，R 为漏电电流调整电阻，A 为漏电显示电流表，S 为转换开关，K 为漏电保护电路复位按钮。

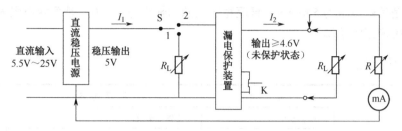

图 1.10.1　电路连接图

2．要求

1）基本要求

设计一台额定输出电压为 5V、额定输出电流为 1A 的直流稳压电源。

（1）转换开关 S 接 1 端，R_L 的值固定为 5Ω。当直流输入电压在范围 7～25V 内变化时，要求输出电压为 5±0.05V，电压调整率 $S_U \leq 1\%$。

（2）连接方式不变，R_L 的值固定为 5Ω。当直流输入电压在范围 5.5～7V 内变化时，要求输出电压为 5±0.05V。

（3）连接方式不变，直流输入电压固定为 7V。当直流稳压电源输出电流由 1A 减小到 0.01A 时，要求负载调整率 $S_L \leq 1\%$。

（4）制作一个功率测量与显示电路，实时显示稳压电源的输出功率。

2）发挥部分

设计一个动作电流为 30mA 的漏电保护装置（使用基本要求部分制作的直流稳压电源供电，不得使用其他电源）。

（1）转换开关 S 接 2 端，将 R_L 接到漏电保护装置的输出端，阻值固定为 20Ω，R 和电流表 A 组成模拟漏电支路（见图 1.10.1）。调节 R，将漏电动作电流设为 30mA。当漏电保护装置动作后，R_L 两端的电压为 0V 并保持自锁。排除漏电故障后，按下 K 恢复输出。要求漏电保护装置没有动作时，输出电压大于等于 4.6V。

（2）要求漏电保护装置动作电流误差的绝对值小于等于 5%。

（3）尽量减小漏电保护装置的接入功耗。

（4）其他。

3．说明

（1）基本要求（1）中的电压调整率定义为

$$S_U = \left| \frac{U_{O2} - U_{O1}}{U_{O1}} \right| \times 100\%$$

式中，U_{O1} 是直流输入电压为 7V 时，直流稳压电源的输出电压；U_{O2} 是直流输入电压为 25V 时，直流稳压电源的输出电压。

（2）基本要求（3）中的负载调整率定义为

$$S_{\rm L} = \left| \frac{U_{\rm O2} - U_{\rm O1}}{5} \right| \times 100\%$$

式中，$U_{\rm O1}$ 是负载电阻为 500Ω时，直流稳压电源的输出电压；$U_{\rm O2}$ 是负载电阻为 5Ω时，直流稳压电源的输出电压。

4．评分标准

项 目		主要内容	满 分
设计报告	系统方案	总体方案设计	2
	理论分析与计算	稳压电源分析计算 漏电检测分析计算 关断保护分析计算	9
	电路与程序设计	总体电路图：工作流程图	4
	测试方案与测试结果	调试方法与仪器 测试数据完整性 测试结果分析	3
	设计报告结构及规范性	摘要：设计报告正文的结构 图表的规范性	2
	总分		20
基本要求	完成（1）		20
	完成（2）		10
	完成（3）		10
	完成（4）		10
	总分		50
发挥部分	完成（1）		25
	完成（2）		10
	完成（3）		10
	其他		5
	总分		50

1.10.2 题目分析

本题的任务是设计一个线性直流稳压电源和一个漏电保护装置。线性直流稳压电源的输入电压在范围 5.5～25V 内变化时，输出电压要求稳定在 5±0.05V，输入输出的最小压差只有 0.5V，额定输出电流为 1A，并要求满足一定的电压调整率和负载调整率，还能显示功率。这一部分的重点和难点是要能实现低压差和功率的测量与显示。低压差要求对功率管进行合理的选择，功率测量与显示需要用单片机对电压、电流进行采样和计算，并通过液晶进行显示。

漏电保护装置具有模拟漏电支路，漏电动作电流为 30mA，保护装置动作后，能实现自锁，漏电故障排除后，可恢复输出。这一部分可以通过控制继电器实现。

1.10.3 方案论证

根据设计任务的要求，本设计主要由直流稳压电源、漏电检测及保护装置、单片机控制系统、功率及电压显示电路等部分组成，系统框图如图 1.10.2 所示。

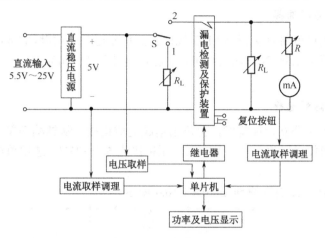

图 1.10.2 系统框图

1. 线性直流稳压电源

1）线性直流稳压电源的基本结构

由于输入与输出之间的最小压差只有 0.5V，所以需要用 LDO（低压差）线性直流稳压电源。LDO 线性直流稳压电源的基本结构如图 1.10.3 所示，它由作为电流主通道且导通电阻很小的 MOS 功率管、基准电压源、误差放大器和反馈网络组成。基准电压源 V_{REF} 为误差放大器提供参考电压，它的精度直接影响 LDO 线性直流稳压电源的精度。误差放大器 EA 将输出反馈电压 V_{FB} 和基准电压 V_{REF} 之间的误差小信号放大，再经调整管放大到输出，从而形成负反馈，保证输出电压稳定在规定值上。如果输入电压变化或输出电流变化，那么这个闭环回路将使输出电压保持不变。反馈网络由电阻 R_{F1} 和 R_{F2} 组成，其作用是通过对 LDO 线性直流稳压电源的输出电压进行采样，将得到的反馈电压送到误差放大器的输入端，与参考电压进行比较。功率管也称调整管，其主要用作输入向负载提供大电流的通道，并承受输入与输出之间的压差。输出电压 $V_O = (1 + R_{F2}/R_{F1})V_{REF}$。

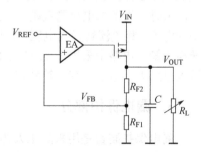

图 1.10.3 线性直流稳压电源的基本结构

2）调整管的选择

静态电流（也称"地电流"，是指线性稳压电源工作时内部电路消耗的电流）等于输入电流减去输出电流，它是一个直流参数，反映电路的静态功耗。当功率管采用双极型晶体管时，由于它是电流驱动型器件，静态电流会因输出电流增加而成比例地增加。采用 MOS 管作为功率管时，由于 MOS 管是电压驱动型器件，因此静态电流不会随着输出电流增大而增大；此外，其较小的导通阻抗使得漏失电压（输入与输出之间的最低压差）也较低，从而提高了电源的转换效率。因此，在低功耗应用中选用 MOS 功率管，其中 NMOS 结构的调整管虽然具有低导通阻抗，但其栅极需要增加额外的电荷泵电路来驱动。因此，该设计中采用 PMOS 结构的调整管。

PMOS 管 F9Z24N 的内阻只有 $50m\Omega$，因此完全可以实现题目中 1% 的电压调整率与负载调整率。

3）基准电压源的选择

基准电压源的精度将直接影响 LDO 线性直流稳压电源的精度。TL431 精密可调基准电压源的稳压值在范围 2.5～36V 内连续可调，输出电流为 1～100mA，全温度范围内温度平坦，适合本设计。

4）误差放大器的选择

误差放大器可由分立元件构成，也可由集成运放构成。从结构简单、稳定性、降低设计难度考虑，选用集成运放。考虑到输入电压范围为 5.5～25V，选用单电源（3～30V）供电的 LM358。

LDO 线性直流稳压电源原理图如图 1.10.4 所示。

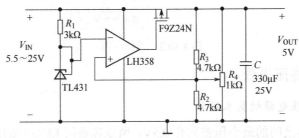

图 1.10.4　LDO 线性直流稳压电源原理图

2. 功率测量电路

系统需要对电源输出电压和输出电流进行测量，一方面在线显示输出电压，另一方面实时计算电源输出功率并显示，电压和电流测量电路如图 1.10.5 所示。电压测量时，通过 U_{1A} 将输出电压比例缩小 10 倍，然后送单片机内部的 12 位 A/D 转换器进行转换测量。电流测量时，为考虑电流测量精度，通过在负载回路中串入一个很小的 0.1Ω 电阻来采样回路中的电流，将电流转换为电压，通过 U_{1c} 将转换的电压放大 10 倍，然后送 A/D 转换器进行转换测量。电路中采用了 TI 公司生产的 LMC6284 运算放大器，该放大器具有稳定性好、输入电阻大、电压漂移小等特点，在高精度的测量转换电路中被广泛应用。

3. 漏电保护部分

漏电保护装置是用来防止人体触电和漏电引起的事故的一种接地保护装置，当电路或用电设备漏电电流大于装置的给定值，使得人或动物发生触电危险时，它能迅速动作，切断事故电源，避免事故的扩大。

漏电保护由三个连续的功能实现，这三个功能实质上是同时作用的：检测剩余电流，对剩余电流进行测量比较，启动脱扣装置将故障电路断开。对于实际漏电保护装置漏电流的检测，应采用检测流出漏电保护装置的电流 I_1 和流回电流保护装置的电流 I_2 的差值的原理来实现漏电流检测。当 $I_1 = I_2$ 时，没有漏电；当 $I_1 > I_2$ 时，存在漏电；当 $I_1 - I_2 = 30mA$ 时，漏电保护启动。选用两个电流互感器，分别检测从漏电保护装置流出的电流 I_1 和流回漏电保护装置的电流 I_2，若 $I_1 - I_2 > 30\text{mA}$，则启动漏电保护装置。

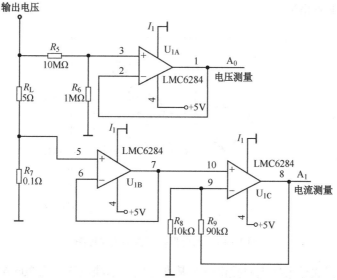

图 1.10.5　电压和电流测量电路

该装置由电位器与电流表构成模拟漏电支路，可以在模拟漏电支路中串联一个检测电阻，通过检测电阻两端的电压进行漏电保护。

▶方案一：用软件实现。

漏电保护软件实现电路原理图如图 1.10.6 所示。用单片机的输出口控制并驱动三极管 VT，当电源正常工作时，单片机输出低电平，VT 截止，KA 常闭触点闭合，主触点接通直流稳压电源主回路；当检测电流大于等于 30mA 时，R_2 两端取样电压增大，单片机进行转换、比较、处理，输出高电平，VT 饱和导通，主触点断开，切断电源，实现漏电保护。单片机电压预设值为 30mA×100Ω ＝3V。

当漏电电流大于等于 30mA 时，继电器主触点断开，单片机对键盘输入进行扫描，确定 S_1 是否闭合，若 S_1 未闭合，则保持 KA 吸合，主电路断开；若 S_1 闭合，则单片机对漏电电流进行取样。故障排除时，KA 处于断开状态，KA 主触点常闭，电源主回路维持正常工作；故障未排除时，KA 处于吸合状态，KA 主触点常断开，断开电源主回路。

在直流稳压电源输入的"+""-"端进行电流取样，通过 A/D 采集并输入单片机处理、运算，当通过"+""-"的差值电流达到 30mA 时，

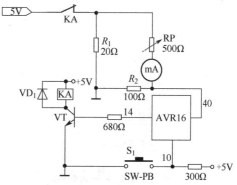

图 1.10.6　漏电保护软件实现原理图

通过单片机输出信号控制继电器动作，达到漏电保护的目的。此方案电路硬件搭建简单，但软件编程相对复杂，精度较低，且要求进行 A/D 转换，A/D 器件成本相对较高。

▶方案二：用硬件实现。

漏电保护硬件实现电路原理图如图 1.10.7 所示。通过电阻取样进行电压比较来控制继电器的关断，通过可调电阻来设定所需的动作电压值，电路容易搭建，整机成本较低，通

过合理地设置电路参数，可达到较高的精度，不需要写程序，在调试的过程中通过滑动变阻器也能很好地调整电流。

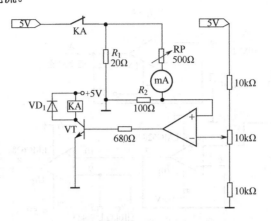

图 1.10.7　漏电保护硬件实现原理图

运放的反向端通过采样电阻提供一个基准电压，基准电压值为 $30mA×100Ω = 3V$。同相端为 $100Ω$ 电阻上的电压。当漏电电流小于 30mA 时，比较器输出低电平，三极管 VT 关断，继电器主触点闭合，电路正常工作。当漏电电流大于 30mA 时，比较器输出高电平，三极管 VT 饱和导通，继电器主触点断开，断开主电路。

4．程序流程图

直流稳压电源流程图和漏电保护程序流程图分别如图 1.10.8 和图 1.10.9 所示，其中直流稳压电源部分扩展了过流保护。

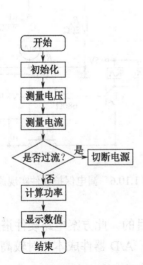

图 1.10.8　直流稳压电源流程图

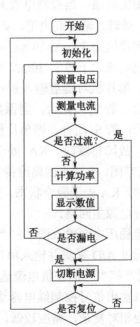

图 1.10.9　漏电保护流程图

1.10.4　测试方案与测试结果

1）测试仪器

四位半万用表一个，双路直流稳压电源一台，滑动变阻器一个。

2）系统测试与结果分析

（1）转换开关 S 接 1 端，R_L 的阻值固定为 5Ω，当直流输入电压在范围 7～25V 内变化时，输出电压实测数据见表 1.10.1。

表 1.10.1　输出电压实测数据 1

输入电压/V	7	9	15	20	23	25
输出电压/V	4.987	4.998	5.001	5.004	5.010	5.010

电压调整率 $S_U = \left| \dfrac{U_{25} - U_7}{U_7} \right| \times 100\% \approx 0.46\% \leqslant 1\%$。

（2）转换开关 S 接 1 端，R_L 的阻值固定为 5Ω，当直流输入电压在范围 5.5～7V 内变化时，输出电压实测数据见表 1.10.2。

表 1.10.2　输出电压实测数据 2

输入电压/V	5.5	5.7	6.0	6.4	6.8	7.0
输出电压/V	4.978	4.982	4.986	4.985	4.987	4.987

输出电压为 5±0.022V < 5±0.05V。

（3）转换开关 S 接 1 端，直流输入电压固定为 7V，当直流稳压电源输出电流由 1A 减小到 0.01A 时，输出电压实测数据见表 1.10.3。

表 1.10.3　输出电压实测数据 3

负载电阻/Ω	5	10	20	200	400	500
输出电压/V	4.987	4.998	4.999	5.010	5.014	5.015

负载调整率 $S_L = \left| \dfrac{U_5 - U_{500}}{5} \right| \times 100\% \approx 0.56\% \leqslant 1\%$。

（4）转换开关 S 接 2 端，当漏电电流为 30.25mA 时，漏电保护动作，此时 R_L 两端的电压为 0V 并自锁。按下复位按钮后，漏电保护装置不动作，输出电压大于等于 4.67V。

1.11　微电网模拟系统

［2017 年全国大学生电子设计竞赛（A 题）］

1.11.1　任务与要求

1. 任务

设计并制作由两个三相逆变器等组成的微电网模拟系统，其系统框图如图 1.11.1 所示，负载为三相对称 Y 形连接电阻负载。

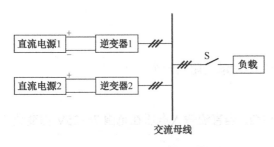

图 1.11.1　微电网模拟系统结构框图

2．要求

1）基本要求

（1）闭合 S，仅用逆变器 1 向负载提供三相对称交流电。负载线电流有效值 I_o 为 2A 时，线电压有效值 U_o 为 24±0.2V，频率 f_o 为 50±0.2Hz。

（2）在基本要求（1）的工作条件下，交流母线电压总谐波畸率（THD）不大于 3%。

（3）在基本要求（1）的工作条件下，逆变器 1 的效率 η 不低于 87%。

（4）逆变器 1 给负载供电，负载线电流有效值 I_o 在范围 0～2A 内变化时，负载调整率 $S_{I1} \leqslant 0.3\%$。

2）发挥部分

（1）逆变器 1 和逆变器 2 能共同向负载输出功率，使负载线电流有效值 I_o 达到 3A，频率 f_o 为 50±0.2Hz。

（2）负载线电流有效值 I_o 在范围 1～3A 内变化时，逆变器 1 和逆变器 2 的输出功率保持为 1:1 分配，两个逆变器输出线电流的差值的绝对值不大于 0.1A，负载调整率 $S_{I2} \leqslant 0.3\%$。

（3）负载线电流有效值 I_o 在范围 1～3A 内变化时，逆变器 1 和逆变器 2 的输出功率可按设定在指定范围（比值 K 为 1:2～2:1）内自动分配，两个逆变器输出线电流折算值的差值的绝对值不大于 0.1A。

（4）其他。

3．说明

（1）本题涉及的微电网系统未考虑并网功能，负荷为电阻性负载，微电网中风力发电、太阳能发电、储能等由直流电源等效。

（2）题目中提及的电流、电压值均为三相线电流、线电压有效值。

（3）制作时须考虑测试方便，合理设置测试点，测试过程中不需要重新接线。

（4）为方便测试，可使用功率分析仪等测试逆变器的效率、THD 等。

（5）进行基本要求测试时，微电网模拟系统仅由直流电源 1 供电；进行发挥部分的测试时，微电网模拟系统仅由直流电源 1 和直流电源 2 供电。

（6）本题定义：基本要求（4）中的负载调整率 $S_{I1} = \left| \dfrac{U_{o2} - U_{o1}}{U_{o1}} \right|$，其中 U_{o1} 为 $I_o = 0$A 时的输出端线电压，U_{o2} 为 $I_o = 2$A 时的输出端线电压；基本要求（2）中的负载调整率 $S_{I2} = \left| \dfrac{U_{o2} - U_{o1}}{U_{o1}} \right|$，其中 U_{o1} 为 $I_o = 1$A 时的输出端线电压，U_{o2} 为 $I_o = 3$A 时的输出端线电压；基本要求（3）中逆变器 1 的效率 η 为逆变器 1 输出功率除以直流电源 1 的输出功率。

（7）发挥部分（3）中线电流折算值的定义：功率比值 $K > 1$ 时，其中电流值小者乘以 K，电流值大者不变；功率比值 $K < 1$ 时，其中电流值小者除以 K，电流值大者不变。

（8）本题的直流电源 1 和直流电源 2 自备。

4．评分标准

项　目		主 要 内 容	满　分
设计报告	方案论证	比较与选择：方案描述	3
	理论分析与计算	逆变器提高效率的方法,两台逆变器同时运行模式控制策略	6
	电路与程序设计	逆变器主电路与器件的选择,控制电路与控制程序	6
	测试方案与测试结果	测试方案及测试条件，测试结果及其完整性，测试结果分析	3
	设计报告结构及规范性	摘要，设计报告正文的结构，图标的规范性	2
	合计		20
基本要求	完成第（1）项		12
	完成第（2）项		10
	完成第（3）项		13
	完成第（4）项		13
	合计		50
发挥部分	完成第（1）项		10
	完成第（2）项		15
	完成第（3）项		15
	其他		10
	合计		50
总分			120

1.11.2 题目分析

本题是一道电力电子系统综合测试题,它综合了三相正弦变频电源设计（2005 年 G 题）、光伏并网发电模拟装置（2009 年 A 题）和开关电源模块并联供电系统（2011 年 A 题）。两个交流电压源并网使用，必须同频、同相和同幅，甚至要同波形（波形失真要小）。2005 年 G 题解决了三相交流电的生成问题，2009 年 A 题解决了同频、同相问题，2011 年 A 题解决了同幅及并网后两路电源输出电流的分配问题。过去对两路电源并网，大多数考生采用主从关系，从电源的频率、相位和幅度跟踪主电源。本题属于微电网模拟系统，有其特殊之处，即在一个小范围内进行，而且功率不大，负载为纯电阻。基于这种情况解决三同（同频、同相、同幅）问题会有更多的办法，甚至有些方法更简单实用。下面就这个问题进行讨论。

1）跟踪法

设逆变器 1 为主电源，逆变器 2 为从电源，采用锁相环（PLL）的方法，从频率、相位和幅度对主电源进行跟踪。这种方法属于传统方法，但存在相位差。若相位差等于 0，则 PLL 会失去作用。

2）同步法

同步法也有多种方法同步生成三相交流电源。

（1）采用同一个单片机，同时生成两路完全一样的交流电源。然而，这种方法不符合题意，题目要求直流电源、单片机、逆变电路等两路是独立的。

（2）采用两路直流电源和单片机。只利用一个时钟信号同步生成两路三相交流电源的方法。若逆变器 1 为主，逆变器 2 为从，将主电源的时钟同时传送给从电源，利用相同的 DDS 方法，可以产生两路交流参数完全相同的电源。这种方法既简单又适用，不仅用于小系统，也用于许多大系统。例如，全球定位系统（GPS）必须通过原子钟对每颗卫星（约30 颗）进行校时，才能保障对全球目标的精确定位。

传送时钟信号也有三种方法：

① 有线法：用电线直接连接，或通过电力线进行传送。

② 无线法：将传输时钟信号加载到高频上，通过射频进行无线传输。

③ 互联网法：该方法是有线与无线相结合的方法。

最后讨论两路电源并联的方法。

题目已明确规定主电源为三相恒压源，其线电压为 24±0.2V。从电源可以是三相恒流源，也可以是恒压源，两种电源均可行。但实际情况下大功率可调纯电阻负载很难找到，一般采用三联线绕电阻作为负载，其等效阻抗为 $Z_L = R_L + j\omega L$。若采用一个恒压源与一个恒流源并网，则其两路电流 $\dot{i}_1$、$\dot{i}_2$ 会产生相位差，影响并网效果。建议采用两个恒压源并联的方式。

根据以上分析，可画出如图 1.11.2 所示的系统原理框图。

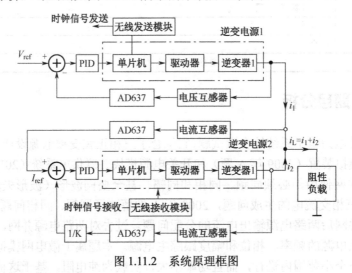

图 1.11.2　系统原理框图

1.11.3　系统方案

本系统主要由三相 DC/AC 逆变器模块、MCU 模块、电流取样模块、电压取样模块等组成，下面分别论几个核心方案的选择。

1）三相逆变调制方法选择

▶方案一：基于 SPWM 的三相逆变器，输出为三相正弦波，通过软件或硬件生成 SPWM 驱动波形，驱动三相三桥电路中的功率开关管，得到的斩波滤波后，输出的电压波形接近正弦波。

▶方案二：采用空间矢量调制，能够减少调制的开关频率，降低谐波含量，提高母线电压的利用率。

方案比较：方案一虽然能产生正弦波，但母线的利用率偏低。方案二相对于方案一不仅能提高母线的利用率，还能降低谐波含量，控制简单。综上所述，选择方案二。

2）三相逆变器模块选择

▶方案一：电压型三相逆变器直流侧为电压源，电压型逆变器的直流电源经大电容滤波，可视为恒压源。逆变器的输出电压为矩形波，输出电流近似正弦波，抑制浪涌电压能力强，频率可向上、向下调节，效率高，适用于负载比较稳定的运行方式

▶方案二：电流型 DC/AC 逆变器的直流侧可视为电流源，输入端的直流电源经大电感滤波后进入逆变器，逆变器的输出电流为矩形波，输出电压近似正弦波，抑制浪涌电流能力强。该拓扑结构适合用于频繁加速、减速的启动型负载。

方案比较：由于题目只要求逆变器对阻性负载进行供电，比较上述方案的优劣后，容易发现方案一更具优势，所以选择方案一。

3）电流取样模块选择

▶方案一：将康铜丝串入输出回路，输出电流将在康铜丝上形成压降，然后进行差模放大处理，送入 12 位 A/D 测量。

▶方案二：电流取样采用 TA1015-1M 型电流互感器，这是一款将大电流信号转换为小电流信号的高精度隔离测量芯片。

方案比较：方案一中康铜丝的实际阻值不易测量且测量电路和功率电路未进行隔离处理，方案二中电流互感器具有精度高、带负载能力强和隔离保护的特点，所以选择方案二。

4）电压取样模块选择

电压取样采用 TV1013-1M 型电压互感器，用于测量交流电压信号，输入额定电流为 2mA 时，输出额定电流为 2mA。用户使用时需要将检测电压信号转换成约 2mA 的电流信号送给互感器，互感器副边按 1∶1 等比输出约 2mA 的电流，用户在互感器输出端进行电压采样，得到取样的电压。

1.11.4 理论分析与计算

1）逆变器提高效率的方法

逆变器的整机效率是指逆变器将输入的直流功率转换为交流功率的比值，是关键性能指标，该比值总是小于 1，因为逆变器功率电路及滤波器总会存在一定的损耗，消耗来自输入的部分能量。提高逆变器转换效率的方法有多种，基本思路在于降低损耗，可从以下几个方面着手。

（1）减小 MOS 管的损耗

MOS 管工作在导通和截止两种工作状态，当开关导通时会产生导通损耗，当开关切换时会产生开关损耗，选择 N 沟道 MOS 管，能够在较高的频率条件下保持较低的功耗。

（2）减小驱动电路的损耗

功率 MOSFET 开关时所需驱动电流为栅极电容的充放电电流，功率管极间电容越大，所需电流越大。在开关管进行开关切换的中间过渡状态是有损耗的，因此要减少处于中间

状态的切换时间，以减小开关损耗。

（3）减小输出滤波器电感的损耗

电感损耗的大小直接影响到装置的效率和性能，电感损耗主要由铜损耗和磁芯损耗组成。磁芯损耗主要由涡流和磁滞效应产生，其大小随工作频率的升高而增加。我们采用损耗小的铁硅铝磁芯，严格按照要求绕制电感。

（4）减小导线的损耗

对 PCB 进行布线时，尽量使连接功率电路的线宽加大，减小器件之间的线距。滤波电容、电感的引线尽可能短，减少功率级电流环路上的寄生电阻。

2）两个三相逆变器同时运行时的控制策略

依据题目要求，需要控制与分配两个并联逆变器的输出功率，一旦稳定主从两个逆变器的输出电压，通过控制从逆变器的输出电流，即可控制两个逆变器的输出功率。因此，电流分配是关键。

电流分配方法有如下几种。

（1）自主分流法。该方法采用专用的控制芯片，自动选出电流最大的一路，将该路电源作为主电源。输出电压由主电源的输出电流决定，控制 DC-AC 逆变器模块输出电压稍稍提高。使用从电源与主电源的电压差，设定电流比，控制输出电流，达到电流分配的目的。

（2）主从分流法。主从分流法在并联的两个逆变器中人为指定一个分模块为主模块，另一个指定为从模块。主模块通过一个电压环稳定输出电压，从模块通过一个电流环控制输出电流。两个模块的误差电压与模块的输出电流成正比，调节从模块的输出电压就是改变两路电流比。

主从分流法的控制结构简单，因此我们采用这种控制策略。

1.11.5 电路与程序设计

1）总体电路框图

并联两路三相逆变器电路框图如图 1.11.3 所示，它采用的是主从分流法。该电路包括主逆变器 1、从逆变器 2 和两个控制环路。主逆变器 1 在电压环的控制下稳定输出电压，从逆变器 2 在电流环的控制下调节输出电流，实现电流分配控制。其中，主逆变器 1 的参考电压由输出电压设定，从逆变器 2 的参考电流指令由主逆变器 1 的输出电流给定。从逆变器 2 通过调节电流反馈环中的比例环节 K，分配主从逆变器的输出电流比。

2）程序总流程图

程序总流程图如图 1.11.4 所示。

3）三相逆变器功率级

三相三桥电压型逆变器电路图如图 1.11.5 所示。MOS 管、电感、电容、驱动芯片是三相逆变器功率级的主要部分，需要谨慎选择。

MOS 管选取 N 沟道 NCE80H12 作为功率开关管，该管 R_{DS} 的典型值为 4.9mΩ，$V_{GS}=\pm20V$。电感选取铁硅铝磁芯电感，电容选取 CBB 电容。

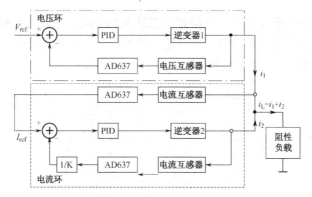

图 1.11.3　并联两路三相逆变器电路框图

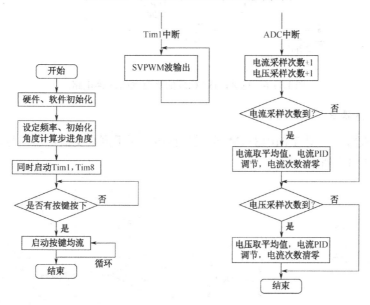

图 1.11.4　程序总流程图

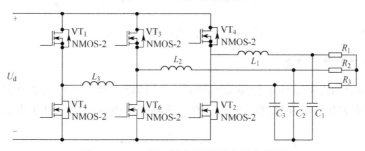

图 1.11.5　三相三桥电压型逆变器电路图

由公式 $L \geqslant \dfrac{U_{\mathrm{d}}}{4f_{\mathrm{c}}\Delta I_{\mathrm{LMAX}}}$，$\Delta U_{\mathrm{om}} = \Delta I_{\mathrm{LMAX}} \dfrac{1}{2\pi f_{\mathrm{c}} C_{\mathrm{OUT}}}$，根据要求的性能指标选择电感与电容值，其中 U_{d} 为输入直流电压，f_{c} 为开关频率，ΔI_{LMAX} 为最大纹波电流。经计算，最终电感取 1.2mH，电容取 2.2μF。

4）真有效值测量转换电路

AD637 是 AD 公司生产的高准确度真有效值-直流转换芯片，输入电压有效值为 0~2V

时，最大非线性误差小于 0.02%。它能把外部输入的交流信号有效值变成直流信号输出，可以计算各种复杂波形的真有效值、平方值、绝对值，并有分贝输出，量程为 60dB。

由 AD637 构成的真有效值转换电路如图 1.11.6 所示。

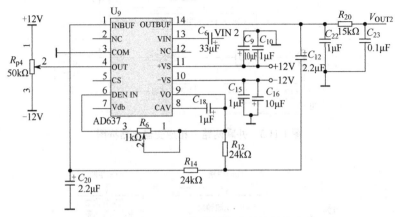

图 1.11.6　由 AD637 构成的真有效值转换电路

5）电压互感器取样电路

电压取样采用电流型 TV1013-1M 电压互感器，用于测量交流电压信号。电压互感器取样电路如图 1.11.7 所示。

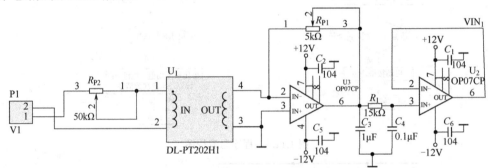

图 1.11.7　电压互感器取样电路

6）电流互感器取样电路

电流取样采用 TA1015-1M 型电流互感器，TA1015-1M 是一款将大电流信号转换为小电流信号的高精度隔离电流测量芯片。电流互感器取样电路如图 1.11.8 所示。

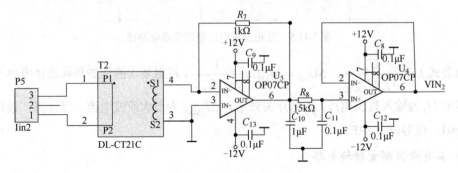

图 1.11.8　电流互感器取样电路

1.11.6 测试方案与测试结果

1）测试方案

按原理图接好电路，检查无误后加入输入电压表、电流表和大功率 Y 形连接的电阻负载，电源电压从低到高接入，从大到小接入负载，测量输入/输出电压和电流，计算效率。同时，接入数字失真度测试仪测量失真度 THD。

（1）线电压有效值、频率、总谐波畸变率测试

$U_d = 50V$ 时，线电压有效值为 24.00V，频率为 50.02Hz，总谐波畸变率（THD）为 0.7%。

（2）负载调整率 S_{11} 测试

$I_0 = 1A$ 时，$U_{o1} = 24.0625V$；$I_0 = 3A$ 时，$U_{o2} = 24.0000V$。

负载调整率 $S_{11} = |(U_{o2} - U_{o1})| / U_{o1} = 0.25\%$。

（3）负载调整率 S_{12} 测试

$I_0 = 1A$ 时，$U_{o1} = 24.0420V$；$I_0 = 3A$ 时，$U_{o2} = 23.9747V$。

负载调整率 $S_{12} = |(U_{o2} - U_{o1})| / U_{o1} = 0.28\%$。

（4）输出线电流折算值的差值绝对值

$K = 0.5$ 时，$I_1 = 0.99A$，$I_2 = 2.02A$，$I_{min} = I_1 = 0.99A$，$|I_{min}/K - I_2| = 0.04A$。

$K = 2$ 时，$I_1 = 2.03A$；$I_2 = 0.98A$；$I_{min} = I_2 = 1.00A$，$|I_{min}K - I_1| = 0.03A$。

2）测试结果与分析

测试数据与设计指标的比较见表 1.11.1。

表 1.11.1 测试数据与设计指标的比较

测 试 项 目	基 本 要 求	发 挥 要 求	电路测试结果
线电压有效值	24±0.2V		24.00V
频率	50±0.2Hz		50.02Hz
总谐波畸变率（THD）	≤3%		0.7%
效率（η）	≤87%		93.2%
负载调整率 S_{11}	≤0.3%		0.25%
负载线电流（发挥部分1）		> 3A	3.1A
频率 f_o（发挥部分1）		50.05±0.2Hz	50.05Hz
两个逆变器输出线电流的差值绝对值（发挥部分2）		≤0.1A	0.08A
效率调整率 S_{12}（发挥部分2）		≤0.3%	0.28%
两个逆变器输出线电流折算值的差值绝对值（发挥部分3）		≤0.1A	$K = 0.5$ 时，0.04A $K = 2.0$ 时，0.03A

附录 A 电路部分

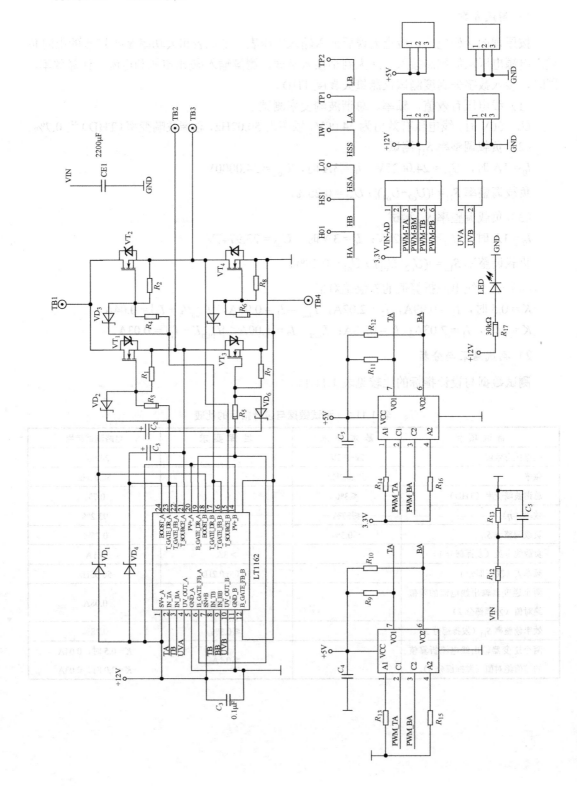

附录 B　代码部分

```
struct stu SVPWM(u16 angle, u8 m)
{
        u8 sector;
        u16 T1, T2, T0;
        struct stu PWM;
        angle = angle%3600;
        sector = angle/600;
        angle = angle%600;
        if(m>131) m=131;
        T1=(sinx[599-angle]*m)>>10;
        T2=(sinx[angle]*m)>>10;
        T0=(u16)（4200-T1-T2）;
    swi tch(sector)
        {

            case 0:
                    PWM.CCR1=T1+T2+(T0>>1);
                    PWM.CCR2=T2+(T0>>1);
                    PWM.CCR3=(T0>>1);
                    break;
            case1：
                    PWM.CCR1=T1+(T0>>1);
                    PWM.CCR2=T1+T2+(TO>>1);
                    PWM.CCR3=(T0>>1);
                    break;
            case 2:
                    PWM.CCR1=(T0>>1);
                    PWM.CCR2=T1+T2+(T0>>1);
                    PWM.CCR3=T2+(T0>>1);
                    break;
            case 3:
                     PWM.CCR1=(T0>>1);
                    PWM.CCR2=T1+(T0>>1);
                    PWM.CCR3=T1+T2+(T0>>1);
                    break;
            case 4:
                    PWM.CCR1=T2+(T0>>1);
```

```
                PWM.CCR2=(T0>>1);
                PWM.CCR3=T1+T2+(T0>>1);
                break;
        case 5:
                PWM.CCR1=T1+T2+(T0>>1);
                PWM.CCR2=(T0>>1);
                PWM.CCR3=T1+(T0>>1);
                break;
        default:
                break;
    }
    return PWM;
}
```

1.12 LED 闪光灯电源

[2015 年全国大学生电子设计竞赛（H 题）（高职高专组）]

1.12.1 任务与要求

1. 任务

设计并制作一个 LED 闪光灯电源。该电源的核心为直流-直流稳流电源变换器，它将电池的电能转换为恒流输出，驱动高亮度白光 LED。电源有连续输出和脉动输出两种模式，并具有输出电压限压保护和报警功能。

2. 要求

1）基本要求

（1）输入电压：3.0～3.6V。

（2）连续输出模式：输出电流可设定为 100mA、150mA、200mA 三挡，最高输出电压不低于 10V，最低输出电压为 0V（输出短路）。

（3）在规定的输入电压和输出电压范围内，输出电流相对误差小于 2%。

（4）等效直流负载电阻过大时，输出电压的幅值不高于 10.5V 并报警。

（5）输出电流为 200mA、输出电压 10V 时，效率不低于 80%。

（6）自制一个 LED 闪光灯，用于演示。

2）发挥部分

（1）具备脉动输出模式，输出占空比为 1/3，相对误差小于 2%。

（2）输出电流峰值可设定为 300mA、450mA、600mA 三挡，相对误差小于 5%，间歇期电流小于 1mA。

（3）脉冲周期可设定为 10ms、30ms、100ms 三挡，相对误差小于 2%，上升时间、下降时间均不大于 100μs，电流过冲不大于 10%。

（4）输出脉冲数可设定为 1～5 个和连续的脉冲串（以便测试），每按一次启动键输出一次脉冲串。

（5）其他。

3．说明

除基本要求第（6）项外，所有测试均用电阻代替 LED 作为负载。

4．评分标准

项　目		主 要 内 容	满　分
设计报告	系统方案	电源变换及控制方法实现方案	4
	理论分析与计算	提高效率方法的分析及计算 电路设计与参数计算	4
	电路与程序设计	启动电路设计与参数计算	5
		设定电路的设计	
	测试结果	测试数据完整性	3
		测试结果分析	
	设计报告结构及规范性	摘要，设计报告正文的结构 图表的规范性	4
	小计		20
基本要求	完成第（2）项、第（3）项		24
	完成第（4）项		6
	完成第（5）项		18
	完成第（6）项		2
	小计		50
发挥部分	完成第（1）项		3
	完成第（2）项		30
	完成第（3）项		10
	完成第（4）项		2
	其他		5
	小计		50
总分			120

1.12.2　系统方案选择和论证

本电路设计主要设计高效率的升压式 DC-DC 变换器。它将电能转换成恒流输出，驱动高亮度白光 LED。电源有连续输出和脉动输出两种模式，并具有输出电压限压保护和报警功能。在设计方案选择中，对电路的核心功能——升压方式、输出控制、输出电流值选择等的设计进行了多方案论证。

1）升压方案选择与论证

▶方案一：使用 TPS61088 升压芯片实现。TPS61088 是一款高功率密度的全集成升压转换器。虽然其效率高，能满足设计要求，但成本高，因此应用较少。

▶方案二：自行搭建 Boost 直流斩波升压电路。电路各部分的设计参数均可自主选择，可调节性好，设计灵活。但是，因为元件质量、精度等方面的限制，功能稳定性差。额外增加稳定、保护电路后，电路效率降低。

▶方案三：使用 MC34063 芯片构成升压电路。MC34063 是一款单片双极型线性集成电路，专用于直流转直流变换器控制部分，它能使用最少的外接元器件构成开关式升压变换器，输出电压范围可达 1.25～40V。缺点是输出功率较小。

综合以上分析，本方案需要输入电压低、输出电压高、功率足够、精度高、电源效率高的升压模块，因此选择采用方案三。为了获得足够大的输出功率，在外部接扩流管以满足设计要求。

2）过压检测设计方案选择与论证

▶方案一：采用 TL431 构成鉴幅电路实现过压检测。该方案设计简单，检测灵敏，性能可靠，但对于电压波动产生的误报警无法有效避免。

▶方案二：采用运放构成积分电路对过压信号进行检测，该电路由分立元器件组成，设计灵活，且由于积分电路的函数传递特性，能够有效避免特殊原因导致的电压波动所产生的误报警。

综合以上分析，在电路设计中要求最大输出电压不超过 10.5V，方案二对于波动影响有一定的抗干扰能力，并且对精度的要求并不高，因此选择采用方案二。

3）系统总体方案

系统以 MC64063 芯片为核心组成 DC-DC 升压电路，为输出端提供满足要求的大电压。通过运放构成线性恒流电路，并通过 PI 调节组成闭环控制回路，进一步稳定输出，使得电路能够输出稳定的受控电流以满足设计精度要求。过压检测电路通过获取负载两端电压差值与参考电压比较，输出过压信号并回传给单片机。

系统控制模块基于 STM15L2K32S2 单片机设计，它由键盘电路、LED 灯指示电路、蜂鸣器报警电路、输出选择电路组成。通过中断方式响应按键，以计时器控制输出脉冲时间。系统功能框图如图 1.12.1 所示。

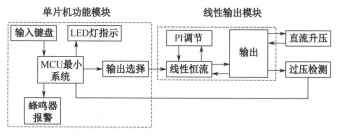

图 1.12.1　系统功能框图

2. 系统的硬件设计与实现

1）单片机功能模块电路的设计原理

在本设计中采用 STM15 单片机作为控制器。除单片机最小系统外，在外围搭建了输入键盘、显示输出、蜂鸣器报警电路等部分。通过按键输入改变端口输出信号，控制并调整输出电流。

通过输入端口接收过压检测模块的过压信号后，触发蜂鸣器报警，实现对 10.5V 以上输出电压的报警，报警一段时间后自动断电，等待修复电路故障。

显示输出电路由 11 个发光二极管组成。

输入键盘由 4 个独立按键组成，分别设置为启停键、增加键、减少键、功能键。单片机功能模块原理图如图 1.12.2 所示。

输出选择模块采用 MAX531 芯片作为核心构成。单片机根据按键输入的电流值选择信息，通过 P3.2～P3.4 口和 PI.4 口输出控制 MAX511 芯片的 D/A 转换输出电压值。D/A 输出电压经过稳压模块稳定后控制场效应管，将输出电流调整为对应大小。D/A 转换输出电压和预设电流值的对应关系见 1.12.1。

表 1.12.1　D/A 转换输出电压和预设电流值的对应关系

D/A 转换输出电压/mV	预设电流值/mA
329	100（连续）
499	150（连续）
669	200（连续）
1010	300（脉冲）
1524	450（脉冲）
2035	600（脉冲）

2）升压模块电路设计

电路升压部分采用以 MC34063 芯片为核心的升压电路实现，升压模块电路图如图 1.12.3 所示。

MC34063 芯片 5 脚的输出为参考电压 1.25V，根据电阻分压关系调节滑动变阻器，使得输出电压达到最高 10V 的升压范围，并通过三极管 VT_1 驱动起扩流作用的场效应管，提高模块输出功率。改进输入端电路连接方式和元器件选择，进一步降低输入电压范围，从而得到一个低输入、高输出、大功率的升压模块。

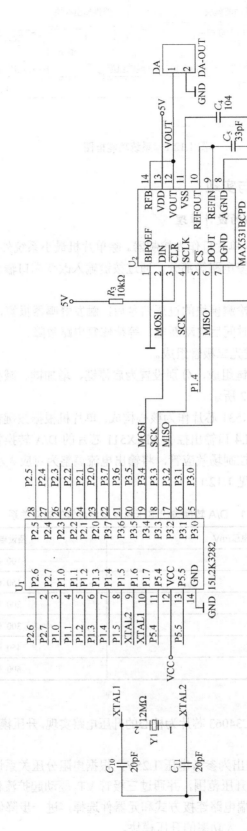

图 1.12.2 单片机功能模块原理图

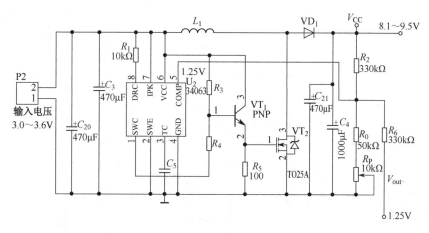

图 1.12.3　升压模块电路图

因为 MC34063 的工作效率受实际工作频率的影响,因此在设计时重点考虑工作频率的选择。工作频率由定时电容 C_t 决定,其计算机公式为

$$C_t = 4 \times 10^{-5} \times T_{on}（输出开关管导通时间）\tag{1.12.1}$$

通过计算,为了使芯片工作效率达到 90%,工作频率应选择为 30kHz,因此选择 471 瓷片电容作为定时电容。

3）恒流模块设计

恒流模块是由稳压环节、采样反馈、PI 控制组成的闭环稳定控制系统。

稳压模块的核心是由运放 U_1 构成的电压环 PI 调节器。通过对输出电压进行采样、放大并反馈回输入端,只要经过放大的反馈信号不等于输入的参考电压 V_{CC},电容就会不断积分,改变与锯齿波相比较的直流电平,产生持续调节作用,直至误差为零。因此该电路可以保证极其稳定的输出电压,如图 1.12.4 所示。

反馈信号通过提取 U_2 的+端电压,经过运放 U_2 构成同相比例放大电路送回运放 U_1 的反相输入端,同相比例放大倍数为

$$A_{u1} = \frac{u_o}{u_i} = \left(1 + \frac{R_{18}}{R_{19}}\right) = 33.5 \tag{1.12.2}$$

稳压环节中有两个 PI 闭环控制环节,它们分别由电容 C_2、C_3,及可调电阻 R_{P2}、电容 C_4 和电阻 R_2 组成,如图 1.12.4 所示。PI 环节的参数设定通过仿真实验确定。

在电路输出控制模块中,稳压模块输出电压信号 V_{lout} 通过控制场效应管 IRF3205 的栅极电压,改变场效应管导通角,实现对通过场效应管源-漏极间流过电流的控制。因为稳压模块输出电压 V_{lout} 十分稳定且精度高,因此可在场效应管支路上得到十分稳定的恒流特性。

在该电路模块中,因为场效应管导通阻抗极低、转换速度快、控制精度高,因此能有效提高电路的工作效率,为保证电路工作效率达到 80%提供了保障。从负载两端提取的输出电压信号反馈回升压电路,使得升压电路的输出电压随负载电压变化而同步变化。

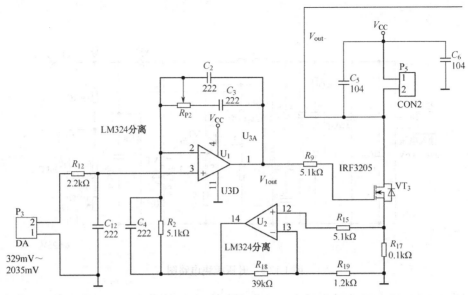

图 1.12.4 恒流模块电路图

4）过压检测及报警信号产生电路

从负载两端提取负载电压 V_{out+} 和 V_{out-}，通过运放 U_{3C} 构成的减法电路得到输出电压 V_{cp}。减法电路的输入电压和输出电压的关系为

$$V_{cp} = \left(1 + \frac{R_{16}}{R_{12}}\right) \frac{R_{13}}{R_8 + R_{13}} V_{out+} - \frac{R_{16}}{R_{12}} V_{out-} \tag{1.12.3}$$

将输出电压 V_{cp} 的取样电压输入运放 U_{3B} 构成的积分电路，进行过压检测。当负载电压两端因为外界干扰等特殊原因波动超过 10.5V 时，因为积分电路的传递特性并不会触发报警信号，只有当负载两端电压稳定并高于 10.5V 时，积分电路输出低电平，二极管导通，向单片机传输过压信号，如图 1.12.5 所示。

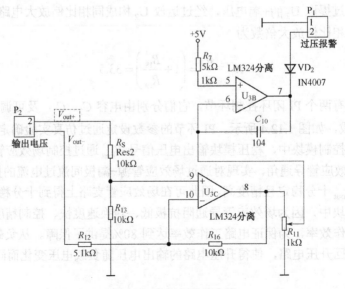

图 1.12.5 过压检测电路

1.12.3 系统软件设计

系统上电后进入模式选择界面，单片机通过中断功能实现按键检测。通过功能键分别在输出电流选择、脉冲周期选择、脉冲个数/连续输出模式之间切换，各模式下可以通过增加键/减少键调整具体取值。参数设定完成后，按下启停键，电路即开始工作。单片机通过定时器确定输出脉冲定时，输出相应的脉冲控制信号。同时，在主程序中循环检测过压信号，当有过压信号输入时，控制蜂鸣器报警，报警灯亮。一段时间后，若过压信号仍未消失，则自动停止电路工作，等待修复。系统程序流程图如图 1.12.6 所示。

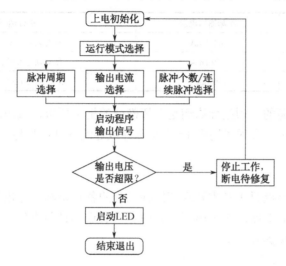

图 1.12.6　系统程序流程图

1.12.4 系统测试

1）测试仪器

高精度电流表、双踪示波器、万用表。

2）基本要求测试

通过外接滑动变阻器，在 100mA、150mA、200mA 电流值下不断增加负载阻值，最高输出电压均未超过 10.5V，且接近 10.5V 电压限制值时，均即时报警。测试参数见下表。

电 流 挡 位	最高输出电压	实际输出电流	是否达到要求
100mA	10.23V	100.1mA	相对误差 0.1%，性能达标
150mA	10.22V	150.1mA	相对误差 0.06%，性能达标
200mA	10.27V	200.3mA	相对误差 0.15%，性能达标

输出电压为 10V、输出电流为 200mA 时，计算的电路效率见下表。

实际输入电压	实际输入电流	实际输出电压	实际输出电流	电 路 效 率
3.15V	0.771mA	10V	200.5mA	82.5%

3）发挥部分测试

脉动信号测试参数见下表。

脉 动 周 期	占 空 比	相 对 误 差	上 升 时 间	下 降 时 间	电流过冲
10ms	1/3	0.15%	89μs	85μs	5%
30ms	1/3	0.22%	95μs	90μs	6%
100ms	1/3	0.18%	95μs	94μs	6%

输出电流峰值测试参数见下表。

电 流 挡 位	实际输出电流	是否达到要求
300mA	300.1mA	相对误差1.3%，性能达标
450mA	449.1mA	相对误差0.9%，性能达标
600mA	598.8mA	相对误差1.52%，性能达标

经过测试，电流源的各项指标均满足发挥部分的指标要求，输出脉冲数可通过控制面板按键进行调整与控制，实现了输出 1～5 个脉冲或连续脉冲的目标。

5．总结

本设计的电路满足题目中基本要求和发挥部分的各项指标。输出恒流特性极好，输出电压幅值较高。电路效率保证在 80% 以上。输出模式选择调整方便，展示直观。然而，在电路效率上仍有进一步提升的空间。

第②章

放大器设计

内/容/提/要 ●●●●

本章主要介绍放大器设计基础、方法和步骤，并通过大量例题详细介绍方案论证、软件和硬件设计、技术指标测试及测试结果分析。

2.1 放大器设计基础

2.1.1 概述

放大器是电子线路系统中最基本的单元，也是最重要的单元。放大器的种类繁多。按使用的频段，可划分为直流放大器、低频放大器、中频放大器、高频放大器和微波放大器；按功率大小，可划分为小信号（小功率）放大器、功率放大器、大功率放大器和超大功率放大器；按导通角，可划分为甲类放大器、甲乙类放大器、乙类放大器、丙类放大器、丁类放大器和戊类放大器；按频带宽窄，可划分为选频放大器、窄带放大器、宽带放大器；按照集成度，可划分为分立元器件组成的放大器和集成放大器；按照有无反馈，可划分为开环放大器和反馈放大器（反馈放大器又分为四种组态）等。在工程设计和电子设计竞赛中，应根据不同要求和用途选择放大器的类型。

放大器的技术指标也很多，但在设计过程中必须考虑如下几项技术指标。

（1）输入阻抗和输入电平（输入信号的动态范围）。

（2）输出阻抗。

（3）电压放大倍数（电流放大倍数、功率放大倍数）。

（4）输出电平（输出功率）。

（5）频率带宽。

（6）失真度。

（7）放大器的效率。

本章选择 5 个作品进行介绍。首先介绍与这 5 个作品有关的放大器技术和器件，其中包括运算放大器、功率放大器、功率合成技术、宽带放大器和特殊放大器等。

2.1.2 运算放大器

1. 运算放大器的基本特性

1）常用运算放大器的类型

运算放大器一般可分为通用型、精密型、低噪声型、高速型、低电压低功率型、单电源型等几种。本节以美国 TI 公司的产品为例，说明各类运算放大器的主要特点。

（1）通用型运算放大器

通用型运算放大器的参数是按工业上的普通用途设定的，其各方面的性能都较差或中等，价格低廉，典型代表是工业标准产品 μA741、LM358、OP07、LM324、LF412 等。

（2）精密型运算放大器

精密型运算放大器要求运算放大器有很好的精确度，特别是对输入失调电压 U_{IO}、输入偏置电流 I_{IB}、温度漂移系数、共模抑制比 K_{CMR} 等参数有严格要求。例如，U_{IO} 不大于 1mV，高精密型运算放大器的 U_{IO} 只有几十微伏，常用于需要精确测量的场合，典型产品有 TLC4501/TLC4502、TLE2027/TLE2037、TLE2022、TLC2201、TLC2254 等。

（3）低噪声型运算放大器

低噪声型运算放大器也属于精密型运算放大器，要求器件产生的噪声低，即等效输入噪声电压密度 $\sigma_{Vn} \leqslant 15nV/\sqrt{Hz}$；另外，需要考虑电流噪声密度，它与输入偏流有关。双极型运算放大器通常具有较低的电压噪声，但电流噪声大，而 CMOS 运算放大器的电压噪声较大，但电流噪声很小。低噪声型运算放大器的典型产品有 TLE2027/TLE2037、TLE2227/TLE2237、TIC2201、TLV2362/TLV2262 等。

（4）高速型运算放大器

高速型运算放大器要求运算放大器的运行速度快，即增益带宽乘积大、转换速率快，通常用于处理频带宽、变化速度快的信号。双极型运算放大器的输入级是 JFET 运算放大器，通常具有较高的运行速度。典型产品有 TLE2037/TLE2237、TLV2362、TLE2141/TLE2142/TLE2144、TLE20171、TLE2072/TLE2074、TLC4501 等。

（5）低电压、低功率型运算放大器

用于低电压供电，如 3V 电源电压运行的系统或电池供电的系统。要求器件耗电小（500μA），能低电压运行（3V），最好具有轨对轨性能，可扩大动态范围。主要产品有 TLV2211、TLV2262、TLV2264、TLE2021、TLC2254、TLV2442、TLV2341 等。

（6）单电源型运算放大器

单电源运算放大器要求用单个电源电压（典型电压为 5V）供电。多数单电源型运算放大器是用 CMOS 技术制造的。单电源型运算放大器也可用于对称电源供电的电路，只要总电压不超过允许范围即可。另外，有些单电源运算放大器的输出级并不是推挽电路结构，当信号跨越电源中点电压时，会产生交越失真。

2）运算放大器的基本参数

表示运算放大器性能的参数为单/双电源工作电压、电源电流、输入失调电压、输入失调电流、输入电阻、转换速率、差模输入电阻、失调电流温漂、输入偏置电流、偏置电流温漂、差模电压增益、共模电压增益、单位增益带宽、电源电压抑制、差模输入电压范围、共模输入电压范围、输入噪声电压、输入噪声电流、失调电压温漂、建立时间、长时间漂移等。

不同的运算放大器，其参数差别很大，使用运算放大器前需要对参数进行仔细分析。

3）运算放大器选用时的注意事项

① 若无特殊要求，应尽量选用通用型运算放大器。当一个电路中含有多个运算放大器时，建议选用双运放（如 LM358）或四运放（如 LM324 等）。

② 应正确认识、对待各种参数，不要盲目片面追求指标的先进。例如，场效应管输入级的运放，其输入阻抗虽然高，但是失调电压也大，低功耗运放的转换速率必然也较低。各种参数指标是在一定的测试条件下测出的，如果使用条件和测试条件不一致，那么指标的数值也将会有差异。

③ 当用运算放大器放大弱信号时，应特别注意选用失调及噪声系数均很小的运算放大器，如 ICL7650。同时应保持运放同相端与反相端对地的等效直流电阻相等。此外，在高输入阻抗及低失调、低漂移的高精度运算放大器的印制电路板布线方案中，输入端应加保护环。

④ 当运算放大器用于直流放大时，必须妥善进行调零。有调零端的运算放大器应按标准推荐的调零电路进行调零；若没有调零端的运算放大器，则可参考图 2.1.1 进行调零。

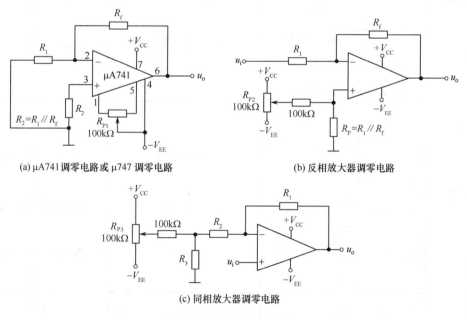

(a) μA741调零电路或 μ747 调零电路　　　　(b) 反相放大器调零电路

(c) 同相放大器调零电路

图 2.1.1　常见的调零电路

⑤ 为消除运算放大器的高频自激，应参照推荐参数在规定的消振引脚之间接入适当电容来消振，同时应尽量避免两级以上的放大器级联，以降低消振的困难性。为了消除内阻引起的寄生振荡，可在运放电源端对地就近接去耦电容，考虑到去耦电解电容的电感效应，常在其两端并联一个容量为 $0.01 \sim 0.1 \mu F$ 的瓷片电容。

2. 运算放大器的应用电路

运算放大器应用极为广泛，利用运算放大器可以构成运算电路、信号处理中的放大电路、滤波电路、电压比较器、正弦波振荡器、非正弦波振荡器、波形变换电路、信号转换电路等。运算放大器构成的正弦波振荡器、非正弦波振荡器、波形变换电路和信号转换电路将在下面的章节中介绍。

1）运算电路

利用运算放大器可以进行加法运算、减法运算、比例运算、乘方运算、开方运算、乘法运算、除法运算、积分运算、微分运算、对数运算、指数运算等。这些运算的典型电路及主要参数计算公式，见表 2.1.1。

表 2.1.1　运算的典型电路及主要参数计算公式

电路名称		典型电路	A_{uf} 及 $u_o(t)$ 表达式	输入电阻 R_{if}	输出电阻 R_{of}
比例运算电路	反相输入	反相输入比例运算电路	$A_{uf} = -\dfrac{R_F}{R_1}$	$R_{if} = R_1$	$R_{of} = 0$
		T 形网络反相比例放大电路	$A_{uf} = \dfrac{u_o}{u_i} = \dfrac{-(R_2R_3 + R_2R_4 + R_3R_4)}{R_1R_3}$	$R_{if} = R_1$	$R_{of} = 0$
	同相输入	基本电路	$A_{uf} = \dfrac{1}{F} = 1 + \dfrac{R_F}{R_1}$	$R_{if} = \infty$	$R_{of} = 0$
		电压跟随器	$A_{uf} = 1$	$R_{if} = \infty$	$R_{of} = 0$
	差分输入	差动比例运算电路	$A_{uf} = -\dfrac{R_F}{R_1}$	$R_{if} = 2R_1$ $\begin{pmatrix} R_1 = R_1' \\ R_F = R_F' \end{pmatrix}$	$R_{of} = 0$

续表

电路名称		典型电路	A_{uf} 及 $u_o(t)$ 表达式	输入电阻 R_{if}	输出电阻 R_{of}
求和电路	加法电路	反相输入的加法电路	$A_{uf} = -R_F\left(\dfrac{u_{i1}}{R_1} + \dfrac{u_{i2}}{R_2} + \dfrac{u_{i3}}{R_3}\right)$ $(R_P = R_1 /\!/ R_2 /\!/ R_3 /\!/ R_F)$		$R_{of} = 0$
		同相输入的加法电路	$A_{uf} = R_F\left(\dfrac{u_{i1}}{R_1} + \dfrac{u_{i2}}{R_2} + \dfrac{u_{i3}}{R_3}\right)$ $(R_N = R /\!/ R_F,\ R_P = R_1 /\!/ R_2 /\!/ R_3 /\!/ R_4,\ R_N = R_P)$		$R_{of} = 0$
	减法电路	单运放减法电路	$u_o(t) = R_F\left(\dfrac{u_{ia}}{R_a} + \dfrac{u_{ib}}{R_b} - \dfrac{u_{i1}}{R_1} - \dfrac{u_{i2}}{R_2}\right)$		$R_{of} = 0$
		双运放减法电路	$u_o = \dfrac{R_{F1}R_{F2}}{R_4}\left(\dfrac{u_{i1}}{R_1} + \dfrac{u_{i3}}{R_3}\right) - \dfrac{R_{F2}}{R_2}u_{i2}$		$R_{of} = 0$
微分电路与积分电路	积分运算电路	积分运算电路	$u_o(t) = -\dfrac{1}{RC}\displaystyle\int u_i dt$	$R_{if} = R$	$R_{of} = 0$
	微分运算电路	基本微分运算电路	$u_o(t) = -RC\dfrac{du_i}{dt} = -\tau\dfrac{du_i}{dt}$		$R_{of} = 0$
对数电路与指数电路	对数运算电路	利用二极管的对数电路	$u_o(t) = -U_T\ln\dfrac{u_i}{RI_S}$		
		利用晶体管的对数电路	$u_o(t) = -U_T\ln\dfrac{u_i}{RI_S}$		

电 路 名 称		典 型 电 路	A_{uf} 及 $u_o(t)$ 表达式	输入电阻 R_{if}	输出电阻 R_{of}
指数运算电路		二极管构成的基本指数电路	$u_o(t) = -I_S R \exp\left(\dfrac{u_i}{u_T}\right)$		
		晶体管构成的基本指数电路	$u_o(t) = -I_S R \exp\left(\dfrac{u_i}{u_T}\right)$		
乘法电路与除法电路	乘法电路		$u_o(t) = u_{i1} u_{i2}$		
	除法电路		$u_o(t) = \dfrac{u_{i1}}{u_{i2}}$		

2）信号处理中的放大电路

在电子系统中，从传感器或接收机采集的信号通常都很小，一般不能直接进行运算、滤波等处理，而必须放大后才能进行运算、滤波等处理。本节介绍常用的放大电路见表 2.1.2。

表 2.1.2　常见的放大电路

电 路 名 称		典 型 电 路	u_o 表达式
精密放大电路	简单的差动电路		$u_o = \dfrac{R_F}{R_1} u_i \begin{pmatrix} R_1 = R_2 \\ R_3 = R_F \end{pmatrix}$
	三运放差动电路		$u_o = -\dfrac{R_F}{R}\left(1+\dfrac{2R_1}{R_2}\right)(u_{i1}-u_{i2}) \begin{pmatrix} R_3 = R_4 = R \\ R_5 = R_F \end{pmatrix}$ $R_{i1} = R_{i2} = \dfrac{R_2}{2} \parallel R_1$
	电荷放大电路		$u_o = -\dfrac{C_i}{C_F} u_i$

3）滤波电路

滤波电路是指对信号频率有选择性的电路，其功能是让特定频率范围内的信号通过，而阻止特定频率范围外的信号通过。

滤波电路按照工作频带，可划分为低通滤波电路（LPF）、高通滤波电路（HPF）、带通滤波电路（BPF）、阻带滤波电路（BEF）和全通滤波电路（APF）。每类电路又有无源与有源之分。几种常见的有源滤波电路见表 2.1.3。

表 2.1.3　几种常见的有源滤波电路

电路名称		典型电路	幅频特性	u_o、f_o 表达式
低通滤波电路	一阶低通滤波电路	(a)%	(b)%	$\dot{A}_u = \dfrac{\dot{U}_o}{\dot{U}_i} = \left(1 + \dfrac{R_F}{R_1}\right)\dfrac{1}{1 + j\dfrac{f}{f_o}}$ $f_o = \dfrac{1}{2\pi RC}$
	简单二阶低通滤波电路	(c)%	(d)%	$\dot{A}_u = \dfrac{\dot{U}_o}{\dot{U}_i} = \dfrac{\dot{A}_{up}}{1 - \left(\dfrac{f}{f_o}\right)^2 + j\dfrac{(3 - \dot{A}_{up})f}{f_o}}$ $f_o = \dfrac{1}{2\pi RC}$
	压控电压源二阶滤波电路	(e)% $Q = \dfrac{1}{3 - \dot{A}_{up}}$ (f)%		$\dot{A}_u = \dfrac{\dot{U}_o}{\dot{U}_i} = \dfrac{\dot{A}_{up}}{1 - \left(\dfrac{f}{f_o}\right)^2 + j\dfrac{(3 - \dot{A}_{up})f}{f_o}}$ $f_o = \dfrac{1}{2\pi RC}$
高通滤波电路	一阶高通滤波电路	(g)%	(h)%	$\dot{A}_u = \dfrac{\left(1 + \dfrac{R_F}{R_1}\right)}{1 - j\dfrac{f_o}{f}}$ $f_o = \dfrac{1}{2\pi RC}$

电路名称	典型电路	幅频特性	u_o、f_o 表达式
压控电压源二阶高通滤波电路	(i)%	(j)%	$\dot{A}_u = \dfrac{\dot{U}_o}{\dot{U}_i} = \dfrac{\dot{A}_{up}}{1-\left(\dfrac{f_e}{f}\right)^2 + \mathrm{j}\dfrac{(3-\dot{A}_{up})f_o}{f_o}}$
带通滤波电路	(k)%	(l)%	$\dot{A}_u = \dfrac{\dot{U}_o}{\dot{U}_i} = \dfrac{\dot{A}_{up}}{3-\dot{A}_{up}}$ $\times \dfrac{1}{1+\mathrm{j}\dfrac{1}{3-\dot{A}_{up}}\left(\dfrac{f}{f_o}-\dfrac{f_o}{f}\right)}$
阻带滤波电路	(m)%	(n)%	$\dot{A}_u = \dfrac{\dot{A}_{up}}{1+\mathrm{j}2(2-\dot{A}_{up})\dfrac{ff_o}{f_o^2-f^2}}$ $B_W = \dfrac{f_o}{Q}$ $Q = \dfrac{1}{2(2-\dot{A}_{up})}$
全通滤波电路	(o)%		$\dot{A}_u = \dfrac{1-\mathrm{j}\omega RC}{1+\mathrm{j}\omega RC}$

4. 电压比较器

电压比较器是用于区别两个电压 U_1 和 U_2 的相对大小的电路。电路利用了集成运放工作在非线性状态时具有的特性，即集成运放处于开环工作状态或正反馈工作状态时，其电压放大倍数为无穷大，当 $U_+ > U_-$ 时，$u_o = +U_{omax}$；当 $U_+ < U_-$ 时，$u_o = -U_{omax}$。常见的电压比较器有单限比较器（含过零比较器）、滞回比较器、窗口比较器等，见表 2.1.4。

表 2.1.4　常见的电压比较器

电路名称	原理图	传输特性	基本公式
单限比较器			$U_{TH} = U_R$ $u_{omax} = \pm U_Z$

续表

电路名称	原理图	传输特性	基本公式
滞回比较器			$U_{TH1} = \dfrac{U_R R_2 - U_Z R_1}{R_1 + R_2}$ $U_{TH2} = \dfrac{U_R R_2 + U_Z R_1}{R_1 + R_2}$ $\Delta U_T = U_{TH2} - U_{TH1} = \dfrac{2R_1}{R_1 + R_2} U_Z$ $u_o = \pm U_Z$
窗口比较器			$u_o = +U_Z$ ($u_i < U_{RL}$ 或 $u_i > U_{RH}$)

2.1.3 功率放大器

主要向负载提供功率的放大电路称为功率放大电路。功率放大电路和电压放大电路完成的任务不同，因此对功率放大电路的要求也不同。具体来讲，对功率放大器有如下要求：

（1）输出功率尽可能大。

（2）效率尽可能高。

（3）非线性失真尽可能小。

（4）管耗尽可能小。

常见的功率放大电路有变压器耦合功率放大电路、OTL 电路、OCL 电路和 BTL 电路详见表 2.1.5。

表 2.1.5　常见的功率放大电路

电路名称	典型电路	特点
变压器耦合功率放大电路		输入、输出阻抗容易匹配，但体积大、重量重
无变压器耦合功率放大电路（OTL）		无输入、输出变压器。体积小，重量轻；但输入、输出阻抗不容易实现匹配

电路名称	典型电路	特点
无电容耦合功率放大电路（OCL）		无变压器、无耦合电容。体积小、重量轻；但输入、输出阻抗不容易匹配
桥式推挽电路（BTL）		无变压器、无电容器耦合。体积小、重量轻；但使用的功率管数量增加一倍

2.1.4　丁类（D 类）功率放大器

前面介绍的几种功率放大器工作在甲乙类或乙类。在高频电路中，为了提高输出功率和效率，通常让放大器工作在丙类。不管是甲类、乙类还是丙类放大器，都是沿着减小电流通角 θ 的途径来不断提高放大器功率的。

但是，θ 的减小是有一定限度的。因为 θ 太小时，效率虽然很高，但因为 I_{cm1} 下降太多，输出功率反而下降。要想维持 I_{cm1} 不变，就必须加大激励电压，这又可能因为激励电压过大导致管子被击穿。因此，必须另辟蹊径。丁类、戊类等放大器就是采用将 θ 固定为 $90°$，尽量降低晶体管耗散功率的办法来提高输出功率的。具体来说，丁类放大器的晶体管工作在开关状态：导通时，晶体管处于饱和状态，晶体管的内阻接近 0；截止时，电流为 0，晶体管的内阻为无穷大。这就使得集电极功耗大大降低，效率大大提高。理想情况下，丁类放大器的效率为 100%。

1）电流开关型 D 类放大器

图 2.1.2 是电流开关型 D 类放大器的原理电路和波形图。

输出功率为
$$P_o = \frac{\pi^2}{2R'_L}(V_{CC}-u_{ces})^2 \tag{2.1.1}$$

输入功率为
$$P_{DC} = \frac{\pi^2}{2R'_L}(V_{CC}-u_{ces})V_{CC} \tag{2.1.2}$$

集电极损耗功率为
$$P_c = P_{DC}-P_o = \frac{\pi^2}{2R'_L}(V_{CC}-u_{ces})u_{ces} \tag{2.1.3}$$

集电极效率为
$$\eta = \frac{P_o}{P_{DC}} = \frac{V_{CC}-u_{ces}}{V_{CC}}\times100\% \tag{2.1.4}$$

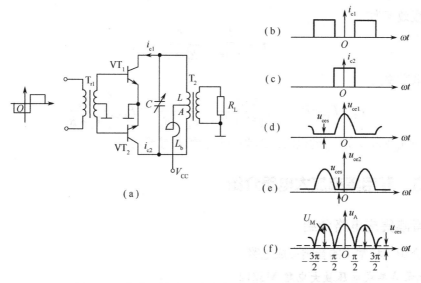

图 2.1.2　电流开关型 D 类放大器的原理电路和波形图

2）电压开关型 D 类放大器

图 2.1.3 是电压开关型 D 类功率放大器的原理电路和波形图。

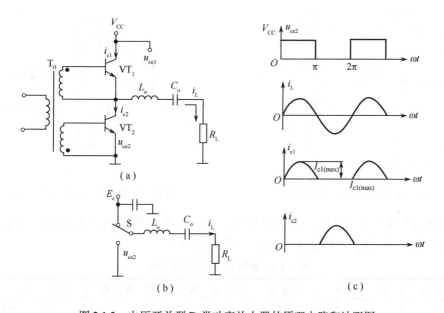

图 2.1.3　电压开关型 D 类功率放大器的原理电路和波形图

输出到谐振回路的交变功率为

$$P_o = \frac{2V_{CC}^2 R_L'}{\pi^2 (R_L' + R_S)^2} \tag{2.1.5}$$

直流输入功率为

$$P_{DC} = \frac{2V_{CC}^2}{\pi^2 (R_L' + R_S)} \tag{2.1.6}$$

因此集电极效率为

$$\eta_{\mathrm{c}} = \frac{P_{\mathrm{o}}}{P_{\mathrm{DC}}} = \frac{R_{\mathrm{L}}'}{R_{\mathrm{L}}' + R_{\mathrm{S}}} \tag{2.1.7}$$

集电极耗散功率为

$$P_{\mathrm{c}} = P_{\mathrm{DC}} - P_{\mathrm{o}} = \frac{2V_{\mathrm{CC}}^2}{\pi^2(R_{\mathrm{L}}' + R_{\mathrm{S}})} \cdot \frac{R_{\mathrm{S}}}{R_{\mathrm{L}}' + R_{\mathrm{S}}} = P_{\mathrm{DC}}\left(\frac{R_{\mathrm{S}}}{R_{\mathrm{L}}' + R_{\mathrm{S}}}\right) \tag{2.1.8}$$

式中，$R_{\mathrm{L}}' = R_{\mathrm{L}} + r$，$r$ 为 L_{o} 的电阻；R_{S} 为三极管饱和导通内阻。

2.1.5 专用集成放大电路介绍

1. 音响集成电路介绍

这里介绍几种常用的音响集成电路。

1) 低噪声集成电压放大电路 M5212L

M5212L 为低噪声音频前置放大电路。该电路具有等效输入噪声电压低、耐压高、增益高等特点，适合作为立体声收录机的前置均衡放大器。M5212L 的引脚功能与 TA7129P 的相同，可互相代换。M5212L 的内部等效电路如图 2.1.4 所示，典型应用电路如图 2.1.5 所示。

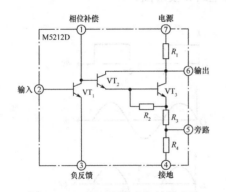

图 2.1.4 M5212L 的内部等效电路

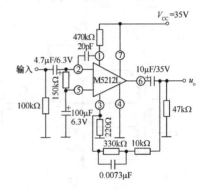

图 2.1.5 M5212L 的典型应用电路

极限使用条件（$T_a = 25℃$）：电源电压 $V_{\mathrm{CC}} = 45\mathrm{V}$，允许功耗 $P_{\mathrm{D}} = 450\mathrm{mW}$。主要电参数（$V_{\mathrm{CC}} = 35\mathrm{V}$, $R_{\mathrm{L}} = 47\mathrm{k}\Omega$, $f = 1\mathrm{kHz}$, $T_a = 25℃$）见表 2.1.6。

表 2.1.6 M5212L 的主要电参数

参 数 名 称	符 号	测 试 条 件	最 小 值	典 型 值	最 大 值	单 位
电源电流	I_{CC}	$U_i = 0$		3.5	4.7	mA
最大输出电压	U_{OM}	THD=0.1%, RIAA	7.0	9.0		V（rms）
等效输入噪声	U_{Ni}	$R_g = 2.2\mathrm{k}\Omega$, RIAA		0.6	1.5	μV（rms）
开环电压增益	G_{VO}		87	92		dB
总谐波失真	THD	$U_{\mathrm{o}} = 5\mathrm{V}$（rms）		0.02%		

2) 低噪声前置电压放大电路 M5213L

M5213L 是采用双电源供电的前置电压放大集成电路，该电路噪声低，耐压高，增益高，同时在⑤脚设有抑制蜂音的输入，适合作为立体声均衡放大器和音调放大器使用。M5213L

的内部等效电路如图 2.1.6 所示，典型应用电路如图 2.1.7 所示。

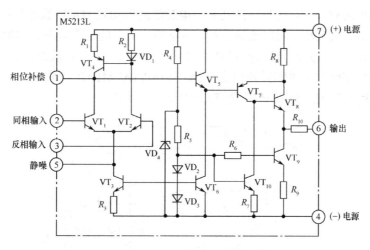

图 2.1.6　M5213L 的内部等效电路

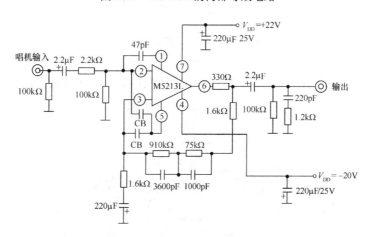

图 2.1.7　M5213L 的典型应用电路

极限使用条件（$T_a = 25℃$）：电源电压 $V_{CC} = +22.5V$，允许功耗 $P_D = 450mW$。主要电参数（$V_{CC} = +22V, f = 1kHz, T_a = 25℃$）见表 2.1.7。

表 2.1.7　M5213L 的主要电参数

参 数 名 称	符　　号	测 试 条 件	最 小 值	典 型 值	最 大 值	单　 位
电源电压	V_{CC}		±17		±22.5	V
电源电流	I_{CC}	$U_i = 0$		4.3	5.7	mA
最大输入电压	U_i	$G_V = 35.6dB$		210		mV（rms）
最大输出电压	U_{OM}	THD = 0.1%, $R_L = 47kΩ$ RIAA	12.0	13.0		V（rms）
开环电压增益	G_{VO}	$R_L = 47kΩ$	87	95		dB
等效输入噪声	U_{Ni}	$B_W = 20Hz\sim20kHz$ $R_g = 2.2kΩ$		0.8	1.5	μV（rms）

3）双音频功率放大电路 TA7240AP/TA7241AP

TA7240AP 内有过载、过压、热切断、电源浪涌和 BTL-OCL 直流短路等保护功能，具有输出功率大、失真小、噪声低等特点。该电路的工作电压范围为 9～18V，可组成双声道或 BTL 放大电路，适合于放大高保真立体声收音机和汽车放音机的功率。TA7241AP 与 TA7240AP 的区别仅在于引脚排列相反。TA7240AP/TA7241AP 的典型应用电路如图 2.1.8 和图 2.1.9 所示，图中括号内的数字为 TA7241 的引脚编号。

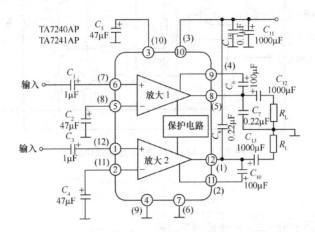

图 2.1.8　TA7240AP/TA7241AP 的典型应用电路——双声道放大电路

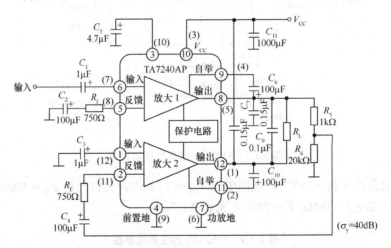

图 2.1.9　TA7240AP/TA7241AP 的典型应用电路——BTL 放大电路

极限使用条件（$T_a = 25℃$）：电源电压 $V_{CC} = 18V$，峰值电源电压 $V_{CC} = 45V$，输出峰值电流 $I_o = 4.5A$，允许功耗 $P_D = 25W$。TA7240AP/TA7241AP 的主要电参数（$V_{CC} = 13.2V$，$R_L = 4Ω$，$R_g = 4Ω$，$f = 1kHz$，$T_a = 25℃$）见表 2.1.8。

表 2.1.8　TA7240AP/TA7241AP 的主要电参数

参 数 名 称	符　　号	测 试 条 件	最 小 值	典 型 值	最 大 值	单　　位
静态电流	I_{CQ}	$U_{in} = 0$		80	145	mA
BTL 放大电路：						
输出功率	P_{o1}	THD = 10%	16	19		W

续表

参 数 名 称	符　号	测试条件	最 小 值	典 型 值	最 大 值	单　位
输出功率	P_{o2}	THD = 1%	12	15		W
谐波失真	THD_1	$P_o = 4W, G_u = 40dB$		0.03%	0.25%	
电压增益	$G_{V(1)}$	$U_o = 0dB$		40		dB
输出噪声	$U_{NO(1)}$	$R_g = 0\Omega$		0.14		mV
双声道放大电路:						
电压增益	$G_{V(2)}$	$U_o = 0dB$	50	52	54	dB
输出功率	P_{o3}	THD = 10%	5	5.8		W
谐波失真	THD	$P_o = 1W$		0.06%	0.30%	
输入电阻	R_i	$f = 1kHz$		33		kΩ
输出噪声	$U_{NO(2)}$	$R_g = 10\Omega$ $B_W = 50Hz\sim20kHz$		0.7	1.5	mV

4）双音频功率放大电路 TA7270P/TA7271P

TA7270P 内部有热切断、浪涌电压、过压、负载短路等保护电路，具有输出功率大、失真小、噪声低等特点，可组成 BTL 或双声道放大电路。该电路的工作电压范围为 9~18V，适合作为高保真汽车音响等功率放大电路。TA7271P 与 TA7270P 的区别是引脚排列相反；TA7270P/TA7271P 的典型应用电路如图 2.1.10 和图 2.1.11 所示，图中括号内的数字为 TA7271P 的引脚编号。

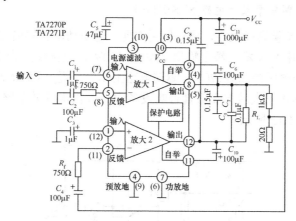

图 2.1.10　TA7270P/TA7271P 的典型应用电路——BTL 放大电路

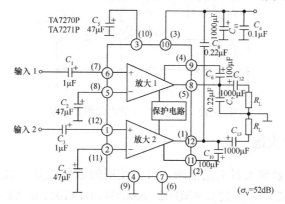

图 2.1.11　TA7270P/TA7271P 的典型应用电路——双声道放大电路

极限使用条件（$T_a = 25℃$）：电源电压 $V_{CC} = 25V$（无信号），$V_{CC} = 18V$（有信号），浪涌电压 $V_{CC} = 45V$，输出电流 $I_o = 4.5A$（瞬时值），允许功耗 $P_D = 25W$。

主要电参数（$V_{CC} = 13.2V$, $R_L = 4Ω$, $R_g = 600Ω$, $f = 1kHz$, $T_a = 25℃$）见表 2.1.9。

表 2.1.9　TA7270P/TA7271P 的主要电参数

参 数 名 称	符 号	测 试 条 件	最 小 值	典 型 值	最 大 值	单 位
静态电流	I_{CQ}	$U_i = 0$		80	145	mA
双声道放大电路：						
电压增益	G_u	$U_o = 0dB$	50	52	54	dB
输出功率	P_o	THD = 10%	5	5.8		W
谐波失真	THD	$P_o = 1W$		0.06 %	0.30 %	
输出噪声	U_{No}	$R_g = 10kΩ$ $B_W = 20Hz \sim 20kHz$		0.7	1.5	mV
输入阻抗	R_i			33		kΩ
BTL 放大电路：						
电压增益	G_u	$U_o = 0dB$		40		dB
输出功率	P_o	THD = 10%	16	19		W
谐波失真	THD	$P_o = 4W$, $G_u = 40dB$		0.03 %	0.25 %	
输出噪声	U_{No}	$R_g = 0$		0.14		mV

5）100W DPP 音频功率放大电路 STK0100II

STK0100II 属于厚膜集成电路，具有使用方便、输出功率大等特点。该电路是一个优质的全互补 OCL 功率放大器，额定输出功率为 100W，电压增益为 36dB，转换速率为 80V/μs。当 DPP 工作电压提高到±70V、驱动电路工作电压提高到±56V 时，输出功率可达 180W。STK0100II 常用于大功率高保真音响设备中，其内部等效电路如图 2.1.12 所示，典型应用电路如图 2.1.13 所示。

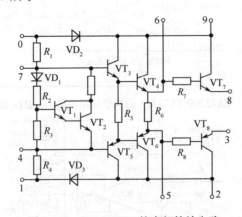

图 2.1.12　STK0100II 的内部等效电路

2. 集成仪表放大器

近年来，集成仪表放大器大量涌现，可供使用的型号很多，如高精度仪表放大器有 AD524、AD624、AD625、AD8225、AMP02、AMP04、INA101、INA114、INA115、INA118、

INA120、INA128/INA129、INA131、INA141、INA326/INA327、INA337/INA338、LT1101、LT1102、MAX4194/MAX4195/MAX4196/MAX4197 等，低功耗仪表放大器有 AD620、AD627、INA102、INA121、INA122、INA126/INA2126、INA2128 等，低噪声、低失真仪表放大器有 AMP01、INA163、INA166、INA217 等，CMOS、单电源、低功耗仪表放大器有 INA155、INA321/INA2321、INA322/INA2322、INA331/INA2331、INA332/INA2332 等，低漂移、低功耗仪表放大器有 AD621，低价格仪表放大器有 AD622，输入偏置电流极低的仪表放大器有 INA166 等。

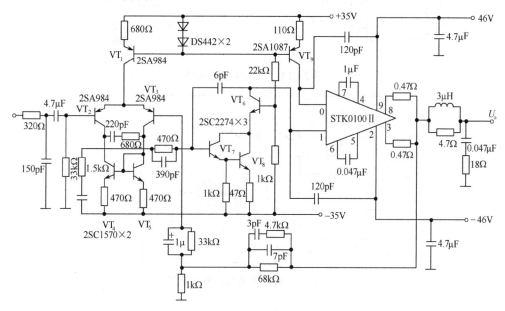

图 2.1.13　STK0100II 的典型应用电路

1）高精度仪表放大器 AD524

（1）特点

低噪声：峰峰值小于 0.3μV（0.1～10Hz）。

低非线性：0.003%（$G=1$）。

高共模抑制比：110dB（$G=1000$）。

低失调电压：50mV。

低失调电压漂移：50μV/℃。

增益带宽：25MHz。

引脚编程增益：1, 10, 100, 1000。

具有输入保护。

内置补偿电路。

（2）引脚图、内部原理简图、典型电路及选型参考

AD524 的引脚图、内部原理简图、典型电路及选型参考如图2.1.14～图2.1.17和表2.1.10所示。

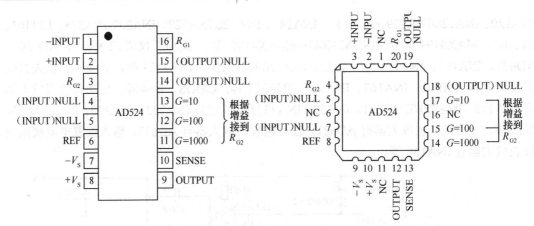

图 2.1.14　AD524 的引脚图

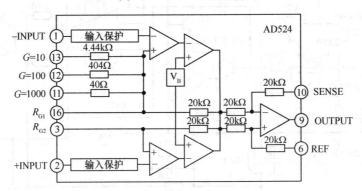

图 2.1.15　AD524 的内部原理简图

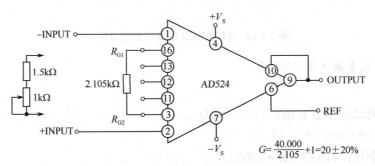

$$G=\frac{40.000}{2.105}+1=20\pm20\%$$

图 2.1.16　AD524 的典型电路（$G = 20$）

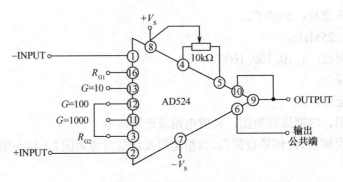

图 2.1.17　AD524 的典型电路（$G = 100$）

表 2.1.10　AD524 的选型参考

型　　号	温 度 范 围	封 装 形 式
AD524AD	−40℃～+85℃	CERDIP−16
AD524AE	−40℃～+85℃	LCC−20
AD524AR−16	−40℃～+85℃	SOIC−16
AD524BD	−40℃～+85℃	CERDIP−16
AD524BE	−40℃～+85℃	LCC−20
AD524CD	−40℃～+85℃	CERDIP−16
AD524SD	−55℃～+125℃	CERDIP−16
AD524SD/883B	−55℃～+125℃	CERDIP−16
AD524SE/883B	−55℃～+125℃	CERDIP−16

2）低功耗仪表放大器 AD620

（1）特点

单电阻设置增益：1～1000dB。

宽电源范围：±(2.3～18)V。

低功耗：最大为 1.3mA。

输入失调电压：最大为 50μA。

输入失调漂移：最大为 0.6μV/℃。

共模抑制比：大于 100dB（$G = 10$）。

低噪声：峰峰值小于 0.28μV（0.1～10Hz）。

带宽：120kHz（$G = 100$）。

置位时间：15μs（0.01%）。

（2）引脚图、内部原理简图、典型电路及选型参考

AD620 的引脚图、内部原理简图、典型电路及选型
参考如图 2.1.18～图 2.1.21 和表 2.1.11 所示。

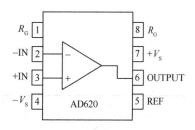

图 2.1.18　AD620 的引脚图

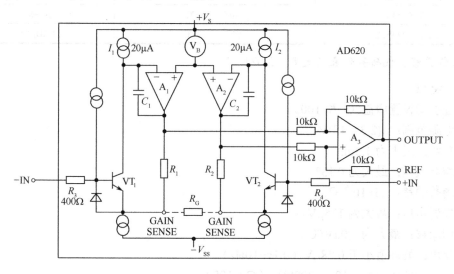

图 2.1.19　AD620 的内部原理简图

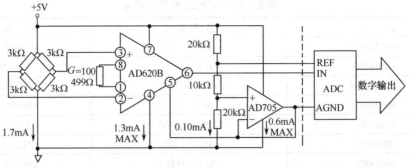

图 2.1.20　AD620 的典型电路——5V 单电源压力测量电路

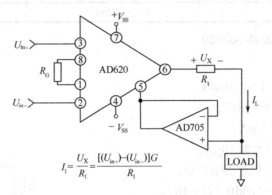

$$I_1 = \frac{U_X}{R_1} = \frac{[(U_{in+})-(U_{in-})]G}{R_1}$$

图 2.1.21　AD620 的典型电路——高精度 U/I 转换电路

表 2.1.11　AD620 的选型参考

型　　号	温 度 范 围	封 装 形 式
AD620AN	−40℃～+85℃	PDIP-8
AD620BN	−40℃～+85℃	PDIP-8
AD620AR	−40℃～+85℃	SO-8
AD620BR	−40℃～+85℃	SO-8
AD620SQ/883B	−55℃～+125℃	CERDIP-8

3）低漂移、低功耗仪表放大器 AD621

（1）特点

通过引脚设置增益（1 和 100）。

宽电源范围：±(2.3～18)V。

低功耗：最大为 1.3mA。

总增益误差：最大为 0.15%。

总增益漂移：±5×10^{-6}/℃。

总失调电压：最大为 125μV。

失调漂移：最大为 1.0μV/℃。

低噪声：峰峰值小于 0.28μV（0.1～10Hz）。

带宽：800kHz（$G = 10$），200kHz（$G = 100$）。

置位时间：12μs（0.01%）。

（2）引脚图、内部原理简图、典型电路及选型参考

AD621 的引脚图、内部原理简图、典型电路及选型参考如图 2.1.22～图 2.1.25 和表 2.1.12 所示。

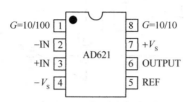

图 2.1.22　AD621 的引脚图

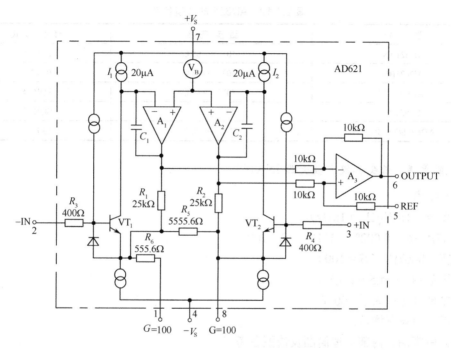

图 2.1.23　AD621 的内部原理简图

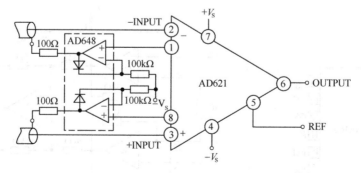

图 2.1.24　AD621 的典型电路——差分抑制放大器电路

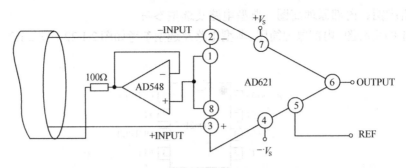

图 2.1.25　AD621 的典型电路——共模抑制放大器电路

表 2.1.12　AD621 的选型参考

型　　号	温 度 范 围	封 装 形 式
AD621AN	−40℃～+85℃	PDIP-8
AD621BN	−40℃～+85℃	PDIP-8
AD621AR	−40℃～+85℃	SOIC-8
AD621BR	−40℃～+85℃	SOIC-8
AD621SQ/883B	−55℃～+125℃	CERDIP-8

4）低噪声、低失真仪表放大器 INA163

（1）特点

低噪声：$1\text{nV}/\sqrt{\text{Hz}}$（1kHz）。

低 THD+N：0.002%（1kHz，$G = 100$）。

带宽：800kHz（$G = 100$）。

电压范围：±(4.5～1.8)V。

共模抑制比：大于 100dB。

外部电阻设置增益。

（2）引脚图、内部原理简图及选型参考

INA163 的引脚图、内部原理简图及选型参考如图 2.1.26、图 2.1.27 和表 2.1.13 所示。

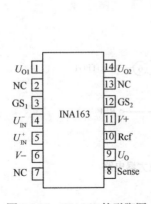

图 2.1.26　INA163 的引脚图

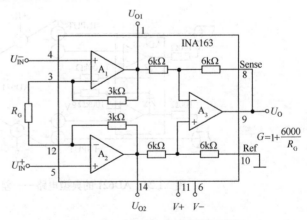

图 2.1.27　INA163 的内部原理简图

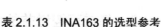

表 2.1.13　INA163 的选型参考

型　　号	温 度 范 围	封 装 形 式
INA163UA	−40℃～+85℃	SO-14

5）双路低功耗仪表放大器 INA2128

（1）特点

低失调电压：最大为 50μV。

低失调电压漂移：最大为 0.5μV/℃。

输入偏置电流：最大为 5nA。

高共模抑制比：最小为 120dB。

输入保护电压：±40V。

宽电源电压范围：±(2.25～18)V。

低静态电流：不大于 700μA。

（2）引脚图、内部原理简图及选型参考

INA2128 的引脚图、内部原理简图及选型参考如图 2.1.28、图 2.1.29 和表 2.1.14 所示。

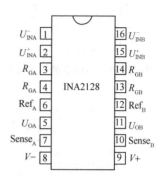

图 2.1.28　INA2128 的引脚图

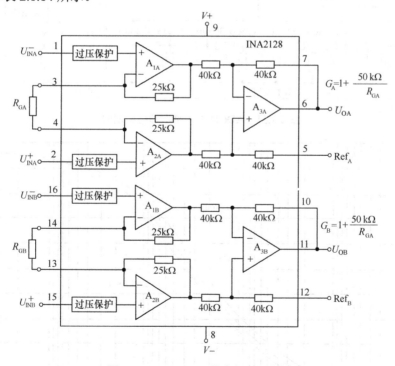

图 2.1.29　INA2128 的内部原理简图

表 2.1.14　INA2128 的选型参考

型　　号	温 度 范 围	封 装 形 式
INA2128PA	−40℃～+85℃	PDIP-16
INA2128P	−40℃～+85℃	PDIP-16
INA2128UA	−40℃～+85℃	SOIC-16
INA128U	−40℃～+85℃	SOIC-16

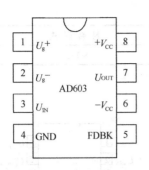

图 2.1.30 AD603 的引脚排列

3. 集成可控增益放大器

1）90MHz 低噪声可控增益放大器 AD603 的性能

AD603、μA733 等属于宽频带低噪声、增益可控制的器件，下面介绍高速宽带运放 AD603 的有关技术指标。

（1）AD603 的相关图、表

AD603 的引脚排列、内部原理结构框图、最大增益与外接电阻 R_x 之间的关系曲线分别如图 2.1.30～图 2.1.32 所示，引脚功能见表 2.1.15。这些图、表对了解 AD603 的电气性能非常有用。

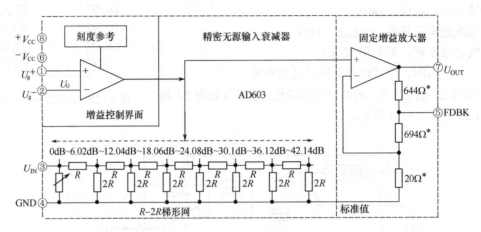

图 2.1.31 AD603 的内部原理结构框图

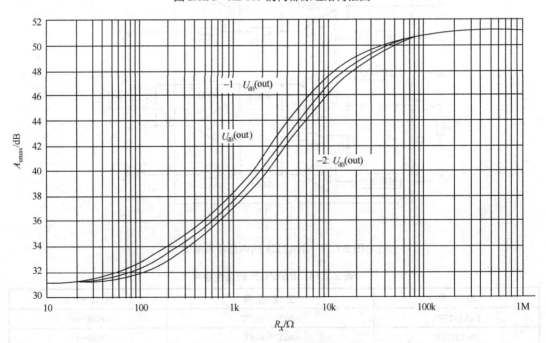

图 2.1.32 AD603 的最大增益与外接电阻 R_x 之间的关系曲线

表 2.1.15 AD603 的引脚功能

引　脚	代　号	描　述	引　脚	代　号	描　述
1	U_{g+}	增益控制输入正端	5	FDBK	反馈端
2	U_{g-}	增益控制输入负端	6	$-V_{CC}$	负电源输入
3	U_{IN}	运放输入	7	U_{OUT}	运放输出
4	GND	运放公共端	8	$+V_{CC}$	正电源输入

（2）电气性能

固定增益上限 $A_u(0)$：与⑤、⑦脚之间的外接电阻 R_x 有关，$R_x = 0$（与⑤、⑦脚短接），$A_u(0)_{max} = 30$dB；$R_x = 6.44$kΩ，$A_u(0)_{max} = 50$dB。因此，固定增益的上限为 30～50dB。

增益衰减范围：由内部 R-$2R$ 精密梯形网络实现，$R = 100$Ω，每节衰减 6dB，共有 7 节，总衰减能力约为 40dB。可见，运放的增益在其上限之下，有 40dB 的可调范围。

增益控制调节方法：①、②脚都是其控制电压 U_g 的接入端，由 U_g 控制内部衰减网络的无级变化，实现 40dB 范围内任意步进间隔的增益调节。U_g 是①、②脚之间的电位差，范围是-0.5～+0.5V，超出该范围时，U_g 的作用与区间端电压相同。在 U_g 的控制下，放大器的对数增益（以分贝表示）与 U_g 呈线性关系（U_g 的单位为 V）：

$$G_u = 40U_g + A_{Gmax} - 20\text{dB}$$

2）几种可控增益放大器的性能比较

几种可控增益放大器的性能对照表见表 2.1.16。

表 2.1.16 几种可控增益放大器的性能对照表

编　号	名称及型号	特　点
1	软件可编程增益放大器 AD526	数字编程增益：×1、×2、×4、×8、×16
		增益误差：最大 0.01%（$G=1, 2, 4$, C 级）；最大 0.02%（$G=8, 16$, C 级）
		增益漂移：0.5×10^{-6}/℃（温度范围内）
		置位时间：10V 信号变化，4.5μs（0.01%，$G=16$）
		增益变化：5.6μs
		非线性：最大±0.005% FSR
		失调电压：最大 0.5mV（C 级）
		失调电压漂移：3μV/℃（C 级）
		TTL 兼容数字输入
2	双路低噪声可控增益放大器 AD600/AD602	两路独立的增益控制
		增益响应：dB 线性
		增益范围：AD600，0～40dB；AD602，-10～+30dB
		增益精度：±0.3dB
		输入噪声：1.4nV/$\sqrt{\text{Hz}}$
		低失真：-60dBc THD（±1V 输出时）
		-3dB 带宽：DC～35MHz
		低功耗：最大 125mW（每个放大器）

编　号	名称及型号	特　点
3	90MHz 低噪声可控 增益放大器 AD603	增益响应：dB 线性
		可控增益范围：−11～30dB（90MHz 带宽），9～51dB（9MHz 带宽）
		带宽与增益变化无关
		输入噪声：1.3nV/$\sqrt{\text{Hz}}$
		增益精度：±0.5dB（典型值）
4	双路极低噪声可控 增益放大器 AD604	最大增益时输入噪声：0.8nF/$\sqrt{\text{Hz}}$，3.0PA/$\sqrt{\text{Hz}}$
		独立的增益 dB 线性响应通道
		每个导通可控增益范围：0～48dB（前置增益 = 14dB） 　　　　　　　　　　　　6～54dB（前置增益 = 20dB）
		增益精度：±1.0dB
		−3dB 带宽：40MHz
		输入阻抗：300kΩ
		单端无极性增益控制
5	数字控制增益放大器 PGA103	数字控制增益：×1，×10，×100
		CMOS/TTL 兼容输入
		低增益误差：±0.05%
		失调电压漂移：不大于 2μV/℃
		低静态电流：2.6mA

2.2　手写绘图板

［2013 年全国大学生电子设计竞赛（G 题）］

2.2.1　任务与要求

1．任务

利用普通 PCB 覆铜板设计与制作手写绘图输入设备，系统构成框图如图 2.2.1 所示。普通覆铜板尺寸为 15cm×10cm，其四角用导线连接到电路，同时将一根带有导线的普通表笔连接到电路。表笔可与覆铜板表面的任意位置接触，电路应能检测表笔与铜箔的接触，并测量触点位置，进而实现手写绘图功能。覆铜板表面由参赛者自行绘制纵横坐标，以及 6cm×4cm（高精度区 A）和 12cm×8cm（一般精度区 B）两个区域，如图中的两个虚线框所示。

2．要求

1）基本要求

（1）指示功能：表笔接触铜箔表面时，能给出明确显示。
（2）能正确显示触点位于纵坐标左右的位置。
（3）能正确显示触点四象限位置。
（4）能正确显示坐标值。

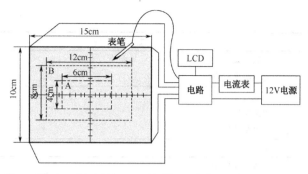

图 2.2.1　系统构成框图

（5）显示坐标值的分辨率为 10mm，绝对误差不大于 5mm。

2）发挥部分

（1）进一步提高坐标分辨率至 8mm 和 6mm。要求分辨率为 8mm 时，绝对误差不大于 4mm；分辨率为 6mm 时，绝对误差不大于 3mm。

（2）绘图功能。能跟踪表笔动作，并显示绘图轨迹。在 A 区内画三个直径分别为 20mm、12mm 和 8mm 的圆，并显示这些圆；20mm 直径的圆要求能在 10s 内完成，其他圆不要求完成时间。

（3）低功耗设计。功耗为总电流乘以 12V，功耗越低，得分越高。要求功耗小于等于 1.5W。

（4）其他。如显示文字、提高坐标分辨率等。

3．说明

（1）必须使用普通的覆铜板。
① 不得更换其他高电阻率的材料。
② 不得对铜箔表面进行改变电阻率的特殊镀层处理。
③ 覆铜板表面的刻度自行绘制，测试时以该刻度为准。
④ 考虑到绘制刻度会影响测量，不要求表笔接触刻度线条时也具有正确检测能力。
（2）覆铜板到电路的连接应满足以下条件：
① 只有铜箔四角可连接到电路，除此之外不应有其他连接点（表笔触点除外）。
② 不得使用任何额外传感装置。
（3）表笔可选用一般的万用表表笔。
（4）电源供电必须为单 12V 供电。
（5）除基本要求第（5）项外均在 B 区测量，测量分辨率和圆均在 A 区内测。

4．评分标准

项　目	主　要　内　容	满　分
设计报告	方案比较和选择，系统结构	4
	坐标点测量方法 误差分析 低功耗设计	7
	电路设计 程序设计	4

续表

项 目	主 要 内 容	满 分
设计报告	测试方案 测试结果和分析	3
	摘要 正文结构 图表规范性	2
	小计	20
基本要求	完成第（1）项	10
	完成第（2）项	10
	完成第（3）项	10
	完成第（4）项	10
	完成第（5）项	10
	小计	50
发挥部分	完成第（1）项	10
	完成第（2）项	12
	完成第（3）项	20
	其他	8
	小计	50
总分		120

2.2.2 题目分析

此题乍看起来是一道自动控制题，实际上是一道小信号放大题。此题的重点和难点有：①定位方法；②小信号放大器；③低功耗设计；④提高定位精度的方法。下面就以上问题进行讨论。

1）定位方法

（1）建立直角坐标系

如图 2.2.2 所示，原点 O 为覆铜板的中心点。

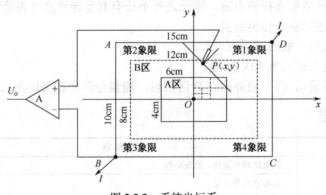

图 2.2.2 系统坐标系

（2）判断触点 P 所处的象限

若能判断表笔触点 P 所在坐标系的象限，则可知道 P 点是位于 x 轴的上方、下方、左方还是右方。

先将单电源+12V转换成低压恒流源。设恒流源的电流为 I_O，电流源从 D 点注入，从 B 点流出。由于覆铜板两对角点之间的电阻值可以先精确测量得到，因此 $R_{DA} \approx R_{BC}$，$U_{DB} \approx I_O R_{DB}$。然后精确测量出 U_{PB} 的值，则有 $U_{DP} = U_{DB} - U_{PB}$，记录 U_{PB}、U_{DP} 的数值。

同理，将恒流源切换到从 A 点注入，从 C 点流出，精密运算放大器反相端切换到 C 点，按上述步骤进行测试，可得到 U_{AP} 和 U_{PC}。

若 $U_{PB} > U_{DP}$，$U_{PC} > U_{AP}$，则 P 点位于 x 轴上方（情况1）。

若 $U_{PB} < U_{DP}$，$U_{PC} < U_{AP}$，则 P 点位于 x 轴下方（情况2）。

若 $U_{PB} > U_{DP}$，$U_{AP} > U_{PC}$，则 P 点位于 y 轴右边（情况3）。

若 $U_{PB} < U_{DP}$，$U_{AP} < U_{PC}$，则 P 点位于 y 轴左边（情况4）。

若同时满足情况1和情况3，则 P 点位于第1象限。

若同时满足情况1和情况4，则 P 点位于第2象限。

若同时满足情况2和情况4，则 P 点位于第3象限。

若同时满足情况2和情况3，则 P 点位于第4象限。

（3）坐标点的测量方法

根据以上分析得知，覆铜板上任意一点的位置 $P(x, y)$ 对应一组电压值(U_{PB}, U_{PC})。可以采用学习模式，将 B 区每个象限再划分成 4 个中区，如图 2.2.2 所示。以此类推，再将每个中区划分 4 个小区，直到每个小区的最长距离小于 6mm 为止。事先对这些小区中心点通过实验的方法测出它们的电压值(U_{PB}, U_{PC})，并列成一个表格将这些数据存储在单片机的寄存器单元中。在测试模式下，根据表笔所在位置实测的电压值(U_{PB}, U_{PC})再去查表，就可得知表笔的坐标。

2）小信号放大器

由图 2.2.2 可知，采样信号是由覆铜板两点间的电阻差（$m\Omega$ 级）转换成的电压差（μV 级），而且引线较长，容易引入干扰信号。这种情况下宜选择精密仪表放大器，现在市面上有许多仪表放大器购买，如 AD620 为低功耗、低漂移、高增益仪表放大器，LH0036 是低功耗仪表放大器，363OB 是高精度型的集成仪表放大器等。也可采用三个高精度运放 OP07 搭接成仪表放大器。

3）低功耗设计

由于覆铜板属于良导体，要获取较大的采样电压值，必须采用恒流源。题目要求只能用+12V 单电源供电，因此需要将电压源转换成恒流源。若采用脉冲恒流源，则更能降低功耗。为了降低功耗，所选用的器件必须是低功耗的，如开关管、精密仪表放大器、显示器、控制器（单片机）等均应选取低电压、低功耗器件。

4）提高定位精度的方法

（1）定位精度与哪些因素有关？

① 定位方法与定位精度有直接关系。

② 采用区域分割法时，小区域越小，定位精度越高。

③ 表笔与覆铜板的接触电阻影响定位精度。

④ 与仪表放大器的精度有关。

⑤ 恒流源的稳定性、纹波影响定位精度。

⑥ 各种干扰信号造成定位精度变差。

（2）采取的措施

① 采用区域分割法，将整个覆铜板分为 32×32 = 1024 个小区域。

② 用酒精清洗覆铜板表面，表笔与覆铜板接触良好。

③ 采用精密仪表放大器，两路元器件参数尽量做到对称。

④ 提高恒流源的稳定性，减小纹波系数。

⑤ 提高抗干扰能力。

2.2.3　方案比较与选择

（1）检测采样部分

▶方案一：根据实际测量计算。覆铜板的表面是良导体，表笔测得的电压较小，通常在几微伏到几毫伏之间。为满足要求，需要将采样电压放大到 1～1.5V。采用通用运算放大器对表笔采样信号进行放大，优点是器件容易找到，缺点是精度不高、零点漂移大。

▶方案二：利用单片机生成的 PWM 对探测电路进行控制，实现对覆铜板的换流功能，其中恒流源由 TL431 和 LM358 组成。表笔采集的电压信号使用仪表放大器进行差模放大，仪表放大器具有高共模抑制比，能实现高精度放大。

综合比较，方案二的电路简单，实现精度高。

（2）主控电路部分

▶方案一：选用 51 单片机。该单片机结构简单、使用普遍、应用成熟、价格便宜，但速度慢、容量小、内部资源较少，不具有内部 ADC，使用外围电路时较为复杂。

▶方案二：选用 MSP430 单片机。MSP430 是功能强大的 16 位单片机，优点是 3.3V 供电、超低功耗、运行速度快、片内资源丰富（如内带 12 位 ADC 等），省去了复杂的外围电路。

综合考虑，选用方案二。

（3）坐标点测量方法

▶方案一：在恒压模式下，测量电流的变化。由于电阻很小，导致电流大，容易发热。

▶方案二：在恒流模式下，测量电压的变化。用四表笔法测量，采用交互式探测法，利用四表笔技术来探测覆铜板的薄层电阻，薄层电阻的计算公式为

$$R_S = K \frac{V}{I} \tag{2.2.1}$$

式中，I 是通过两电流表笔的电流强度；V 是两电压表笔的电势差；K 为修正系数，是一个确定的值。因此，只要知道两电流表笔的电流强度 I，计算出修正系数，就能算出二维电场的分布情况。

可以采用有限元方法求解这一静电场的问题。用四表笔技术对电场进行有限元分析，把覆铜板分成若干小方格，测出每个小方格的电压值，再画出等势线。

2.2.4　系统结构与理论分析及计算

根据题目低功耗的要求，系统由 4 部分组成：检测采样电路、表笔信号放大电路、MCU

主控电路、人机交互电路（按键控制和结果显示），系统框图如图 2.2.3 所示。

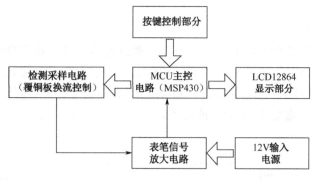

图 2.2.3　系统框图

MSP430 主控芯片产生 3 路 PWM 控制信号控制检测采样电路，表笔检测到电压信号经 AD620 仪表放大器放大后，送入 MSP430 自带的 ADC 转换，由 MSP430 编程实现转换后的采集结果显示。具体理论分析及计算如下。

（1）左右方向及象限位置的确定

使用单片机控制开关实现对四角测量的通断，根据第一角和第二角的压差是否大于 0 来确定上下方向，根据第二角和第三角的压差是否大于 0 来确定左右方向，然后确定象限位置。

（2）坐标点的测量方法

在测试前，要用水清除覆铜板上的氧化膜。由于覆铜板本身的原因，覆铜板上一点到四角的电阻是不均匀的，无法根据各点的电压来计算距离。于是采用事先采集各点电压，然后在程序中采用查表法进行转换坐标，这样做尽管会占用单片机的内存，但简单可行、精确度高，因此采用这种方法。

（3）各点的坐标采集方法

在覆铜板上画好坐标后，根据多次测试的结果，以每 0.5mm 为单位多次进行采样并取平均值，然后建立各点的电压值表，把这些数据写入单片机。当表笔接触覆铜板时，根据输入的电压值查表找到对应的坐标后，送 LCD 显示。

（4）抑制直流零点漂移

零漂是一种不规则的缓慢变化，增益越高，放大级数越多，在输出端出现的零漂现象越严重。首先，采用高指标的低温漂仪表放大器，其失调电压温度为 1.3μV/℃；其次，制作电源时，要确保电源输出的电压纹波足够小，以减小对工作点的影响。

（5）放大器稳定性

采取抗干扰措施提高放大器的稳定性，系统全部采用印制板，减小寄生电容，采用铜板大面积接地，减小地回路。

（6）低功耗设计

功耗为电压与电流的乘积，因此在功耗一定时，降低工作电压可以获得更大的电流。精选低功耗元器件如微功耗仪表放大器和运算放大器，使用 MSP430 单片机配合低功耗液晶显示屏作为控制器和显示设备，并尝试在没有笔触时让单片机进入休眠模式。在给覆铜板注入电流时，用脉冲电流取代恒定电流亦可降低功耗。

2.2.5　电路与程序设计

（1）恒流源电路

由于测试需要尽可能地减小干扰，为保证覆铜板的电场分布不受干扰，测试电流由 TL431 与 LM358 组成的恒流源电路提供，如图 2.2.4 所示。IC_2 提供基准电压，两个 LM358 接成一个恒流源，通过调节 R_{P2} 的阻值，可以使 IC_2 达到稳定的 3V 电压，因此在 R_5 上的压降稳定在 3V，即恒流源输出 500mA 的电流。

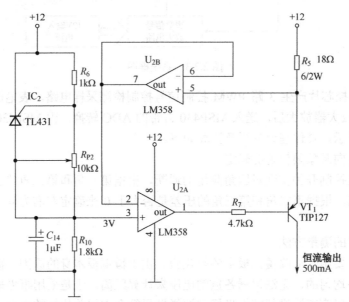

图 2.2.4　恒流源电路图

（2）覆铜板换流控制

如图 2.2.5 所示，覆铜板四角接线，A、D 接 P 沟道 MOS 管，B、C 接 N 沟道 MOS 管，通过单片机的 PWM_1、PWM_2 控制信号控制覆铜板四端的电流，当 B 端为低电平时，D 端为高电平，A、C 端无电；反之，C 端为低电平时，A 端为高电平，B、D 端无电，从而实现覆铜板的换流功能，经过两次采样就可确定表笔的坐标。

PWM_A1 信号用于控制 VT1 的通断，从而切断测试电流。可通过编程实现控制 PWM_A1 的占空比来调节系统功耗。根据题目要求，系统总功耗要控制在 1.5W 之内，并且画直径为 20mm 的圆时要求在 10s 内测试完毕，因此设计时确定脉宽为 1～2ms，占空比为 10%～20%，这样测试平均电流可以小于 100mA。

（3）表笔信号采集电路

采集信号差分放大电路如图 2.2.6 所示，其中 AD620 为低功耗、低漂移、高增益仪表放大器，能够满足要求。AD620 通过调节 R_{A1} 的电阻值来调节增益大小，其计算公式为

$$R_G = \frac{49.4}{G-1}\text{k}\Omega \tag{2.2.1}$$

在图 2.2.6 中，$R_G = R_{A1} + R_1$，查表并调节 R_{A1} 的大小让 R_G 的值为 100Ω，使放大倍数达到 500，进而使输出电压达到 1V，再通过 MSP430 自带的 AD 转换功能转换成数字信号。

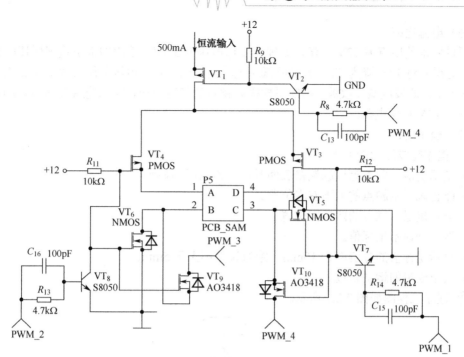

图 2.2.5　覆铜板换流控制电路图

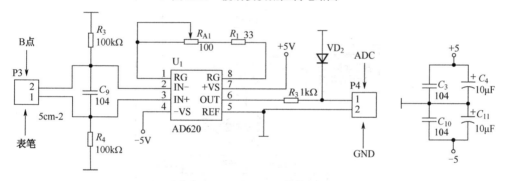

图 2.2.6　采集信号差分放大电路

为了减小共模信号对输出的影响，AD620 接成差分输入模式，同相输入端的表笔用于检测覆铜板表面的电压，反相输入端的 B 点通过 PWM_3、PWM_4 接成的同步电子开关接到覆铜板的零电压参考点。这样就避免了采用两套模拟系统的麻烦。

（4）主控电路

主控电路为 MSP430 最小系统电路。MSP430 单片机程序是模块化的，接口相对简单些，同时丰富的内部资源，因此外围电路得到简化且更易实现。

（5）显示部分

采用 LCD 液晶显示。所用显示器件为 12864 液晶显示屏，12864 是 128×64 点阵的单色、字符、图形显示模块，模块内藏 64×64 的显示数据 RAM，其中的每位数据都对应于 OLED 屏上一个点的亮、暗状态，接口电路和操作指令简单，具有 8 位并行数据接口，可以满足题目的所有要求。

（6）电源电路

题目要求使用直流 12V 电源，处理器工作电压为 3.3V，选用的最小系统板使用 5V 供电，因此需要将 12V 降为 5V。为了降低系统功耗，选用开关电源降压芯片 LM2596，同时采用 π 形 LC 滤波以减少纹波。A/D 采样需要稳定的基准电压，因此选用 REF3133AIDBZT 芯片搭建 3.3V 稳压电路。

（7）程序设计

① 程序完成的功能如下：

- 指示功能，即表笔接触铜箔表面时，能给出明确显示。
- 能正确显示触点的上下左右位置。
- 能正确显示触点的四象限位置。
- 能正确显示坐标值。
- 显示坐标值的分辨率为 10mm，绝对误差不大于 5mm。
- 绘出表笔的运动轨迹。

② 程序流程图如图 2.2.7 所示。

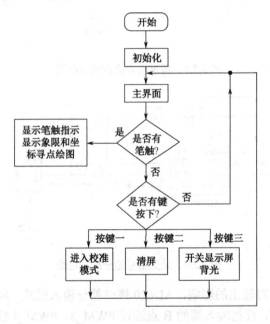

图 2.2.7 程序流程图

2.2.6 测试方案及测试结果

（1）测试仪器

所需的主要测试仪器见表 2.2.1。

表 2.2.1 测试仪器

序　号	名　称	型号规格
1	数字示波器	Tektronix MD03054
2	DDS 函数信号发生器	RIGOL DG4102

续表

序　号	名　　称	型　号　规　格
3	直流稳压电源	CA18305C
4	五位半万用表	Agilent 34450A
5	直尺	
6	秒表	某品牌手表

（2）测试方案

在覆铜板表面用铅笔画好坐标，作为识别标准；用液晶屏显示当前表笔所在的坐标，作为测量值。测量值与标准值进行比较，得到误差，然后进行误差分析。

（3）性能测试分析

① 描点模式测试：指示功能，即表笔接触铜箔表面时，液晶屏幕给出明确显示，能正确显示触点的四象限位置，并能正确显示坐标值，显示坐标值的分辨率为6mm，绝对误差不大于3mm，完成题目要求。描点模式测试结果见表2.2.2。

表 2.2.2　描点模式测试结果（单位：mm）

	第一象限	第二象限	第三象限	第四象限
实际坐标(x, y)	(70, 70)	(−50, 60)	(−40, −30)	(20, −45)
测试坐标(x, y)	(71, 68)	(−48, 61)	(−39, −29)	(21, −44)
绝对误差/mm	2.2	2.2	1.4	1.4

② 划线模式测试：在 A 区能够跟踪表笔动作，并显示绘图轨迹，画直径为 20mm 的圆时能够在 10s 内完成，达到题目要求。

③ 功耗测试：接入电流表测试总电流。根据题目要求，电流最大为 $I = \dfrac{P}{U} = \dfrac{1.5\text{W}}{12\text{V}} = 125\text{mA}$ ，功耗的实际测量结果见表 2.2.3。

表 2.2.3　功耗的实际测量结果

	开机待机模式	描 点 模 式	划线待机模式	划 线 模 式	组　　别
工作电压/V	12.1	11.6	11.8	11.7	第一组数据
测试电流/mA	63.4	81.1	75.5	86.3	
实际功耗/mW	767.1	940.8	890.9	1009.7	
工作电压/V	12.2	11.7	11.9	11.8	第二组数据
测试电流/mA	64.1	80.5	76.3	87.1	
实际功耗/mW	782.0	941.9	908.1	1027.8	

④ 功能测试分析

由于系统架构设计合理，功能电路实现较好，系统性能优良、稳定，较好地达到了题目要求的各项指标。

⑤ 误差分析

系统误差如下：

A．普通覆铜板本身并不是绝对均匀的镀层，使得表笔接触铜膜采集信号时存在误差，进而使得结果存在误差。

B．系统软件采用有限元法来确定表笔坐标，采集数据过程中的测量误差使得结果存在误差。

C．模块电路中恒流源的变化导致了测量误差。

随机误差如下：

A．测量力度不同引起的输出电压变化造成测量误差。

B．放大电路部分放大输出电压的不稳定造成测量误差。

C．电磁干扰尤其是工频电的干扰造成测量误差。

2.3 高效率音频功率放大器设计

[2001 年全国大学生电子设计竞赛（D 题）]

2.3.1 任务与要求

1．任务

设计并制作一个高效率音频功率放大器及其参数的测量、显示装置。功率放大器的电源电压为+5V（电路其他部分的电源电压不限），负载为 8Ω 电阻。

2．要求

1）基本要求

（1）功率放大器及技术指标：

① 3dB 通频带为 300～3400Hz，输出正弦信号无明显失真。

② 最大不失真输出功率大于等于 1W。

③ 输入阻抗大于 10kΩ，电压放大倍数在范围 1～20 内连续可调。

④ 低频噪声电压（20kHz 以下）小于等于 10mV，在电压放大倍数为 10、输入端对地交流短路时测量。

⑤ 输出功率为 500mW 时，测量的功率放大器效率（输出功率/放大器总功耗）大于等于 50%。

（2）设计并制作一个放大倍数为 1 的信号变换电路，将功率放大器双端输出的信号转换为单端输出，经 RC 滤波后供外接测试仪表用，如图 2.3.1 所示，图中高效率功率放大器组成框图可参见本题的"说明"部分。

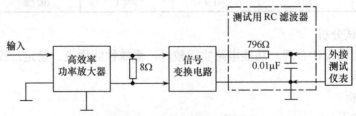

图 2.3.1 信号变换原理框图

（3）设计并制作一个测量放大器输出功率的装置，要求具有 3 位数字显示，精度优于 5%。

2）发挥部分

（1）3dB 通频带扩展至 300Hz～20kHz。

（2）输出功率保持为 200mW，尽量提高放大器的效率。

（3）输出功率保持为 200mW，尽量降低放大器的电源电压。

（4）增加输出短路保护功能。

（5）其他。

3．评分标准

（略。）

4．说明

（1）采用开关方式实现低频功率放大（即 D 类放大）是提高效率的主要途径之一，D 类放大器的原理框图如图 2.3.2 所示。本设计中如果采用 D 类放大方式，那么不允许使用 D 类功率放大集成电路。

（2）效率计算中的放大器总功耗是指功率放大器部分的总电流乘以供电电压（+5V），不包括基本要求中第（2）项、第

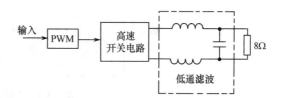

图 2.3.2　D 类放大器的原理框图

（3）项涉及的电路部分功耗。制作时要注意便于效率测试。

（3）在整个测试过程中，要求输出波形无明显失真。

2.3.2　题目分析

根据题意，现将系统要完成的功能及指标归纳如下。

（1）设计一个功率放大器

① 3dB 通频带为 300～3400Hz，输入正弦波无明显失真（基本要求）；3dB 通频带扩展为 300Hz～20kHz，输入正弦波无明显失真（发挥部分）。

② 输入阻抗大于 10kΩ（基本要求）。

③ 负载为 8Ω，最大不失真输出功率大于等于 1W（基本要求）。

④ 供电电压：+5V（基本要求）；在保持 200mW 输出功率的前提下，尽量降低电源电压（发挥部分）。

⑤ 放大倍数 A_u：在范围 1～20 内连续可调（基本要求）。

⑥ 在 $P_o = 500mW$ 时，$\eta \geqslant 50\%$（基本要求）；在 $P_o = 200mW$ 时，尽量提高效率 η（发挥部分）。

⑦ 噪声电压小于等于 10mV，条件：频率低于 20kHz，$A_u = 10$，输入短路（基本要求）。

⑧ 增加输出短路保护功能（发挥部分）。

（2）设计一个变换电路（基本要求）

① $A_u = 1$。

② 平衡输入，不平衡输出（双入单出）。

（3）设计一个功率计（基本要求）

① 3 位数字显示。

② 精度优于 5%。

根据题意分析可知，本题有三个重点和难点：一是在保证输出功率的情况下，如何尽量提高放大器的效率；二是在保证输出波形无明显失真的情况下，如何扩展频带宽度；三是在低电压供电的情况下，如何提高输出功率。下面主要围绕这三个问题进行论证。

2.3.3　方案论证

根据设计任务与要求，本系统的结构框图如图 2.3.3 所示，它由高效率（高保真、宽带）功率放大器、信号变换电路和功率测量电路组成。

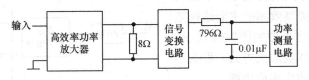

图 2.3.3　系统结构框图

1. 高效率、高保真、宽带功率放大器方案论证

1）高效率、高保真、宽带功率放大器的类型选择

我们知道，要提高功率和效率，普通方法是降低三极管的静态工作点，即其工作状态由甲类（$\theta=180°$，$\eta\leq50\%$）变到乙类（$\theta=90°$，$\eta\leq78.5\%$），甚至变到丙类（$\theta<90°$，$\eta>78.5\%$）。但丙类放大器不适合于宽带放大器，原因是失真太大。工作在乙类状态会产生交越失真。因此，回到甲乙类工作状态。显然，甲乙类以牺牲效率为代价，换来失真度的降低。工作在甲乙类工作状态的功放电路又分为 OTL、OCL、BTL 等。但工作在甲乙类的功率放大器在供电电源电压小于等于 5V 时，其功率和效率均上不去。于是，我们自然就想到丁类（D 类）放大器。

D 类功率放大器是用音频信号的幅度去线性调制高频脉冲的宽度，功率输出管工作在高频开关状态，通过 LC 低通滤波器后输出音频信号。由于输出管工作在开关状态，因此具有极高的效率，理论上效率为 100%，实际电路的效率也可达到 80%～95%，所以我们决定采用 D 类功率放大器，这样就解决了第一个难点和重点。

2）高效 D 类功率放大器实现电路的选择

本题的核心是功率放大器部分，采用何种电路形式来达到题目要求的性能指标是设计成功的关键。

（1）脉宽调制器（PWM）

▶方案一：可选用专用的脉宽调制集成块，但通常有电源电压的限制，不利于本题发挥部分的实现。

▶方案二：采用图 2.3.4 所示的方式来实现。三角波产生器及比较器分别采用通用集成电路，各部分的功能清晰，实现灵活，便于调试。合理地选择器件参数，可使其能在较低的电压下工作，因此选用此方案。

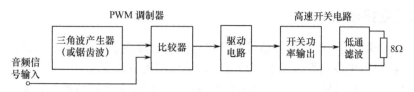

图 2.3.4　采用通用集成电路构成 PWM

（2）高速开关电路

① 输出方式：有两种方案可供选择。

▶方案一：选用推挽单端输出方式（电路如图 2.3.5 所示）。

电路输出载波峰峰值不可能超过 5V 电源电压，最大输出功率满足不了题目要求。

▶方案二：选用 H 桥式输出方式（电路如图 2.3.6 所示）。

这种方式可以充分利用电源电压，浮动输出载波峰峰值可达 10V，有效地提高了输出功率，且能达到题目中的所有指标要求，因此选用这种输出电路形式。于是，第三个难点和重点得到解决。

② 开关管的选择：为提高功率放大器的效率和输出功率，开关管的选择非常重要，对它的要求是高速、低导通电阻、低损耗。

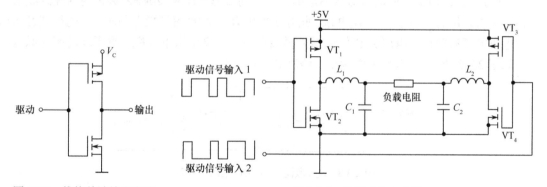

图 2.3.5　推挽单端输出电路　　　　图 2.3.6　H 桥式输出电路

▶方案一：选用晶体管、IGBT 管。

晶体管需要较大的驱动电流，其存储时间、开关特性不够好，导致整个功放的静态损耗及开关过程中的损耗较大；IGBT 管的最大缺点是导通压降太大。

▶方案二：选用 VMOSFET 管。

VMOSFET 管具有较小的驱动电流、低导通电阻及良好的开关特性，因此选用高速 VMOSFET 管。

（3）滤波器的选择

▶方案一：采用两个相同的二阶巴特沃思低通滤波器。缺点是负载上的高频载波电压得不到充分衰减。

▶方案二：采用两个相同的四阶巴特沃思低通滤波器，在保证 20kHz 频带的前提下使负载上的高频载波电压进一步得到衰减，使输出波形更纯净。

这样就解决了第二个重点与难点。提高载波频率也是解决第二个重点与难点的有效途径，这一点在方案设计中会考虑。

2．信号变换电路

由于采用浮动输出，因此要求信号变换电路具有双端变单端的功能，且放大倍数为1。

▶方案一：采用集成数据放大器，精度高，但价格较贵。

▶方案二：由于功放输出具有很强的带负载能力，因此对变换电路输入阻抗要求不高，所以可选用较简单的单运放组成的差动式减法电路来实现。

3．功率测量电路

▶方案一：直接用 A/D 转换器采样音频输出的电压瞬时值，用单片机计算有效值和平均功率，原理框图如图 2.3.7 所示，但算法复杂，软件工作量大。

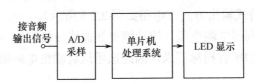

图 2.3.7　功率测量电路原理框图（方案一）

▶方案二：由于功放输出信号不是单一频率的波形，而是 20kHz 频带内的任意波形，因此必须采用有效值/直流变换电路。此方案采用有效值/直流转换专用芯片，先得到音频信号电压的真有效值，再用 A/D 转换器采样该有效值，直接用单片机计算平均功率（原理框图如图 2.3.8 所示），软件工作量小、精度高、速度快。

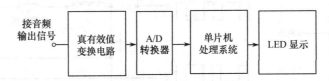

图 2.3.8　功率测量电路原理框图（方案二）

2.3.4　主要电路工作原理分析与计算

1）D 类放大器的工作原理

普通脉宽调制 D 类功放的原理框图如图 2.3.9 所示。图 2.3.10 所示为其工作波形示意图，其中图 2.3.10(a)所示为输入信号的波形，图 2.3.10(b)所示为锯齿波与输入信号波形的比较，图 2.3.10(c)所示为调制器输出的脉冲（调宽脉冲），图 2.3.10(d)所示为功率放大器放大后的调宽脉冲，图 2.3.10(e)所示为低通滤波后放大信号的波形。

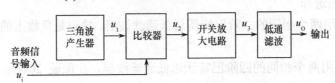

图 2.3.9　脉宽调制 D 类功放的原理框图

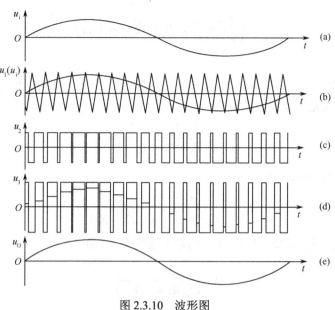

图 2.3.10　波形图

2) D 类功放各部分电路的分析与计算

（1）脉宽调制器

① 三角波产生电路。该电路采用满幅运放 TLC4502 及高速精密电压比较器 LM311 来实现，电路如图 2.3.11 所示。TLC4502 不仅具有较宽的频带，而且可以在较低的电压下满幅输出，既能保证产生线性良好的三角波，又能达到发挥部分对功放在低电压下正常工作的要求。

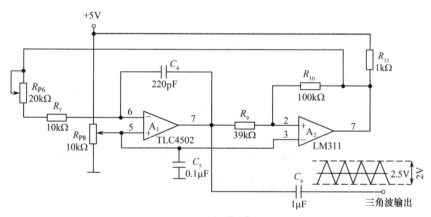

图 2.3.11　三角波产生电路

载波频率的选定既要考虑抽样定理，又要考虑电路的实现。选择 150kHz 的载波，使用四阶巴特沃思 LC 滤波器，输出端对载频的衰减大于 60dB，能满足题目的要求，所以设计选用的载波频率为 150kHz。

电路参数的计算：在 5V 单电源供电下，将运放引脚 5 和比较器引脚 3 的电位用 R_p 调整为 2.5V，同时设定输出的对称三角波幅度为 1V（$U_{pp} = 2V$）。若选定 R_{10} 为 100kΩ，并忽略比较器高电平时 R_{11} 上的压降，则 R_9 的求解过程如下：

$$\frac{5-2.5}{100} = \frac{1}{R_9}, \quad R_9 = \frac{100}{2.5} = 40\text{k}\Omega$$

取 R_9 为 39kΩ。

选定工作频率为 $f = 150$kHz，并设 $R_7 + R_6 = 20$kΩ，则电容 C_4 的计算过程如下。

对电容的恒流充电或放电电流为

$$I = \frac{5-2.5}{R_7+R_6} = \frac{2.5}{R_7+R_6}$$

则电容两端的最大电压值为

$$U_{C_4} = \frac{1}{C_4}\int_0^{T_1} I\mathrm{d}t = \frac{2.5}{C_4(R_7+R_6)}T_1$$

其中 T_1 为半周期，$T_1 = T/2 = 1/2f$，U_{C_4} 的最大值为 2V，则

$$2 = \frac{2.5}{C_4(R_7+R_6)}\frac{1}{2f}$$

$$C_4 = \frac{2.5}{(R_7+R_6)4f} = \frac{2.5}{20\times10^3\times4\times150\times10^3} \approx 208.3\text{pF}$$

取 $C_4 = 220$pF，$R_7 = 10$kΩ，R_6 采用 20kΩ 可调电位器。使振荡频率 f 在 150kHz 左右有较大的调整范围。

② 比较器。选用 LM311 精密、高速比较器，比较器电路原理图如图 2.3.12 所示，因供电为 5V 单电源，为给 $U_+ = U_-$ 提供 2.5V 的静态电位，取 $R_{12} = R_{15}$，$R_{13} = R_{14}$，4 个电阻均取 10kΩ。由于三角波 $U_{pp} = 2$V，所以要求音频信号的 U_{pp} 不能大于 2V，否则会使功放产生失真。

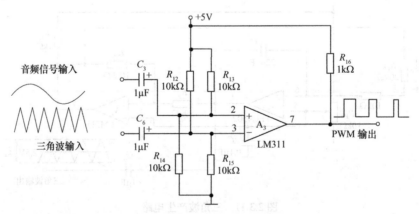

图 2.3.12　比较器电路原理图

（2）前置放大器

前置放大器电路如图 2.3.13 所示。设置前置放大器不仅可使整个功放的放大倍数在范围 1～20 内连续可调，而且也能保证比较器的比较精度。当功放输出的最大不失真功率为 1W 时，其 8Ω 电阻上的峰峰值电压 $U_{pp} = 8$V，此时送给比较器音频信号的 U_{pp} 值应为 2V，因此功放的最大放大倍数约为 4（实际上，功放的最大不失真功率要稍大于 1W，其电压放大倍数要稍大于 4）。因此，必须对输入的音频信号进行前置放大，其放大倍数应大于 5。

前放仍采用宽频带、低漂移、满幅运放 TLC4502 组成放大倍数可调的同相宽带放大器。选择同相放大器的目的是容易实现输入电阻 $R_i \geq 10\text{k}\Omega$ 的要求。同时，采用满幅运放可在降低电源电压时仍能正常放大，取 $U_+ = V_{CC}/2 = 2.5\text{V}$，要求输入电阻 R_i 大于 $10\text{k}\Omega$，因此取 $R_1 = R_2 = 51\text{k}\Omega$，则 $R_i = 51/2 = 25.5\text{k}\Omega$，反馈电阻采用电位器 R_4，取 $R_4 = 20\text{k}\Omega$，反相端电阻 R_3 取 $2.4\text{k}\Omega$，则前置放大器的最大放大倍数 A_u 为

$$A_u = 1 + \frac{R_4}{R_3} = 1 + \frac{20}{2.4} \approx 9.3$$

调整 R_4 使其放大倍数约为 8，则整个功放的电压放大倍数在范围 0～32 内可调。

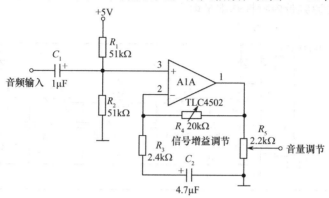

图 2.3.13　前置放大器电路

考虑到前置放大器的最大不失真输出电压的幅值 $U_{om} < 2.5\text{V}$，取 $U_{om} = 2.0\text{V}$，则要求输入的音频最大幅度 $U_{im} < U_{om}/A_u = 2/8 = 250\text{mV}$。超过此幅度时，输出会产生削波失真。

（3）驱动电路

驱动电路如图 2.3.14 所示。将 PWM 信号整形变换成互补对称的输出驱动信号，并联 CD40106 施密特触发器以获得较大的电流输出，送给由晶体管组成的互补对称式射极跟随器驱动的输出管，保证了快速驱动。驱动电路晶体管选用 2SC8050 和 2SA8550 对管。

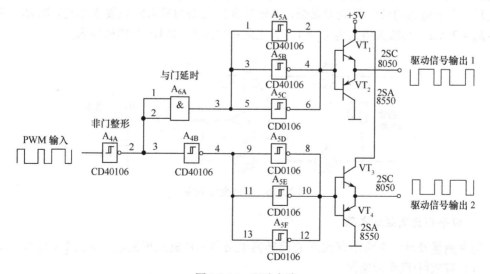

图 2.3.14　驱动电路

（4）H 桥互补对称输出电路

对 VMOSFET 的要求是导通电阻小，开关速度快，开启电压小。因为输出功率稍大于 1W，属于小功率输出，可选用功率相对较小、输入电容较小、容易快速驱动的对管，IRFD120 和 IRFD9120 VMOS 对管的参数能够满足上述要求，因此采用之。H 桥互补对称输出电路如图 2.3.15 所示。互补 PWM 开关驱动信号交替开启 VT_5 和 VT_8 或 VT_6 和 VT_7，分别经两个四阶巴特沃思滤波器滤波后推动喇叭工作。

（5）低通滤波器

本电路采用四阶巴特沃思低通滤波器如图 2.3.15 所示，对滤波器的要求是上限频率大于等于 20kHz，在通频带内特性基本平坦。

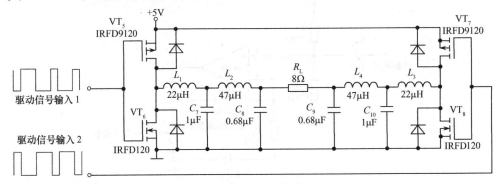

图 2.3.15　H 桥互补对称输出电路

设计时采用 EWB 软件进行仿真，得到了一组较佳的参数：$L_1 = 22\mu H$，$L_2 = 47\mu H$，$C_1 = 1.68\mu F$，$C_2 = 1\mu F$。19.95kHz 处下降 2.464dB，保证了 20kHz 的上限频率，且通频带内的曲线基本平坦；100kHz、150kHz 处分别下降了 48dB、62dB，完全达到要求。

3）信号变换电路

电路要求放大倍数为 1，将双端变为单端输出，运放选用宽带运放 NE5532，信号变换电路如图 2.3.16 所示。由于对这部分电路的电源电压不加限制，不必采用价格较贵的满幅运放。由于功放的带负载能力很强，因此对变换电路的输入阻抗要求不高，选 $R_1 = R_2 = R_3 = R_4 = 20k\Omega$，其放大倍数为 $A_u = 1$，其上限频率远超 20kHz 的指标要求。

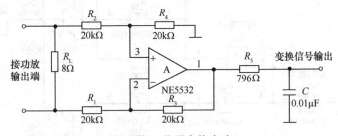

图 2.3.16　信号变换电路

4）功率测量及显示电路

功率测量及显示电路由有效值/直流转换电路和单片机系统组成，如图 2.3.17 所示。

（1）有效值/直流转换器

选用高精度的 AD637 芯片，其外围元器件少、频带宽，精度高于 0.5%。

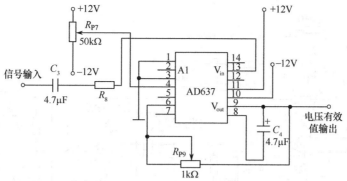

图 2.3.17　功率测量及显示电路

（2）单片机系统

本系统主要由 89C51 单片机、可编程逻辑器件 EPM7128、A/D 转换器 AD574 和键盘显示接口电路等组成。

经 AD637 进行有效值/直流变换后的模拟电压信号送 A/D 转换器 AD574，由 89C51 控制 AD574 进行模数转换，并对转换结果进行运算处理，最后送显示电路完成功率显示。其中，EPM7128 完成地址译码和各种控制信号的产生，62256 用于存储数据。

键盘显示电路用于调试过程中的参数校准输入，主要由显示接口芯片 8279、4×4 键盘及 8 位数码管显示部分构成。

（3）软件设计

本系统用软件设计了特殊功能键，通过对键盘的简单操作，便可实现功率放大器输出功率的直接显示（以十进制数显示），精确到小数点后 4 位，显示误差小于 4.5%。

本系统软件采用结构化程序设计方法，功能模块各自独立，软件主体流程图如图 2.3.18 所示。

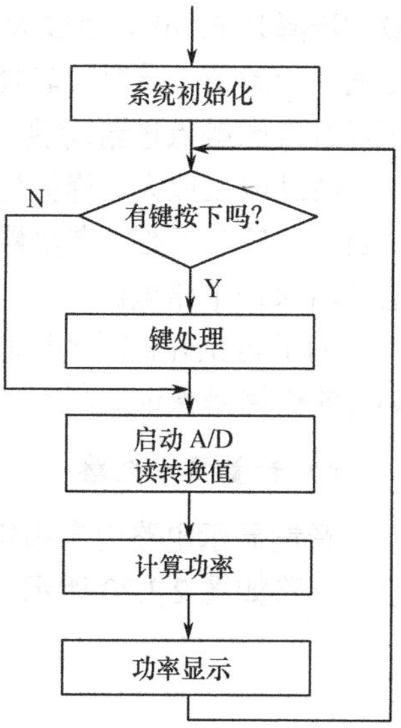

系统初始化：加电后完成系统硬件和系统变量的初始化，包括变量设置、标志位设定、置中断和定时器状态、设置控制口的状态、设置功能键等。

等待功能键输入：由键盘输入命令和校准参数组成。

控制测量：由单片机读取所设定的数值，进行数据处理。

显示测量结果：AT89C51 控制 8279 显示接口芯片，使用 8 位数码管显示测量的输出功率。

图 2.3.18　软件主体流程图

5）短路保护电路

短路（或过流）保护电路如图 2.3.19 所示。0.1Ω 过流取样电阻与 8Ω 负载串联，对 0.1Ω 电阻上的取样电压进行放大（并完成双变单变换）。电路由 A1B 组成的负反馈放大器完成，选用的运放是 LM5532。R_6 与 R_7 调整为 11kΩ，则该放大器的电压放大倍数为

$$A_u = \frac{R_9}{R_7} = \frac{560}{11} \approx 51$$

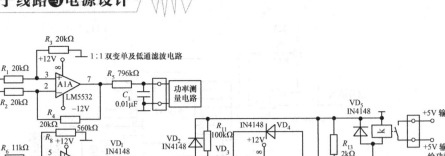

图 2.3.19　短路保护电路

放大后的音频信号再通过由 VD_1、C_2、R_{10} 组成的峰值检波电路，检出幅度电平，送给由 LM393 组成的电压比较器的"+"端，比较器的"−"端电平设置为 5.1V，由 R_{12} 和稳压管 VD_6 组成，比较器接成迟滞比较方式，一旦过载，即可锁定状态。

正常工作时，通过 0.1Ω 电阻上的最大电流幅度 $I_m = \dfrac{5}{8+0.1}$A $= 0.62$A，0.1Ω 电阻上的最大压降为 62mV，经放大后输出的电压幅值为 $U_{im}A_u = 62 \times 51$mV ≈ 3.2V，检波后的直流电压稍小于此值，此时比较器输出低电平，VT_1 截止，继电器不吸合，处于常闭状态，5V 电源通过常闭触点送给功放。一旦 8Ω 负载端短路或输出过流，0.1Ω 电阻上的电流、电压增大，经过电压放大、峰值检波后，大于比较器反相端电压（5.1V），则比较器翻转为高电平并自锁，VT_1 导通，继电器吸合，切断功放 5V 电源，使功放得到保护。要解除保护状态，需关断保护电路电源。

为了防止开机瞬间比较器自锁，增加了开机延时电路，它由 R_{11}、C_3、VD_2、VD_3 组成。VD_2 的作用是保证关机后 C_3 上的电压能快速放掉，以保证再开机时 C_3 的起始电压为零。

6）音量显示电路

音量显示电路由专用集成块 TA7666P 实现，通过多个发光二极管来直观指示音量的大小，电路如图 2.3.20 所示。

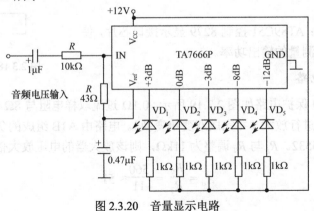

图 2.3.20　音量显示电路

7）电源

整个系统既包括模拟电路又包括数字电路，为减少相互干扰，本系统采用自带 4 路电源+5V，-5V，+12V，-12V 分别对各部分电路供电，稳压电源电路图如图 2.3.21 所示。

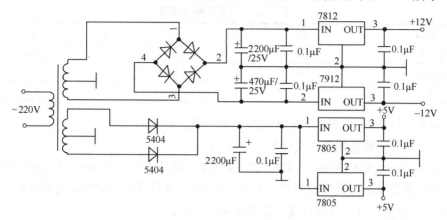

图 2.3.21 稳压电源电路图

2.3.5 系统测试及数据分析

1）测试所用的仪器

E51/L 仿真机	VC201 型数字式万用表
WD990 电源	日立 V-1065A 100MHz 示波器
SG1643 型信号发生器	JH811 晶体管毫伏表
PC，PIII 1000，128MB 内存	

2）测试数据

① 最大不失真输出功率的测试数据见表 2.3.1。

表 2.3.1 最大不失真输出功率的测试数据

f	20Hz	100Hz	300Hz	1.6kHz	3.4kHz	10kHz	20kHz	25kHz
U_{opp}/V	8.21	8.21	8.22	8.16	8.10	8.05	7.02	5.82
P_{max}/W	1.05	1.05	1.06	1.04	1.03	1.01	0.77	0.53

② 通频带的测试数据见表 2.3.2。

表 2.3.2 通频带的测试数据

f / U_{om}/V / U_{im}/mV	20Hz	100Hz	300Hz	1.6kHz	3.4kHz	10kHz	20kHz	25kHz
100	1.03	1.08	1.07	0.97	0.96	0.82	0.75	0.60
200	2.12	2.14	2.11	1.90	1.88	1.65	1.49	1.18

由表 2.3.2 可以看出通频带 $BW_{0.7} \approx f_H \approx 20kHz$，满足发挥部分的指标要求。

③ 效率的测试数据见表 2.3.3。

表 2.3.3　效率的测试数据

P_o/mW	200	500	1000
U_{opp} /V	3.58	5.68	8.00
I_{CC}/mA	68	147	278
η	59%	68%	72%

④ 测量输出功率为 200mW 时的最低电源电压：$V_{CC} = 4.12V$。

⑤ 电压放大倍数的测量：变化范围为 0～31。

⑥ 低频噪声电压的测量：噪声电压为 8.1mV，满足小于等于 10mV 的指标要求。

⑦ 功率测量显示电路性能测试：用公式 $P_o = U_o^2 / 8$ 计算理论功率，与测量结果进行比较，并对误差进行计算，计算结果测量误差小于 4.5%。

3）测量结果分析

（1）功放的效率和最大不失真输出功率与理论值仍有一定差别，原因有以下几个方面：

① 功放部分电路存在静态损耗，包括 PWM 调制器、音频前置放大电路、输出驱动电路及 H 桥输出电路。这些电路在静态时均具有一定的功率损耗，实测结果表明，其 5V 电源的静态总电流约为 30mA，即静态功耗 $P_{损耗} = 5 \times 30mW = 150mW$。这部分损耗对总效率影响很大，小功率输出时的影响更大。

② 功放输出电路存在损耗。这部分电路的损耗对效率和最大不失真输出功率均有影响。此外，H 桥的互补激励脉冲达不到理想同步，也会产生功率损耗。

③ 滤波器存在功率损耗。这部分损耗主要由 4 个电感的直流电阻引起。

（2）功率测量电路的误差。包括 1：1 变换电路的误差，有效值/直流转换电路的误差，A/D 转换器及软件设计带来的误差。尽管以上电路精度已很高，但每部分的误差均不可避免；此外，还有测量仪器本身带来的测量误差。

4）进一步改进措施

（1）尽量设法减小静态功耗

① 尽量减小运放和比较器的静态功耗。实测两个比较器（LM311）的静态电流约为 15mA，这部分功耗占静态功耗的一半，原因是在选择器件时几个方面不能完全兼顾。若选择同时满足几方面要求的器件，则这部分功耗完全可以大幅度降低。

② 我们选用的 VMOSFET 管的导通电阻还不是很小，若能换成导通电阻更小的 VMOSFET 管，则整个功放的效率和最大不失真输出功率还可进一步提高。

③ 低通滤波器电感的直流内阻需进一步减小。

（2）尽量减小动态功耗

采用上面的第二项和第三项措施即可。

2.4 简易心电图仪设计

[2004 年湖北省大学生电子设计竞赛（B 题）]

2.4.1 任务与要求

1. 任务

设计并制作一个可测量人体心电信号并在示波器上显示的简易心电图仪，简易心电图仪示意图如图 2.4.1 所示。

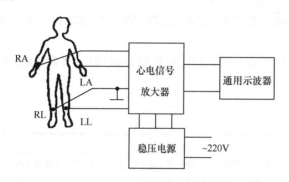

图 2.4.1　简易心电图仪示意图

导联电极说明：RA 为右臂，LA 为左臂，LL 为左腿，RL 为右腿。

第一路心电信号，即标准 I 导联的电极接法：RA 接放大器反相输入端，LA 接放大器同相输入端，RL 作为参考电极，接心电放大器参考点。

第二路心电信号，即标准 II 导联的电极接法：RA 接放大器反相输入端，LL 接放大器同相输入端，RL 作为参考电极，接心电放大器参考点。

RA、LA、LL 和 RL 的皮肤接触电极分别通过 1.5m 长的屏蔽导联线与心电信号放大器连接。

2. 要求

1）基本要求

（1）制作一路心电信号放大器，技术指标如下：

① 电压放大倍数为 1000，误差为±5%。

② −3dB 低频截止频率为 0.05Hz（可不测试，由电路设计予以保证）。

③ −3dB 高频截止频率为 100Hz，误差为±10Hz。

④ 频带内响应波动在±3dB 之内。

⑤ 共模抑制比大于等于 60dB（含 1.5m 长的屏蔽导联线，共模输入电压范围为±7.5V）。

⑥ 差模输入电阻大于等于 5MΩ（可不测试，由电路设计予以保证）。

⑦ 输出电压动态范围大于±10V。

（2）按标准 I 导联的接法对一位参赛队员进行实际心电图测量。

① 能在示波器屏幕上较清晰地显示心电波形。心电波形大致如图 2.4.2 所示。

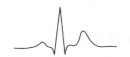

图 2.4.2　心电波形示意图

② 实际测试心电信号时，放大器的等效输入噪声（包括 50Hz 干扰）小于 400μV（峰峰值）。

（3）设计并制作心电放大器所用的直流稳压电源。

直流稳压电源输出交流噪声小于 3mV（峰峰值，在对放大器供电条件下测试）。

2）发挥部分

（1）扩展为两路相同的心电放大器，可同时测量和显示标准 I 导联与标准 II 导联两路心电图，并且能达到基本要求第（2）项的效果。

（2）具有存储、回放已测心电图的功能。

（3）将心电信号放大器-3dB 高频截止频率扩展到 500Hz，并且能达到基本要求第（2）项的效果。

（4）将心电信号放大器共模抑制比提高到 80dB 以上（含 1.5m 长的屏蔽导联线）。

（5）其他。

3．评分标准

	项　目	满　分
基本要求	设计与总结报告：方案比较、设计与论证，理论分析与计算，电路图及有关设计文件，测试方法与仪器，测试数据及测试结果分析	50
	实际制作完成情况	50
发挥部分	完成第（1）项	12
	完成第（2）项	10
	完成第（3）项	10
	完成第（4）项	8
	其他	10

4．说明

对人体心电信号进行实测时应注意以下事项。

（1）可用 20mm×20mm 薄铜皮作为皮肤接触电极。

（2）用带有尼龙拉扣的布带或普通布带将电极分别捆绑在四肢的相应位置，如图 2.4.1 所示。

（3）测量心电图前，应使用酒精棉球仔细将与电极接触部位的皮肤擦净，然后再捆绑电极。为减小电极与皮肤间的接触电阻，最好在电极下滴 1~2 滴 5% 的盐水，或将用 5% 的盐水浸过的棉球垫在电极与皮肤之间。

（4）被测人员应静卧，以避免测量基线大幅度漂移，并降低噪声。

测试说明如下。

（1）对于基本要求第（1）项的说明。

① 电压放大倍数、频率响应特性、差模放大倍数、输出动态范围的测试：将差分放大电路反相输入端接地近似测试。可将 1V（rms）正弦信号用 10kΩ 和 10Ω 电阻分压衰减到 1mV，再输入放大电路进行测试，以减小信号源噪声的影响。

② 频带内响应波动的测试：考虑到许多低频信号发生器（函数发生器）输出最低频率

的限制，该项目的低端频率只测量到 0.5Hz（即低频截止频率的 10 倍）。方法是，输入信号幅值保持在 1mV（rms），用示波器测量 0.5~100Hz 范围内的输出最高和最低电压值，与频率为 20Hz 的输出电压值相减后，计算频带内响应的最大波动（dB）。

③ 要求用 1.5m 长的屏蔽导联线进行共模抑制比测量：共模放大倍数的测量方法是，将差分放大电路的两个输入端短接，并输入 5V（rms）正弦信号，测量输出电压。根据所测差模和共模放大倍数计算共模抑制比。

④ 输出动态范围的测试：从小增大输入信号幅值，通过测量最大不失真输出电压的峰峰值得到。

（2）对于基本要求第（2）项的说明。

对人体心电信号进行实测：

① 用示波器观测心电放大器输出波形时，一般应将 X 轴置于 0.2s/div，Y 轴置于 0.5~2V/div（因人而异）。用数字示波器观测效果更好。

② 在示波器上测量放大器输出心电信号基线上的噪声（峰峰值），然后计算输入端等效噪声（峰峰值）。

（3）对于基本要求第（3）项的说明，应在心电放大器正常工作条件下用示波器（置为交流输入模式）测量稳压电源的输出噪声。

（4）发挥部分与基本要求部分的测试法相同。

（5）实际测量值达到指标值的给满分，低于指标值的酌情给分，但要求给出详细的实测记录。

2.4.2 简易心电图仪作品解析

1. 题目意图及知识范围

本题侧重于弱信号的检测，内容涵盖了较丰富的模拟电子技术知识，主要包括放大器、噪声抑制、有源滤波等。在 1999 年举行的第四届全国大学生电子设计竞赛中，曾有测量放大器（A 题）的设计课题与本题属同一类型，但本题对噪声抑制的要求更高，并增添了有源滤波器的内容。本题具有一定趣味性，且难度适中，容易入手。

本题基本要求部分涉及基本仪表放大电路和稳压电路及放大器的增益、频率响应、共模抑制比、输出电压动态范围、稳压电源噪声等基本知识。在本题示意图（见图 2.4.1）的帮助下，不同类型学校和专业的学生应该都能完成本题所要求的内容。

本题发挥部分要求学生具备较宽的知识面和较强的应变能力，对模拟电路提出了更高的技术指标；如果要实现心电波形的存储、回放，那么必须加入单片机基本系统，从而包含了有关数字电路、微机接口电路等课程的基本内容，一般需要密切结合硬件和软件的知识，能较好地考核学生是否能综合运用所学知识解决本专业的问题及是否具备一定的创新能力。此外，发挥部分允许加入其他功能，给学生留有一定的发挥空间。

考虑到电子设计竞赛的实际情况，简易心电图仪只要求记录一路或两路心电图（标准 I、II 导联），而不像标准心电图仪那样能记录 12 路心电图，以避免涉及过多的心电图学知识。与人体皮肤接触的电极也不要求使用标准的银/氯化银电极，只需使用自制的铜皮（题目说明中给出了制作和使用方法）。此外，本题的基本要求大部分十分接近于实际心电图仪。

为便于学生进行人体实测心电图，题目说明中也指出了测试中应注意的事项。

2. 设计重点与方法

1）基本要求

本题基本要求部分的设计重点在于心电信号放大器、有源滤波器和低噪声稳压电源。其中，设计一个良好的低噪声稳压电源将有利于使系统达到噪声指标。

（1）心电信号放大器的设计

心电信号放大器的设计是使系统达到各项技术指标的关键环节。

① 基本差分放大电路存在的问题。使用基本差分放大电路可以抑制共模干扰，但用图 2.4.3(a)所示电路测量人体心电信号存在以下两个问题。

一是信号源电阻是变化的。以心电作为信号源的等效电路如图 2.4.3(b)所示，其中信号源电阻 R_{S1}、R_{S2} 包括电极与皮肤的接触电阻，肌肉、骨骼等组织的电阻。它们不但因各人的身体差异而有相当大的变化，而且就同一个人来说，也随时间和环境的不同而变化，范围可能在千欧姆至兆欧姆级之间。在这种情况下，心电信号的放大增益是极不稳定的。

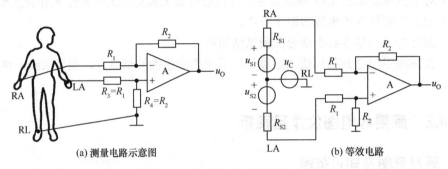

图 2.4.3　用简单的差分电路测量人体心电信号

二是输入信号中含有很强的共模成分，主要是工频干扰。R_{S1} 和 R_{S2} 不可能相等，这会造成差分放大电路的共模抑制比急剧下降，共模干扰可能完全淹没微弱的差模心电信号。

② 仪表放大电路。如图 2.4.4 所示，三运放构成的仪表放大电路可解决上述问题。根据运放虚短和虚断的工作原理，由图可得

$$u_{R1} = u_{I1} - u_{I2}, \quad u_{R1}/R_1 = (u_3 - u_4)/(2R_2 + R_1)$$

因此有

$$u_3 - u_4 = \frac{2R_2 + R_1}{R_1} u_{R1} = \left(1 + \frac{2R_2}{R_1}\right)(u_{I1} - u_{I2})$$

由此可得

$$u_o = -\frac{R_4}{R_3}(u_3 - u_4) = \frac{R_4}{R_3}\left(1 + \frac{2R_2}{R_1}\right)(u_{I1} - u_{I2}) \tag{2.4.1}$$

图 2.4.4 所示电路的第一级为电压串联负反馈放大，输入电阻很高，应等于运放 A_1 和运放 A_2 的共模输入电阻。若用这样的电路测量心电信号，则图 2.4.3(b)所示信号源电阻 R_{S1} 和 R_{S2} 变化的影响几乎可以忽略不计，能真正检测到心电在相应方向上的电动势。如果 A_1 和 A_2 特性相同，且两个 R_2 相等，那么 u_3 和 u_4 中的共模成分也相等，电路的总共模抑制特性取决于运放 A_3 构成的差分放大电路。A_1 和 A_2 在深度负反馈下输出电阻极低，其差异与

R_3 相比可以忽略不计。只要选择高共模抑制比的 A_3 并仔细匹配 R_3 和 R_4，电路的共模抑制比就很容易达到 80dB 以上。

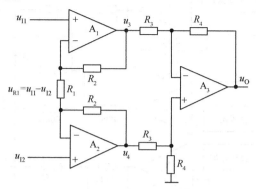

图 2.4.4 三运放构成的仪表放大电路

③ 心电信号放大器。心电信号检测时，电极与皮肤会产生直流极化电势，应在电路中设计隔直流电路，即高通电路。该电路不应引起心电信号的显著失真。虽然心电信号的最低可能频率成分只达到 0.5Hz（相应于心脏搏动 30 次/min），但为降低信号因相移而产生的线性失真，心电信号放大电路的低频截止频率必须达到心电信号的低频截止频率的 1/10，即 0.05Hz。本题未对低频截止频率的特性做特殊要求，可用简单 RC 高通电路实现。于是，完整的心电放大器电路如图 2.4.5 所示。

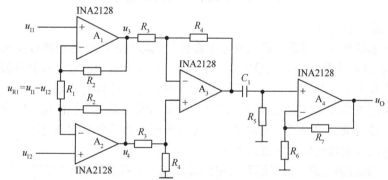

图 2.4.5 完整的心电放大器电路

由于电容 C_1 漏电会引起 u_o 的漂移，所以 C_1 不应选用电解电容，而应使用介质特性较好的电容。这里，取 $C_1 = 1\mu F$，$R_5 = 3M\Omega$。虽然提高放大器的第一级增益有利于降低输出噪声，但考虑到极化电动势，三运放构成的仪表放大电路增益不应太大，其电压增益可以取 40，则 A_4 构成的同相放大电路电压增益应为 25，总增益为 1000。为提高电路的共模抑制比，图中标号相同的两个 R_2、R_3、R_4 应做到两两匹配，整个电路的共模抑制比基本取决于这些电阻的匹配程度。电阻匹配得好，共模抑制比是不难达到 80dB 的。

电路中，$A_1 \sim A_4$ 应选用 LF347 之类的 FET 作为输入级的运放，以保证足够低的偏置电流。使用这种低成本运放构成心电放大器完全可达到题目要求的技术指标。

④ 使用集成仪表放大器。使用如图 2.4.6 所示的 INA2128 集成仪表放大器组成图 2.4.5 所示的仪表放大电路，可以省却电阻匹配的麻烦，并易于达到更高的共模抑制比、更小的偏置电流和更高的温度稳定性。该电路中包含两个相互独立的仪表放大电路，正好满足两路心电信号放大的要求。

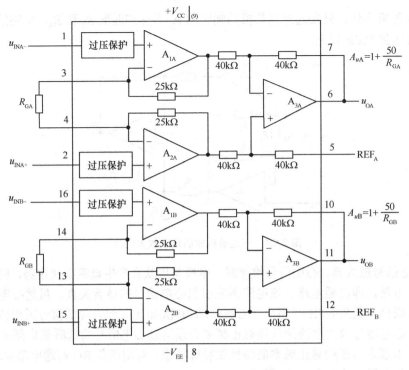

图 2.4.6　INA2128 内部电路结构

（2）有源滤波器设计

有源滤波器的作用主要是使得简易心电图仪的高频响应特性达到题目要求。

① 滤波特性的选择。心电信号的典型波形如图 2.4.2 所示，它具有脉冲波形的特征，为保证其不失真放大，必须注意滤波器的相位特性。有三种典型的滤波器：巴特沃思滤波器、切比雪夫滤波器和贝塞尔滤波器，其中，贝塞尔滤波器具有线性相移特性，最适用于心电信号的滤波处理。巴特沃思滤波器和切比雪夫滤波器都会引起心电波形的失真，尤其是后者，会造成心电输出信号的振铃效应。

② 贝塞尔滤波器电路。由于题目对电路高频响应的截止特性没有提出要求，可选用较简单的二阶贝塞尔滤波器，其典型电路如图 2.4.7 所示。图中开关可控制电路的高频截止频率在 100Hz 和 500Hz 之间切换。元器件参数可参考相关电子手册应用公式计算得到。

如果需要更陡峭的截止特性，那么可将图 2.4.7 中的两个滤波电路级联，组成四阶贝塞尔滤波器。当然，所有的阻容元器件参数都应按四阶滤波电路计算。

（3）低噪声稳压电源设计

由于题目要求"输出电压动态范围大于±10V"，所以放大器供电稳压电源必须是±12V或±15V。

用普通集成三端稳压电路直接构成稳压电源是难以达到题目提出的"小于 3mV（峰峰值）"噪声要求的。需要在集成三端稳压电路外增加放大环节，才能进一步抑制噪声。图 2.4.8 所示为低噪声稳压正电源电路，负电源电路可采取类似的设计。

2）发挥部分

本题的发挥部分难度较大。同时测量两路心电图，将高频截止频率扩展到 500Hz 都会增加输出噪声，将心电放大器（含屏蔽导联线）的共模抑制比提高到 80dB，一般需要增加屏蔽驱动和右腿驱动电路才容易实现。而要实现发挥部分的第（2）项要求："具有存储、回放已测心电图的功能"，则需增加单片机系统。数字电路的加入，会使噪声电平增大，必须仔细考虑电路的布局、布线、接地等工艺问题。

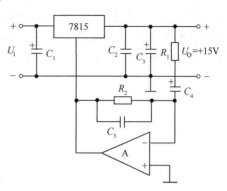

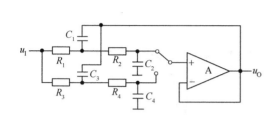

图 2.4.7　100/500Hz 滤波器电路　　　　图 2.4.8　低噪声稳压正电源电路

3．竞赛作品评述

此次湖北省电子设计竞赛主要由学校组织评审，送交的设计报告只有 18 份，其中只有 5 个参赛队参加全省测评，因此下面的评述不一定全面。

1）心电放大器

各校送来测评的作品 100%都采用仪表放大电路作为心电放大器的第一级，其中很多都使用集成仪表放大电路。因此，大多数作品的共模抑制比都较高。但是，一些队的增益分配不够合理，实际进行人体测试时，极化电势易造成放大电路饱和，尤其是在使用普通铜皮作为接触电极的条件下。个别参赛队采用隔离放大电路，这是现代心电图仪普遍采用的先进方案，但对布线工艺、电源要求较高。使用隔离放大电路的参赛队若没有很好掌握这一点，反而会造成作品技术指标的降低。4/5 的测评作品可实际检测到人体心电信号，并清晰地将波形显示在示波器上。

2）高通电路

绝大多数参赛队采用简单的 RC 高通电路实现，有少数队采用有源高通滤波电路，增加了电路的复杂性。

3）有源滤波器

大部分参赛队采用二阶或四阶巴特沃思有源滤波器，因为在测试中采用的是频域测量方法，所以在作品的测试指标中不会反映出很大问题。然而，如果采用时域测量方法，那么输入方波信号后，就会发现其输出波形会在上升沿和下降沿出现小幅度过冲。如果采用贝塞尔滤波器，那么就不会发生这种现象，可不失真地放大心电信号。对于初学者来说，这一点不必苛求。

4）50Hz 陷波问题

很多参赛队在电路中插入 50Hz 陷波电路，以便降低输出噪声。这种做法对抑制 50Hz 工频干扰十分有效，但也衰减了心电信号的有效成分。图 2.4.9(a)所示为心电信号的频谱分布，而图 2.4.9(b)所示为某作品用双 T 有源滤波器构成的 50Hz 陷波电路的仿真特性。可以明显看出，信号在 30～80Hz 之间的能量损失是很大的。特别是这种双 T 陷波电路在 50Hz 附近的相频特性存在剧烈的跳动，还会使心电波形出现较大失真。这些参赛队没有仔细研究题目要求。基本要求的第（1）项第④款为"频带内响应波动在±3dB 之内"。这一条限定了不能使用 50Hz 陷波电路。若信号通路中存在 50Hz 陷波电路，在 0～100Hz 带宽内的响应波动就不可能达到±3dB 之内。对 50Hz 干扰的抑制，应主要靠提高电路的平衡和共模抑制比来实现，需要在电路工艺上下功夫。

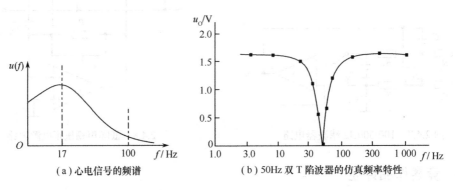

（a）心电信号的频谱 （b）50Hz 双 T 陷波器的仿真频率特性

图 2.4.9　心电图的频谱和 50Hz 双 T 陷波器的仿真特性

5）稳压电源

题目要求设计低噪声稳压电源。大多数参赛队实际上没有认真设计电源电路，仅使用三端稳压集成电路来实现对心电放大器的供电。由于这种稳压集成电路的输出噪声达不到设计要求，因此大多数参赛队的作品实测时在这一项都被扣了分。实际上，稳压电源噪声过高，特别是 50Hz 纹波抑制不足，是心电放大器噪声电平过高的主要原因之一。

6）微控制器系统

很多参赛队均采用单片机来实现对系统的控制功能，大部分参赛队采用 8051 系列单片机，少数参赛队使用性能更加完善的凌阳单片机系统。从功能实现上看，两种单片机没有显著差别。

2.4.3　系统设计

1．系统总体方案设计

根据设计的要求，经过仔细分析，充分考虑各种因素，制定了整体设计方案：以前置小信号放大模块、滤波网络模块、数字处理模块三部分为主体，电极采用双极肢体导联的标准 I 和标准 II 连接，通过屏蔽驱动和右腿驱动等措施有效抑制干扰。系统原理框图如图 2.4.10 所示。

设计心电图仪的主要依据如下：心脏跳动产生的电信号，使身体不同部位的表面发生电位变化，将其记录下来即可得到心电图（ECG）。人体心电信号的幅值为 20μV～5mV，频带宽度为 0.05～100Hz，心电信号源阻抗为 1～50kΩ，这三组参数是设计心电图仪的主要依据。相对于环境干扰，主要指市电 50Hz 的干扰，当人的手指头夹住长约 1.5m 的导线时，其感应电压为几伏。而心电信号是非常微弱的（20μV～5mV）。系统设计的关键和难点是如何在强干扰环境下提取非常弱的有用信号。

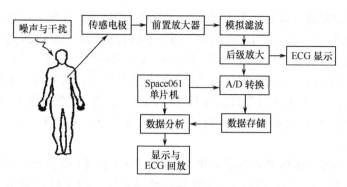

图 2.4.10　系统原理框图

2．前置放大电路设计

前置放大电路如图 2.4.11 所示，它是整个系统的核心部件，决定了整机的主要技术指标。ECG 前置放大器要求噪声尽可能低，抗干扰性能尽可能强，共模抑制比 K_{CMR} 尽可能高。

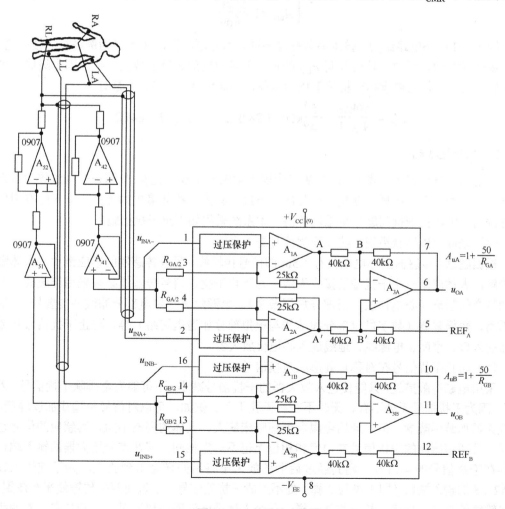

图 2.4.11　前置放大电路

1) 前置主放大器设计及参数计算

在本系统中前置放大器直接采用低噪声、高共模抑制比、高输入阻抗、低功耗的高性能双仪表放大器 INA2128，它的功能相当于两个 INA128 芯片。INA128 是于 20 世纪 90 年代利用激光校准技术制成的仪表放大器，简化了 ECG 前置放大电路，使仪器稳定性大大提高。而 INA2128 是基于 INA128 发展而成的双路仪表放大器，特别适合本题的要求。

第一路心电信号，即标准 I 导联的电极接法：RA（右臂）接放大器反相输入端（-）（即 1 脚），LA（左臂）接放大器同相输入端（+）（即 2 脚），RL（右腿）作为参考电极，接心电放大器的参考点。

第二路心电信号，即标准 II 导联的电极接法：RA（右臂）接另一个放大器反相输入端（-）（即 16 脚），LL（左腿）接另一个放大器同相输入端（+）（即 15 脚），RL 作为参考电极，接心电放大器的参考点。

A、B 两路放大器的差模放大倍数按下式计算：

$$\begin{cases} A_{uA} = 1 + \dfrac{50\text{k}\Omega}{R_{GA}} \\[2mm] A_{uB} = 1 + \dfrac{50\text{k}\Omega}{R_{GB}} \end{cases} \qquad (2.4.2)$$

因 A、B 两路电路结构、技术参数完全相同，为方便起见，以 A 路为例进行后续讨论。

由式（2.4.2）可知，只要改变 R_{GA} 的值，就可改变放大器的放大倍数。因本级放大倍数不宜取得过大，它要承担整机抗干扰的重任，因此选 $A_{uA} = 40$。于是有

$$R_{GA} = \frac{50\text{k}\Omega}{A_{uA} - 1} = \frac{50}{39}\text{k}\Omega \approx 1.282\text{k}\Omega, \qquad R_{GA}/2 = 641\Omega$$

2) 抗干扰措施

从前面的分析得知，本题与 1999 年全国大学生电子设计竞赛 A 题——测量放大器设计属于同一类型题，同样存在抗干扰问题。不过本题的干扰环境更为恶劣，输入的有用信号更微弱，因此抗干扰问题显得难以解决。本系统采用如下抗干扰措施。

（1）采取电磁屏蔽措施，防止干扰信号进入系统

根据题意，传感器至心电图仪有 1.5m 的信号传输线，另外传感器的感应铜片与人体紧密接触，人体就是一个干扰源的接收天线。为防止干扰，信号传输线必须采用屏蔽线，同时加装空间隔离（心电仪放大器部分加屏蔽盒）、电源隔离（供电部分滤波性能要好）。地线隔离、数模隔离（数字供电部分和地线与模拟部分加退耦网络）等，防止干扰信号从放大器的入口、空间、电源线、地线进入心电仪放大器。

（2）防止干扰信号在对称点处形成差模信号

采用电磁屏蔽措施，只能使进入放大器的干扰信号减小，不可能完全排除干扰信号"入侵"，因为干扰信号无处不有、无时不在、无孔不入。例如，可以对信号传输线加以屏蔽，对放大器加装屏蔽盒，但不能用金属盒屏蔽临床病人。人体的姿态不同，其感应的信号也不同，且两路感应的干扰信号在幅度和相位上也不一定相同。若在差分放大器的输入端口处存在干扰信号的差信号，则其经过后面的放大电路后同样会得到放大。为了使输入在 INA2128 的输入端口（即 1 脚与 2 脚）处不形成干扰差信号，必须使两条传输线平行放置，且传输线的型号、规格、长度均要一样，甚至人体卧床的姿势也要对称，例如左、右两手

垂直，否则两路感应的干扰信号就会存在幅度和相位的差异。

要保证干扰信号在放大器的对称点处（A 与 A′，B 与 B′）不形成差信号，就应使 A_{1A}、A_{2A} 的内部参数和外接电阻完全对称。

内部电路对称已由集成芯片保证，外部对称由结构、工序给予保证。

（3）提高放大器的共模抑制比 K_{CMR}

选择高共模抑制比集成仪表放大器 INA2128，其 $K_{CMR} \geq 120\text{dB}$。系统采用右腿驱动方法时，基本原理是在保持差模电压放大倍数的前提下，引入共模电压负反馈，使共模放大倍数进一步减小，从而使 K_{CMR} 进一步提高。

（4）割断共模信号的传输通路

在同相高阻放大器（A_{1A}、A_{2A}）后面引入差分放大器（A_{3A}），只要两路共模信号不形成差模信号，不管 A_{1A}、A_{2A} 输出的共模信号的绝对值有多大，A_{3A} 输出的共模信号都趋于 0。这一条可由 INA2128 集成芯片得到保证。

3．有源高通滤波电路设计

有源高通滤波电路如图 2.4.12 所示，其中 C_1、R_5 组成高通滤波器，集成运放 A_4、电阻 R_6、R_7 等组成电压串联负反馈放大器。

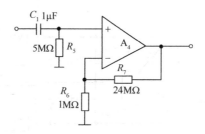

图 2.4.12　有源高通滤波电路

检测心电信号时，电极与皮肤会产生直流极化电势，此时应在电路中设计隔直流电路，即高通电路，但该电路不应引起心电信号的明显失真。根据 2.4.1 节的剖析，$f_L = 0.05\text{Hz}$。我们选取 $C_1 = 1\mu\text{F}$，$R_5 = 5\text{M}\Omega$，则有

$$f_L = \frac{1}{2\pi R_5 C_1} = \frac{1}{2\pi \times 5 \times 10^6 \times 1 \times 10^{-6}} \text{Hz} \approx 0.032\text{Hz}$$

因为 $A_u = 1 + \dfrac{R_7}{R_6} = 25$，故取

$$\begin{cases} R_6 = 1\text{M}\Omega \\ R_7 = 24\text{M}\Omega \end{cases}$$

4．贝塞尔滤波器电路设计

贝塞尔滤波器电路如图 2.4.13 所示。由于题目对电路高频响应的截止特性没有提出要求，因此可选用简单的二阶贝塞尔滤波器。图中的开关控制电路的高频截止频率在 100Hz 和 500Hz 之间切换，元器件参数可参考相关手册来确定。

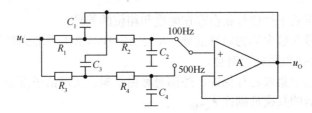

图 2.4.13　贝塞尔滤波器电路

图 2.4.13 中各元器件的参数值如下：$C_1 = 510\text{pF}$，$C_2 = 510\text{pF}$，$C_3 = 102\text{pF}$，$C_4 = 102\text{pF}$；$R_1 = 2.2\text{M}\Omega$，$R_2 = 2.2\text{M}\Omega$，$R_3 = 2.2\text{M}\Omega$，$R_4 = 2.2\text{M}\Omega$。

5. 稳压电源设计

稳压电源电路如图 2.4.14 所示，它由±15V、±5V 两组直流稳压电源组成。

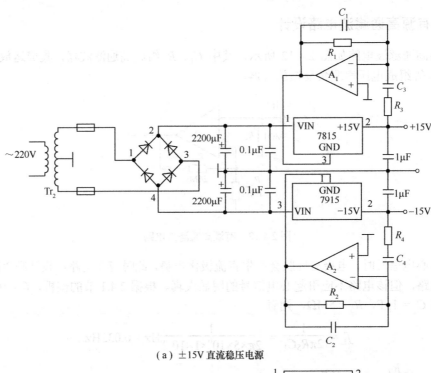

（a）±15V 直流稳压电源

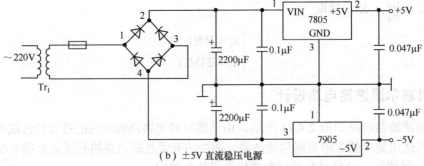

（b）±5V 直流稳压电源

图 2.4.14　稳压电源电路

±15V 稳压电源是为心电信号通道放大器供电的,对纹波要求很高,根据题目要求输出噪声电压小于 3mV(峰峰值,在对放大器供电条件下测试),为了满足这个技术指标,增加一级抑制噪声电压的放大电路。抑制纹波电路如图 2.4.15 所示,其原理如下。

不加反馈抑制网络时,7815 对噪声(含纹波)的抑制倍数为 $A_{\mathrm{u}} = \left(1 + \dfrac{R_1 + R'_{\mathrm{P}2}}{R_2 + R''_{\mathrm{P}2}}\right)$。

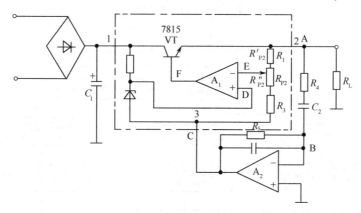

图 2.4.15 抑制纹波电路

加入抑制噪声网络后,若某个时刻 t 使 A 点输出一个正极性噪声,经 R_4、C_2 耦合至 B 也为正极性,经过反相放大后,使 C 点电位下降,于是加在运放同相端的电位下降,运放 A_1 输入的误差电压提高,使 F 点电位比不加抑制网络时下降得更大。于是控制调整管使 A 点的噪声幅度下降。而反馈抑制网络由于 C_2 的存在,对直流成分不起作用。

2.4.4 系统软件设计

本系统采用凌阳 16 位单片机控制 ECG 的存储和显示。单片机在空闲时扫描键盘,有按键按下时,执行按键对应的子程序,系统软件流程图如图 2.4.16 所示。

本程序充分利用了单片机的集成资源,包括 A/D 转换、D/A 转换、内存和计数器,做到了物尽其用,提高了整个作品的性价比,其具体工作原理如下。

单片机上有 32KB 内存,这就决定了在存储、回放时,采样频率和存储时间成反比。

当存储按键被按下时,道德通过模拟开关选择录入哪路波形,然后擦除闪存,为录入波形做准备,系统开中断。选用 2000Hz 的采样频率,触发 A/D 转换对输入波形进行采样,并将采样数据逐点写入片上内存,写入地址为"0X8500",此地址既能保证远离程序代码存储段,又能最大限度地利用内存,在高频率采样保持波形完好的前提下尽可能存储长时间的波形,结束地址为"Oxfeff",实际利用的内存空间为

$$\mathrm{Oxfeff} - \mathrm{Ox8500} = \mathrm{Ox79ff} = 31231$$

以 8 位、2000Hz/s 的频率采样计算,存储波形的时长在 15s 以上,在兼顾较高频率波形存储和存储时间的前提下达到题目要求。

当回放按键被按下时,模拟开关实现从单片机输出,单片机通过不断读取内存中的存储值,送给 D/A 输出,实现回放,内存读取完毕后,显示回放结束提示。

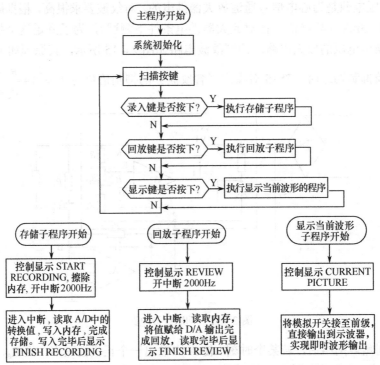

图 2.4.16　系统软件流程图

显示部分采用 LCD，将显示语句编辑为独立的函数，并将调用命令放入合适的程序段，实现友好、直观的状态显示。

2.4.5　系统测试方法及数据

1）测试方法

① 功能测试：被测人员静卧在床上，使用酒精棉球仔细地把与电极接触部位的皮肤擦净，再捆绑电极。为减小电极与皮肤间的接触电阻，在电极下滴两滴 5% 的盐水，进行功能测试。

② 指标测试：利用信号源产生信号，输送到心电图仪中，进行单元和指标测试。

2）测试数据和结果

（1）通带内增益及频率

对信号源输出进行电阻分压获得 5mV 输入电压，测得的输出电压和放大倍数见表 2.4.1。

表 2.4.1　测得的输出电压和主放大倍数

	10Hz	20Hz	40Hz	50Hz	60Hz	80Hz	90Hz	101Hz	110Hz	200Hz
U_i/mV	5	5	5	5	5	5	5	5	5	5
U_o/V	5.2	5.4	3.4	0.4	3.2	4.2	4.1	3.5	3.1	0.8
放大倍数 A_u	1040	1080	680	80	640	840	820	680	620	160

从表 2.4.1 可知，-3dB 高频截止频率约为 101Hz，误差为 1Hz，远小于题目要求的 10Hz 标准。

（2）电源纹波测试

在给运放供电时，用示波器交流耦合方式测得自制电源输出电压纹波的峰峰值为 2.2mV，小于题目要求的 3mV。

（3）共模抑制比测试（含 1.5m 屏蔽线）

按图 2.4.17 和图 2.4.18 接好电路，图中的电阻 R 为导联线等效阻抗。测出共模放大倍数 A_{uC} 和差模放大倍数 A_{uD}，则共模抑制比为

$$K_{CMR} = 20\lg\frac{A_{uD}}{A_{uC}} \tag{2.4.3}$$

经测量并由式（2.4.3）计算得共模抑制比为 $K_{CMR} = 91$dB。

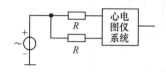

图 2.4.17　共模增益测试原理图

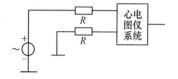

图 2.4.18　差模增益近似测试原理图

（4）测量输出电压动态范围

用函数发生器和数字示波器测得电路输出电压的最大不失真幅度为 22.4V。

（5）系统功能测试

① 人体心电图测试。按照标准 I 导联实测人体心电图，测得的人体心电波形如图 2.4.19 所示。

② 两路测量。扩展为两路相同的心电放大器，同时实时测量与显示标准 I 和标准 II 导联两路心电图。可以清晰地在示波器上同时观察到两路心电信号，满足设计要求。

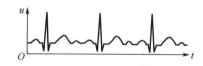

图 2.4.19　测得的人体心电波形

③ 波形存储与回放。选按键进行存储，系统提示"存储完毕"后将输入端断开，按键回放波形，与存储的波形匹配，从而验证了波形存储、回放功能。

3）测试结果分析

从以上测试结果可以看出，本简易心电图仪在提高共模抑制比、抑制外界噪声等方面有一定的成效，在功能上也达到了赛题的要求，实现了双路测量和波形的存储、回放。

2.5　简易照明线路探测仪

[2013 年全国大学生电子设计竞赛（K 题）（高职高专组）]

2.5.1　任务与要求

1. 任务

设计并制作具有显示器的简易照明线路探测仪，能在厚度为 5mm 的五合板正面探测出

背面 2 根照明电缆的位置，电缆的布设示意图如图 2.5.1 所示。电缆的一端与 220V 交流电源插座相连，另一端与大螺口（E27）灯座相连，并且分别拧入 60W 白炽灯和 11W 节能灯，各灯的亮灭由开关控制。两根电缆以图钉侧边压扣或胶带粘贴的方式布设，布线可在 7×7 方格组成的区域内根据需要任意调整。

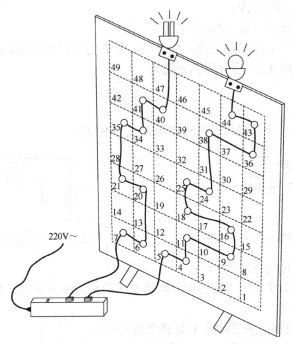

图 2.5.1　电缆的布设示意图

2．要求

1）基本要求

（1）关闭 60W 白炽灯和 11W 节能灯，节能灯的电缆按要求布设完毕后，将其点亮，手持探测仪在板正面扫描带电电缆的走向，探测到带电电缆时予以蜂鸣示意。

（2）要求 2min 之内完成上述探测任务。

（3）探测结束后，探测仪能回放显示带电电缆位置的方格号序列。

2）发挥部分

（1）关闭 11W 节能灯，点亮白炽灯，仿照上述基本要求完成对白炽灯电缆走向的探测任务。

（2）先关闭两盏灯，改变 2 根电缆的布设，并使其间隔不小于一个方格，然后点亮两盏灯。要求探测仪能在 1min 内准确探测出 5 个指定位置是否有 60W 白炽灯的带电电缆。

（3）先关闭两盏灯，改变 2 根电缆的布设，并使其局部间隔小于一个方格，然后点亮两盏灯。要求探测仪能在 2min 内准确探测出 5 个指定位置是否有 60W 白炽灯的带电电缆。

（4）其他。

3. 说明

（1）制作和测评时务必注意电气安全事项。

（2）作品不得采用商业化产品进行改装制作。

（3）五合板正反面所画的 7×7 方格必须两面精准对应；方格线条的宽度不大于 2cm，线条的虚实类型自定；每个方格的大小为 15cm×15cm（从方格线条的中心算起）；各方格在板上的位置用其序号表示。

（4）五合板背面布设的电缆为带护套双绝缘的双芯并列聚氯乙烯软电缆，规格为 2×0.5mm^2；每根电缆的长度不小于 2.5m。

（5）所用的五合板、图钉或胶带、电缆、灯座、灯、开关、220V 交流电源插座等均由参赛者自行准备。

（6）探测仪与被测板的接触面不得大于板上的一个方格。

（7）探测仪显示格式为灯名、方格号 1、方格号 2……用时 m 分 n 秒。

4. 评分标准

项　目	主 要 内 容	满　分
设计报告	系统方案（比较与选择、方案描述）	3
	理论分析与计算（传感器与坐标识别）	3
	电路与程序设计（电路设计、程序设计）	8
	测试方案与测试结果（测试条件、测试结果分析）	3
	设计报告结构及规范性（摘要、设计报告正文的结构、图表的规范性）	3
	总分	20
基本要求	完成第（1）项	5
	完成第（2）项	30
	完成第（3）项	15
	总分	50
发挥部分	完成第（1）项	15
	完成第（2）项	15
	完成第（3）项	15
	完成第（4）项	15
	其他	5
	总分	50

2.5.2 题目分析

本题是电工仪表中寻线仪的原型。题目要探测两根照明电缆的走向和位置，经过分析，主要有三大任务：第一，检测照明线路的辐射信号；第二，分辨两类不同的辐射信号；第三，定位照明线路所在的位置。信号的检测方法有测交变电场（用电容测量感应电荷在电阻上的感应电压）、测交变磁场（用霍尔元器件或电感测量其感应电压）、测交变电磁场（用电感测量感应电压或用收音机模块测量感应电压），探测模块选择是整个设计方案的关键。分辨两类不同辐射信号的方法包括：以灯具功率分辨（60W，电流大；11W，电流小），以灯具信号分辨（60W，正弦波；11W，脉冲波），以灯具频率分辨（60W，50Hz；11W，30～50kHz）。定位照明线路所在位置的方法包括：顺序扫描法（依照行列顺序扫描，根据方格边线自动获取各方格的序号）、人为编号法（在各方格内贴上一维或二维编码符号，由机器自动读入识别）、人工输入法（在感兴趣的方格位置由人工从键盘输入其序号）。另外，要特别注意仪器的抗干扰设计，因为节能灯的电磁辐射可能会使系统产生误判。

2.5.3　系统方案

本系统由单片机控制系统、线路探测系统、位置检测模块等组成，系统组成框图如图 2.5.2 所示。

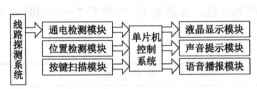

图 2.5.2　系统组成框图

1）主控单元

▶方案一：STC89C51 单片机，操作简单，开发资源丰富，成本低，但功能不够丰富，需要和许多模块配合使用，如此一来，就导致了外部电路复杂，电路也容易出错。

▶方案二：STC12C5A60S2 单片机，不仅运行速度快，而且片内具有丰富实用的资源，如 AD 转换器、PWM 等，因此可以直接使用单片机的内部资源，减少对模块的使用，外部电路显得简单轻巧，电路不易出错。

通过以上两种方案的比较，两种型号的单片机都可完成要求，但 STC89C51 单片机的成本更低且易于采购，所以选择方案一。

2）感应单元

▶方案一：自制电感线圈。采用电感线圈作为传感器，将电流产生的电磁场转化为电压，经运放放大电压并采用 A/D 转换收集电压信息，来判断是否有磁场，进而判断是否有电缆存在。

▶方案二：金属探测。由于电缆的缆芯为金属材料，所以可以利用金属传感器进行探测。

▶方案三：根据电磁感应原理，变化的磁场可产生电磁场。利用 LC 谐振电路对产生的电磁波进行接收、转化、放大和 A/D 转换，进而判断有无电磁波和电缆。

比较以上三种方案，方案一的自制线圈的干扰太大，获得的杂波影响太大，电压太低，方案二用金属传感器不能区分出连接白炽灯和节能灯的电缆，所以选择方案三。

3）坐标识别单元

▶方案一：人工按键。用三个按键，按键一对应 11W 节能灯，按键二对应 60W 白炽灯，按键三是空白键。磁感应器从第一格按顺序依次移到第四十九格中，感应器检测到 11W 的电缆线时，按下按键一，记录它的位置；感应器检测到 60W 灯的电缆线时，按下按键二，记录它的位置；感应器未检测到任何电缆线时，按下按键三，记录它的位置。最后通过显示系统分别显示 11W 灯、60W 灯的电缆位置和检测时间。

▶方案二：超声波测距原理。通过超声波发射器向某一方向发射超声波，在发射时刻的同时开始计时，超声波在空气中传播时碰到布线区域边界的挡板处就立即返回，超声波接收器收到反射波就立即停止计时。超声波在空气中的传播速度为 v，根据计时器记录的超声波发射时间与回波接收时间的时间差 Δt，就可计算出发射点到挡板的距离 s。根据 s 和方格边长，即可确定所在方格的序号。

▶方案三：红外传感器。布线区域背景用白色表示，线格用黑色表示。由于不同颜色的物体对光的反射率不同，当红外对管对准的物体为黑色时，光线几乎没有返回；反之，当对准的物体为白色时，可根据接收到的反射光的强弱来判断黑线。因此，通过红外对管可以识别黑色的方格和白色的背景，扫描时依次按格扫描，每次扫描完计数。当探测仪探测时停留在某一方格内，即可测定其所处位置，返回方格序号。最后通过显示系统分别显示 11W 灯、60W 灯的电缆的位置和检测时间。

以上三种方案都可确定电缆的位置，但方案一每检测一个方格就要按一次按键，操作麻烦且费时。方案二的电路复杂，调试困难。因此，综合考虑设计要求和设计人性化后，选择方案三。

4）显示单元

▶方案一：数码管显示。数码管显示比较简单，但不能同时显示几个数据和字符。

▶方案二：LED 点阵显示。LED 点阵显示虽然能显示字符和数字，但显示效果不好，且不易编程。

▶方案三：LCD 液晶显示。LCD 液晶不但能显示字符和数字，而且显示效果较好，容易编程实现。

通过以上三种方案的比较，以及设计要求，选择方案三。

5）电源单元

▶方案一：直接使用 AA 干电池供电。它的结构十分简单，但是供电能力差，不易长时间供电，更换电池较为频繁。

▶方案二：采用开关电源供电。开关电源体积小，重量轻，但对节能灯测试有影响。

▶方案三：使用 4 节 3.6V 铅酸铁锂电池供电。经电容滤波和 L7805 稳压后，输出 5V 电压，可保证长时间稳定地输出电压，从而提供持久稳定的电流，稳压后给单片机系统和其他芯片供电。

考虑到系统稳定工作的要求，选择方案三。

2.5.4 理论分析与计算

1）电磁感应原理及计算

根据麦克斯韦电磁场理论，交变电流会在周围产生交变电磁场，如图 2.5.3 所示。

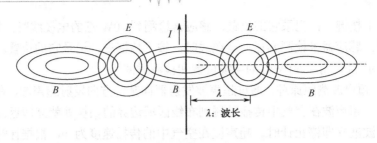

图 2.5.3　交流电流周围产生的交变电磁场

　　导线周围的电场和磁场按照一定的规律分布。通过检测相应电磁场的强度和方向，就可以反过来获得导线的位置，这正是设计简易照明线路探测仪的目的。由毕奥-萨伐尔定律可知，通有稳恒电流 I 的长度为 L 的直导线周围会产生磁场，与导线相距 r 的 P 点的磁感应强度为

$$B = \int_{\theta_1}^{\theta_2} \frac{\mu_0 I}{4\pi r} \sin\theta \mathrm{d}\theta \tag{2.5.1}$$

式中，μ_0 为真空磁导率。由此可得

$$B = \frac{\mu_0 I(\cos\theta_1 - \cos\theta_2)}{4\pi r} \tag{2.5.2}$$

对于无限长直流电来说，式（2.5.2）中的 $\theta_1 = 0, \theta_2 = \pi$，则有 $B = \dfrac{\mu_0 I}{4\pi r}$。因此，可以根据 $B = \dfrac{\mu_0 I}{4\pi r}$ 来检测和分辨到底是接 11W 节能灯的电缆，还是接 60W 白炽灯的电缆。

　　感应磁场的分布是以导线为轴的一系列同心圆。圆上的磁场强度大小相同，并随到导线距离 r 的增加成反比下降，由此可以根据这个原理来检测电缆的具体位置。无线长导线周围的磁场强度如图 2.5.4 所示。

2）坐标识别原理

　　坐标识别采用红外对管 RPR220，这是一种一体化的反射型光电检测器。用黑色电工胶带将五合板分成 49 格，将光耦装在探测器上，当探测器扫描滑过黑色胶带时，光耦发射器和接收器经过黑胶布的阻挡产生一个脉冲信号，通过 LM358 进行比较和整形，输出的方波送到单片机中进行识别，并进行标号计数。这样，将五合板的坐标分成 49 块，就可识别五合板的坐标位置。

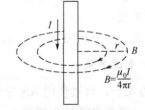

图 2.5.4　无限长导线周围的磁场强度

2.5.5　电路与程序设计

1）电磁感应模块

　　电磁感应模块选择 LC 谐振电路，如图 2.5.5 所示，其中图 2.5.5(b)中的 R_0 为电感内阻，E 为感应电动势。电感 L 可接收空间中的电磁波，经谐振电容选频后，可获得稳定的电压。由于白炽灯和节能灯的功率不同，带电电缆的电流不同，因此其磁场强度不同，探头所感应的信号也就不同。探头的振荡线圈和谐振电容的选择要反复试验，直到找到合适的谐振点。

LC 谐振电路选频之后，采用晶体管 1815 对信号进行放大处理，电路如图 2.5.6 所示。当然，也可选用运算放大器放大电压，但需要选择单电源、低噪音、动态范围大的高速运放。

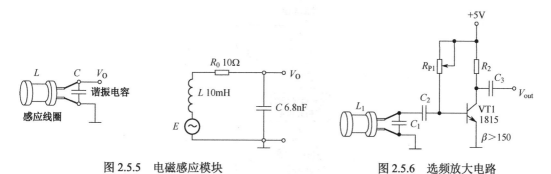

图 2.5.5　电磁感应模块　　　　　　　　图 2.5.6　选频放大电路

2）显示模块

为了清楚地显示 11W 灯、60W 灯的电缆的位置和检测时间，采用 LCD1602 液晶显示器。显示模块电路图如图 2.5.7 所示。

3）蜂鸣器驱动电路

当电磁感应模块检测到电磁场时，单片机接收到信号，并驱动蜂鸣器发出警报，蜂鸣器采用有源蜂鸣器，其电路如图 2.5.8 所示。

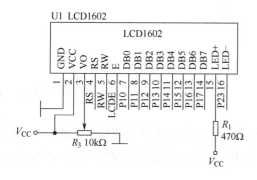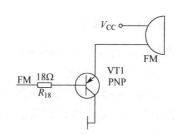

图 2.5.7　显示模块电路图　　　　　　　图 2.5.8　蜂鸣器模块电路图

4）系统软件描述及程序流程图

软件设计思路如下。

电磁感应测量电路实时测量电磁场，电信号经过滤波、放大后送至单片机，单片机实时记录红外测线的方格号，并由单片机对其进行电压转换，判断有无电磁场，有电磁场时单片机记录、显示方格号，并驱动蜂鸣器进行报警。软件部分主要采用 STC89C51 单片机控制整个电路，通过电磁感应测量、电磁感应电压大小识别、坐标识别测量，在 LCD1602 上显示电缆的种类、位置和测试时间。

程序流程图如图 2.5.9 所示。采用 C 语言编程，利用扫描仪沿着方格顺序扫描，检测到电缆时记录电缆所在的方格，同时控制蜂鸣器进行报警，并判断电缆是节能灯的还是白炽灯的，进入相应的处理子程序，处理完后返回。

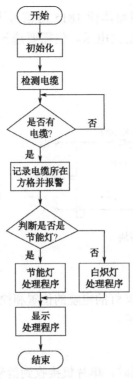

图 2.5.9 程序流程图

2.5.6 测试方案与测试结果

1）测试条件及方案

所需测试工具有 7×7 方格的五合板（每个方格的大小为 15cm×15cm）、11W 节能灯、60W 白炽灯、电缆、秒表等。

测试方案：将制作完成的探测仪从第一格开始，按顺序依次移到第四十九格中，当探测仪碰到电缆时，显示器分别显示 11W 节能灯灯和 60W 白炽灯的电缆的位置，同时显示检测所用的时间。

2）测试结果

（1）60W 白炽灯和 11W 节能灯的电缆位置测试数据见表 2.5.1。

表 2.5.1 电缆位置测试数据

显 示 位 置	实 际 位 置	显示时间/s	实际时间/s
第三格	第三格	3	3
第十格	第十格	20	20
第十七格	第十七格	34	34
第二十四格	第二十四格	50	50
第三十一格	第三十一格	63	63
第三十八格	第三十八格	80	80
第四十五格	第四十五格	93	93

（2）60W 白炽灯的电缆位置测试数据见表 2.5.2。

表 2.5.2　60W 白炽灯的电缆位置测试数据

显 示 位 置	实 际 位 置	显示时间/s	实际时间/s
第三格	第三格	4	4
第十格	第十格	22	22
第十七格	第十七格	35	35
第二十四格	第二十四格	55	55
第三十一格	第三十一格	68	68
第三十八格	第三十八格	83	83
第四十五格	第四十五格	98	98

（3）两根电缆的间隔不小于一个方格时，60W 白炽灯带电电缆的测试数据见表 2.5.3。

表 2.5.3　电缆间隔不小于一个方格时，60W 白炽灯带电电缆的测试数据

	第六格	第十六格	第二十六格	第三十六格	第四十六格
有/没有（实际）	没有	有	有	没有	有
有/没有（显示）	没有	有	有	没有	有
显示时间/s	5	15	28	40	49
实际时间/s	5	15	28	40	49

（4）两根电缆的间隔小于一个方格时，60W 白炽灯带电电缆的测试数据见表 2.5.4。

表 2.5.4　电缆间隔小于一个方格时，60W 白炽灯带电电缆的测试数据

	第九格	第十九格	第二十九格	第三十九格	第四十九格
有/没有（实际）	有	没有	有	没有	没有
有/没有（显示）	有	没有	有	没有	没有
显示时间/s	15	30	50	86	98
实际时间/s	15	30	50	86	98

经过多次测试，探测仪可以检测到电缆，可以完成探测要求，能采集数据并将数据显示在 LCD1602 液晶显示器上，在此过程中未发生错误，完全实现了题目的所有要求。

2.6　低频功率放大器

[2009 年全国大学生电子设计竞赛（G 题）（高职高专组）]

2.6.1　任务与要求

1．任务

设计并制作一个低频功率放大器，要求末级功放管采用分立的大功率 MOS 场效应晶体管。

2．要求

1）基本要求

（1）当输入正弦信号电压有效值为 5mV 时，在 8Ω 电阻负载（一端接地）上，输出功率大于等于 5W，输出波形无明显失真。

（2）通频带为 20Hz～20kHz。

（3）输入电阻为 600Ω。

（4）输出噪声电压有效值 $U_{on} \leqslant 5mV$。

（5）尽可能提高功率放大器的整机效率。

（6）具有测量并显示低频功率放大器输出功率（正弦信号输入时）、直流电源供给功率和整机效率的功能，测量精度优于 5%。

2）发挥部分

（1）低频功率放大器通频带扩展为 10Hz～50kHz。

（2）在通频带内低频功率放大器失真度小于 1%。

（3）在满足输出功率大于等于 5W、通频带为 20Hz～20kHz 的前提下，尽可能降低输入信号幅度。

（4）设计一个带阻滤波器，阻带频率范围为 40～60Hz。在 50Hz 频率点输出功率衰减大于等于 6dB。

（5）其他。

3．说明

（1）不得使用 MOS 集成功率模块。

（2）本题输出噪声电压定义为输入端接地时，在负载电阻上测得的输出电压，测量时使用带宽为 2MHz 的毫伏表。

（3）本题功率放大电路的整机效率定义为功率放大器的输出功率与整机的直流电源供给功率之比。电路中应预留测试端子，以便测试直流电源供给功率。

（4）发挥部分第（4）项制作的带阻滤波器通过开关接入。

（5）设计报告正文中应包括系统总体框图、核心电路原理图、主要流程图、主要测试结果。完整的电路原理图、重要的源程序用附件给出。

4．评分标准

项　目		主要内容	满　分
设计报告	系统方案	总体方案设计	4
	理论分析与设计	电压放大电路设计 输出级电路设计 带阻滤波器设计 显示电路设计	8
	电路与程序设计	总体电路图，工作流程图	3
	测试方案与测试结果	调试方法与仪器 测试数据完整性 测试结果分析	3

续表

设计报告	设计报告结构及规范性	摘要；设计报告正文的结构图表的规范性	2
	总分		20
基本要求	实际制作完成情况		50
发挥部分	完成第（1）项		10
	完成第（2）项		10
	完成第（3）项		15
	完成第（4）项		10
	其他		5
	总分		50

2.6.2 题目剖析

低频功率放大器作为本届高职高专组的赛题之一，是一道典型的模拟类题目。功率放大是模拟技术的重要内容，曾多次出现在本科组的竞赛中，如1995年的A题、2001年的D题和2003年的B题等。应该说，单从设计角度分析，题目的难度并不大，原因有二：首先，作为大赛的常考知识点，选择模拟题目的参赛队赛前大都做了比较充分的准备；其次，低频功放是成熟技术，其中关键技术在很多教材、论文和散布于网站的技术文章中均有阐述。据此分析，题目重点考查的应是两方面：一是方案择优；二是制作工艺，即在规定时间内选择最优方案，并采用合理的工艺予以实现的能力。众所周知，模拟类题目的成败常由工艺决定，原理上相同的电路仅因工艺水平的差异就可能导致性能大相径庭，大赛中因工艺原因功亏一篑的例子屡见不鲜。功率放大器对工艺的要求较高，而强调制作工艺正是高职类题目的特色。当然，题目在设计要求方面与往届相比也不尽相同，特别是限定了功放管要用 MOS 型，还增加了自测功能。以下从设计和工艺两方面对该题加以分析。

1．低频功率放大器的设计要点

如果一个电路的输出端带有扬声器、继电器和电机等功率设备，那么必然要求输出级能够提供足够的功率信号，这样的输出级通常称为"功率放大器"。与普通放大器相比，因为功放电路要提供高电压和大电流，不仅振荡、失真和温漂等问题更为突出，而且会出现热击穿等普通放大器没有的问题。这些问题的存在也决定了功率放大器在设计和工艺方面有诸多需要考虑的因素。

1）低频功率放大器的一般结构

功率是电压和电流的乘积，在电源电压的约束下，功率放大意味着输出电压和电流都要尽可能大，因此低频功率放大电路的结构一般包括电压放大和电流放大两部分。由于题中还要求具有带阻滤波、功率测量和显示功能，因此该低频功率放大器的总体结构如图2.6.1所示。

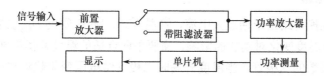

图 2.6.1　低频功率放大器的总体结构

2）电压放大级

输入信号一般比较小，首先要经过电压放大级提升电压幅度。电压放大级不仅决定了整个电路增益，而且对噪声和失真度指标也有重要影响。

电压放大级后面连接电流放大级，电流放大级是否要求电压放大级提供驱动电流，要分情况讨论。电流放大级由晶体管组成时，由于晶体管是电流放大器件，电压放大级要提供必需的输出电流。反之，电流放大级采用 MOS 管时，例如本题，因为 MOS 管是电压放大器件，因此没必要提供栅极电流，从而使设计得以简化，这也是 MOS 型功放的一个优势。

电压放大级可以采用分立元器件，也可以采用集成运放，两者各有利弊。分立元器件的优点是噪声小，但缺点是增益不高，且会增大电路的复杂度和调试难度。集成运放的优点是使用简便、增益高，缺点是噪声一般比单纯分立元器件的大。对本题而言，两者均可行，具体选用何种类型的电路取决于需求和设计者的经验。

3）电流放大级

电流放大级直接与负载相连，将前级放大的电压和本级放大的电流传递给负载，完成功率输出。电流放大级需要很强的带负载能力，一般采用射极跟随器（晶体管）或源极跟随器（MOS 管）。对于低频功放，为避免直流损耗，一般采用推挽式结构。推挽式电路的两个对管静态时处于微导通状态，静态电流即直流分量很小，可以大大降低直流损耗。

4）克服交越失真的电路

当输入信号小于三极管或 MOS 管的开启电压时，推挽电路的两管均处于截止状态，无信号输出，称为交越失真。消除交越失真的基本思想是，设法使两管静态时处于临界导通状态。克服交越失真的电路如图 2.6.2 所示，图中 $U_{GS1} + U_{GS2} = U_{D1} + U_{D2}$，$VD_1$、$VD_2$ 根据 MOS 型场效应管的开启电压可选用数个晶体管串联而成。

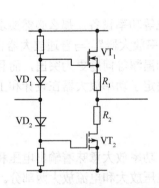

图 2.6.2　克服交越失真的电路

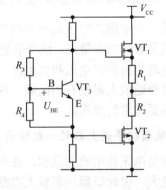

图 2.6.3　具有温度补偿的偏置电路

5）温度补偿电路

工作状态下推挽电路由于通过大电流，管温升高，MOS 管的 U_{GS} 会随之变化，影响电路的稳定。为减少温度变化对功放的影响，需要采取合适的温度补偿措施。图 2.6.2 中可以选择具有负温度系数的二极管，当温度升高时二极管结电压变化趋势与推挽管的相反，从而实现温度补偿。图 2.6.3 所示为具有温度补偿的偏置电路，它同样具有温度补偿能力，当温度上升时，漏极电流有增加的趋势，但 U_{BE} 随温度升高而下降，减小了栅-源电压，进而使漏极电流下降，达到补偿的目的。以上做法尽管不能完全抵消温度变化的影响，但在很大程度上削弱了这种不利影响，而且能保护电路免受热击穿的损害。

6）负反馈电路

功放电路工作在极限状态，管温较高，非线性失真和参数漂移的问题十分突出。为保持电路工作稳定，一般要引入负反馈，负反馈除可解决上述问题外，还可起到展宽频带的作用。

7）带阻滤波器

发挥部分要求设计一个带阻滤波器，阻带频率范围为 40～60Hz，在 50Hz 频率点输出功率衰减大于等于 6dB。显然，带阻滤波器的目的是抑制 50Hz 的工频干扰。关于带阻滤波器的设计，可以用运放和阻容元器件搭建有源滤波器，也可以采用集成滤波器，题目未做限定。自行搭建有源滤波器可以用理论计算和仿真分析相结合的方式，如利用 Multisim 的滤波器辅助设计功能，提高设计效率。集成有源滤波器种类很多，如美国 MAXIM 公司推出的集成滤波器 MAX261，它是 CMOS 双二阶通用开关电容有源滤波器，可以采用微处理器精确控制其滤波器函数，无须外围元器件即可构成多种带通、低通、高通、带阻、全通滤波器，处理速度快、整体结构简单。

8）输出功率测量

基本功能中要求具有测量并显示低频功率放大器输出功率（正弦信号输入时）、直流电源供给功率和整机效率的功能。由于负载电阻已定为 8Ω，根据 $P_S = U_S^2 / R_L$，只要测出输出电压的有效值，即可求出输出功率。题中指定功率测量的条件是正弦信号输入，因此输出电压有效值的测量可以采用两种方法：

（1）用 A/D 转换器直接采集输出电压，再经单片机处理计算出有效值。对于单一频率的正弦信号，有效值计算比较简单，单片机完全可以胜任。

（2）采用专用芯片测量有效值。因题中对有效值的测量方法未做限定，完全可以采用专用的有效值测量芯片，如 AD536、AD637 等。这些专用芯片测量精度高，使用简单方便，可以大大提高设计效率。

为求出整机效率，除输出功率的测量外，还要知道电源的供给功率。效率 $\eta = P_O/P_S$，其中 P_O 为输出功率，电源的供给功率 $P_S = E_S I_S$，电源电压 E_S 已知，因此求电源供给功率的关键是要测出系统的总电流 I_S。可以用取样电阻法测量这一电流，即把一阻值已知的小电阻串联到电源线上，再用精度较高的 A/D 转换器测出小电阻两端的电压，由欧姆定律求出系统的总电流。

2．低频功率放大器的工艺设计

工艺水平是影响放大器性能的重要因素。工艺上的缺陷不仅会导致性能指标下降，难以实现原始的设计意图，严重时还会缩短产品寿命，甚至损坏重要器件。功率放大器在制作工艺方面应注意以下几点：

（1）要特别注意放大器第一级。尽量采取屏蔽措施，包括元器件的屏蔽、引线的屏蔽等。此外，第一级元器件的布置要紧凑，走线要尽可能短，第一级的元器件与电源变压器等大功率元器件要尽量远离。

（2）布线合理。放大器的输入线与大信号线的输出线、交流电源线要分开走，不要平行布线，更不要绑在一起。

（3）接地合理。放大器的地线应采用直径约为 1mm 的裸铜线或镀银线，电路板上的地线应由末级到前级依次连接，不要乱接。最好采取一点接地（指接机壳或大地），避免采用底盘当地线和多点接地。一般接地点可选在放大器直流电源输出端的滤波电容的地端，切勿将接地点选在放大器的输入端。第一级输入回路的元器件最好集中于一点再接地线。

（4）注意焊接质量。焊接质量直接影响到放大器的性能，尤其不允许有虚焊现象出现。因此焊接前要清洗元器件和导线并镀上锡，在焊接时，焊点要光滑。焊接时可以使用松香作为焊剂，最好不要用焊油，因为焊油有腐蚀性。

（5）在所有电源滤波电解电容的两端并联 0.1μF 的 CBB 电容，滤除高频噪声。

3．主要元器件选型

为满足功放的各项指标要求，正确选择元器件型号十分重要。要根据耐压值、过流值、耐温值、噪声系数、频率特性等具体要求选择合适的元器件。下面简要介绍主要元器件的选择原则。

1）前置放大器

前置放大器完成小信号的放大任务，主要影响系统的噪声、失真度和增益指标，因此要选择低噪声、高保真、快速响应和宽频带的放大器。

2）电流放大器

电流放大器即末级推挽电路的对管。对管的选择要求对称性好，还要注意以下参数：

（1）特征频率 f_T 与集电极最大允许耗散功率。特征频率 f_T 与上限频率 f_H 的关系为

$$f_T \approx f_H \beta_H$$

对乙类 OCL 放大器来说，单管最大管耗 P_{TM} 与输出功率 P_{OM} 的关系为

$$P_{TM} \approx 0.2 P_{OM}$$

应根据题目对上限频率和输出功率的要求，选择合适的 MOS 管。

（2）耐压和过流值。由于输出电压达到正负峰值时，MOS 管的漏极-源极间所加电压是正电源与负电源之间的电压，正负电源一般对称，因此 MOS 管的耐压值应大于电源电压的 2 倍。MOS 管的过流值应大于向负载提供的最大输出电流，如果电源电压为 V_{CC}，负载为 R_L，那么最大输出电流 $I_{Omax} \approx V_{CC}/R_L$，具体选择时要留有余量。

（3）散热片。题目要求输出功率在 5W 以上，根据 $P_{TM} \approx 0.2 P_{OM}$，MOS 管的功耗最大可达 1W，因此必须加装散热片，并依据散热器的外形尺寸在电路板上预留出安装位置。

（4）其他元器件。为保证电路稳定工作，一些辅助元器件如去耦电容、隔直电容和限流电阻的选择也十分重要。为防止后端大信号经电源干扰前级电路，前级电路的电源去耦电容必不可少，一般选择去耦特性好的钽电容。为防止直流信号馈入，信号输入端应加装隔直电容。隔直电容 C 与输入阻抗 R_I 形成高通滤波器，截止频率为 $f_L = 1/(2\pi C R_I)$，应根据

系统的频带合理选择电容值。为避免负载加重或短路造成的过流损坏功率管，MOS 功率管的输出一般要加限流电阻，其取值要兼顾保护能力和损耗两个方面，同时根据功率值选择电阻的型号。

下面通过两个例子介绍低频功率放大器的完整设计。

2.6.3 具备参数检测及显示功能的低频功率放大器

来源： 兰州工业高等专科学校　蔡卓恩　郭宁　董红生

摘要： 本设计的低频功率放大器基于甲乙类互补对称功率放大电路原理，采用集成运放 NE5532 构成三级前置放大电路来有效放大弱信号。末级功放管采用大功率 MOS 晶体管 IRF9640 和 IRF640 对管，构成推挽式输出电路，有效减少非线性失真。采用集成滤波器 MAX261 消除工频信号干扰，放大器输出功率、直流电源供给功率和整机效率等参数的检测及显示由单片机 AT89C51 控制实现。另外，还针对本系统制作了自带的直流电源，可保证对负载的功率输出。

1. 总体方案设计

根据需要，本设计包括弱信号前置放大电路、功率放大电路、功率检测电路、显示电路和带阻滤波电路五部分，电路结构框图如图 2.6.4 所示。

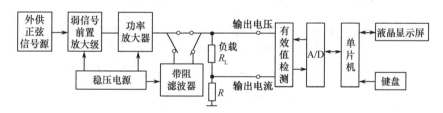

图 2.6.4　电路结构框图

2. 单元电路设计

1) 弱信号前置放大电路

弱信号前置放大电路如图 2.6.5 所示，从信号源输出的信号非常微弱（5mV），只有经过放大后才能激励功率放大器。为满足指标要求，减小非线性失真，提高电路的高频和低频特性，我们在前置放大电路中采用集成运放 NE5532。NE5532 是高性能、低噪声运放，与很多标准运放相似，它具有较好的噪声性能、优良的输出驱动能力和相当宽的小信号放大的动态范围，一般用作前置放大。两级放大器都设计为电压串联负反馈的放大器，调节电位器可改变电路增益和跨导。

2) 甲乙类互补对称功率放大电路

末级输出管采用分立的大功率 MOS 场效应管，IRF9640 和 IRF640 是一对互补管，形成很好的对称。如图 2.6.6 所示，功率放大电路采用两管推挽电路，使两个 MOS 管在两个半周期内轮流工作。这种对称结构还有两个优点：一是由于输出级的电压增益小于 1，而且响应速度比从漏极输出高，可大大降低出现振荡的可能性；二是由于漏极没有信号，没有把寄生振荡通过杂散电容传送到电路其余部分的可能性，这样就再次降低了产生振荡的可能性，且可防止频率响应的降低。

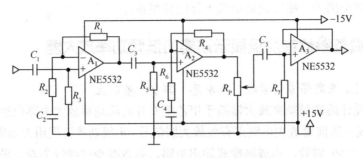

图 2.6.5　弱信号前置放大电路

另外，本设计通过三极管 VT_1 及相关电阻和电位器供给两管栅源极间的电压，静态时使得两个对称的管子微导通，克服了死区电压，减小了交越失真。

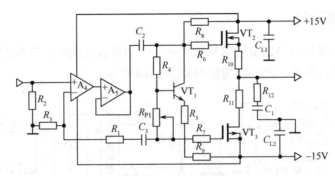

图 2.6.6　功率放大电路

3）带阻滤波器

工频干扰是仪器仪表信号中的重要干扰因素，采用 40～60Hz 的带阻滤波器，将中心频率 $f_0 = 50Hz$ 的信号输出功率衰减 2 倍。考虑到电路稳定性及效率问题，本设计采用集成滤波器 MAX261，该芯片是美国 MAXIM 公司推出的 CMOS 双二阶通用开关电容有源滤波器，可以采用微处理器精确控制其滤波器函数，不需要外围元器件即可构成多种带通、低通、高通、带阻、全通滤波器，处理速度快、整体结构简单。MAX261 的引脚及其与单片机的接口如图 2.6.7 所示，采用模式 3，运用片内运放把高通与低通输出相加构成独立的带阻输出，通过调整运放外接反馈电阻的比率独立地设置 f_0。

4）输出功率测量电路

根据题目要求，需要测量低频功率放大器的输出功率和直流电源的供给功率，并计算整机效率。本设计根据有效值计算功率。通过有效值芯片 AD536 把交流量转换成直流量，再通过变送电路及 A/D 转换送入单片机测得有效值，有效值测量电路如图 2.6.8 所示。

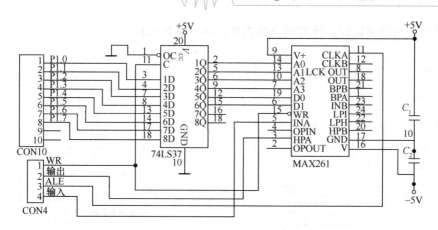

图 2.6.7　MAX261 的引脚及其与单片机的接口

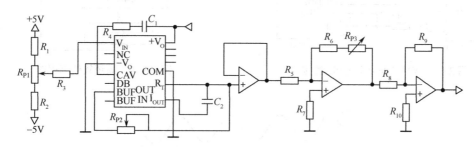

图 2.6.8　有效值测量电路

5）功率传输效率计算

输入信号为正弦波信号，负载获得的功率及功率传输效率的计算如下。

负载获得的功率　　　　　　　　　　$P_O = UI_O$

E_S 提供的电源功率　　　　　　　　　$P_S = E_SI$

（注意：原文此处认为电源总电流近似为 I，忽略了除功放管外其他部分的耗能，严格来说不算精确。正确做法是通过实测得出直流电源的供给电流，可以采用取样电阻法测量。）

功率传输效率　　　　　　　　　　　$\eta = P_O/P_S$

6）显示电路设计

YM12864J 是一种图形点阵液晶显示器，它主要采用动态驱动原理由行驱动控制器和列驱动器两部分组成 128（列）×64（行）的全点阵液晶显示，可显示 8（列）×4（行）个（16×16 点阵）汉字，也可完成图形、字符的显示。YM12864J 与 CPU 的接口如图 2.6.9 所示，采用 5 位控制总线和 8 位并行数据总线输入/输出，适配 M6800 系列时序。

7）系统软件设计

系统软件流程图如图 2.6.10 所示。

3. 结果分析

通过示波器观察到的输出信号波形良好，功率放大器输出电压的波形如图 2.6.11 所示。

本设计采用的电路可以较好地抑制交越失真，基本满足要求。

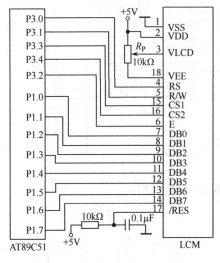

图 2.6.9　YM12864J 与 CPU 的接口

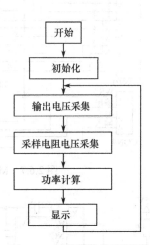

图 2.6.10　系统软件流程图

图 2.6.11　功率放大器输出电压的波形

4．结束语

本文设计的低频功率放大器电路，基于甲乙类互补对称功率放大电路的原理，采用集成运放 NE5532 构成三级前置放大电路进行放大。末级功放管采用大功率 MOSFET 晶体管 IRF9640 和 IRF640 构成推挽式输出电路，有效减少了非线性失真，并针对克服交越失真采取了一定的措施。实测波形表明达到了较好的设计效果，同时测量和显示电路对功率放大器的使用具有一定的参考作用，使得功率放大器的功能更加完善。

2.6.4　基于 MOS 管的低频功率放大器

来源： 黄冈职业技术学院　马中秋　夏继军

摘要： 基于集成运放 NE5532 设计了一个低频功率放大器，它由直流稳压电源、电压放大电路、MOS 管功率放大电路、带阻滤波电路及数据采集显示模块等 5 部分组成，其主要功能是将 10Hz～50kHz 的低频小信号放大，输出功率大于 5W 且波形无明显失真，并实时显示系统的输出功率、直流电源的供给功率和整机效率。

1．系统总体方案

本系统主要由前置放大器、功率放大器、带阻滤波器、数据采集模块和 LCD 显示模块组成。系统设计框图如图 2.6.12 所示，其中前置放大器由双运算放大器 NE5532 及外围器件实现两级放大，可选择通过带阻滤波器将 40～60Hz 的信号进行衰减，然后经过由运算放大器 NE5532 和大功率 MOS 管构成的功率放大器进行功率放大。由 AD637 和 AD1674 采集相关数据，经 MSP430F2274 单片机处理后，将输出功率、直流电源供给功率和整机效率等参数实时显示在液晶上。

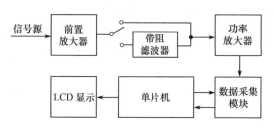

图 2.6.12　系统设计框图

2. 单元硬件电路设计

1）电压放大电路的分析与设计

电压放大电路是整个系统的第一环节，主要完成小信号电压放大的任务，对整个系统的稳定性起着关键作用。本设计采用高精度、低噪声集成运放 NE5532 两级级联对输入的小信号进行放大，保障整个系统的失真度并使噪声最小。电压放大电路采用集成运放 NE5532 构成的二级放大电路。电路结构采用同相输入比例运算电路，实现所需的电压放大倍数。前置放大电路如图 2.6.13 所示。

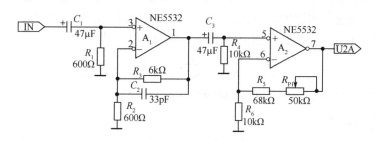

图 2.6.13　前置放大电路

由图可知，第一级和第二级前置级闭环电压的总增益约等于 42dB。

2）功率放大级电路分析与设计

功率放大级电路主要由 NE5532 和末级电路的两个大功率 MOS 管组成。两个 MOS 管构成甲乙类功放电路，NE5532 将电压信号放大，以推动 MOS 管工作。R_{p3} 控制反馈深度，稳定输出信号。功率放大器电路如图 2.6.14 所示。

3）带阻滤波器的分析与设计

将输入电压同时作用于低通滤波器和高通滤波器，再将两个电路的输出电压求和，就可以得到带阻滤波器。设低通滤波器的截止频度 f_1 低于高通滤波器的截止频率 f_2。带阻滤波器能衰减 f_1 和 f_2 之间的信号。带阻滤波电路幅频特性如图 2.6.15 所示，二阶带阻滤波电路如图 2.6.16 所示。

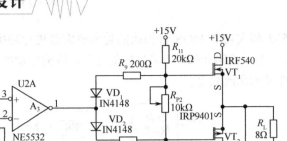

图 2.6.14　功率放大器电路

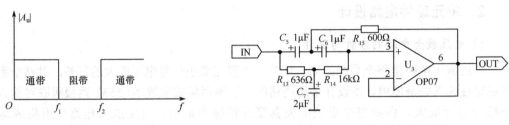

图 2.6.15　带阻滤波电路幅频特性　　　　　图 2.6.16　二阶带阻滤波器电路

根据截止频率 f_c，选定一个电容 C（单位为 μF）的标称值，使其满足 $K = 100/f_cC$（K 值不能太大，否则会使电阻的取值较大，从而使引入的误差增加，通常取 $1 \leqslant K \leqslant 10$）。在本设计中取 $C = 2$ μF，$f_c = 50$Hz。由电路结构可知 $A_u = 1$，并且

$$\frac{1}{R_{15}} = \frac{1}{R_{13}} + \frac{1}{R_{14}}, \qquad w_0^2 = \frac{1}{R_{13}R_{14}C^2}$$

计算可得 $R_{13} = 636\Omega$，$R_{14} = 16\text{k}\Omega$，$R_{15} = 600\Omega$。

4）显示电路设计

由单片机处理通过数据采集模块采集的数据，经计算得到系统输出功率、电源供给功率和整机效率后，通过液晶显示。单片机与液晶采用模拟串口方式通信，以节省 I/O 接口。具体的显示电路如图 2.6.17 所示。

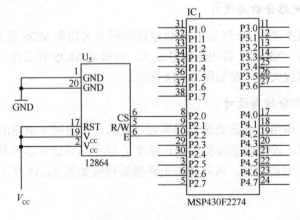

图 2.6.17　显示电路

3．软件设计

本系统的主程序流程图如图 2.6.18 所示，中断程序流程图如图 2.6.19 所示。主程序主要通过 A/D 转换，接收 A/D 采集的数据并计算系统的输出功率、电源供给功率和整机效率。中断程序控制系统进入低功耗模式，并允许按键唤醒。

结果分析：经过测试验证，该系统实现如下目标：在 8Ω 负载下，将 10Hz～50kHz 的低频小信号放大，输出功率大于 5W 且波形失真度小于 1%，输出噪声电压有效值 $U_{oN} \leqslant 5mV$，并将系统的输出功率、直流电源的供给功率和整机效率实时显示出来，通过 40～60Hz 的带阻滤波器对 50Hz 信号的功率衰减大于 20dB。本设计具有功耗低、性价比高、稳定性好、应用广泛等优点，可应用于音频功率放大器、电子仪器仪表等领域。

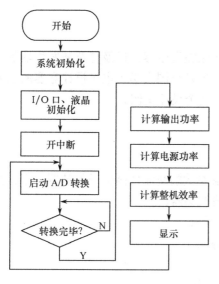

图 2.6.18　主程序流程图

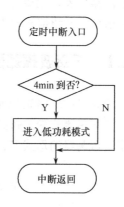

图 2.6.19　中断程序流程图

第③章
信号源设计

3.1　信号源设计基础

信号发生器一般可分为正弦波发生器、非正弦波发生器，以及任意波发生器等。它广泛应用于仪器仪表、无线电发射与接收系统中，也是全国大学生电子设计竞赛的主要考点之一。本章首先介绍信号源设计的基础，然后举几个设计实例。

3.1.1　正弦波振荡器

振荡器是自动地将直流能量转换为一定波形参数的交流振荡信号的装置。根据波形的不同，可将振荡器分为正弦波振荡器和非正弦波振荡器。

正弦波振荡器的形式多种多样，如图 3.1.1 所示。

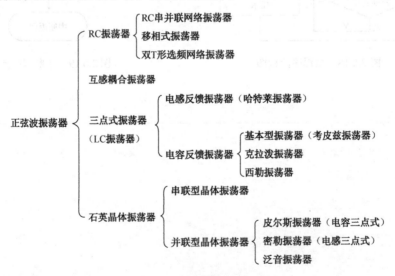

图 3.1.1　正弦波振荡器分类

正弦波振荡器要起振和稳定地工作，必须满足起振条件和平衡条件。起振条件为

$$\left| \dot{A}\dot{F} \right| > 1$$

$$\arg \dot{A}\dot{F} = \varphi_{\mathrm{A}} + \varphi_{\mathrm{F}} = \pm 2n\pi,\ n = 0,\ 1,\ 2,\cdots$$

平衡条件为

$$|\dot{A}\dot{F}| = 1 \tag{3.1.1}$$

$$\arg \dot{A}\dot{F} = \pm 2n\pi, \ n = 0, 1, 2, \cdots$$

对于一般振荡器而言，其幅度条件容易满足，关键是相位是否满足。相位条件的判断常采用瞬时极性法。

现将常见的各类正弦波振荡器列表进行比较，详见表 3.1.1。

表 3.1.1　常见的各类正弦波振荡器

振荡器名称		典 型 电 路	振 荡 频 率	起 振 条 件	电路特点及应用场合
RC 正弦波振荡器	RC 串并联网络振荡器		$f_o = \dfrac{1}{2\pi RC}$ 令 $R_1 = R_2 = R$ $C_1 = C_2 = C$	$1 + \dfrac{R_F}{R'} > 3$ $R_F > R'$	可方便连续调节振荡频率，便于加负反馈稳幅电路，容易得到良好的振荡波形
	移相式振荡器		$f_o = \dfrac{1}{2\sqrt{3}RC}$ 令 $C_1 = C_2 = C_3 = C$ $R_1 = R_2 = R$	$R_F > 12R$	电路简单，经济方便，适用于波形要求不高的轻便测试设备
	双 T 形选频网络振荡器		$f_o \approx \dfrac{1}{5RC}$	$R_3 < R/2$ $|\dot{A}\dot{F}| > 1$	选频特性好，适用于产生单一频率的振荡波形
LC 正弦波振荡器	电感三点式振荡器——哈特莱振荡器		$\omega_g \approx \dfrac{1}{\sqrt{LC}}$ $L = L_1 + L_2 + 2M$	$g_m > (g_m)_{min}$ $= \dfrac{1}{F}g_{oe} + Fg_{ie}$	优点：起振较容易、调整方便 缺点：输出波形不好；在频率较高时，不易起振
	电容三点式振荡器——考皮兹振荡器		$\omega_g = \sqrt{\dfrac{1}{LC} + \dfrac{g_{ie}g_{oe}}{C_1C_2}}$ $\omega_g \approx \dfrac{1}{\sqrt{LC}}$ $C = \dfrac{C_1C_2}{C_1 + C_2}$	$g_m > (g_m)_{min}$ $= \dfrac{1}{F}g_{oe} + Fg_{ie}$ $F = \dfrac{C_1}{C_2}$	优点：输出波形好，工作频率可以做得较高 缺点：调整频率困难，起振困难

振荡器名称	典型电路	振荡频率	起振条件	电路特点及应用场合
LC正弦波振荡器 克拉泼振荡器		$\omega_g = \omega_o$ $\approx \dfrac{1}{\sqrt{LC_3}}$	$g_m > (g_m)_{min}$ $= \dfrac{1}{F}(g_{oe} + g_L) + F g_{ie}$	优点：减小了 C_{oe}、C_{ie} 对频率的影响
西勒振荡器		$\omega_g \approx \omega_o$ $= \dfrac{1}{\sqrt{L(C_3 + C_4)}}$	$g_m > (g_m)_{min}$ $= \dfrac{1}{F}(g_{oe} + g_L) + F g_{ie}$ $F = C_1 / C_2$	优点：减小了 C_{oe}、C_{ie} 对频率的影响
石英晶体振荡器 皮尔斯振荡器		$\omega_o = \omega_q$ $\sqrt{1 + \dfrac{C_q}{C_o + C_L}}$ $C_L = \dfrac{C_1 C_2}{C_1 + C_2}$		优点：频率稳定性高，最高可达 $10^{-7} \sim 10^{-5}$ 缺点：改变频率困难，只能点频
密勒振荡器		$f_o = 1\text{MHz}$		频率稳定度高，但改变频率困难
串联型晶体振荡器				频率稳定度高，但改变频率困难

3.1.2 非正弦波振荡器

常用的非正弦波发生电路有矩形波发生电路、三角波发生电路和锯齿波发生电路等。为便于直观地进行比较，现将常用的非正弦波发生电路列表进行比较，详见表 3.1.2。

表 3.1.2 常用的非正弦波发生电路

电 路 名 称	典 型 电 路	电 路 波 形	主 要 参 数
矩形波发生电路	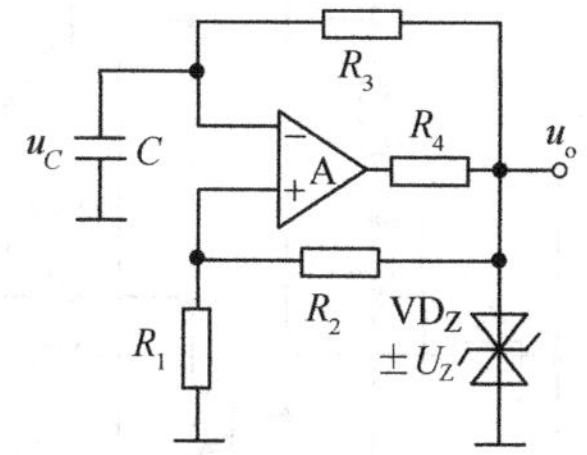	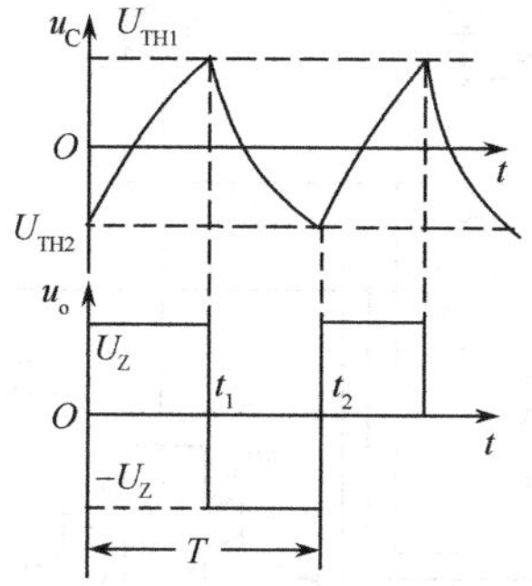	$U_{TH1} = \dfrac{R_1}{R_1 + R_2} U_Z$ $U_{TH2} = -\dfrac{R_1}{R_1 + R_2} U_Z$ $T = 2R_3 C \ln\left(1 + \dfrac{2R_1}{R_2}\right)$
三角波发生电路	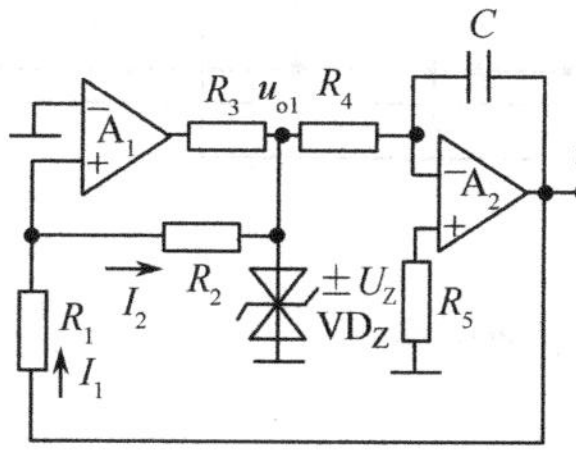	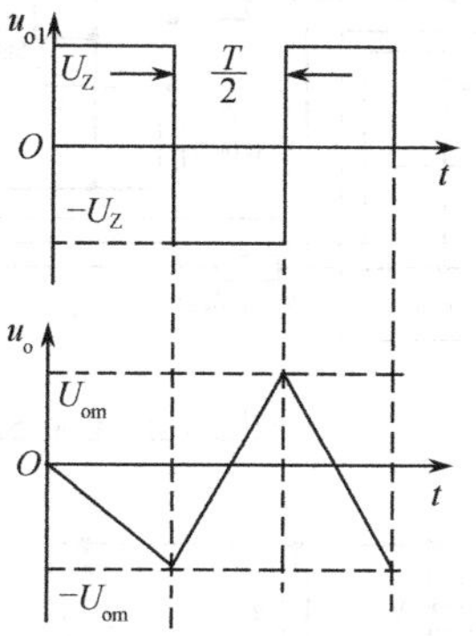	$U_{om} = -\dfrac{R_1}{R_2} U_Z$ $T = \dfrac{4R_1 R_4}{R_2} C$
锯齿波发生电路	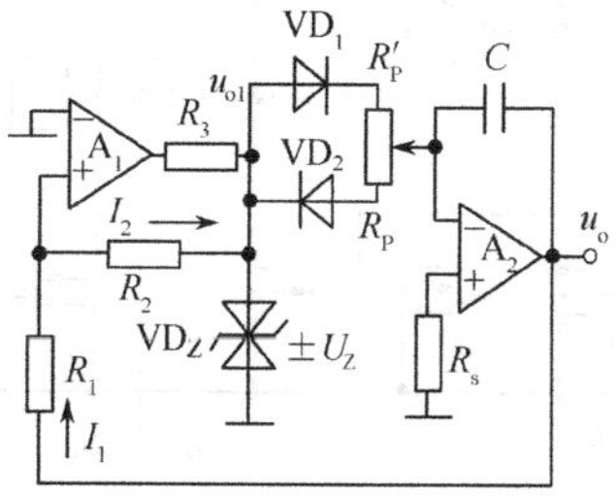	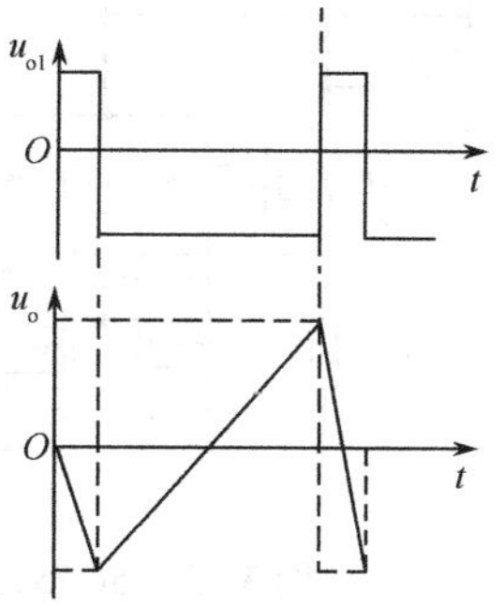	

3.1.3 555 电路结构及应用

1. 555 电路的结构及功能

时基电路 555 按结构分为 TTL 和 CMOS 两大类，两大类时基电路的内部等效电路分别如图 3.1.2 和图 3.1.3 所示，它们的等效框图如图 3.1.4 所示。555 引出端的真值表见表 3.1.3。由这些原理图和真值表可知，555 电路实际上是一个电平型 RS 触发器，其特征方程为

$$Q_{n+1} = S + \overline{R} Q_n \tag{3.1.2}$$

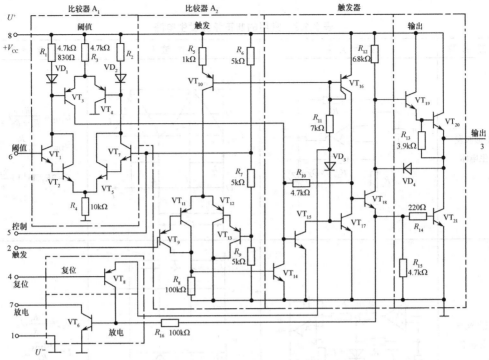

图 3.1.2 CA555 的内部等效电路

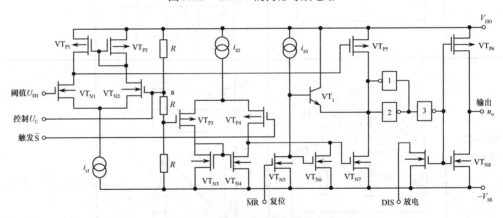

图 3.1.3 5G7556 的内部等效电路

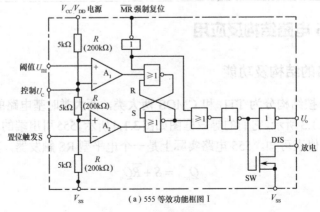

(a) 555 等效功能框图 I

图 3.1.4 电路等效框图

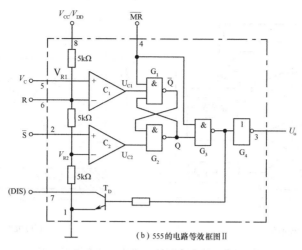

（b）555的电路等效框图Ⅱ

图3.1.4　555的电路等效框图（续）

表3.1.3　555引出端的真值表

引　　脚	2（$\overline{S}$）	6（R）	4（$\overline{MR}$）	3（u_O）	7（Q）
电平	$\leqslant\frac{1}{3}V_{CC}/V_{DD}$	*	>1.4V	高电平	悬空状态
电平	$>\frac{1}{3}V_{CC}/V_{DD}$	$\geqslant\frac{2}{3}V_{CC}/V_{DD}$	>1.4V	低电平	低电平
电平	$>\frac{1}{3}V_{CC}/V_{DD}$	$\leqslant\frac{2}{3}V_{CC}/V_{DD}$	>1.4V	保持原电平	保持
电平	*	*	<0.3V	低电平	低电平

注：*表示任意电平。

2．555 电路在波形产生和整形方面的应用

1）用555定时器构成施密特触发器

用555定时器构成的施密特触发器如图3.1.5所示。

2）用555时基电路构成单稳态触发器

用555时基电路构成的单稳态触发器如图3.1.6所示。

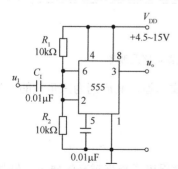

图3.1.5　用555定时器构成的施密特触发器

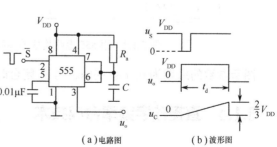

（a）电路图　　　（b）波形图

图3.1.6　用555时基电路构成的单稳态触发器

3）用555时基电路构成多谐振荡器

用555时基电路构成的多谐振荡器如图3.1.7所示。

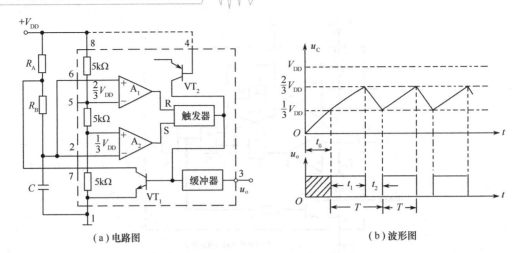

（a）电路图　　　　　　　　　　　　（b）波形图

图3.1.7　用555时基电路构成的多谐振荡器

4）用555电路构成多种波形发生器

用555电路构成的多种波形发生器电路及波形如图3.1.8所示。该电路由555和电容 C_1 及恒流源充放电回路组成多谐振荡器。IC_2 采用5G28C作为高输入阻抗的跟随器，起隔离和阻抗变换的作用。振荡器的充放电均为恒流源充放电，因而其锯齿波具有良好的线性性质。R_{P1}、R_{P2} 分别用于调节充电和放电的时间常数。

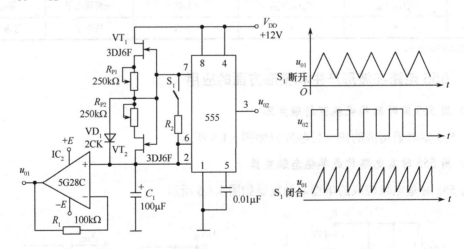

图3.1.8　用555电路构成的多种波形发生器电路及波形

图示参数的周期为0.2ms～60s。当 S_1 闭合时，形成锯齿波，其周期为三角波的一半。

3.1.4　直接数字频率合成技术

随着科学技术的发展，对信号频率的稳定度和准确度提出了越来越高的要求。例如，在手机通信系统中，信号频率稳定度的要求必须优于 10^{-6}；在卫星发射中要求更高，必须优于 10^{-8}。同样，在电子测量技术中，如果信号源频率的稳定度和准确度不高，那么很难对电子设备进行准确的频率测量。因此，频率的稳定度和准确度是信号源的重要技术指标之一。

在以 RC、LC 为主振级的信号源中，频率准确度只能达到 10^{-2} 量级，频率稳定度只能达到 $10^{-3} \sim 10^{-4}$ 量级，远远不能满足现代电子测量和无线电通信等方面的要求。另一方面，以石英晶体组成的振荡器的稳定度优于 10^{-8} 量级，但它只能产生某些特定的频率。为此，需要采用频率合成技术。频率合成技术对一个或几个高稳定度频率进行加、减、乘、除运算，得到一系列所要求的频率。采用频率合成技术制成的频率源称为频率合成器，它已用于各种专用设备或系统中，如通信系统中的激励源和本振，或者做成通用的电子仪器，称为合成信号发生器（或称合成信号源）。频率的加、减通过混频获得，乘、除通过倍频、分频获得，也广泛运用锁相技术来实现频率合成。采用频率合成技术可以把信号发生器的频率稳定度、准确度提高到与基准频率相同的水平，并且可以在很宽的频率范围内进行精细的频率调节。合成信号源可工作于调制状态，可对输出电平进行调节，也可输出各种波形，是当前用得最广泛的、性能较高的信号源。

频率合成的方法很多，但基本上分为两大类：直接合成法和间接合成法。在具体实现中可分为下面三种方法：

频率合成的方法 $\begin{cases} \text{直接模拟频率合成法（Direct Analog Frequency Synthesis，DAFS）} \\ \text{直接数字频率合成法（Direct Digital Frequency Synthesis，DDS）} \\ \text{间接锁相式合成法} \end{cases}$

本节只介绍直接数字频率合成法（DDS），其他频率合成方法放在高频电子线路篇中详细介绍。

模拟频率合成法通过对基准频率人为地进行加、减、乘、除算术运算得到所需的输出频率。自 20 世纪 70 年代以来，由于大规模集成电路的发展及计算机技术的普及，开创了另一种信号合成方法——直接数字频率合成法（DDS），它突破了模拟频率合成法的原理，从"相位"的概念出发进行频率合成。这种合成方法不仅可以给出不同频率的正弦波，而且可以给出不同初始相位的正弦波，甚至可以给出各种任意波形，这在模拟频率合成方法中是无法实现的。这里先讨论正弦波的合成问题，任意波形的合成将在后面讨论。

1）直接数字合成的基本原理

在微机内，若插入一块 D/A 转换插卡，编制一段小程序，如连续进行加 1 运算到一定值，然后连续进行减 1 运算回到原值，再反复运行该程序，则微机输出的数字量经 D/A 变换成小阶梯式模拟量波形，如图 3.1.9 所示。再经低通滤波器滤除引起小阶梯的高频分量，得到三角波输出。若更换程序，令输出 1（高电平）一段时间，再令输出 0（低电平）一段时间，反复运行这段程序，则会得到方波输出。实际上，可以将要输出的波形数据（如正弦函数表）预先存储在 ROM（或 RAM）单元中，然后在系统标准时钟（CLK）频率下，按照一定的顺序从 ROM（或 RAM）单元中读出数据，再进行 D/A 转换，就可以得到一定频率的输出波形。

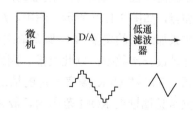

图 3.1.9 直接数字合成原理图

现以正弦波为例进一步说明。按相位把正弦波的一个周期（360°）划分为若干等分的 $\Delta\varphi$，将各相位对应的幅值 A 按二进制编码并存入 ROM。设 $\Delta\varphi = 6°$，则一个周期内共有 60 等分。由于正弦波关于 180°奇对称，关于 90°和 270°偶对称，因此 ROM 中只需存储 0°～90°范围内的幅值码。若以 $\Delta\varphi = 6°$计算，则在 0°～90°之间共有 15 等分，其幅值在 ROM 中占 16 个地址单元。因为 $2^4 = 16$，所以可以按 4 位地址码对数据 ROM 进行寻址。现设幅值码为 5 位，则在 0°～90°范围内的编码关系见表 3.1.4。

表 3.1.4 0°～90°范围内的编码关系

地址码	相 位	幅度（满度值为1）	幅值编码	地址码	相 位	幅度（满度值为1）	幅值编码
0000	0°	0.000	00000	1000	48°	0.743	11000
0001	6°	0.105	00011	1001	54°	0.809	11010
0010	12°	0.207	00111	1010	60°	0.866	11100
0011	18°	0.309	01010	1011	66°	0.914	11101
0100	24°	0.406	01101	1100	72°	0.951	11110
0101	30°	0.500	10000	1101	78°	0.978	11111
0110	36°	0.588	10011	1110	84°	0.994	11111
0111	42°	0.669	10101	1111	90°	1.000	11111

2）信号的频率关系

在图 3.1.10 中，时钟 CLK 的频率为固定值 f_c。在 CLK 的作用下，如果按照 0000,0001,0010,…,1111 的地址顺序读出 ROM 中的数据，即表 3.1.4 中的幅值编码，那么其输出正弦信号频率为 f_{o1}；如果每隔一个地址读一次数据（按 0000,0010,0100,…,1110 的地址顺序），那么其输出信号频率为 f_{o2}，且 f_{o2} 比 f_{o1} 提高一倍，即 $f_{o2} = 2f_{o1}$；以此类推。这样，就可以实现直接数字频率合成器的输出频率的调节。

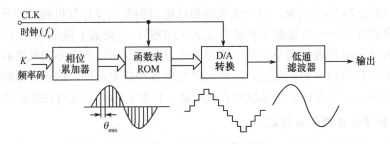

图 3.1.10 以 ROM 为基础构成的 DDS 原理图

上述过程是由控制电路实现的，由控制电路的输出决定选择数据 ROM 的地址（即正弦波的相位）。输出信号波形的产生是相位逐渐累加的结果，这由累加器实现，称为相位累加器，如图 3.1.10 所示。图中，K 为累加值，即相位步进码，也称频率码。如果 $K=1$，每次累加结果的增量为 1，那么依次从数据 ROM 中读取数据；如果 $K=2$，那么每隔一个 ROM 地址读一次数据；以此类推。因此，K 值越大，相位步进越快，输出信号波形的频率就越高。在时钟 CLK 频率一定的情况下，输出的最高信号频率是多少？或者说，在相应于 n 位常见地址的 ROM 范围内，最大的 K 值应为多少？对于 n 位地址来说，共有 2^n 个 ROM 地址，设四分之一正弦波中有 2^n 个样点（数据）。如果取 $K=2^n$，那么就意味着相位步进为 2^n，因此一个信号周期中只取一个样点，它不能表示一个正弦波，因此不能取 $K=2^n$；如果取 $K=2^{n-1}$，$2^n / 2^{n-1} = 2$，那么一个正弦波形中有两个样点，这在理论上满足了取样定理，但实际上难以实现。一般来说，限制 K 的最大值为

$$K_{max} = 2^{n-2}$$

这样，一个波形中至少有 4 个样点（$2^n/2^{n-2} = 4$），经过 D/A 变换，相当于 4 级阶梯波，即图 3.1.10 中的 D/A 输出波形由 4 个不同的阶跃电平组成。在后继低通滤波器的作用下，可以得到较好的正弦波输出。相应地，K 为最小值（$K_{\min} = 1$）时，共有 4×2^n 个数据组成一个正弦波。

根据以上讨论，可以得到如下的一些频率关系。假设控制时钟频率为 f_c，ROM 地址码的位数为 n。当 $K = K_{\min} = 1$ 时，输出频率 f_o 为

$$f_o = K_{\min} \frac{f_c}{2^n}$$

因此最低输出频率 $f_{o\min}$ 为

$$f_{o\min} = f_c / 2^n \tag{3.1.3}$$

当 $K = K_{\max} = 2^{n-2}$ 时，输出频率 f_o 为

$$f_o = K_{\max} \frac{f_c}{2^n}$$

因此最高输出频率 $f_{o\max}$ 为

$$f_{o\max} = f_c / 4 \tag{3.1.4}$$

在 DDS 中，输出频率点是离散的，当 $f_{o\max}$ 和 $f_{o\min}$ 已经设定时，其间可输出的频率个数 M 为

$$M = \frac{f_{o\max}}{f_{o\min}} = \frac{f_c/4}{f_c/2^n} = 2^{n-2} \tag{3.1.5}$$

现在讨论 DDS 的频率分辨率。如前所述，频率分辨率是两个相邻频率之间的间隔，现在定义 f_1 和 f_2 为两个相邻的频率，若 $f_1 = K \dfrac{f_c}{2^n}$，则

$$f_2 = (K+1)\frac{f_c}{2^n}$$

因此，频率分辨率 Δf 为

$$\Delta f = f_2 - f_1 = (K+1)\frac{f_c}{2^n} - K\frac{f_c}{2^n}$$

因此频率分辨率为

$$\Delta f = f_c / 2^n \tag{3.1.6}$$

为了改变输出信号频率，除调节累加器的 K 值外，还有一种方法，即调节控制时钟的频率 f_c。由于 f_c 不同，读取一轮数据所花的时间不同，因此信号频率也不同。用这种方法调节频率，输出信号的阶梯仍然取决于 ROM 单元的多少，只要有足够的 ROM 空间，就能输出逼近正弦的波形，但调节比较麻烦。

3）噪声分析

在 DDS 中，噪声有两种。

（1）量化噪声

一种是相位和幅度量化噪声，简称量化噪声。在一定的电路中，它一般是不变的。对

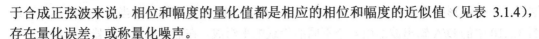

于合成正弦波来说，相位和幅度的量化值都是相应的相位和幅度的近似值（见表 3.1.4），存在量化误差，或称量化噪声。

（2）滤波器带来的噪声

另一种是数模转换器产生的阶梯波中的杂散频率通过非理想低通滤波器时带来的噪声，这类噪声将随频率增高而加大。

4）直接数字合成信号源实例

根据上述原理完全可以自行设计并制作数字直接合成信号源，但由一般通用集成电路（如累加器、存储器、D/A 转换等）搭建的系统性能不佳，可靠性也差。由于大规模集成电路技术的发展，已有多种型号的直接数字频率合成的 DDS 芯片可供选用，如 AD9850、AD9851、AD9852、AD9853、AD9854、ADF4351 等。下面介绍用 DDS 芯片 AD9850 组成跳频合成信号源的方案，DDS 跳频系统组成框图如图 3.1.11 所示。

AD9850 是美国 Analog Devices 公司生产的 DDS 单片频率合成器，其内部原理框图如图 3.1.12 所示。图中的核心部分是高速 DDS，其下方是频率码输入控制电路，右边是 10 位 DAC（数模转换器），同时还备有电压比较器，可将正弦波转换为方波输出。在 DDS 的 ROM 中已预先存入正弦函数表：幅度按二进制分辨率量化，相位在一个周期 360° 内按 $\theta_{\min} = 2\pi/2^{32}$ 的分辨率设立取样点，然后存入 ROM 的相应地址中。工作时，单片微机通过接口和缓冲器送入频率码。芯片提供两种频率码的输入方法：一种是并行输入，8 位组成 1 字节，分 5 次输入，其中 32 位是频率码，另 8 位中的 5 位是初始相位控制码，3 位是掉电控制码；另一种是串行 40 位输入，由用户选用。

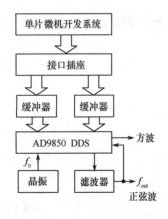

图 3.1.11　DDS 跳频系统组成框图

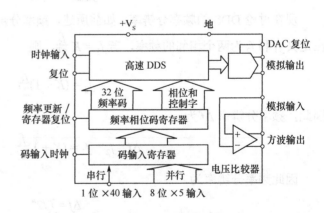

图 3.1.12　AD9850 内部原理框图

实用中，改变读取 ROM 的地址数目，即可改变输出频率。若在系统时钟频率 f_c 的控制下依次读取全部地址中的相位点，则输出频率最低。因为这时一个周期要读取 2^{32} 个相位点，点间的间隔时间为时钟周期 T_c，则 $T_{\text{out}} = 2^{32} T_c$，因此这时输出频率为

$$f_{\text{out}} = \frac{f_c}{2^{32}} \tag{3.1.7}$$

若隔一个相位点读一次，则输出频率会提高一倍。以此类推，可得输出频率的一般表达式为

$$f_{\text{out}} = k \frac{f_c}{2^{32}} \tag{3.1.8}$$

式中，k 为频率码，它是一个 32 位的二进制值，可写成

$$k = A_{31}2^{31} + A_{30}2^{30} + \cdots + A_1 2^1 + A_0 2^0 \tag{3.1.9}$$

式中，$A_{31}, A_{30}, \cdots, A_1, A_0$ 对应于 32 位码值（0 或 1）。为便于看出频率码的权值对控制频率高低的影响，将式（3.1.9）代入式（3.1.8）得

$$f_{\text{out}} = \frac{f_c}{2^1} A_{31} + \frac{f_c}{2^2} A_{30} + \cdots + \frac{f_c}{2^{31}} A_1 + \frac{f_c}{2^{32}} A_0 \tag{3.1.10}$$

下面按 AD9850 允许的最高时钟频率 f_c = 125MHz 来进行具体说明。当 A_0 = 1，A_{31}, $A_{30}, \cdots, A_1$ 均为 0 时，输出频率最低，即

$$f_{\text{out min}} = \frac{f_c}{2^{32}} = \frac{125}{4294967296} \text{MHz} \approx 0.0291 \text{Hz}$$

这与上面由概念导出的结果一致。当 A_{31} = 1，$A_0, A_1, \cdots, A_{30}$ 均为 0 时，输出频率最高，即

$$f_{\text{out max}} = \frac{f_c}{2} = \frac{125}{2} \text{MHz} = 62.5 \text{MHz}$$

应当指出的是，这时一个周期内只有两个取样点，已达到取样定理的最小允许值，所以当 A_{31} = 1 后，以下码值只能取 0。实际应用中，为了得到较好的波形，设计最高输出频率小于时钟频率的 1/3。这样，只要改变 32 位频率码值，就可得到所需的频率，且频率的准确度与时钟频率同数量级。

5）任意波形的产生方法

直接数字频率合成技术还有一个很重要的特色，即它可以产生任意波形。从上述直接数字频率合成的原理可知，输出波形取决于波形存储器的数据。因此，产生任意波形的方法取决于向该存储器（RAM）提供数据的方法。目前有以下几种方法。

（1）表格法

将波形画在小方格纸上，纵坐标按幅度相对值进行二进制量化，横坐标按时间间隔编制地址，然后制成对应的数据表格，按序放入 RAM。图 3.1.13 给出了表格法示意图。对经常使用的定"形"波形，可将数据固化于 ROM 或存入非易失性 RAM，以便反复使用。

（2）数学方程法

对能用数字方程描述的波形，先将其方程（算法）存入计算机，在使用时输入方程中的有关参量，计算机经过运算提供波形数据。

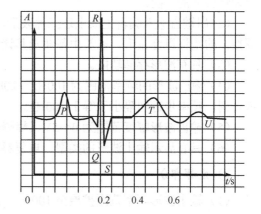

图 3.1.13　表格法示意图

（3）折线法

任意波形可用若干线段来逼近。只要知道每段的起点坐标 (X_1, Y_1) 和终点坐标 (X_2, Y_2)，就能按照下式计算波形各点的数据：

$$Y_i = Y_1 + \frac{Y_2 - Y_1}{X_2 - X_1}(X_i - X_1)$$

（4）作图法

在计算机显示器上移动光标作图，生成所需波形数据，将此数据送入 RAM。

（5）复制法

将其他仪器（如数字存储示波器、X-Y 绘图仪）获得的波形数据通过微机系统总线或 GPIB 接口总线传输给波形数据存储器。该方法适合于复制不再复现的信号波形。

在自然界中有很多无规律的现象，如雷电、地震及机器运转时的振动等现象都是无规律的，甚至可能不再出现。要研究这些问题，就要模拟这些现象的产生。过去只能采用很复杂的方法来实现，现在采用任意波形产生器则方便得多。国内外已有多种型号的任意波形产生器可供选用。例如，HP33120A 函数/任意波形发生器可以产生 10 种标准波形和任意波形，采样速率为 40MS/s，输出最高频率为 15MHz（正弦波），波形幅度分辨率为 12 位。

3.2 波形发生器设计

［2001 年全国大学生电子设计竞赛（A 题）］

1．任务

设计并制作一个波形发生器，该波形发生器能产生正弦波、方波、三角波和由用户编辑的特定形状的波形，波形发生器的结构示意图如图 3.2.1 所示。

2．要求

1）基本要求

（1）具有产生正弦波、方波、三角波三种周期性波形的功能。

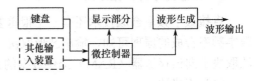

图 3.2.1　波形发生器的结构示意图

（2)用键盘输入编辑生成上述三种波形(同周期)的线性组合波形，以及由基波及其谐波（5 次以下）线性组合的波形。

（3）具有波形存储功能。

（4）输出波形的频率范围为 100Hz～20kHz（非正弦波频率按 10 次谐波计算）；重复频率可调，频率步进间隔小于等于 100Hz。

（5）输出波形幅度范围为 0～5V（峰峰值），可按步进 0.1V（峰峰值）调整。

（6）具有显示输出波形的类型、重复频率（周期）和幅度的功能。

2）发挥部分

（1）输出波形频率范围扩展至 100Hz～200kHz。

（2）用键盘或其他输入装置产生任意波形。

（3）增加稳幅输出功能，当负载变化时，输出电压幅度变化不大于±3%（负载电阻变化范围为 100Ω～∞）。

（4）具有掉电存储功能，可存储掉电前用户编辑的波形和设置。

（5）可产生单次或多次（1000 次以下）特定波形（如产生 1 个半周期的三角波输出）。

（6）其他（如增加频谱分析、失真度分析、频率扩展大于 200kHz、扫频输出等功能）。

3．评分标准

	项　　目	满　　分
基本要求	设计与总结报告：方案比较、设计与论证，理论分析与计算，电路图及有关设计文件，测试方法与仪器，测试数据及测试结果分析	50
	实际制作完成情况	50
发挥部分	完成第（1）项	10
	完成第（2）项	10
	完成第（3）项	10
	完成第（4）项	5
	完成第（5）项	5
	完成第（6）项	10

3.2.1　题目分析

仔细阅读并分析原题后，将题目要求完成的功能和技术指标归纳为一个对照表，详见表 3.2.1。

表 3.2.1　系统功能和技术指标对照表

内容 项　　目	要求类型 基 本 要 求	发 挥 部 分
波形生成类型	产生正弦波、方波、三角波三种周期波，编辑生成上述三种波（同周期）的线性组合波，编辑生成基波及谐波（5 次以下）的线性组合波	生成锯齿波 产生任意波形 产生单次或多次（1000 次以下）特定波形
频率变化范围及步进	正弦波频率范围：100Hz～20kHz 非正弦波频率范围：100Hz～2kHz 步进间隔小于等于 100Hz	正弦波频率范围：100Hz～200kHz 非正弦波频率范围：100Hz～20kHz 频率扩展：大于 200kHz（其他）
幅度变化范围及步进	输出幅度范围：0～5V（峰峰值） 步进：0.1V（峰峰值）	输出电压幅度变化范围不大于±3% （负载电阻变化范围为 100Ω～∞）
波形存储	具有波形存储功能	具有掉电存储功能，可存储掉电前用户编辑的波形和设置
波形显示	具有显示波形类型、重复频率（周期）和幅度功能	
其他		频谱分析，失真度分析 （频率扩展大于 200kHz），扫频输出

由表 3.2.1 可知，本题的重点和难点如下。

本题的重点：

① 波形生成。

② 频率变化范围及步进。

③ 输出电压幅度范围、步进及稳幅。

本题的难点：

① 任意波形及各种组合波形的生成。

② 频谱分析、失真度分析、频率扩展（大于 200kHz）、扫频输出等。

本题只对失真度和频率稳定度提出明确的要求，但从其他要求中已间接保障这两项重要技术指标。这部分内容将放在方案论证中介绍。

3.2.2　方案论证

方案论证要围绕系统完成的功能和技术指标进行，特别是本题的重点与难点内容要介绍清楚。

1．波形生成方案

▶方案一：采用分立元器件和中小规模集成电路构成波形发生器。

采用 RC 串并联振荡器生成音频正弦信号。非正弦波形发生器电路及其波形如图 3.2.2 所示，其中利用 555 电路构成非正弦信号。这是 20 世纪 80 年代常采用的方案，至今还有这类仪器存在。

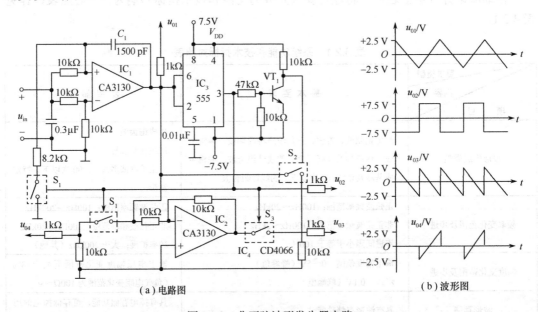

图 3.2.2　非正弦波形发生器电路

该方案的优点：技术成熟，可供查阅的资料较多。缺点：外围元器件多，调试工作量较大，频率稳定度和准确度差，很难满足频率变化的范围要求，更难准确地实现频率步进的要求，更重要的是无法生成任意波形。

▶方案二：采用单片压控函数发生器 MAX038 构成波形生成电路。

采用压控函数发生器 MAX038 构成波形生成电路可以产生正弦波、方波、三角波等，通过调整外部电路可以改变输出频率。该方案的优点：具备方案一的全部优点，且在方案一的基础上缩小了体积，调试也方便。缺点：频率稳定度、准确度差，很难满足频率变化范围和步进的要求，更无法实现任意波的生成。

▶方案三：采用锁相式频率合成方案。

锁相式频率合成是将一个高稳定度和高精确度的标准频率经过加、减、乘、除运算产生同样稳定度和精确度的大量离散频率的技术，它在一定程度上解决了既要频率稳定精确、又要频率在较大范围可变的矛盾。但频率受 VCO 可变频率范围的影响，高低频率比不可能做得很高，而且只能产生方波或正弦波，不能满足任意波形的要求。

▶方案四：采用直接数字频率合成方案（DDFS）。

这是目前实际应用的任意波形发生器常采用的方案。因此，选择方案四。

2. 波形生成原理

采用 DDS（又称 DDFS）技术不仅可以生成正弦波、方波、三角波、锯齿波，编辑生成上述 4 种波（同周期）的线性组合波，生成基波和谐波（5 次以下）的线性组合波，而且可以生成任意波以及单次或多次（1000 次以下）的特殊波形。

正弦波、方波、三角波、锯齿波的生成原理描述如下。

（1）方波的生成原理

在微机内，若插入一块 D/A 插卡，编写一段小程序，令输出 1（高电平）一段时间（T_1），再令输出 0（低电平）一段时间（T_2），反复运行这段程序，则会得到方波输出。$T = T_1 + T_2$ 为方波的重复周期，T_1 / T 为占空比，$f = 1/T$ 称为方波的重复频率。

（2）三角波生成原理

在微机中，若插入一块 D/A 插卡，编写一段小程序，若连续进行加 1 运算到一定值，再连续进行减 1 运算回到原值，反复运行该程序，则微机输出的数字量经 D/A 变换成小阶梯式模拟量波形，再经低通滤波器滤除引起小阶梯的高频分量，则得到三角波输出。

（3）锯齿波生成原理

锯齿波的生成原理与三角波的生成原理大同小异。不同之处在于，当连续进行加 1 运算到一定值之后，立即回原值，其他过程同上。

（4）正弦波生成原理

上述方波、三角波和锯齿波是根据函数的定义现场生成的。实际上，可以将要输出的波形数据预先存入 ROM（或 RAM）单元，然后在系统标准时钟（CLK）频率下，按照一定的顺序从 ROM（或 RAM）单元中读出数据，再进行 D/A 转换、滤波就可以得到一定频率的输出波形。

现以正弦波为例进行说明。将正弦波的一个周期（360°）按相位划分为若干等分 $\Delta\varphi$，将各相位对应的幅值 A 按二进制编码并存入 ROM，设 $\Delta\varphi = 6°$，则一个周期内共有 60 等分。由于正弦波关于 180°奇对称，关于 90°和 270°偶对称，因此 ROM 中只需存 0°～90°范围内的幅度码，范围 0°～90°内的编码关系见表 3.1.4。

以 ROM 为基础组成的 DDS 原理图如图 3.1.10 所示，其输出频率通式为

$$f_o = K\frac{f_c}{2^n} \tag{3.2.1}$$

式中，f_c 为时钟频率；n 为地址位数；K 为相位控制字。

当 $K = 1$ 时，可得到最低频率输出，即

$$f_{omin} = \frac{f_c}{2^n} \tag{3.2.2}$$

当 $K = 2^{n-2}$ 时，可得最高频率输出，即

$$f_{\text{omax}} = \frac{f_c}{4} \qquad (3.2.3)$$

频率分辨率为

$$\Delta f = \frac{f_c}{2^n} \qquad (3.2.4)$$

（5）正弦波、方波、三角波线性组合波生成原理

设正弦波、方波和三角波的函数分别为 $f_1(A)$、$f_2(A)$ 和 $f_3(A)$，其线性组合函数为

$$f(A) = Bf_1(A) + Cf_2(A) + Df_3(A) \qquad (3.2.5)$$

因存储在 ROM 或 RAM 中的上述三种函数表一般是幅度归一化的函数表，且同频率线性组合，因此只需将采样对应的幅值先分别乘以固定系数 B、C、D，然后求和，得到新的函数表，再存入 ROM 或 RAM，等待用户调用。

（6）编辑生成基波及谐波（5 次以下）线性组合波的原理

理想正弦波、方波、三角波和锯齿波的波形如图 3.2.3 所示。下面分别对 4 种波形进行傅里叶级数分解。

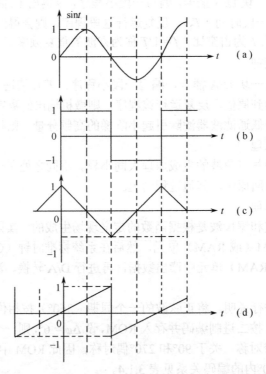

图 3.2.3　理想正弦波、方波、三角波、锯齿波的波形

正弦波 $\qquad\qquad\qquad\qquad f_1 = \sin\omega t \qquad\qquad\qquad\qquad (3.2.6)$

方波 $\qquad\qquad f_2 = \dfrac{4}{\pi}\left(\sin\omega t + \dfrac{1}{3}\sin 3\omega t + \dfrac{1}{5}\sin 5\omega t\right) \qquad (3.2.7)$

三角波 $\qquad f_3 = \dfrac{4}{\pi^2}\left(\cos\omega t + \dfrac{1}{9}\cos 3\omega t + \dfrac{1}{25}\cos 5\omega t\right) \qquad (3.2.8)$

锯齿波 $\qquad f_4 = \frac{1}{\pi}(\sin\omega t - \frac{1}{2}\sin 2\omega t + \frac{1}{3}\sin 3\omega t)$ （3.2.9）

由式（3.2.6）～式（3.2.9）可见，只要利用一个正弦函数表，通过改变频率、振幅的办法分别求出基波、各次谐波（5 次以下）对应点的值，然后求和，就可以得到新的函数表，存入 ROM 或 RAM 中，等待调用。

由此可见，采用这种方法时，只利用一个基本的正弦函数表就可近似地生成上述 4 种波形。这种方法还可以扩展到任意波形，前提条件是该波形可以利用傅里叶级数分解为基波与谐波之和，或可利用频谱分析法求出其基波和谐波的信号强度。

（7）任意波形的生成原理

▶方案一：以触摸屏为前向通道，采集用户在触摸屏上绘制的波形，并存储和显示。

触摸屏与单片机之间通过串口进行数据传输，波特率为 9600Hz。当触摸屏被触及时，它便将被触及点的坐标值进行适当的编码，并打包传给单片机，单片机接收到信号后，对接收到的数据进行适当的处理，然后存储，这样就完成了一次波形的输入操作。

▶方案二：采用键盘输入。

这是最基本的方法。优点是输入值精确，实现方便。但用户自定义输入时无法自由输入想要的特殊波形。

（8）产生单次或多次（1000 次以下）特定波形的原理

▶方案一：计数法。

采用 PLD（或 FPGA）内部计数输出脉冲的方法，通过计数累加器进位信号来得到输出波形个数，达到输出个数时，就禁止输出。

▶方案二：单片机中断请求法。

将进位信号反相后输入至单片机中断口，每输出一个完整波形就向单片机发送中断。单片机对中断次数计数，到达预定值即控制 PLD（或 FPGA）停止输出。当预定值为 1 时，就实现了单次生成。当预定值 $K < 1000$ 时，就可实现 K 次传送。

3．频率变化范围及步进论证

本题虽然对失真度和频率稳定度未提出明确的技术指标，但由上述波形生成方案论证可知，要生成任意波形，就必须采用 DDS 技术，采用 DDS 技术生形的波形，其频率稳定度取决于时钟的频率稳定度，而时钟的频率稳定度是很高的，一般优于 10^{-5}，于是就保证了系统的频率稳定度优于 10^{-5}。另外，本题的名称是波形发生器。顾名思义，波形发生器要求的输出波形要清晰且不失真，于是自然就对输出的波形失真度和信噪比提出了很高的要求。对波形发生器而言，失真度和信噪比是基本要求，要在这个基础上讨论频率变化范围及步进。

题目的要求是输出信号频率最低为 100Hz，最高大于 200kHz，步进小于等于 100Hz。现选定 $f_{omin} = 20\text{Hz}$，$f_{omax} = 250\text{kHz}$，频率分辨率 $\Delta f = 10\text{Hz}$，满足题目要求。

由式（3.2.2）有

$$f_{omax} = \frac{f_c}{4} \qquad (3.2.10)$$

求得 $f_c = 4f_{omax} = 4 \times 250\text{kHz} = 1\text{MHz}$。

若按式（3.2.3）计算，在输出信号的 $f = 250\text{kHz}$ 处，一个周期只采样 4 个点，经过后续低通滤波后，波形失真较大。为了保证输出波形无明显失真，在一个周期内至少要保证

有 32 个采样点，于是有

$$f_c = 32 \times f_{omax} = 32 \times 250\text{kHz} = 8000\text{kHz} = 8\text{MHz}$$

再由式（3.2.2）即

$$f_{omin} = \frac{f_c}{2^n} \tag{3.2.11}$$

求得 $2^n = \frac{f_c}{f_{omin}} = \frac{8 \times 10^6}{20} = 4 \times 10^5$，于是 $n = \text{lb } 4 \times 10^5$，取 $n = 19$。为保证步进为整数 20Hz，有 $f_c = 2^{19} \times \Delta f = 2^{19} \times 20\text{Hz} = 10.48576\text{MHz}$。

4．输出电压幅度变化范围及步进论证

▶方案一：利用 DDS 本身的调幅功能实现输出电压的变化范围及步进。

DDS 本身具有调幅功能。我们知道，函数表的幅度是经过归一化的，即最大幅度为 1V。若幅度改为 A，则只需将函数表中存储的幅值乘以常量 A。

根据题目要求，输出电压的变化范围为 0～5V，步进为 0.1V。若输出电压从 0.0V 开始，依次输出 0.1V，0.2V，…，5.0V，则有 51 种工作状态。考虑符号位取 7 位幅度码，则有 128 种工作状态。若 000000 对应 0V，000001 对应 0.1V……111111 对应 6.3V，则完全可以满足题目要求。

▶方案二：采用双 D/A 转换器的设计方案。

采用双 D/A 转换器时，函数表中存储的是幅值数字量，先将该数字量通过第一个 D/A 转换器转换成模拟量，然后将该模拟量作为第二个 D/A 转换器的参考量，第二个 D/A 转换器输出受控制的模拟量。可选用 DAC0800，电流建立时间为 100ns，完全满足转换速度要求。但必须指出的是，DAC0800 相当于一个数控衰减电位器，它的增益小于 1。

上述两种方案均可行，各有各的优势。

5．稳幅论证

根据题目要求，负载电阻变化范围为 100Ω～∞ 时，输出电压幅度变化范围为-3%～+3%。要满足这一技术指标，只需在输出级采用跟随器，因为跟随器实际上属于电压串联负反馈，对输出电压有稳定作用，且输出电阻小，带负载能力强。

6．波形存储论证

▶方案一：采用 E^2PROM 2817 作为存储器件。

对用户波形的存储，由于要求掉电不丢失数据，因此采用 E^2PROM 2817 作为存储器件。2817 操作简单，易于实现与单片机的连接，其片选、读允许、写允许信号均与普通 RAM 的接法相同。在写操作时，单片机对其 RDY 信号进行查询，有效则继续写入，无效则等待。每次输出波形之前，先对波形进行存储。

▶方案二：使用 FPGA 作为数据转换的桥梁，将波形数据存入内部 RAM，通过硬件扫描将波形数据传输给 DAC0832 产生波形输出。

由于 FPGA 是一种高速可编程逻辑器件，可以满足题目要求。但是，FPGA 中的 RAM 容量有限，不足以存储足够的原始波形数据，所以先将数据存入 EPROM 27C512，通过单片机的控制将数据传输给 FPGA，再由 FPGA 将数据高速传送给 DAC0832。

7．波形显示

1）液晶驱动

本系统采用 LCM12864C（128×64）点阵式液晶屏作为主要显示工具，该液晶屏自带双控制芯片，自动完成液晶控制，并具有众多控制字。

程序开始时，先对液晶屏初始化。之后，每次先通过控制字指定开始位置，然后顺序写入点的信息。液晶屏由两个控制芯片控制。图像点信息按照纵向每 8 个点组成 1 字节，每次写入后，都要查询液晶屏的状态，等待其写入完成。由于液晶屏的点的组织比较复杂，且与习惯的方向不同，因此在程序实现中一般都先在一块内存（即显示缓存）中将各个点全部置好，再一次性写入液晶屏。

程序中开发了对液晶屏上某一点置位的标准函数，使得所有对液晶的操作可以不考虑液晶屏的点的组织方式。

2）汉字显示

本系统支持全中文显示，已将全部国标汉字点阵信息（12×12）存入 Flash ROM，共192KB。每个汉字的内码有两字节，每个汉字的内码与其在点阵字库中的偏移量的关系为

$$\text{offset} = (a-0xAl)\times94\times24 + 24\times(b-0xAl)$$

每个汉字的点阵信息占用 24 字节，结构如下：

```
000000000000****
010101001010****
⋮
001000001000****
```

上面每行为 16 位，即 2 字节，1 代表有点，0 代表没有点。*是点阵字库为了索引方便而未使用的多余位。全部 32 字节的点阵信息按照从左到右、从上到下的顺序存放。读取后，利用位操作及对屏幕上某点置位的函数，可以方便地将点阵描到液晶屏上。

3）菜单结构

本波形发生器采用全程菜单操作系统，菜单树的结构如下。

（1）预设波形

正弦波：立刻输出正弦波信号。

三角波：立刻输出三角波信号。

方波：立刻输出方波信号。

锯齿波：立刻输出锯齿波信号。

（2）自定义波形

输入波形：转入手绘任意波形曲线。按 OK 键结束输入，按 C 键重新输入。

保存波形：将当前的波形存入 Flash ROM，保存时要指定其保存的位置号。

输出波形：输出以前保存的自定义波形，需要指定保存的位置号。

（3）波形叠加

新建波形：调入一个波形作为混叠的基础。这个波形可以是预设波形，也可以是保存的自定义波形。如果不指定，那么使用当前输出的波形作为混叠的基础。

混入波形：指定与当前波形相混叠的波形。可以设置当前波形的幅度比率和频率比率，

以及混入波的幅度比率和频率比率。比如，若指定当前波形 $A(t)$ 的幅度比率为 a_1、频率比率为 b_1，指定混入波形 $B(t)$ 的幅度比率为 a_2、频率比率为 b_2，则得到的波形为

$$G(t) = [a_1 A(b_1 t) + a_2 B(b_2 t)]/(a_1 + a_2)$$

混叠得到的波形成为当前波形。可以继续与其他波形混叠。混入的波形可以是预设波形，也可以是保存过的手绘的自定义波形。

输出波形：将当前波形输出。

系统初始时及选择输出波形后，将转入输出参数界面，此时可以对输出波形的频率、幅度进行调整，可以选择进行单次输出和扫频输出。这些调整适用于输出的任何波形。输出频率通过键盘指定，输出幅度通过单击按钮"+/-"进行调整。频率输入最小单位为10Hz，幅度调整步进为0.1V。按键盘上的 C 键可以回到菜单界面，进行其他选择。

8．频谱分析论证

▶方案一：采用模拟式频谱分析仪。

模拟频谱分析仪以模拟滤波器为基础，通常有并行滤波法、顺序滤波法、可调滤波法、扫描外差法等实现方法，现在广泛应用的模拟频谱分析仪设计多为扫描外差法，其原理框图如图 3.2.4 所示。

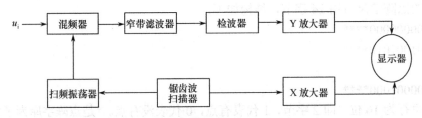

图 3.2.4　模拟外差式频谱分析仪原理框图

图中的扫频振荡器是仪器内部的振荡源，当扫频振荡器的频率 f_ω 在一定范围内扫动时，输入信号中的各个频率分量 f_x 在混频器中产生差频信号（$f_0 = f_x - f_\omega$），依次落入窄带滤波器的通带内（这个通带是固定的），获得中频增益，经检波后加到 Y 放大器，使亮点在屏幕上的垂直偏移正比于该频率分量的幅值。由于扫描电压在调制振荡器的同时又驱动 X 放大器，从而可以在屏幕上显示被测信号的线状频谱图。这是目前常用模拟外差式频谱仪的基本原理。模拟外差式频谱仪具有高带宽和高频率分辨率等优点，但在对频谱信息的存储和分析上，逊色于新兴的数字化频谱仪方案。

▶方案二：采用数字式频谱分析仪。

数字式频谱分析系统通常使用高速 A/D 采集被测信号，送入处理器处理，最后将得到的各频率分量幅度值数据送入显示器显示，其组成框图如图 3.2.5 所示。

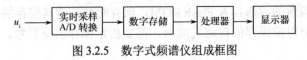

图 3.2.5　数字式频谱仪组成框图

按照对信号处理方式的不同，数字式频谱仪可分为以下三种。

（1）基于 FFT 技术的数字频谱仪

这种频谱仪利用快速傅里叶变换将被测信号分解为分立的频率分量，达到与传统频谱

分析仪同样的结果。这种新型频谱分析仪采用数字方法直接由 A/D 转换器对输入信号取样，再经 FFT 处理后获得频谱分布图。FFT 技术的数字式频谱分析仪在速度上明显超过传统的模拟式频谱分析仪，能够进行实时分析。但由于 FFT 所取的是有限长度，需要对信号加窗截取，因此实现高扫频宽度、高频率分辨率需要高速 A/D 转换器和高速数字器件的配合。

（2）基于数字滤波法的数字式频谱仪

这种频谱仪原理上等同于模拟频谱仪中的并行滤波法或可调滤波法，通过设置多个窄带带通数字滤波器，或中心频率可变的带通数字滤波器，提取信号经过数字滤波器的幅度值，实现测量信号频谱的目的。该方法受数字器件资源的限制，无法设置足够多的数字滤波器，因此无法实现高频率分辨率和高扫频宽度。

（3）基于外差原理的数字式频谱仪

外差原理是指利用数字可编程器件实现模拟外差式频谱分析仪中的各个模块，其原理框图如图 3.2.6 所示。

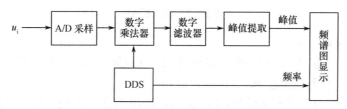

图 3.2.6　基于外差原理的数字式频谱仪原理框图

信号经高速 A/D 采集送入处理器，通过硬件乘法器与本地由 DDS 产生的本振扫频信号混频，下变频后信号不断移入低通数字滤波器，然后提取通过低通滤波器的信号幅度，根据当前频率和提取的幅度值，绘制当前信号频谱图。

9. 失真度分析论证

由式（3.2.2）可知，要进一步减小系统的波形失真，应从如下两方面想办法。

① 增加高频段的取样点数及减小量化间隔 g 值。由于频率范围已扩展到 20Hz～250kHz，高频段采样点数偏小，而低频段采样点数又太多。可以将 20Hz～250kHz 分为四个频段，I：20～250Hz；II：250Hz～2.5kHz；III：2.5kHz～25kHz；IV：25kHz～250kHz，将高频的时钟频率降低。例如，IV 频段时钟频率为 10.4576×4 = 41.8304MHz。III 频段时钟频率为 10.4576/2MHz = 5.2288MHz，II 频段时钟频率为 5.2288/4MHz = 1.3072MHz。工频段时钟频率为 0.52288MHz。这样一来，使高频段失真度下降，而使低频段失真度增加不多。整个系统的失真度下降到 2%以下。

② D/A 变换后接低通滤波器，而且这个低通滤波器最好采用四阶巴特沃思有源低通滤波器，这对减小失真度极为有利。

10. 扫频输出

采用 DDS 技术实现扫频输出非常方便。设扫频一周为 T，将 T 均分为 N 个时间等分，每个时间间隔改变频率一次，则只需改变频率控制字 K。K 值由低到高，于是频率变化也由低到高，当计时器到 T 时自动返回。编一段子程序就可实现自动频率扫描。

3.2.3 系统设计

1）总体设计

（1）系统框图如图 3.2.7 所示。

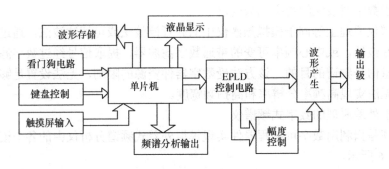

图 3.2.7　系统框图

（2）各模块说明如下。

① 波形产生电路：用 EPLD 控制 DDS 电路，从存储器读出波形数据，把数据交给 D/A 转换器进行转换，得到模拟波形。

② 键盘输入模块：用 8279 控制 4×4 键盘，8279 得到键盘码，通过中断服务程序把键盘信息送给单片机。此方案不用单片机控制键盘，因此可使单片机可以腾出更多的资源。

③ 液晶显示模块：采用液晶显示可以显示很多信息，接口电路简单，控制方便。

④ 任意波形输入模块：采用触摸屏将手写的任意波形的数据从单片机串口送入系统，也可通过具有 RS-232 接口的外设输入波形数据，供单片机处理。

⑤ 波形 A/D 采集模块：用 MAX574，以 10kbps 的速率对输入信号进行采集。

⑥ 频谱分析模块：采用高效实序列 FFT 算法计算采样信号的频谱。

⑦ 单片机控制模块：系统的主控制器，控制其他模块协调工作。

2）各模块设计及参数计算

（1）频率参数计算、EPLD 设计

题目要求波形频率范围为 100Hz～200kHz，步进小于等于 100Hz。为使频率范围扩展到 200kHz，步进达到 1Hz，根据

$$f_{out} = \frac{f_{clk}}{2^n} N, \quad \Delta f = \frac{f_{clk}}{2^n} = 1Hz$$

因此选取的时钟频率必须为 2^n Hz。另外要保证频率在 200kHz 以上时，取样点数不小于 32，以减小失真，这样时钟频率就必须大于 6.4MHz。综合考虑，选取相位累加器的时钟频率为 8.388MHz，相位累加器位数为 23 位，频率步进为

$$f_s = \frac{8.388 \times 10^6}{2^{23}} Hz \approx 1Hz$$

相位增量寄存器为 18 位，则最高输出频率为

$$f_{out} = \frac{8.388 \times 2^{18}}{2^{23}} MHz \approx 262.125kHz$$

D/A 转换器的转换时间为 100ns，可以保证在输出频率为 262kHz 时，输出 32 个样点。用 EPLD 芯片作为控制电路输出地址，从存储器读出数据送到 D/A 转换器。EPLD 芯片选择了 EPM7128SLC84-15，在 8.388MHz 频率下，时延影响可忽略。为节省单片机的输出引脚，采用串行输入的方式对 EPLD 进行控制。

控制电路的设计用 VHDL 语言实现，原理框图如图 3.2.8 所示。

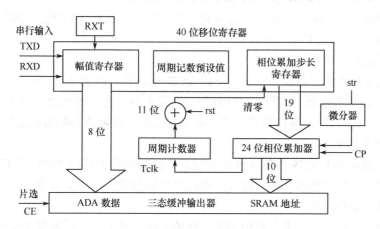

图 3.2.8　控制电路原理框图

（2）幅度控制、双 D/A 设计

双 D/A 转换是实现幅度可调和任意波形输出的关键，第一级 D/A 的输出作为第二级 D/A 转换的参考电压，以此来控制信号发生器的输出电压。D/A 转换器的电流建立时间将直接影响到输出的最高频率。本系统采用的是 DAC0800，电流建立时间为 100ns，在最高频率点，一个周期输出 32 点，因此极限频率约为 300kHz，本系统设计为 250kHz。幅度用 8 位 D/A 控制，最高峰峰值为 12.7V，因此幅度分辨率为 0.1V。

（3）滤波、缓冲输出电路设计

D/A 输出后，通过滤波电路、输出缓冲电路，使信号平滑且具有负载能力。滤波、缓冲输出电路如图 3.2.9 所示。

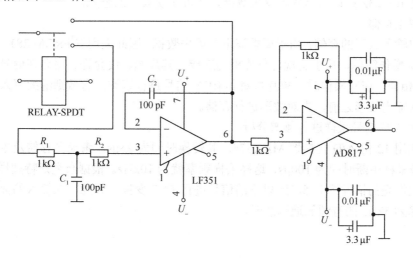

图 3.2.9　滤波、缓冲输出电路

二阶巴特沃思有源低通滤波器设计：正弦波的输出频率小于 262kHz，为保证 262kHz 频带内输出幅度平坦，又要尽可能抑制谐波和高频噪声，综合考虑取 $R_1 = 1k\Omega$，$R_2 = 1k\Omega$，$C_1 = 100pF$，$C_2 = 100pF$，运放选用宽带运放 LF351，使用 Electronics Workbench 分析后表明，截止频率约为 1MHz，262kHz 以内幅度平坦。

为保证稳幅输出，选用 AD817，这是一种低功耗、高速、宽带运算放大器，具有很强的大电流驱动能力。实际电路测量结果表明，当负载为 100Ω、输出电压峰峰值为 10V 时，带宽大于 500kHz，幅度变化小于 ±1%。

（4）液晶显示、键盘输入

显示单元采用点阵液晶显示模块，它由 LCD 驱动器、LCD 控制器、少量电阻电容及 LCD 屏组成，具有重量轻、体积小、功耗低、显示内容丰富、指令功能强（可组合成各种输入、显示、移位方式）、接口简单方便（可与 8 位微处理器或控制器相连）、有 8×8 位的 RAM、可靠性高等优点。

键盘输入模块采用 8279 控制 4×4 阵列键盘，采用扫描方式由 8279 得到键盘码，并由中断服务程序把数据送给单片机。此方案不用单片机扫描，占用资源少。

（5）单片机最小系统

本系统程序代码较长，使用 PHILIPS 公司的 89C58 单片机，片内有 32 KB 程序 ROM，不必扩展外部 ROM。

本程序需要的 RAM 也较大，以进行数据采集、波形存储、FFT 运算、失真度分析等操作，本系统扩展了 32 KB 外部 SRAM。为方便单片机和 EPLD 存取数据，采用双端口 RAM。

（6）任意波形输入

▶方案一：以触摸屏作为前向通道，采集用户在触摸屏上绘制的波形，并将其存储和显示。触摸屏和单片机之间通过串口进行数据传输，波特率为 9600Hz。当触摸屏被触及时，它便将被触及点的坐标值进行适当的编码，并打包传给单片机，单片机接收到数据后，对接收到的数据进行适当的处理，然后存储起来，这样就完成了一次波形的输入操作。

▶方案二：通过串行 RS-232 接口，实现与任何带 RS-232 接口的输入设备的连接。只要外部通过 RS-232 接口向单片机发来数据，即可实现波形的输入。

（7）掉电存储

对用户输入波形的存储，由于要求掉电不丢失数据，因此采用 E^2PROM 2817 作为存储器件，2817 操作简单，易于实现与单片机的连接，其片选、读允许、写允许信号均与普通 RAM 接法相同。在写操作时，单片机对其 RDY 信号进行查询，有效则继续写入，无效则等待。每次输出波形之前，先对波形进行存储。

（8）对 A/D 信号采样进行频谱分析

采样选用 12 位 A/D 转换器 MAX574，其转换时间为 25μs，考虑到存储及中断调用等时间，选择采样中断时间为 100μs，这样采样频率就为 10kHz。根据奈奎斯特抽样定理，能够在不发生混叠的情况下对 5kHz 以下的信号进行 FFT 变换。因此，在输入的前级加了一级截止频率为 5kHz 的有源低通滤波器。

3）软件系统

（1）系统软件流程框图如图 3.2.10 所示。

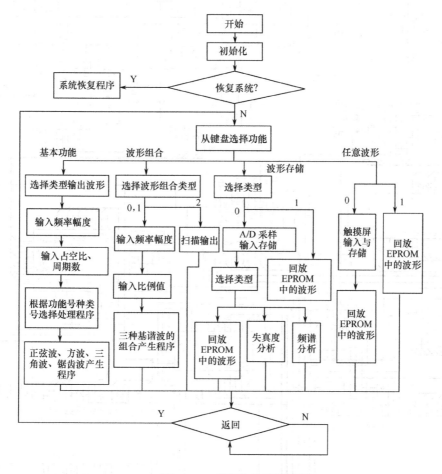

图 3.2.10　系统软件流程框图

（2）波形发生程序和波形回放程序：本系统根据输出波形参数实时计算波形样值，把样值存入 SRAM，由 EPLD 控制读出。它可以灵活地输出任意波形，以及波形的任意组合。

（3）A/D 采样输入与存储程序、触摸屏输入与存储程序

（4）频谱分析程序：用数字信号处理的方法，通过离散傅里叶变换求出频谱。为了减小运算量，采用实序列 FFT 算法。一个 $2N$ 点的实序列通过一个 N 点复序列的 FFT 和一些简单运算就可以完成。

系统设计图如图 3.2.11 所示。

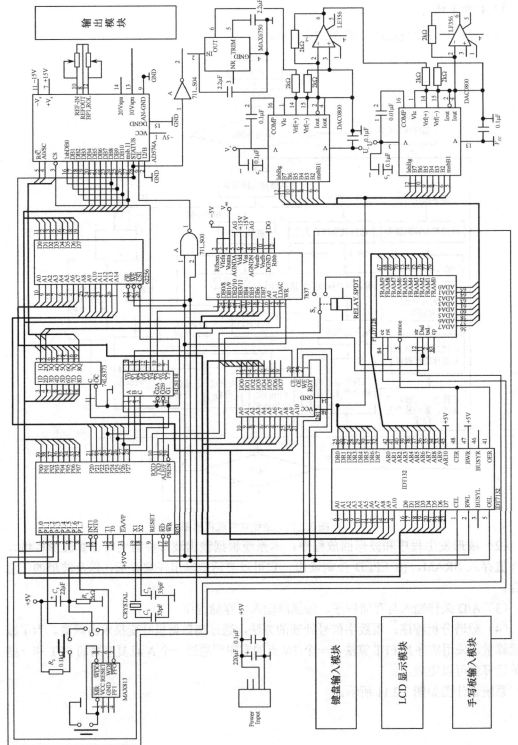

图 3.2.11 系统设计图

3.2.4 调试过程

根据方案设计的要求，调试过程共分三大部分：硬件调试、软件调试和软/硬件联调。

电路按模块调试，各模块逐个调试通过后再联调。单片机软件先在最小系统板上调试，确保外部 EPROM 和 RAM 工作正常之后，再与硬件系统联调。

1）硬件调试

（1）EPLD 控制电路的调试：调试时，使用逻辑分析仪，分析 EPLD 的输入/输出，以便发现时序与仿真结果是否有出入，找出硬件电路中的故障。

（2）高频电路抗干扰设计：EPLD 的时钟频率很高，对周围电路有一定影响。设计采取了一些抗干扰措施。例如，引线尽量短，减少交叉，每个芯片的电源与地之间都接有去耦电容，数字地与模拟地分开。实践证明，这些措施对消除某些引脚上的"毛刺"及高频噪声起到了很好的效果。

（3）运算放大器的选择：由于输出频率达几百千赫兹，因此对放大器的带宽有一定要求。所以，在调试滤波电路和缓冲输出电路时，都选择了高速宽带运放。

2）软件调试

本系统的软件很大，全部用 C51 编写。由于普通仿真器对 C51 的支持都有一定的缺陷，软件调试比较复杂。除语法差错和逻辑差错外，在确认程序没有问题后，直接下载到单片机来调试。采取的调试方法是自下而上法，即首先单独调试好每个模块，然后再连接成一个完整的系统调试。

3）软/硬件联调

该系统的软件和硬件之间的联系不是十分紧密，一般是在软件计算完毕后，将数据存入 RAM，然后由 EPLD 控制读出 RAM 中的数据，进而产生波形。因此在软/硬件都基本调通的情况下，系统的软/硬件联调难度不是很大。

3.2.5 指标测试

1）测试仪器

频率计：SAMPO CN3165。
交流有效值测试表：HP34401。
存储示波器：Agilent 54622D。
示波器：HitachiV-1060。

2）指标测试

（1）输出波形频率范围测试
输出波形频率范围测试数据见表 3.2.2。

表 3.2.2　输出波形频率范围测试数据

预置频率/Hz	输出频率/Hz			负载电阻/Ω
	正 弦 波	方 波	三 角 波	
1	1.0002	1.0002	1.0002	100
10	10.003	10.003	10.003	100
100	100.020	100.02	100.02	100
200	200.050	200.05	200.05	100
1000	1000.2	1000.2	1000.2	100
2000	2000.5	2000.5	2000.5	100
10000	10002	10002	10002	100
20000	20005	20005	20005	100
100000	100020	100020	100020	100
200000	200050	200050	200050	100
250000	250070	250070	250070	100

　　由表 3.2.2 可以看出，在频率稳定度方面，正弦波、方波、三角波在带负载的情况下均十分稳定，这正好体现了 DDS 技术的特点，输出频率稳定度和晶振稳定度在同一数量级。

　　（2）输出波形幅度范围测试

　　在 250kHz 正弦波条件下，输出波形幅度范围测试数据见表 3.2.3。

表 3.2.3　输出波形幅度范围测试数据

预置幅度/V	输出幅度（负载电阻为 97Ω）		输出幅度（负载电阻为 ∞）		负载变化率%
	有效值/V	峰峰值/V	有效值/V	峰峰值/V	
0.1	0.035	0.098980	0.035	0.098980	0
0.5	0.176	0.497728	0.177	0.500560	0.56%
1.0	0.353	0.998284	0.354	1.001112	0.28%
1.5	0.529	1.496012	0.531	1.501668	0.38%
2.0	0.706	1.996568	0.708	2.002224	0.28%
5.0	1.765	4.991420	1.765	4.991420	0
10.0	3.535	9.996980	3.543	10.019604	0.23%

　　由表 3.2.3 可见，在电压稳定度方面，电压的绝对值和预置值之差，以及带负载和不带负载情况下的输出电压之差均符合题目要求。

3.2.6　结论

　　本系统设计不仅完成了题目的基本功能、基本指标，而且有了很大的发挥。现将题目要求指标及系统实际性能指标列于表 3.2.4 中。

表 3.2.4　题目要求指标及系统实际性能指标

基 本 要 求	发 挥 要 求	实 际 性 能
产生正弦波、方波、三角波三种周期性波形		实现，还可产生锯齿波
三种基本波形的线性组合波形，以及基波及其谐波线性组合的波形		实现
波形存储功能		2KB E^2PROM 存储
频率范围为 100Hz～20kHz	100Hz～200kHz	1Hz～250kHz
频率步进小于等于 100Hz		步进为 1Hz
输出波形峰峰值为 0～5V		峰峰值为 0～10V
幅度步进为 0.1V		实现
显示输出波形的类型、频率、幅度		液晶显现
	用键盘或其他输入装置产生任意波形	A/D 采样，触摸屏输入，RS-232 串口输入
	稳幅输出功能，负载变化时，输出电压幅度变化不大于 3%（负载电阻变化范围为 100Ω～∞）	小于±1%
	掉电存储功能	实现
	可产生单次或多次特定波形	任意半周期数输出（1024 次以下）
	其他	对采样信号进行频谱分析，扫频输出，方波占空比可调，三角波上升、下降时间可调

3.3　信号发生器

［2007 年全国大学生电子设计竞赛（H 题）（高职高专组）］

1．任务

设计并制作一台信号发生器，使之能产生正弦波、方波和三角波信号，其系统框图如图 3.3.1 所示。

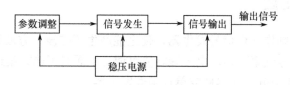

图 3.3.1　信号发生器系统框图

2．要求

1）基本要求

（1）信号发生器能产生正弦波、方波和三角波三种周期性波形。

（2）输出信号频率在 100Hz～100kHz 范围内可调，输出信号频率稳定度优于 10^{-3}。

（3）在 1kΩ 负载条件下，输出正弦波信号的电压峰峰值 U_{OPP} 在 0～5V 范围内可调。

（4）输出信号波形无明显失真。

（5）自制稳压电源。

2）发挥部分

（1）将输出信号频率范围扩展为 10Hz～1MHz，输出信号频率可分段调节：在 10Hz～1kHz 范围内步进为 10Hz；在 1kHz～1MHz 范围内步进为 1kHz。输出信号频率值可通过键盘进行设置。

（2）在 50Ω 负载条件下，输出正弦波信号的电压峰峰值 U_{OPP} 在 0～5V 范围内可调，调节步进为 0.1V，输出信号的电压值可通过键盘进行设置。

（3）可实时显示输出信号的类型、幅度、频率和频率步进。

（4）其他。

3.3.1 题目分析

信号发生器是课程设计、毕业设计和电子设计培训的常见题目，在往届电子设计竞赛中已出现过（如 2001 届的波形发生器），此次则作为高职高专组的试题再度出现。根据近几届命题的特点来看，要求自制信号源、内置信号源的题目出现的频率较高，因此作为信号源主流设计技术的 DDS（频率直接数字合成）已成为参赛选手必备的一项基本功。通过仔细分析题目，可以得出作品的设计指标和功能如下。

设计指标：

（1）输出信号频率在 100Hz～100kHz 范围内可调，扩展为 10Hz～1MHz，输出信号频率稳定度优于 10^{-3}。

（2）在 1kΩ 负载条件下，输出正弦波信号的电压峰峰值 U_{OPP} 在 0～5V 范围内可调，扩展为 50Ω 负载条件下，调节步进为 0.1V。

（3）输出信号波形无明显失真。

实现功能：

（1）信号发生器能产生正弦波、方波和三角波三种周期性波形。

（2）可实时显示输出信号的类型、幅度、频率和频率步进。

3.3.2 方案论证

赛题要求设计并制作一台信号发生器，使之能产生正弦波、方波和三角波三种周期性波形，并要求输出信号频率可调，电压峰峰值可调。下面对可选方案进行论证与比较。

▶方案一：采用模拟分立元器件或单片函数发生器。

采用模拟分立元器件或单片函数发生器（如 8038），可产生正弦波、方波、三角波，通过调整外部元器件参数可改变输出频率，但由于模拟电路元器件本身的离散性、热稳定性差和精度低等缺点，其频率稳定度较差，精度低，抗干扰能力弱，灵活性也不强。

▶方案二：采用锁相环频率合成技术。

锁相频率合成在一定程度上解决了既要频率稳定精确又要频率在较大范围可调的矛盾。但输出频率受可变频率范围的影响，高低频率比不可能做得很高，而且只能产生方波或正弦波，而不能产生三角波。为实现三角波输出，还需外加积分电路，使得电路变复杂，也不便于调节。

▶方案三：采用直接数字式频率合成技术。

DDS 技术具有输出频率相对带宽较宽、频率转换时间极短、频率分辨率高、全数字化结构便于集成、相关波形参数（如频率、相位和幅度等）均可实现程控等优点，目前得到广泛应用。由于要求产生三种波形，而芯片只能产生正弦波，因此需要外接积分电路才能产生相关波形，致使电路复杂，误差变大。因此，采用 FPGA 实现 DDS 功能代替集成芯片（AD9852）。

综上所述，选择方案三实现题目要求。系统框图如图 3.3.2 所示，其工作流程为：首先通过键盘输入需要输出的波形参数，进入单片机处理，将相应参数通过 LCD 显示，同时数据输入 FPGA，根据 DDS 原理生成相应波形，经 VGA 调整输出所需的波形幅度，通过滤波、功率放大，输出所需的波形并由示波器显示。

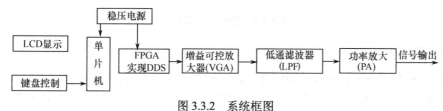

图 3.3.2　系统框图

3.3.3　硬件设计

1）信号发生器

DDS 的工作过程如下：根据时钟脉冲 f_c，n 位累加器将频率控制字循环累加，把相加后的结果通过相位寄存器作为取样地址送波形表，波形表根据这个地址值输出相应的波形数据。最后经 D/A 转换和滤波，把波形数据转换成所需的波形。信号发生器的原理框图如图 3.3.3 所示。

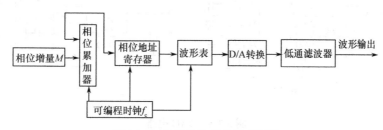

图 3.3.3　信号发生器的原理框图

根据题目要求，设计输出频率为 1Hz～1.2MHz，最小步进为 1Hz。由 DDS 计算公式 $f_{out} = K \dfrac{f_c}{2^n}$，得到相位累加器 n 为 30 位，K 最大为 225，波形表的深度为 4096。

2）稳压电源

根据需要自制一个输出的稳压电源。稳压电源一般由变压器、整流桥和稳压器三部分组成，市电经变压、整流、滤波后，经稳压器 LM317、LM337 稳压输出。LM317 和 LM337 的输出电压分别为 $U_o \approx 1.25 \times (R_3/R_4 + 1)$，$U_o \approx 1.25 \times (R_2/R_5 + 1)$，通过设置电阻可以得到需要的电压输出。稳压电源原理图如图 3.3.4 所示。

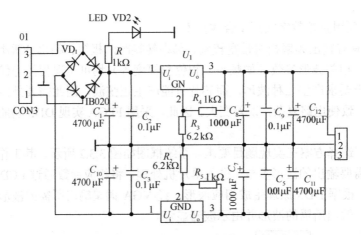

图 3.3.4　稳压电源原理图

3) DAC 电路

DAC 电路如图 3.3.5 所示。综合考虑题中的基本要求和发挥部分，为保证输出信号频率稳定度优于 10^{-3}，D/A 转换芯片选用 MAX5181。MAX5181 是 10 位 40MHz 电流输出型 DAC，双向输出。

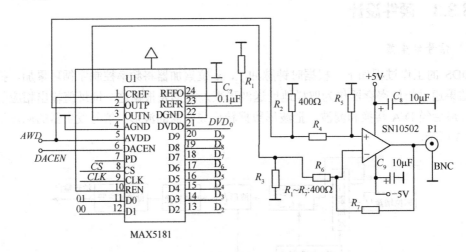

图 3.3.5　DAC 电路

电路的工作原理可简单概括如下：通过 REFR 和 REFO 接参考电阻时，REN 为低电平，使其内部产生 1.2V 的参考电压，当时钟端 CLK 认为低电平有效时，采样数据通过 D0～D9 的数据端经过 D/A 转换，转换到 OUTP 和 OUTN 输出，再经过 SN10502 运放组成的减法电路，实现电流转换为电压，并且单端输出到后级电路。

4) 可变增益放大及功率放大

可变增益放大及功率放大电路如图 3.3.6 所示。在实验中发现频率越高，信号幅度衰减越严重，这样就不能实现发挥部分的要求：输出正弦波信号的电压峰峰值在 0～5V 范围内可调，调节步进为 0.1V。根据以上要求，计算放大倍数 $A = 5V/0.1V = 50$，我们选用增益可程控运放 AD603。通过合理设计控制电压，其放大倍数可以达到 100，满足要求。

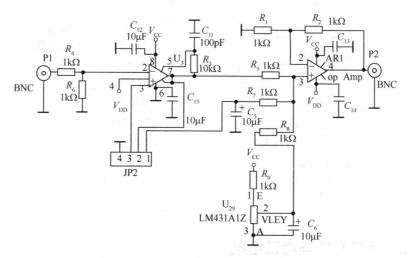

图 3.3.6　可变增益放大及增益放大电路

为完成发挥部分中"在负载条件下，输出正弦波电压峰峰值在 0～5V 范围内可调"的要求，计算其输出最大电流为 $5V/50\Omega = 100mA$，输出电压为 0～5V，由于需要输出方波和三角波（它们由高次谐波叠加而成），为了使所有输出波形没有明显失真，最大考虑九次谐波。题目中要求最大频率为 1MHz，因此需要带宽至少为 10MHz 的运放。总结以上对运放的要求，最终选用 THS3001 高速运放，它能够满足以上所有要求。

5）低通滤波器

为了保证输出波形，必须加入低通滤波器滤除高频分量。由于要求输出方波及三角波，为了不使其输出波形失真，必须包含该波形的高次谐波，即最大谐波频率将达到 7MHz，所以滤波器的带宽要保证为 10MHz。因为 DDS 不可避免地会将 FPGA 的时钟信号（DDS 的采样频率）夹杂到输出波形中，因此必须将该采样频率滤除。根据需要设计了三阶低通滤波器，其电路如图 3.3.7 所示。

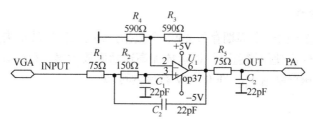

图 3.3.7　三阶低通滤波器电路

3.3.4　软件设计

软件部分主要完成控制和显示功能，各种波形可以通过键盘进行设置，并由 LCD 显示各个设置的数值。软件流程图如图 3.3.8 所示。

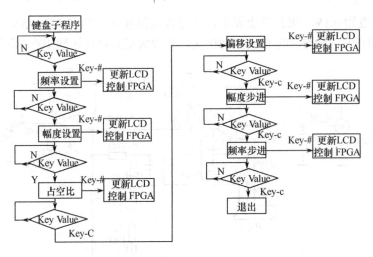

图 3.3.8　软件流程图

3.3.5　测试方案与测试结果

1）指标要求

指标要求见表 3.3.1。

表 3.3.1　指标要求

参　　　数	指　　　标
输出频率范围	1Hz～1.2MHz
最小步进	1Hz
频率稳定度	优于 10^{-4}
扫频范围	1Hz～1.2MHz
幅值	0～5V
直流偏移量	0～5V
占空比	20%～80%

2）测试结果分析

（1）本系统对波形的一个周期存放 4096 个数据点，因此输出波形失真较小，精度较高。

（2）本系统的输出使用增益可程控运放和高速功率放大器，可保证在负载条件下，输出正弦波信号的电压峰峰值 V_{OPP} 在 0～5V 范围内可调。

第④章

滤波器设计

内/容/提/要 ●●●●

　　全国大学生电子设计竞赛试题中涉及滤波器的设计内容很多，但单独出题的却很少，只在 2007 年程控滤波器（D 题）[本科组] 和可控放大器（I 题）[高职高专组] 两题中涉及了程控滤波器设计。本章主要介绍开关电容滤波器（SCF）的原理及其应用。

4.1　开关电容滤波器

　　在模拟电子技术基础课程中介绍的有源 RC 滤波器电路，由于要求有较大的电容和精确的时间常数，使得在芯片上制造集成组件难度较大，甚至不可能。在信号与系统课程中介绍的切比雪夫滤波器、椭圆滤波器等滤波器中，又涉及大电感和大电容，也难以在芯片上制造集成组件。随着 MOS 工艺的迅速发展，用模拟开关电容、运算放大器组成的开关电容滤波器（SCF）已于 1975 年实现了单片集成化。这种滤波器不需要模数转换器，可以对模拟量的离散值直接进行处理。与数字滤波器相比，省略了量化过程，因而具有处理速度快、整体结构简单等优点。此外，它制造简易、价廉，因而受到各方面重视，是目前发展迅速的滤波器之一。

4.1.1　基本原理

　　开关电容滤波器的基本原理是，电路两节点间接有带高速开关的电容器，其效果相当于两节点间连接一个电阻。图 4.1.1(a) 是一个有源 RC 积分器。在图 4.1.1(b) 中，用一个接地电容 C_1 和用作开关的双 MOS 三极管 VT_1、VT_2 来代替输入电阻 R_1。

　　图中 VT_1、VT_2 用一个不重叠的两相时钟脉冲来驱动。图 4.1.1(c) 画出了这种时钟波形 ϕ_1 和波形 ϕ_2。假设时钟脉冲频率 f_c（$f_c = 1/T_c$）远高于信号频率，那么在 ϕ_1 为高电平时，VT_1 导通而 VT_2 截止，如图 4.1.1(d) 所示。此时 C_1 与输入信号 u_i 相连并被充电，即有

$$g_{C_1} = C_1 u_i$$

　　而在 ϕ_2 为高电平期间，VT_1 截止，VT_2 导通，于是 C_1 转接到运放的输入端，如图 4.1.1(e) 所示，此时 C_1 放电，所充电荷 g_{C_1} 传输到 C_2 上。

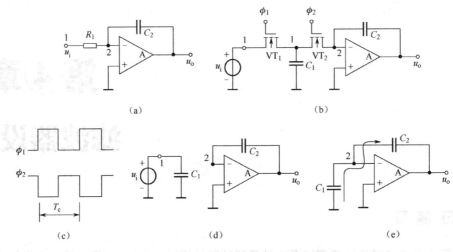

图 4.1.1　开关电容滤波器的基本原理

由此可见，在每个时钟周期 T_c 内，从信号源中提取电荷 $g_{C_1} = C_1 u_i$ 供给积分电容 C_2。因此，在节点 1、节点 2 之间流过的平均电流为

$$I_{av} = \frac{C_1 u_i}{T_c}$$

如果 T_c 足够短，那么可以近似认为这个过程是连续的，因而可以在两节点之间定义一个等效电阻 R_{eq}，即

$$R_{eq} = \frac{u_i}{I_{av}} = \frac{T_c}{C_1} \tag{4.1.1}$$

这样，就得到一个等效的积分器时间常数 τ，即

$$\tau = C_2 R_{eq} = T_c \frac{C_2}{C_1} \tag{4.1.2}$$

显然，影响滤波器频率响应的时间常数取决于时钟周期 T_c 和电容比值 C_2/C_1，而与电容的绝对值无关。在 MOS 工艺中，电容比值的精度可以控制在 0.1% 以内。这样，只要合理选用时钟频率（如 100kHz）和不太大的电容比值（如 10），对于低频应用来说，就可获得合适的大时间常数（如 10^{-4}s）。

4.1.2　实际电路

1）同相开关电容积分器和反相开关电容积分器

开关电容积分器电路如图 4.1.2 所示。由图 4.1.2(a)可知，当 ϕ_1 为高电平时，VT$_1$、VT$_3$ 导通，u_i 对 C_1 充电；当 u_i 为正时，在图示 u_{C_1} 的假设电压参考方向下，充电结果 u_{C_1} 有一个负电压。当 ϕ_2 为高电平时，u_{C_1} 将加到运放的反相端，使 u_C 为正，与 u_i 同相，因此图 4.1.2(a)是同相积分电路。如果将 VT$_3$、VT$_4$ 的时钟相位反相，如图 4.1.2(b)所示，那么不难证明图 4.1.2(b)具有反相积分器的功能。

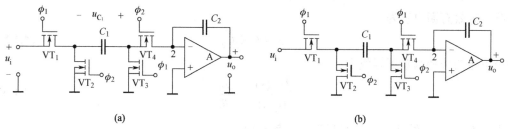

(a) (b)

图 4.1.2 开关电容积分器电路

2）使用有源电感的带通滤波器及其等效开关电容滤波器

使用有源电感的带通滤波器电路如图 4.1.3(a)所示，图中点画线框内部分的 AB 端实际上是一个有源电感。由图 4.1.3 可知，流过电阻 R_2 的电流由 u_{o3} 决定，而 u_{o3} 又取决于 u_B。考虑到 A_2 和 A_3 构成一个同相积分器，所以有

$$U_{o3}(s)=\frac{-U_{o3}(s)}{R_3C_2s}=\frac{U_B(s)}{R_3C_2s} \tag{4.1.3}$$

因此流过反馈电阻 R_2 的电流为

$$I_4(s)=\frac{U_{o3}(s)}{R_2}=\frac{U_B(s)}{R_2R_3C_2s} \tag{4.1.4}$$

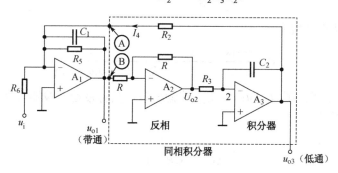

(a)使用有源电感的带通滤波器电路

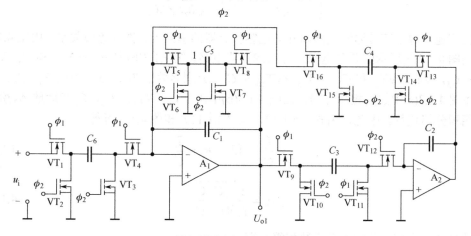

(b)利用开关电容组成的带通滤波器

图 4.1.3 带通滤波器及其等效开关电容滤波器电路

因此，等效有源电感为

$$L = R_2 R_3 C_2 \tag{4.1.5}$$

整个电路的传递函数可等效于

$$\frac{U_{o1}(s)}{U_i(s)} = -\frac{Z_f}{R_6} \tag{4.1.6}$$

式中，Z_f 为 A_1 反馈回路中的并联阻抗，其导纳为

$$Z_f^{-1} = R_5^{-1} + SC_1 + (SL)^{-1} = \left[S^2 + S(R_5 C_1)^{-1} + (LC_1)^{-1} \right] (S^{-1} C_1) \tag{4.1.7}$$

如果引入特征频率 ω_n 和 Q，那么有

$$\begin{cases} Q = \dfrac{R_5}{\omega_n L} \\[3mm] \omega_n^2 = \dfrac{1}{LC_1} \\[3mm] \omega_n / Q = \dfrac{\omega_n^2 L}{R_5} = \dfrac{1}{R_5 C_1} = \omega_n \alpha \end{cases} \tag{4.1.8}$$

$$\frac{1}{Z_f} = \frac{C_1}{S}(S^2 + \alpha \omega_n S + \omega_n^2) \tag{4.1.9}$$

因此，可求得其传递函数为

$$A(s) = \frac{U_{o1}(s)}{U_i(s)} = \frac{-Z_f}{Z_i} = -\frac{S}{R_6 C_1} \frac{1}{S^2 + \alpha \omega_n S + \omega_n^2} \tag{4.1.10}$$

式（4.1.10）表明，图 4.1.3(a) 由 U_{o1} 端输出时，具有带通滤波器特性。滤波器的参数和元器件值的关系是

$$\begin{cases} \omega_n^2 = \dfrac{1}{LC_1} = \dfrac{1}{R_2 R_3 C_2 C_1} \\[3mm] Q = \dfrac{R_5}{\omega_n L} = \omega_n R_5 C_1 = \dfrac{R_5 C_1}{\sqrt{R_2 R_3 C_2 C_1}} \end{cases} \tag{4.1.11}$$

在前述有源电感带通滤波器和开关电容积分器的基础上，根据等效关系，由图 4.1.3(a) 可得到图 4.1.3(b) 所示的开关电容式带通滤波器电路。图 4.1.3(b) 中 $VT_1 \sim VT_4$ 和 C_6，$VT_5 \sim VT_8$ 和 C_5，$VT_9 \sim VT_{12}$ 和 C_3，$VT_{13} \sim VT_{16}$ 和 C_4，分别等效于图 4.1.3(a) 中的 R_6、R_5、R_3 和 R_2。而图 4.1.3(a) 中的同相积分器，在图 4.1.3(b) 中由 $VT_9 \sim VT_{12}$、C_3、C_2 和运放 A_2 所组成的同相积分器代替。因此，由式（4.1.1）、式（4.1.11）和图 4.1.3 可得

$$R_3 = \frac{T_c}{C_3} \quad \text{和} \quad R_2 = \frac{T_c}{C_4} \tag{4.1.12}$$

$$\omega_n = \frac{1}{T_c} \sqrt{\frac{C_3}{C_2} \frac{C_4}{C_1}} \tag{4.1.13}$$

通常选择让两个积分器的时间常数相等，即

$$\frac{T_c}{C_3} C_2 = \frac{T_c}{C_4} C_1 \tag{4.1.14}$$

若进一步令

$$C_1 = C_2 = C \tag{4.1.15}$$

$$C_3 = C_4 = kC \tag{4.1.16}$$

则由式（4.1.13）有

$$k = \omega_n T_c \tag{4.1.17}$$

由于时间常数相等，可求出

$$Q = \frac{C_4}{C_5} \tag{4.1.18}$$

于是 C_5 为

$$C_5 = \frac{C_4}{Q} = \frac{kC}{Q} = \omega_n T_c \frac{C}{Q} \tag{4.1.19}$$

由前面的分析可知，电阻、电感、积分器、滤波器等均可用有源模拟开关、运放、电容构成的电路等效。若将它们集成在一块芯片中，就可以构成各类滤波器芯片。例如，LTC1068、LTC1068-200、LTC1068-50、LTC1068-25、MAX264 等均属于可编程滤波电路集成芯片。下面以 LTC1068 芯片为例，详细介绍其内部结构、工作原理及应用电路。

4.1.3 LTC1068 介绍

1. LTC1068 的内部结构框图

LTC1068 集成芯片有 28 脚和 24 脚两种，其引脚图如图 4.1.4 所示，其内部原理框图如图 4.1.5 所示，它由 4 个同样的时钟可调的二阶滤波器组成。

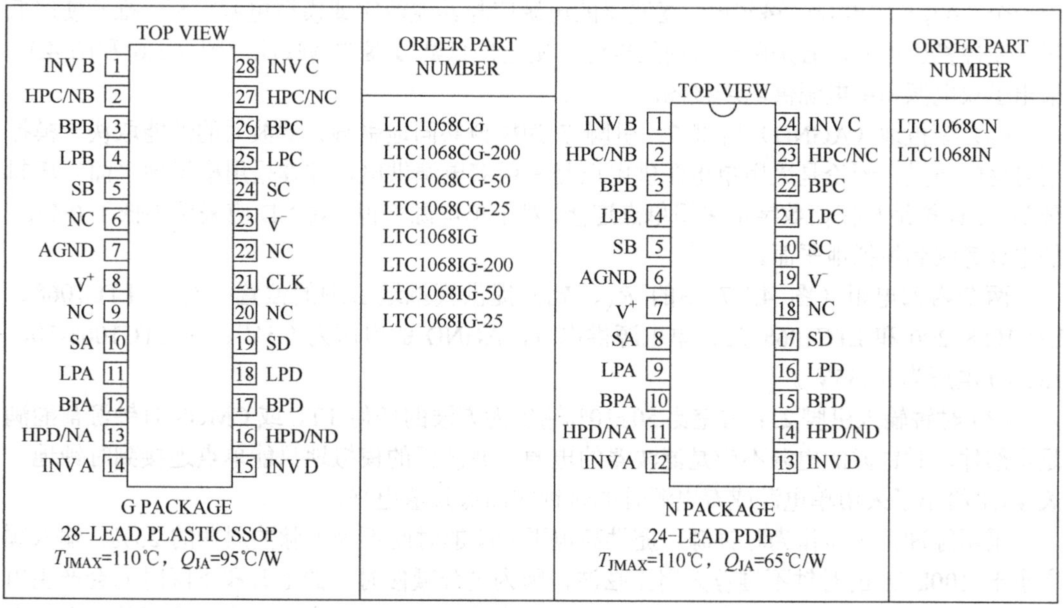

图 4.1.4 LTC1068 引脚图

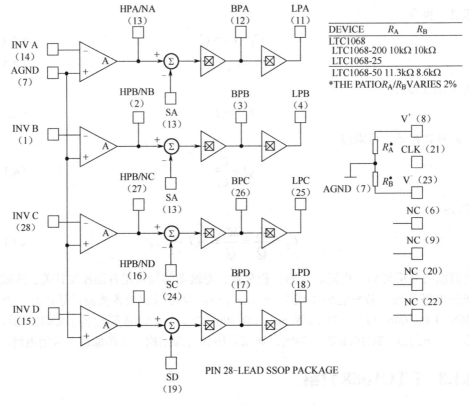

DEVICE	R_A	R_B
LTC1068		
LTC1068-200	10kΩ	10kΩ
LTC1068-25		
LTC1068-50	11.3kΩ	8.6kΩ

*THE PATIO R_A/R_B VARIES 2%

PIN 28–LEAD SSOP PACKAGE

图 4.1.5 LTC1068（28 脚封装）内部原理框图

2．引脚功能说明

（1）电源引脚［引脚 8（V^+）；引脚 23（V^-）］：引脚 8（V^+）和引脚 23（V^-）都需要用一个 0.47μF 的电容旁路到地。滤波器的电源应与其他数字或模拟电源隔离。推荐使用低噪声线性稳压电源，若采用开关稳压电源，则会降低滤波器的信噪比。图 4.1.6 和图 4.1.7 给出了双电源和单电源供电连接图。

（2）模拟地（AGND）引脚 7：引脚 7 为模拟共同地引脚。滤波器的性能取决于模拟信号地的质量，无论是采用单电源供电还是采用双电源供电，推荐采用模拟地平面环境封装部件。模拟地与任何数字地采用单点连接，对于单电源来说，AGND 应采用不低于 0.47μF 的电容旁路到模拟地平面。

两个内部电阻（图 4.1.7 中的 R_A、R_B）提供模拟地引脚的偏置。对于 LTC1068、LTC1068-200 和 LTC1068-25，单电源供电时，AGND 的电压为 $0.5V^+$；对 LTC1068-50，AGND 电压为 $0.435V^+$。

（3）时钟输入引脚 21：占空比 50±10%输出为方波的任何 TTL 或 CMOS 时钟源都能满足本部件，时钟源的电源不应是滤波器的电源，滤波器的模拟地只能单点连接到时钟地。表 4.1.1 给出了采用单电源或双电源时的时钟的高低阈值电平。

采用脉冲发生器作为时钟源，提供高电平 ON 的时间不少于脉冲周期的 25%。输入频率小于 100kHz 的时钟不推荐采用正弦波，因为过分减慢时钟的上升和下降时间会产生内部时钟不稳定（最大时钟上升或下降时间小于等于 1μs），时钟信号应从 IC 封装的右面布线，并与模拟信号的走线垂直，防止时钟信号对模拟信号进行干扰。

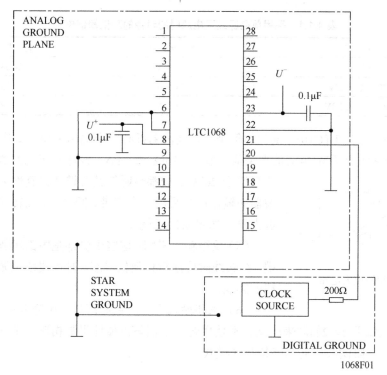

图 4.1.6 双电源供电连接图

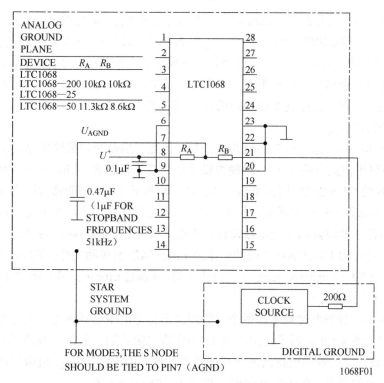

图 4.1.7 单电源供电连接图

表 4.1.1　采用单电源或双电源时的时钟的高低阈值电平

电　源	高 电 平	低 电 平
双电源 = ±5V	≥1.53V	≤0.53V
单电源 = ±5V	≥1.53V	≤0.53V
单电源 = ±3.3V	≥1.20V	≤0.53V

（4）输出引脚：LTC1068 部件的每个二阶滤波器都有三个输出端口，如图 4.1.5 所示。每个输出的上拉电流和灌电流的典型值分别为 17mA 和 6mA。设计任何滤波器连接同轴电缆或低于 20kΩ 负载都会降低其总谐波失真性能。因此，滤波器的输出应当采用一个宽带、低噪声、高转换速率的缓冲放大器，如图 4.1.8 所示。

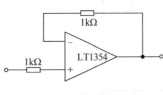

图 4.1.8　缓冲放大电路

（5）反馈输入引脚：这些引脚都是内部运放的反馈输入端，在布线时应注意任何信号线、时钟线或电源线对反馈引线的影响。

（6）求和输入引脚：它们都是电压输入引脚。使用时，它们应用阻抗低于 5kΩ 的源来驱动。不使用时，它们与模拟地引脚相连。求和输入引脚的连接决定每个二阶滤波器的电路拓扑（模式）。

3．工作模式

Linear 公司的通用开关电容滤波器是一个内部比率 f_{CLK}/f 固定的滤波器，LTC1068 的比率 f_{CLK}/f_o 为 100，LTC1068-200 的比率 f_{CLK}/f_o 为 200，LTC1068-50 的比率 f_{CLK}/f_o 为 50，LTC1068-25 的比率 f_{CLK}/f_o 为 25。滤波器设计常要求各个部件的比率 f_{CLK}/f 与标定值不同，且大多数情况下各个部件之间也不同。不同标称值的比率可通过外接电阻实现。工作模式采用外部电阻的不同连接排列实现不同的比率 f_{CLK}/f_o。通过选择不同的模式，可得高于或低于标称比率值的 f_{CLK}/f_o。

为满足特殊应用，选择恰当的模式很重要，但更多地是指调整比率 f_{CLK}/f_o，此处所列模式是 20 种可用模式中的 4 种。为使得设计更为简单和迅速，Linear 公司开发了运行于 Windows 平台的 FilterCAD 软件。FilterCAD 是一款易于使用、功能强大的交互式滤波器设计程序。设计者输入一些滤波器的指标后，程序就会自动生成一个完整的电路图，FilterCAD 允许设计者专注于滤波器的传输函数设计而不落入细节设计的陷阱。为获得所有操作模式的完整列表，可查阅 FilterCAD 手册的附录或 FilterCAD 的帮助文件。FilterCAD 软件可从 Linear 公司的网站（www.linear-tech.com）自由购得，或通过 Linear 公司市场部订购 FilterCAD CD-ROM 光盘。

（1）模式 1a：外部时钟频率与每个二阶滤波器部分的中心频率比率在内部被固定于部件的标称比率。图 4.1.9 说明了采用模式 1a 可实现二阶带阻、低通和带通滤波器输出。模式 1a 可用于设计更高阶的巴特沃思低通滤波器，也可用于设计低 Q 值带阻滤波器和调频于相同中心频率的级联二阶带通滤波器。模式 1a 比模式 3 更快。

图 4.1.9 是采用模式 1a 实现带阻、带通和低通输出的二阶滤波器的原理图。

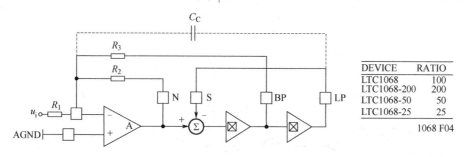

（图中电容器 C_C 的值是通过实验确定的，它的作用是调节带宽增益误差）

图 4.1.9　采用模式 1a 实现带阻、带通和低通输出的二阶滤波器的原理图

$$f_o = \frac{f_{CLK}}{RATIO},\ f_n = f_o,\ Q = \frac{R_3}{R_2},\ H_{ON} = -\frac{R_2}{R_1},\ H_{OBP} = -\frac{R_3}{R_1},\ H_{OLP} = H_{ON}$$

（2）模式 1b：该模式由模式 1a 衍生而来。在模式 1b 中，增加的电阻 R_5 和 R_6 降低由低通输出反馈至 SA（SB）转换电容加法器的输入端的电压值。滤波器的时钟中心频率比率可调节除部件标称比率外的其他时钟中心频率比率。模式 1b 保留了模式 1a 的优点，被认为是设计高 Q 且 f_{CLK} 与 f_{CUTOFF}（或 f_{CENTER}）比率高于部件标称比率的最优化模式。R_5 和 R_6 并联电阻值要低于 5kΩ。

采用模式 1b 实现带阻、带通和低通输出的二阶滤波器的原理图如图 4.1.10 所示。

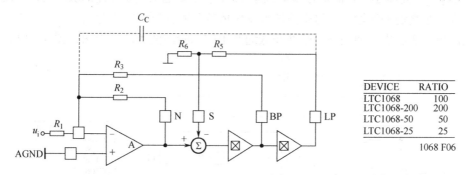

图 4.1.10　采用模式 1b 实现带阻、带通和低通输出的二阶滤波器的原理图

$$f_o = \frac{f_{CLN}}{RATIO}\sqrt{\frac{R_6}{(R_6 + R_5)}},\quad f_n = f_o,\quad Q = \frac{R_3}{R_2}\sqrt{\frac{R_6}{(R_6 + R_5)}}$$

$$H_{ON} = -\frac{R_3}{R_2},\quad H_{OBP} = -\frac{R_3}{R_1},\quad H_{OLP} = -\frac{R_2}{R_1}\left(\frac{R_6 + R_5}{R_6}\right)$$

（3）模式 2：在模式 2 中，每重二阶滤波器的外部时钟与中心频率的比率可调到高于或低于部件的标称时钟与中心频率比率，这是经典的可变配置，提供高通、带通和低通功能的二阶滤波器。模式 2 比模式 1 更慢。模式 2 可用于设计成高阶全极点的带通、低通和高通滤波器。

采用模式 2 实现高通、带通和低通输出的二阶滤波器的原理图如图 4.1.11 所示。

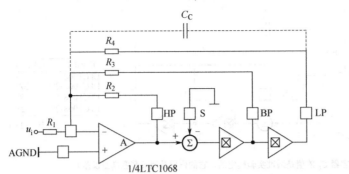

图 4.1.11　采用模式 2 实现高通、带通和低通输出的二阶滤波器的原理图

$$f_o = \frac{f_{CLK}}{RATIO}\sqrt{\frac{R_2}{R_4}}, \quad H_{OHP} = -\frac{R_2}{R_1}, \quad H_{OLP} = -\frac{R_4}{R_1}$$

$$H_{OBP} = -\frac{R_3}{R_1}\left\{\frac{1}{\left[1-\dfrac{R_3}{RATIO \times 0.32 \times R_4}\right]}\right\}, \quad Q = 1.005\left(\frac{R_3}{R_2}\right)\sqrt{\frac{R_2}{R_4}}\left\{\frac{1}{\left[1-\dfrac{R_3}{RATIO \times 0.32 \times R_4}\right]}\right\}$$

模式 3：模式 3 是模式 1 和模式 2 的组合，如图 4.1.12 所示。采用模式 3，时钟中心频率比率 f_{CLK}/f_o 总是小于部件的标称比率。模式 3 的优点是它对电阻公差的敏感度低于模式 2。模式 3 有一个高通陷波输出，这个陷波频率仅依赖于时钟频率，因此低于中心频率。

采用模式 3 实现高通陷波、带通和低通输出的二阶滤波器的原理图如图 4.1.12 所示。

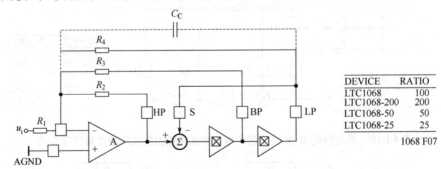

图 4.1.12　采用模式 3 实现高通陷波、带通和低通输出的二阶滤波器的原理图

$$f_o = \frac{f_{CLK}}{RATIO}\sqrt{1+R_2/R_4}, \quad f_n = \frac{f_{CLK}}{RATIO}$$

$$Q = 1.005\left(R_3/R_2\right)\sqrt{1+R_2/R_4}\left\{\frac{1}{\left[1-\dfrac{R_3}{RATIO \times 0.32 \times R_4}\right]}\right\}$$

$$H_{OHPN} = -\frac{R_2}{R_1}(AC\ GAIN, f \gg f_o), \quad H_{OHPN} = -\frac{R_2}{R_1}\left[\frac{1}{\left(1+R_2/R_4\right)}\right](DC\ GAIN)$$

$$H_{\text{OBP}} = -\frac{R_3}{R_1}\left\{\frac{1}{\left[1 - \dfrac{R_3}{\text{RATIO} \times 0.32 \times R_4}\right]}\right\}, \quad H_{\text{OLP}} = -\frac{R_2}{R_1}\left[\frac{1}{(1 + R_2 / R_4)}\right]$$

4．LTC1068 芯片的特点

（1）SSOP 封装中包含 4 个同样的二阶滤波器。

（2）二阶滤波器中心频率偏差：典型值为±0.3%，最大值为 0.8%。

（3）每个二阶滤波器都是低噪声放大器。当 $Q \leqslant 5$ 时，LTC1068-200 为 $50 \times 10^{-6} V_{\text{RMS}}$，LTC1068-50 为 $75 \times 10^{-6} V_{\text{RMS}}$，LTC1068-25 为 $90 \times 10^{-6} V_{\text{RMS}}$（$V_{\text{RMS}}$ 为有效值）。

（4）低电压供电：4.5mA，单电源 5V。LTC1068-50：工作电压±5V，单电源 5V 供电或 3.3V 供电。

5．用途

（1）可作为低通或高通滤波器使用，不同型号的频率范围不同。

LTC1068-200，0.5Hz～25kHz；LTC1068，1Hz～50kHz。

LTC1068-50，2Hz～50kHz；LTC1068-25，4Hz～200kHz。

（2）可作为带通或带阻滤波器使用，不同型号的频率范围不同。

LTC1068-200，0.5Hz～15kHz；LTC1068，1Hz～30kHz。

LTC1068-50，2Hz～30kHz；LTC1068-25，4Hz～140kHz。

6．典型应用

LTC1068 系列属于开关电容滤波器（SCF）专用集成芯片，它是通过改变时钟频率来改变中心频率 f_o（或截止频率 f_c）的。通过 FilterCAD 软件，只要设计者输入滤波器的指标，程序就会自动生成一个完整的电路图。下面列举几个应用实例。

1）双四阶巴特沃思低通滤波器

双四阶巴特沃思低通滤波器的时钟频率向上可调至 200kHz，−3dB 上限截止频率 $f_H = \dfrac{f_{\text{CLK}}}{25}$，四阶滤波器的噪声电压有效值为 60μV。双四阶巴特沃思低通滤波器典型电路如图 4.1.13 所示，其幅频特性如图 4.1.14 所示。

2）八阶椭圆带通滤波器

使用一个 LTC1068-25 集成芯片就可构建一个八阶椭圆带通滤波器。70kHz 椭圆带通滤波器的 $f_{\text{CENTER}} = f_{\text{CLK}} / 25$（最大 f_{CENTER} 是 80kHz，$U_S = \pm 5V$）。八阶椭圆带通滤波器原理图如图 4.1.15 所示，其增益与频率的关系曲线如图 4.1.16 所示。

$f_c = 70\text{kHz}$ 时 FilterCAD 的自定义输入参数见表 4.1.2。

3）八阶线性相位低通滤波器

由 LTC1068-50 组成的八阶线性相位低通滤波器其 $f_c = \dfrac{f_{\text{CLK}}}{50}$，适用于低功耗单电源供电。采用 3.3V 供电时，最大 $f_c = 20\text{kHz}$；采用 5V 供电时，最大 $f_c = 40\text{kHz}$，其中 f_c 为上限

截止频率，原理图及其增益与频率的关系曲线如图4.1.17所示。

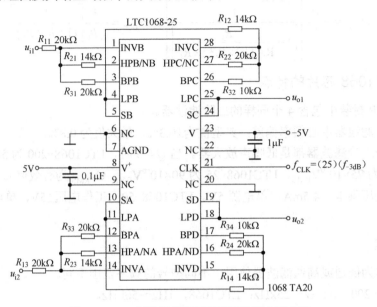

图 4.1.13　双四阶巴特沃思低通滤波器典型电路

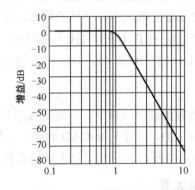

图 4.1.14　幅频特性曲线

$f_c = 100\text{kHz}$ 时 FilterCAD 的自定义输入参数见表 4.1.3。

4）八阶线性相位低通滤波器

由 LTC1068-25 组成的八阶线性相位低通滤波器的 $f_c = \dfrac{f_{CLK}}{32}$，在 $1.25f_c$ 处，衰减为 -50dB；在 $1.5f_c$ 处，衰减为 -60dB。最大 $f_{cmax} = 40\text{kHz}$。八阶线性相位低通滤波器原理图及其增益与频率的关系曲线如图 4.1.18 所示。

$f_c = 100\text{kHz}$ 时 FilterCAD 的自定义输入参数见表 4.1.4。

5）八阶线性相位带通滤波器

由 LTC1068 组成的八阶线性相位带通滤波器的 $f_{CENTER} = \dfrac{f_{CLK}}{100}$，$0.88f_{CENTER}$ 和 $1.12f_{CENTER}$ 之间定义为 -3dB 通带宽度。采用 ±5V 电源供电，最大 $f_{CENTER} = 50\text{kHz}$。

八阶线性相位带通滤波器原理图及其增益与频率的关系曲线如图 4.1.19 所示。

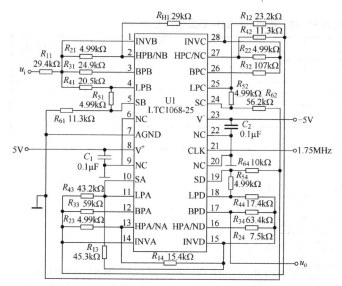

图 4.1.15　八阶椭圆带通滤波器原理图

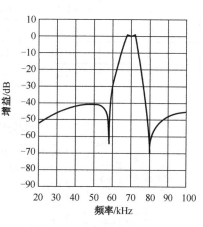

图 4.1.16　增益与频率的关系曲线

表 4.1.2　f_c = 70kHz 时 FilterCAD 的自定义输入参数

二阶部分编号	f_0/kHz	Q	f_N/kHz	滤 波 类 型	工 作 模 式
B	67.7624	5.7236	58.3011	HPN	2b
C	67.0851	20.5500	81.6810	LPN	1bn
A	73.9324	15.1339	81.0295	LPN	2n
D	73.3547	16.3491	BP		2b

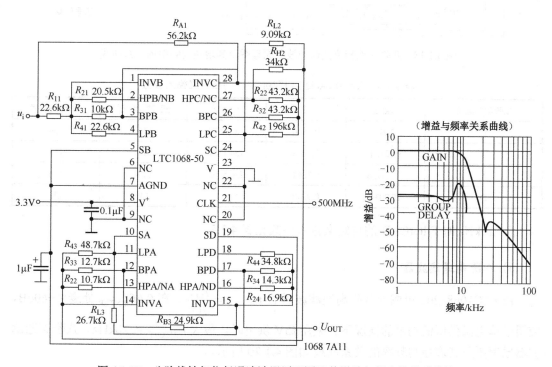

图 4.1.17　八阶线性相位低通滤波器原理图及其增益与频率的关系曲线

表 4.1.3 f_c = 100kHz 时 FilterCAD 的自定义输入参数

二阶部分编号	f_0/kHz	Q	f_N/kHz	Q_N	滤波类型	工 作 模 式
B	9.5241	0.5248		0.5248	AP	4a3
C	11.0472	1.1258	21.7724		LPN	2n
A	11.0441	1.3392		1.5781	LPBP	2s
D	6.9687	0.6082			LP	3

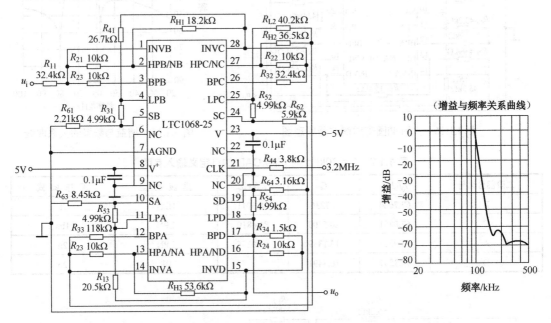

图 4.1.18 八阶线性相位低通滤波器原理图及其增益与频率的关系曲线

表 4.1.4 f_c = 100kHz 时 FilterCAD 的自定义输入参数

二阶部分编号	f_0/kHz	Q	f_N/kHz	滤波类型	工 作 模 式
B	70.91 3	0.5540	127.2678	LPN	1bn
C	94.2154	2.3848	154.1187	LPN	1bn
A	101.4936	9.3564	230.5192	LPN	1bn
D	79.7030	0.9340		LP	1b

f_c = 10kHz 时 FilterCAD 的自定义输入参数见表 4.1.5。

6）八阶高通滤波器

由 LTC1068-200 组成的八阶高通滤波器的 $f_{\text{CENTER}} = \dfrac{f_{\text{CLK}}}{200}$，在 $0.6f_{\text{CENTER}}$ 处衰减 -60dB，应用于单电源供压低功率的情况下。采用 ±5V 供电时，最大 f_{CUTOFF} = 20kHz。八阶高通滤波器原理图及其增益与频率的关系曲线如图 4.1.20 所示。

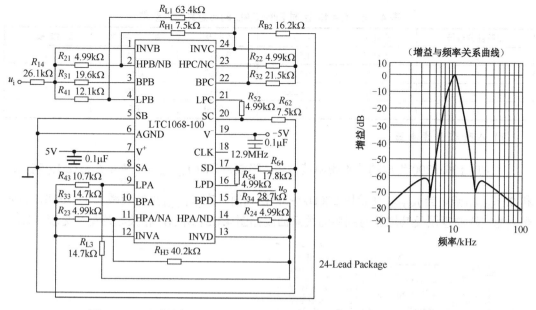

图 4.1.19 八阶线性相位带通滤波器原理图及其增益与频率的关系曲线

表 4.1.5 f_c = 10kHz 时 FilterCAD 的自定义输入参数

二阶部分编号	f_0/kHz	Q	f_N/kHz	滤波类型	工 作 模 式
B	8.2199	2.6702	4.4025	HPN	3a
C	9.9188	3.3388		BP	1b
A	8.7411	2.1125	21.1672	LPN	3a
D	11.3122	5.0830		BP	1b

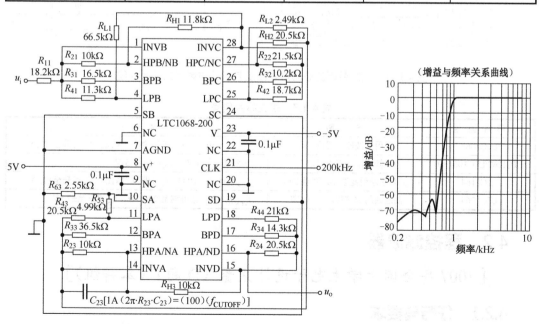

图 4.1.20 八阶高通滤波器原理图及其增益与频率的关系曲线

f_c = 1kHz 时 FilterCAD 的自定义输入参数见表 4.1.6。

表 4.1.6　f_c = 1kHz 时 FilterCAD 的自定义输入参数

二阶部分编号	f_0/kHz	Q	f_N/kHz	滤波类型	工 作 模 式
B	0.9407	1.5964	0.4212	HPN	3a
C	1.0723	0.5156	0.2869	HPN	3a
A	0.9088	3.4293	0.5815	HPN	2b
D	0.9880	0.7001	0.0000	HP	3

7）八阶带阻滤波器

由 LTC1068-200 组成的八阶带阻滤波器（陷波器）的 $f_{\text{NOTCH}} = \dfrac{f_{\text{CLK}}}{256}$，$f_{-3\text{dB}}$ 在 $1.05 f_{\text{NOTCH}}$ 和 $0.9 f_{\text{NOTCH}}$ 点，当 f_{NOTCH} 在范围 200Hz～5kHz 内时，在 f_{NOTCH} 点的衰减大于-70dB。八阶带阻滤波器原理图及其增益与频率的关系曲线如图 4.1.21 所示，相关芯片型号见表 4.1.7。

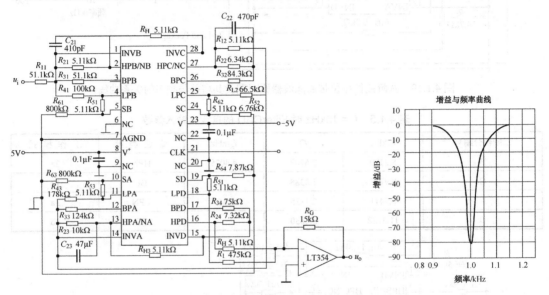

图 4.1.21　八阶带阻滤波器原理图及其增益与频率的关系曲线

表 4.1.7　相关芯片型号

芯 片 型 号	说　　明	备　　注
LTC1064	通用滤波器，四重二阶	$f_{\text{CLK}}/f_0 = 50$（100），f_0 可调至 100Hz，U_S 可升至±7.5V
LTC1067/LTC1067-50	低功率，双重二阶	轨到轨运放输入，$U_\text{S} = \pm(3\sim5)\text{V}$
LTC1164	低功率通用滤波器，四重二阶	$f_{\text{CLK}}/f_0 = 50$（100），f_0 可调至 20kHz，U_S 可升至±7.5V
LTC1264	高速通用滤波器，四重二阶	$f_{\text{CLK}}/f_0 = 20$，f_0 可调至 200kHz，U_S 可升至±7.5V

4.2　程控滤波器

［2007 年全国大学生电子设计竞赛（D 题）（本科组）］

4.2.1　任务与要求

1．任务

设计并制作程控滤波器，其组成框图如图 4.2.1 所示。放大器增益可设置，低通或高通滤波器通带、截止频率等参数可设置。

2．要求

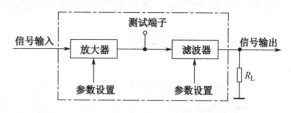

图 4.2.1　程控滤波器组成框图

1）基本要求

（1）放大器输入正弦信号电压振幅为 10mV，电压增益为 40dB，增益 10dB 步进可调，通频带为 100Hz～40kHz，放大器输出电压无明显失真。

（2）滤波器可设置为低通滤波器，其-3dB 截止频率 f_c 在 1～20kHz 范围内可调，调节的频率步进为 1kHz，$2f_c$ 处放大器与滤波器的总电压增益不大于 30dB，$R_L=1k\Omega$。

（3）滤波器可设置为高通滤波器，其-3dB 截止频率 f_c 在 1～20kHz 范围内可调，调节的频率步进为 1kHz，$0.5f_c$ 处放大器与滤波器的总电压增益不大于 30dB，$R_L=1k\Omega$。

（4）电压增益与截止频率的误差均不大于 10%。

（5）有设置参数显示功能。

2）发挥部分

（1）放大器电压增益为 60dB，输入信号电压振幅为 10mV；增益 10dB 步进可调，电压增益误差不大于 5%。

（2）制作一个四阶椭圆低通滤波器，带内起伏小于等于 1dB，-3dB 通带为 50kHz，要求放大器与低通滤波器在 200kHz 处的总电压增益小于 5dB，-3dB 通带误差不大于 5%。

（3）制作一个简易幅频特性测试仪，其扫频输出信号的频率变化范围是 100Hz～200kHz，频率步进 10kHz。

（4）其他。

3．评分标准

	项　　目	满　　分
设计报告	系统方案	15
	理论分析与计算	15
	电路与程序设计	5
	测试方案与测试结果	10
	设计报告结构及规范性	5
	总分	50
基本要求	实际制作完成情况	50
发挥部分	完成第（1）项	14
	完成第（2）项	16
	完成第（3）项	15
	其他	5
	总分	50

4．说明

设计报告正文应包括系统总体框图、核心电路原理图、主要流程图和主要测试结果。

完整的电路原理图、重要的源程序和完整的测试结果可用附件给出。

4.2.2 题目分析

本题要求设计并制作一个程控滤波器，包括一个程控宽带放大器、一个程控滤波器、一个椭圆滤波器和一个简易幅频特性测试仪，程控宽带放大器的技术指标见表 4.2.1，程控滤波器的技术指标见表 4.2.2，简易幅频特性测试仪的技术指标见表 4.2.3，系统原理框图如图 4.2.2 所示。

表 4.2.1　程控宽带放大器技术指标

技 术 指 标	基 本 要 求	发 挥 部 分
输入正弦信号电压幅度/mV	10	10
电压增益 G/dB	40	60
增益步进 ΔG/dB	10	10
带宽	100～40000Hz	20Hz～200kHz
输出失真	无明显失真	无明显失真
增益误差（相对值）	≤10%	5%

表 4.2.2　程控滤波器技术指标

类　型 技 术 指 标	低通滤波器	高通滤波器	椭圆滤波器
−3dB 截止频率 f_c 的范围/kHz	1～20	1～20	50
调节的频率步进/kHz	1	1	无
带内起伏/dB	无	无	≤1
过渡带要求	$2f_c$ 处总增益≤30dB	$0.5f_c$ 处总增益≤30dB	200kHz 处总增益<5dB
截止频率相对误差	≤10%	≤10%	≤5%

表 4.2.3　简易幅频特性测试仪技术指标

扫频信号的频率变化范围	100Hz～200kHz
频率步进	10kHz

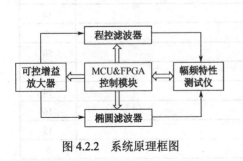

图 4.2.2　系统原理框图

由图 4.2.2 可知，可控增益宽带放大器是 2003 年全国大学生电子设计竞赛 B 题，幅频特性测量仪是 1999 年全国大学生电子设计竞赛 C 题，无知识盲点。凡选中此题的考生，一般在培训期间均训练过。而单片机与可编程 FPGA 最小系统对一般考生而言是一种必备工具。剩下的只有程控滤波器和椭圆滤波器的设计与制作。因此，本题的重点与难点就在此处。关于模拟与数字滤波器，在《信号与系统》和《数字信号处理》等教材中已有详细介绍；关于开关电容滤波器的原理及应用，已在 4.1 节做了详细介绍。

国防科技大学李清江、肖志斌、银庆宏三位同学选做的就是此题，并荣获 2007 年全国

大学生电子设计竞赛"索尼杯"奖。成功之处有两点：第一是采用增益可控的 AD603 芯片，实现了满足题目要求的程控放大器设计。电路设计部分的思路基本上采用了 2003 年华中科技大学参赛同学当年获得"索尼杯"奖作品的思路，创新之处是在工艺方面和技术指标方面做了较大改进和提高，在抗干扰性等项指标方面有较大提高，在频带宽度方面有较大加宽（分 3 个频段将频带宽度由原来的 10MHz 提高到了 100MHz）。第二是采用了性能优良的 LTC1068 开关电容滤波器，圆满地完成了程控滤波器和椭圆滤波器的设计。

4.2.3　方案论证

根据题目要求，本系统由可控增益放大器、程控滤波器、椭圆滤波器、幅频特性测试仪和 MCU & FPGA 控制模块构成，如图 4.2.2 所示。可控增益放大器部分以 AD603 作为核心器件，实现增益可调；程控滤波器和椭圆滤波器以 LTC1068 为核心器件，通过改变时钟频率实现截止频率、带宽可调；以单片机和 FPGA 为控制核心，辅以 DDS 扫频和有效值测量电路实现幅频特性的测量和显示，系统可靠性高，用户界面友好。下面对各部分进行方案论证。

1）可控增益放大器方案

▶方案一：使用数字电位器和普通运放组成放大电路。

通过控制数字电位器来改变放大器的反馈电阻实现可变增益。这种方案硬件实现简单，但限于数字电位器的精度较低、挡位有限，很难实现增益的精确控制，同时数字电位器本身有通过信号的带宽限制，在运放环路中会影响整个系统的通频带宽。

▶方案二：采用控制电压与增益呈线性关系的可编程增益放大器 PGA。

用 DAC 可以产生一个精确的电压控制增益，便于单片机控制，同时降低干扰和噪声。

综上所述，本设计采用方案二，即采用集成可变增益放大器 AD603。AD603 是一款低噪声、精密控制的可变增益放大器，其温度稳定性高，最大增益误差为 0.5dB，满足题目要求的精度，增益（dB）与控制电压 U 呈线性关系，可采用 DAC 来控制放大器的增益。

2）程控滤波器方案

▶方案一：采用数字化滤波技术。

采用 ADC 对输入信号采样，采样结果存入 FPGA 内部进行数字信号处理，通过设置数字滤波器的参数，可以改变滤波器的截止频率等参数，经过处理后的数据通过 DAC 变换为模拟信号输出。该方案将滤波过程数字化，具有灵活性高、性能优异的优点，不足之处是硬件设计工作量大，软件算法实现困难。

▶方案二：采用集成开关电容滤波器芯片。

开关电容滤波器是由 MOS 开关、MOS 电容和 MOS 运算放大器构成的一种大规模集成电路滤波器。其特点是：①当时钟频率一定时，开关电容滤波器的特性仅取决于电容的比值。由于采用了特种工艺，这种电容的比值精度可达 0.01%，并且具有良好的温度稳定性。②当电路结构确定后，开关电容滤波器的特性仅与时钟频率有关，改变时钟频率即可改变其滤波器特性。

通过比较两种方案，本系统的程控滤波器设计采用集成开关电容滤波器实现。

3）椭圆滤波器方案

▶**方案一**：采用分立元器件+普通运放。

实现四阶椭圆滤波器可以通过两级级联的低通带阻滤波器实现。该方案的优点是电路简单易于实现，不足之处在于电路设计精度很难保证，−3dB 带宽微调很不方便。

▶**方案二**：采用集成开关电容滤波器芯片。

由于这种芯片滤波器的截止频率由外部时钟决定，因此只要有一个稳定的外部时钟，滤波器的截止频率是可以保证精度的；同时，为了校准元器件误差，可以微调时钟频率来改变滤波器的截止频率，从而使其达到设计要求。

为了提高设计精度，椭圆滤波器设计采用集成开关电容滤波器 LTC1068 实现。

4）幅频特性测试仪方案

▶**方案一**：用压控振荡器产生扫频信号，以单片机为控制核心，通过 A/D 转换、D/A 转换等接口电路，实现扫频信号频率的步进调整、数字显示及被测网络幅频特性的数字显示。此方案利用单片机，控制较为灵活，但压控振荡器产生信号的频率稳定度较低，且电路复杂。

▶**方案二**：采用 DDS 产生扫频信号，利用真有效值测量芯片 AD637 和 A/D 接口电路实现扫频信号频率的步进调整及被测网络幅频特性的数字显示。DDS 产生信号的频率稳定度较高，而且信号频率的步进和信号幅度控制方便。

综上所述，本设计采用方案二，即采用集成 DDS 芯片 AD9850 产生扫频信号，在测试网络输出端利用 AD637 和 A/D 转换芯片 TLC1549 进行信号有效值的转化与测量。

4.2.4 理论分析与计算

1）低通滤波器的参数选取

题目中要求 $2f_c$ 处放大器与滤波器总电压增益不大于 30dB，而放大器的增益为 40dB，所以滤波器在 $2f_c$ 处的衰减要不小于 10dB。然而，为了保证设计指标的可靠性，本系统将此衰减定为 20dB。由给定条件写出 $|H_a(j\Omega)|$ 在 $2f_c$ 点的方程（−20dB 对应 $10^{-20/20}=10^{-1}$），

$$|H_a(j\Omega)| = \frac{1}{\sqrt{1+(2f_c/f_c)^{2N}}} = 10^{-1} \tag{4.2.1}$$

解此方程得 $N\approx3.3149$，取整数 $N=4$。

因此，本设计的低通滤波器采用四阶巴特沃思滤波器。查找巴特沃思多项式表得

$$\begin{aligned} R_N(S') &= (S')^4 + 2.6131(S')^3 + 3.4142(S')^2 + 2.6131S' + 1 \\ &= [(S')^2 + 0.765\,37S' + 1][(S')^2 + 1.847\,76S' + 1] \end{aligned} \tag{4.2.2}$$

于是可得到归一化巴特沃思的系统函数为

$$H_a(S') = \frac{1}{(S')^4 + 2.6131(S')^3 + 3.4142(S')^2 + 2.6131S' + 1} \tag{4.2.3}$$

2）高通滤波器的参数选取

根据题目要求，其-3dB 截止频率 f_c 在 1～20kHz 范围内步进（1kHz 的步进）可调，$0.5f_c$ 处的放大器与滤波器的总电压增益 30dB，即衰减 10dB。但为了保证设计指标的可靠性，本系统将衰减定为 20dB。

在工程实际中，设计高通滤波器的常用方法是借助于对应的低通原型滤波器，经频率变换和元器件变换得到。图 4.2.3 给出了高通滤波器设计流程图，本系统按虚线框中的流程实现。

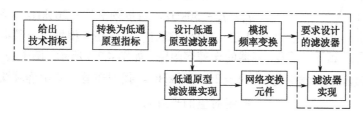

图 4.2.3　高通滤波器设计流程图

① 按给定技术指标画出容差图，如图 4.2.4 所示。

② 转换成低通原型指标：

先将高通滤波器的各频率归一化，取参考频率 Ω_r 为-3dB 的归一化频率 $\Omega_c = 2\pi f_o$。其归一化各频率为

$$\lambda_s = \frac{\Omega_s}{\Omega_c} = \frac{0.5\Omega_c}{\Omega_c} = 0.5$$

$$\lambda_r = \lambda_c = \frac{\Omega_c}{\Omega_c} = 1$$

转换成低通原型频率及对应指标为

$$\Omega_s' = \frac{1}{\lambda_s} = -\frac{1}{0.5} = -2 \ ,$$

$$\Omega_c' = 1$$

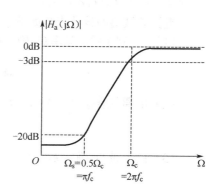

图 4.2.4　高通滤波器容差图

因而有

$$|H_{a1}(j\Omega_s')| = \frac{1}{\sqrt{1+\left(\frac{\Omega_s'}{\Omega_c'}\right)^{2N}}} = \frac{1}{\sqrt{1+\left(\frac{-2}{1}\right)^{2N}}} = 10^{-\frac{20}{20}} \tag{4.2.4}$$

③ 设计低通原型滤波器：

解方程（4.2.4）得 $N \approx 3.3149$，取整数 $N = 4$。查得四阶低通原型滤波器的系统函数为

$$H_{a1}(S') = \frac{1}{(S')^4 + 2.6131(S')^3 + 3.4142(S')^2 + 2.6131S' + 1} \tag{4.2.5}$$

④ 低通到高通的 S 域变换关系为

$$H_{HP}(\lambda') = H_{LP}(S)\big|_{\lambda' = \Omega_c'/S'} \tag{4.2.6}$$

可得到四阶高通滤波器归一化系统函数为

$$H(\lambda') = \frac{\lambda'^3}{[(\lambda')^2 + 6.280\lambda' + 6280^2][\lambda' + 6280]} \tag{4.2.7}$$

⑤ 最后将高通滤波器的频率参数和指标输入开关电容滤波器集成芯片 LTC 1068，再构建所需的高通滤波器。截止频率 f_o 是通过改变时钟频率实现步进可调的。

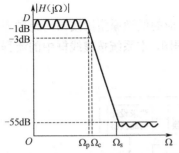

图 4.2.5　椭圆滤波器的误差容限图

3）椭圆滤波器的参数选取

根据题目对椭圆滤波器的要求，阶数为 $N = 4$，通常 $f_p = f_c = 50\text{kHz}$，阻带频率 $f_s = 200\text{kHz}$，带内起伏 $A_{\max} \leqslant 1\text{dB}$，带外衰减 $A_{\min} \geqslant 55\text{dB}$。根据以上数据画出椭圆滤波器的误差容限图，如图 4.2.5 所示。图中 $\Omega_c = 2\pi \times 50\text{kHz}$，$\Omega_s = 2\pi \times 200\text{kHz}$。我们知道，$N$ 阶椭圆滤波器幅频响应的绝对值的平方为

$$\left| H(j\Omega) \right|^2 = \frac{1}{1 + \varepsilon^2 R_N (\Omega / \Omega_c)} \tag{4.2.8}$$

式中，$R_N(x)$ 是 N 阶切比雪夫有理多项式。$R_N(x)$ 含有参数 Ω_c，k 和 k_1。所以椭圆滤波器有 5 个参数，即 $N, \varepsilon, \Omega, k$ 和 k_1。

椭圆滤波器的设计步骤如下。

（1）由 -3dB 截止频率 Ω_c 确定通带频率 Ω_p，

$$\Omega_p = \Omega_c = 2\pi \times 50 \times 10^3 \text{rad} / \text{s} \tag{4.2.9}$$

（2）由通带衰减 $A_p \leqslant 1\text{dB}$，确定 ε，

$$\varepsilon = \sqrt{10^{0.1A_p} - 1} \tag{4.2.10}$$

（3）由阻带 Ω_s 确定 k，

$$k = \Omega_p / \Omega_s \tag{4.2.11}$$

（4）由阻带衰减 A_s 确定 k_1，

$$k_1 = \varepsilon / \sqrt{10^{0.1A_s} - 1} \tag{4.2.12}$$

（5）确定滤波器的阶数 N，

$$N = \frac{K(k)K(\sqrt{1-k_1^2})}{K(\sqrt{1-k^2})\,K(k_1)} \tag{4.2.13}$$

（6）为了保证 $R_N(x)$ 为切比雪夫有理多项式，在 N 取整后还需调整椭圆滤波器的参数 k 或 k_1，使式（4.2.13）成立。

现取 $N = 4$（题目要求），调整后的椭圆滤波器的参数如下：带内起伏 $A_{\max} \leqslant 0.5\text{dB}$，$\Omega_s = 2\pi \times 150 \times 10^3 \text{rad} / \text{s}$，$\Omega_c = \Omega_p = 2\pi \times 50 \times 10^3 \text{rad} / \text{s}$。

阻带与通带边界频率的比值为 $M = 150 / 50 = 3$。通过查找椭圆滤波器参数表，可得四阶椭圆函数在 $M = 3$ 时可以达到 64.1dB 的衰减，超出了题目要求，其归一化近似系统函数为

$$H(S') = \frac{[(S')^2 + 0.329\,79S' + 1.063\,281][(S')^2 + 0.862\,58S' + 0.377\,87}{0.000\,620\,46[(S')^2 + 10.455\,4][(S')^2 + 58.471]} \qquad (4.2.14)$$

4.2.5 系统电路设计

1) 程控放大器电路设计

本设计将此部分电路分为两级：增益控制部分和电压放大部分。

增益控制部分采用 AD603 通频带最宽的一种接法。电路图如图 4.2.6 所示，设计通频带为 90MHz，增益为-10～+30dB，输入控制电压为-0.5～+0.5V。增益和控制电压的关系为 $G_u = 40 \times U_g + 10$。一级的增益只有 40dB，使用两级串联，增益为 $G_u = 40 \times U_{g1} + 40 \times U_{g2} + 20$，增益范围是-20～+60dB，满足题目要求。

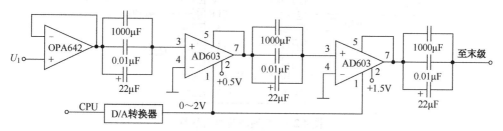

图 4.2.6 可控增益放大器电路

考虑到 AD603 的输出有效值小于 2V，本设计在增益控制部分后选用两级晶体管进行直流耦合和发射级直流负反馈来构建末级电压放大，同时提高放大电路的带负载能力。选用 2N3904 和 2N3906 晶体管，可达到 25MHz 的带宽，增益为 20dB。末级功率放大器电路如图 4.2.7 所示。

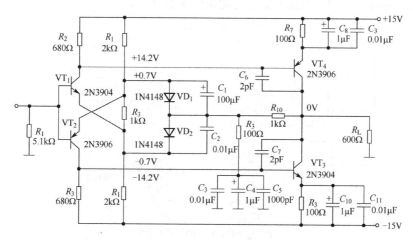

图 4.2.7 末级功率放大器电路

2) 低通滤波器电路设计

LTC1068 是 Linear 公司的一款开关电容滤波器芯片，其中包含 4 个通用二阶模块，滤波器的外部元器件参数一旦确定，便可使用时钟来调节截止频率。LTC1068 共有模式 1a、模式 1b、模式 2 和模式 3 四种工作模式，对应不同的滤波特性。经过计算，低通滤波器电路设计采用 LTC1068 的两级滤波器模块组成四阶巴特沃思低通滤波器，第一级滤波器的 $Q = 1.3066$，第二级滤波器的 $Q = 0.5412$，$f_o = 20\text{kHz}$。两级滤波器模块都工作在模式 1a 下的低通模式，根据芯片手册提供的元器件参数计算公式计算出外围电阻值，最终设计的低通滤波器电路图如图 4.2.8 所示。

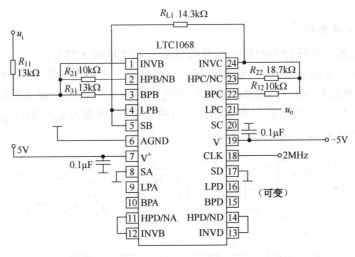

图 4.2.8 低通滤波器电路图

3）高通滤波器电路设计

高通滤波器电路设计采用 LTC1068 的两级滤波器模块组成四阶巴特沃思高通滤波器，经过计算，第一级滤波器的 $Q = 0.5412$，第二级滤波器的 $Q = 1.3066$，$f_o = 20\text{kHz}$，两级滤波器模块都工作在模式 3 下的高通模式，根据滤波器的参数可以计算出每级滤波器对应的外围电阻值，最终设计的高通滤波器电路图如图 4.2.9 所示。

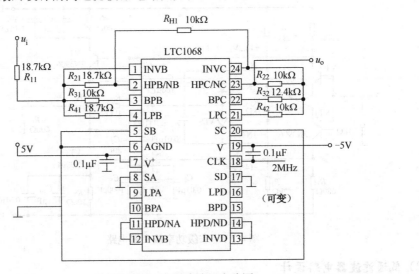

图 4.2.9 高通滤波器电路图

4）椭圆滤波器电路设计

椭圆滤波器电路设计采用 LTC1068 的两级滤波器模块组成四阶椭圆函数低通滤波器，

经过计算，第一级滤波器的参数为 $Q = 3.1267$，$f_c = 51.5578\text{kHz}$，$f_s = 161.6740\text{kHz}$；第二级滤波器的参数为 $Q = 0.7126$，$f_c = 30.7356\text{kHz}$，$f_s = 382.3317\text{kHz}$，第一级滤波器模块工作在模式 2 下的低通模式，第二级滤波器模块工作在模式 1b 下的低通模式，最终设计的椭圆滤波器电路图如图 4.2.10 所示。

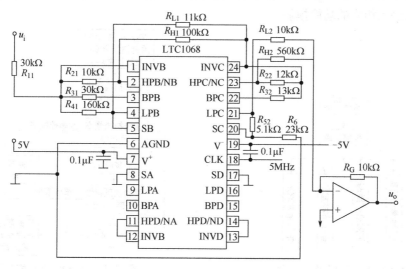

图 4.2.10 椭圆滤波器电路图

5）简易幅频特性测试仪设计

幅频特性测试仪框图如图 4.2.11 所示，单片机与 FPGA 控制 DDS 扫频源 AD9850 以一定步进产生扫频信号，同时测量并记下其通过被测网络后的有效值，利用各个频点通过网络后的有效值可在液晶上画出其幅频特性图。有效值测量采用集成芯片 AD637，其外围电路简单，而且当输入峰峰值大于 2V 时，测量误差在 100Hz～1MHz 范围内基本上可以忽略。最终设计的幅频特性测试仪电路图如图 4.2.12 所示。

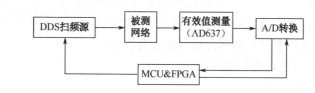

图 4.2.11 幅频特性测试仪框图

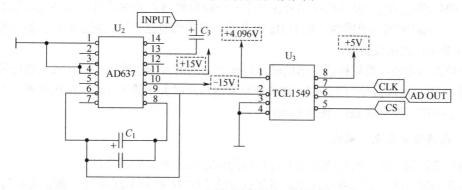

4.2.12 幅频特性测试仪电路图

4.2.6　系统软件设计

系统软件基于单片机开发系统 Keil C51 以及 FPGA 开发系统 XILINX ISE 开发，本系统软件流程图如图 4.2.13 所示，幅频特性扫描模块如图 4.2.14 所示，单片机通过扫描用户的键盘输入进入相应的功能模块。

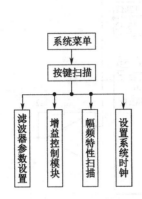

图 4.2.13　系统软件流程图

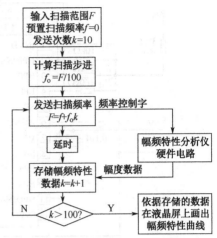

图 4.2.14　幅频特性扫描模块

4.2.7　测试方法与测试结果

1）测试仪器

测试仪器见表 4.2.4。

表 4.2.4　测试仪器

仪器名称	型　号
示波器	TDS2022
DDS 信号源	TFG3 150
频率特性测试仪	SAI 140

2）程控放大器电路测试

测试方法：用经过校准的信号源在信号输入端加 10mV 正弦波。在 100Hz~40kHz 频带内，按照一定的频率步进设置测试点，在每个频率测试点以 10dB 为步进，从 0 至 60dB 测试七组数据，测试数据略。

3）低通滤波器电路测试

通频带测试方法：使用标准信号源产生一个稳定的 5V 正弦信号连接到滤波器的输入端，在 1~20kHz 频率范围内，以 1kHz 为步进，调节低通滤波器的截止频率，测试滤波器的-3dB 带宽，测试数据略。

增益测试方法：将程控放大器的输出连接到低通滤波器的输入，程控放大器电压增益调节到 40dB，输入信号为 10mV，滤波器输入信号此时大于等于 1V，在 $2f_c$ 处测试滤波器输出电压幅度，换算成 dB，测试数据略。

4）高通滤波器电路测试

通频带测试方法：同低通滤波器通频带测试方法，测试数据略。

增益测试方法：只需将低通滤波器测试方法中的 $2f_c$ 换为 $1/2f_c$ 即可，测试数据略。

5）椭圆滤波器电路测试

通频带测试方法：同低通滤波器通频带测试方法，只需将频率范围扩展到 50kHz，测试数据略。

增益测试方法：将程控放大器的输出连接到椭圆滤波器的输入，程控放大器电压增益调到 60dB，输入信号为 10mV，滤波器输入信号此时等于 10V，在 200kHz 处测试滤波器输出电压幅度，换算成 dB。

6）简易幅频特性测试仪测试

测试方法：目测法，将被测网络接入简易幅频特性测试仪，设定测试信号扫频带宽和步进后开始扫频，观察液晶显示屏上的幅频测试图，与被测网络理论计算结果进行比较，得出结论。

4.2.8 结论

通过测试结果分析可以发现本系统的各项指标均达到或超过了相应的要求，见表4.2.5。

表 4.2.5 测试结果一览表

指标 名称		题 目 要 求	本系统指标
可变增益放大器	最大增益	60dB	60dB
	增益步进	10dB	1dB, 10dB 可选
	增益误差	<5%	<2%
	放大器通频带	100Hz～40kHz	100Hz～1MHz
低通滤波器	-3dB 截止频率	1～20kHz 可调	1～50kHz 可调
	截止频率调节步进	1kHz	100Hz
	$2f_c$ 处放大器与滤波器的总电压增益	<30dB	<25dB
高通滤波器	-3dB 截止频率	1～20kHz 可调	1～50kHz 可调
	截止频率调节步进	1kHz	100Hz
	$0.5f_c$ 处放大器与滤波器的总电压增益	<30dB	<25dB
椭圆滤波器	带内起伏	<1dB	<0.6dB
	-3dB 通频带	50kHz	50.5kHz
	200kHz 处的总电压增益	<5dB	<1dB
	-3dB 通带误差	<5%	<2%
幅频特性测试仪	扫频输出信号的频率变化范围	100Hz～200kHz	100Hz～200kHz
	频率步进	10kHz	500Hz

4.3 可控放大器

[2007 年全国大学生电子设计竞赛（I 题）（高职高专组）]

4.3.1 任务与要求

1. 任务

设计并制作一个可控放大器，其组成框图如图 4.3.1 所示。放大器的增益可设置；低通

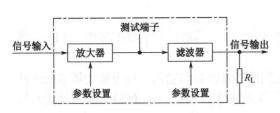

图 4.3.1　可控放大器组成框图

滤波器、高通滤波器、带通滤波器的通带、截止频率等参数可设置。

2. 要求

1) 基本要求

（1）放大器输入正弦信号电压振幅为 10 mV，电压增益为 40dB，通频带为 100Hz～40kHz，放大器输出电压无明显失真。

（2）滤波器可设置为低通滤波器，其-3dB 截止频率 f_c 在 1～20kHz 范围内可调，调节的频率步进为 1kHz，$2f_c$ 处放大器与滤波器的总电压增益不大于 30dB，$R_L = 1kΩ$。

（3）滤波器可设置为高通滤波器，其-3dB 截止频率 f_c 在 1～20kHz 范围内可调，调节的频率步进为 1kHz，$0.5f_c$ 处放大器与滤波器的总电压增益不大于 30dB，$R_L = 1kΩ$。

（4）截止频率的误差不大于 10%。

（5）有设置参数显示功能。

2) 发挥部分

（1）放大器电压增益为 60dB，输入正弦信号电压振幅为 10mV，增益 10dB 步进可调，通频带为 100Hz～100kHz。

（2）制作一个带通滤波器，中心频率为 50kHz，通频带为 10kHz，在 40kHz 和 60kHz 频率处，要求放大器与带通滤波器的总电压增益不大于 45dB。

（3）上述带通滤波器中心频率可设置，设置范围为 40～60kHz，步进为 2kHz。

（4）电压增益、截止频率误差均不大于 5%。

（5）其他。

4.3.2　题目分析

题目要求制作一个可控放大器，包含放大器和滤波器两部分，放大器增益和滤波器截止频率均要求可程控设置。仔细分析题目要求，可以将要完成的指标和功能归纳如下。

1) 程控放大器

输入正弦信号电压振幅为 10mV，电压增益为 40dB，扩展为 60dB，增益 10dB 步进可调，通频带为 100Hz～100kHz。

2) 程控滤波器

低通滤波器-3dB 截止频率在范围 1～20kHz 内可调，步进为 1kHz，$2f_c$ 处总电压增益不大于 30dB。

带通滤波器中心频率为 50kHz，通频带为 10kHz，在 40～60kHz 范围内可调，步进为 2kHz。在 40kHz 和 60kHz 频率处，要求放大器与带通滤波器的总电压增益不大于 45dB。

高通滤波器-3dB 截止频率在范围 1～20kHz 内可调，步进为 1kHz，$0.5f_c$ 处放大器与滤波器的总电压增益不大于 30dB。

3) 调整误差

电压增益、截止频率误差均不大于 5%。

此题与 2007 年程控滤波器（D 题）[本科组] 属于同一类型题，只不过要求略有不同。

4.3.3 方案论证

1. 滤波器的设计

▶方案一：采用传统分立元器件组成无源滤波器。

存在诸如带内不平坦、频带范围窄且不易调节、结构复杂等缺点。

▶方案二：采用运算放大器构成的有源滤波器。

这种有源滤波器有经典电路可以参考，还可借助滤波器设计工具，设计过程比较简单，但存在截止频率调节范围的局限性，难以实现高精度截止频率调节。

▶方案三：采用引脚可编程的开关电容滤波器 MAX264。

该器件内部集成了滤波器所需的电阻、电容，无须外接器件，且其中心频率、Q 值及工作模式都可通过引脚编程设置进行控制。MAX264 可工作于带通、低通、高通、带陷或全通模式下，其通带截止频率可达 140kHz。

综上所述，关于题目对截止频率和调整步进的指标，方案一、方案二因自身固有的局限性很难满足要求，因此系统滤波器部分的设计选用方案三。

2. 放大器的设计

▶方案一：采用普通宽带运算放大器构成放大电路，采用分立元器件构成 AGC 控制电路，利用包络检波反馈至放大器的方法控制放大倍数。采用场效应管作为 AGC 控制可实现高频率和低噪声，但温度、电源等漂移将引起分压比变化。采用这种设计方案难以实现系统增益的精确控制和稳定性。

▶方案二：采用可编程放大器的思想，将交流输入信号作为高速 D/A 转换器的基准电压，该 D/A 转换器可视为一个程控衰减器。理论上讲，只要 D/A 转换器的速度够快、精度够高，就可实现宽范围的精密增益调节。但控制的数字量和最后的增益不是线性关系，而是指数关系，导致增益调节不均匀，精度降低。

▶方案三：采用控制电压与增益呈线性关系的可编程增益放大器 PGA 实现增益控制。电压控制增益便于单片机控制，同时可减少噪声和干扰。采用可变增益放大器 AD603 作为增益控制。AD603 是一款低噪声、精密控制的可变增益放大器，温度稳定性高，增益与控制电压呈线性关系，因此便于使用 D/A 转换器输出电压控制放大器增益。

综上所述，系统的放大器设计选用方案三。

3. 系统结构

可控滤波器主要由程控放大、信号调理、程控滤波等模块组成，如图 4.3.2 所示。其工作原理为：输入 10mV 信号送程控放大模块实现最大 60dB 的可调增益，经过信号调理电路，调整（衰减）至滤波器可接受的幅度范围（0～5V），放大器和滤波器的参数由单片机设置，根据用户命令选择相应的滤波器（高通、低通、带通），滤波器的输出经信号调理电路处理（放大）后得到最终信号。

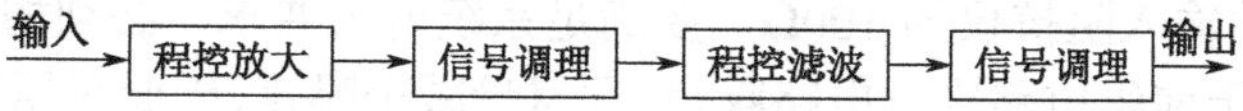

输入 → 程控放大 → 信号调理 → 程控滤波 → 信号调理 → 输出

图 4.3.2 可控滤波器框图

4.3.4 硬件设计

1. 程控放大原理

增益控制采用 AD603，AD603 是低噪声、精密控制的可变增益放大器，最大增益控制误差为 0.5dB。其基本增益为

$$G(\text{dB}) = 40U_{\text{G}} + 10 \qquad (4.3.1)$$

式中，U_{G} 是差分输入的控制电压，单位是 V；G 是 AD603 的基本增益，单位是 dB。由式（4.3.1）看出，以 dB 作为单位的对数增益与控制电压呈线性关系。由此，单片机通过简单的线性计算就可控制增益，从而准确实现增益步进。

2. 程控滤波原理

MAX264 是 MAXIX 公司生产的开关电容滤波器，可编程设置 MAX264 的 M0、M1 引脚，使其工作在模式一、模式二、模式三和模式四下，由于只有模式三具有低通、带通和高通全部三种滤波功能，因而本系统设计采用模式三。

MAX264 可以灵活配置为低通、带通和高通滤波器，截止频率可以通过外部输入的时钟信号进行调节。实际应用中外部时钟可由单片机、CPLD 等器件编程产生，可以方便地实现对滤波器截止频率的程控调节。

模式三下的外部输入时钟与中心频率的关系（以下仅对低通滤波器进行分析，高通、带通滤波器的情形类似）为

$$f_{\text{CLK}} / f_{\text{o}} = \pi(N + 13) \qquad (4.3.2)$$

式中，f_{CLK} 为输入时钟频率，f_{o} 为滤波器中心频率，N 由外部输入。

f_{o} 与截止频率 f_{c} 的关系为

$$f_{\text{c}} = f_{\text{o}} \times \sqrt{\left(1 - \frac{1}{2Q^2}\right) + \sqrt{\left(1 - \frac{1}{2Q^2}\right)^2 + 1}} \qquad (4.3.3)$$

式中，Q 为滤波器的品质因数，可通过外部引脚编程设置。从式（4.3.2）、式（4.3.3）可看出，对于确定的 Q 值，f_{c} 与 f_{CLK} 呈线性关系，因此改变 f_{CLK} 即可精确地改变 f_{c}，以达到题目中滤波器截止频率可程控的要求。

3. 硬件电路设计

1）程控放大电路

根据题目要求和 AD603 的性能，程控放大电路以 AD603 为核心，由三级放大电路组成。题目要求对 10mV 的输入信号，最大增益要大于 60dB，即最大输出电压有效值大于 7V（峰值为 10V），而中间级采用的可编程增益放大器 AD603 对输入电压和输出电压均有限制，所以必须合理分配三级放大器的放大倍数。下面对各级放大电路的设计做具体分析。

（1）前级放大电路

由于 AD603 的输入阻抗仅为 100Ω，要满足系统电阻要求，必须增加输入缓冲来提高输入阻抗。另外，由于前级电路影响电路噪声，须尽量减少噪声，因此采用视频放大器 AD818（其带宽为 100MHz）构成的反相放大电路作为前级小信号放大器，如图 4.3.3 所示。

AD603 的输入电压峰峰值为 1.4V，所以前级放大不宜过大，以免输入大信号时烧坏芯

片。考虑到 AD603 的输入电压范围,设定前级放大 3.5 倍,输入阻抗大于 1kΩ,选取 $R_1 = 2\text{k}\Omega$,
$R_f = 7\text{k}\Omega$,则放大倍数为

$$A = -\frac{R_f}{R_1} = -\frac{7}{2} = -3.5$$

(2)中间级程控放大

为加大中间级的放大倍数及增益调节范围,使用两个 AD603 级联作为中间级放大,如
图 4.3.4 所示。如果将 AD603 的 5 脚和 7 脚相连,那么单级 AD603 增益调整范围为-10～
+30dB,带宽为 90MHz,两级 AD603 级联使得增益可调范围扩大到-20～+60dB,完全满
足题目要求。

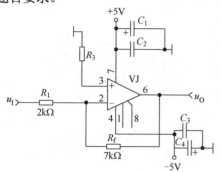

图 4.3.3　前级放大电路　　　　　　图 4.3.4　级联 AD603 电路图

两级 AD603 采用+5V、-5V 电源供电,两级的控制端 GNEG(2 脚)都接地,另一控
制端 CPOS(1 脚)接 D/A 输出,从而精确地控制 AD603 的增益。AD603 的增益与控制电
压呈线性关系,其增益控制端的输入电压范围为-500～+500mV,增益调节范围为 40dB。
增益每步进 1dB,控制电压需增大

$$\Delta U_G = \frac{500 - (-500)}{40}\text{mV} = 25\text{mV}$$

由于两级 AD603 由同一电压控制,所以步进 1dB 的控制电压变化幅度为 25 mV/2 =
12.5mV。因为 AD603 的控制电压需要比较精确的电压值,设计中使用 12 位 D/A 转换器
AD667,其内部自带 10V 基准电压,输出电压精度为 $10 / 2^{12} = 0.00244\text{V} = 2.44\text{mV}$,可满足
指标要求。

(3)后级放大电路

AD603 的最大输出电压有效值约为 1.2V,要实现发挥部分的最大输出电压有效值大于
等于 7V 的要求,则后级放大至少要有 6 倍。AD603 在输出电压过大时,波形会有失真。
为了实现输出不失真,同时尽量扩大输出电压,把 AD603 最大输出电压的有效值定为 1V,
则后级放大倍数

$$A = 7/1 = 7$$

因此后级需要放大 7 倍,即 16.9dB。

后级输出电路采用输入阻抗较高的同相放大形式,如图 4.3.5 所示。为得到最大输出电
压,后级放大倍数至少为 7 倍,则同相放大电路的放大倍数 $A_f = 1 + \dfrac{R_f}{R_1} = 7$,因此 $\dfrac{R_f}{R_1} = 6$。
实际应用时,选取 $R_f = 8.2\text{k}\Omega$,$R_1 = 1\text{k}\Omega$。

2）程控滤波器电路

采用引脚可编程滤波器 MAX264 实现低通、带通和高通滤波器，如图 4.3.6 所示（衰减放大网络略）。电路设计采用单极性输入模式，在此模式下 MAX264 的输入电压范围为 0～5V，前面程控放大的信号可能会超出此范围，因此需要信号调理电路进行降幅处理。调整过程如下：信号首先经过衰减网络使其峰峰值为−2.5～+2.5V，再由加法器将信号调节为 0～5V，滤波后，减法器将信号变为−2.5～+2.5V，放大网络补偿衰减，恢复原信号的幅度。

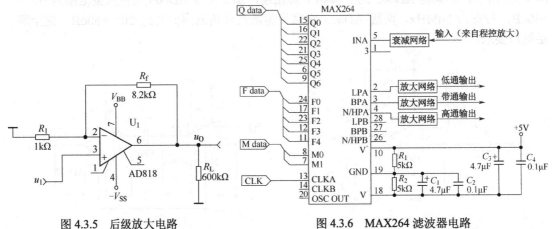

图 4.3.5　后级放大电路　　　　图 4.3.6　MAX264 滤波器电路

4.3.5　系统软件设计

系统软件设计采用软件工程设计思想，主要实现人机界面的交互，包括提示信息显示、系统状态选择、参数输入、输入参数显示、系统启动与复位。系统软件流程图如图 4.3.7 所示。

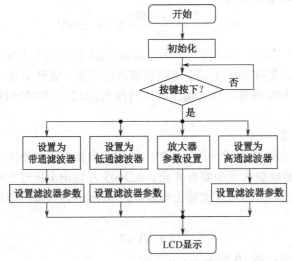

图 4.3.7　系统软件流程图

4.3.6　测试结果

系统设置为放大器电压增益范围测试模式，在放大器电压增益测试端口利用 Tektronix TDS1002 型数字示波器观察输出，在信号不失真时测量输出幅度，满足系统要求。

系统分别设定为低通滤波器、带通滤波器和高通滤波器测试模式，在放大器电压增益测试端口及滤波器输出端口中利用 Tektronix TDS1002 型数字示波器观察输出，在信号不失真时测量截止频率处及 2 倍截止频率处的输出幅度，各参数满足系统要求。

滤波器输入幅值为 1V 时，通带内的最大输出幅值为 1.10V，增益为 0.828dB，带内起伏小于等于 1dB，−3dB 通带误差不大于 5%。

4.4 自适应滤波器

[2017 年全国大学生电子设计竞赛（E 题）]

4.4.1 任务与要求

1. 任务

设计并制作一个自适应滤波器，用来滤除特定的干扰信号。自适应滤波器的工作频率为 10～100kHz，其电路框图如图 4.4.1 所示。

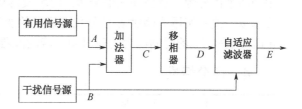

在图 4.4.1 中，有用信号源和干扰信号源为两个独立信号源，输出信号分为信号 A 和信号 B，且频率不相等。自适应滤波器根据干扰信号 B 的特征，采用干扰抵消等方法，滤除混合信号 D 中的干扰信号 B，以恢复有用信号 A 的波形，其输出为信号 E。

图 4.4.1　自适应滤波器电路框图

2. 要求

1）基本要求

（1）设计一个加法器实现 $C = A + B$，其中有用信号 A 和干扰信号 B 的峰峰值均为 1～2V，频率范围为 10～100kHz。预留便于测量的输入/输出端口。

（2）设计一个移相器，在频率范围 10～100kHz 内的各个点频上，实现点频 0°～180° 手动连续可变相移。移相器幅度放大倍数控制在 1±0.1，移相器的相频特性不做要求。预留便于测量的输入/输出端口。

（3）单独设计制作自适应滤波器，它有两个输入端口，用于输入信号 B 和 D。有一个输出端口，用于输出信号 E。当信号 A、B 为正弦信号且频率差大于等于 100Hz 时，输出信号 E 能够恢复信号 A 的波形，信号 E 与 A 的频率和幅度误差均小于 10%。滤波器对信号 B 的幅度衰减小于 1%。预留便于测量的输入/输出口。

2）发挥部分

（1）当信号 A 和信号 B 为正弦信号且频率差大于等于 10Hz 时，自适应滤波器的输出信号 E 能恢复信号 A 的波形，信号 E 与 A 的频率和幅度误差均小于 10%。滤波器对信号 B 的幅度衰减小于 1%。

（2）当 B 信号分别为三角波和方波信号，且与 A 信号的频率差大于等于 10Hz 时，自适应滤波器的输出信号 E 能恢复信号 A 的波形，信号 E 与 A 的频率和幅度误差均小于 10%。

滤波器对信号 B 的幅度衰减小于 1%。

（3）尽量减少自适应滤波器电路的响应时间，提高滤除干扰信号的速度，响应时间不大于 1s。

（4）其他。

3．说明

（1）自适应滤波器电路应相对独立，除规定的三个端口外，不得与移相器等存在其他通信方式。

（2）测试时，移相器信号相移角度可以在范围 0°～180°内手动调节。

（3）信号 E 中信号 B 的残余电压测试方法如下：信号 A、信号 B 按要求输入，滤波器正常工作后，关闭有用信号源使 $U_A = 0$，此时测得的输出为残余电压 U_E。滤波器对信号 B 的幅度衰减为 U_E/U_B。若滤波器不能恢复信号 A 的波形，该指标不测量。

（4）滤波器电路的响应时间测试方法如下：在滤波器能够正常滤除信号 B 的情况下，关闭两个信号源。重新加入信号 B，用示波器观测 E 信号的电压，同时降低示波器水平扫描速度，使示波器能够对 E 信号包络幅度的变化观测 1～2s。测量其从加入信号 B 开始，至幅度衰减 1%的时间即为响应时间。若滤波器不能恢复信号 A 的波形，该指标不测量。

4．评分标准

	项　目	主　要　内　容	满　分
设计报告	系统方案	自适应滤波器总体方案设计	4
	理论分析与计算	滤波器理论分析与计算	6
	电路与程序设计	总体电路图程序设计	4
	测试方案与测试结果	测试数据完整性，测试结果分析	4
	设计报告结构及规范	摘要，设计报告正文的结构图表的规范性	2
	合计		20
基本要求	完成第（1）项		6
	完成第（2）项		24
	完成第（3）项		20
	合计		50
发挥部分	完成第（1）项		10
	完成第（2）项		20
	完成第（3）项		15
	其他		5
	合计		50
	总分		120

4.4.2　题目分析

自适应滤波器属于电子对抗方面的课题。自适应滤波器是指根据环境的改变，使用自适应算法来改变滤波器的参数和结构的滤波器，其最重要的特性是能够在未知环境中有效工作，并能跟踪输入信号的时变特性。

根据滤波器的输出是否为输入的线性函数，可将它分为线性滤波器和非线性滤波器两种。本题属于线性滤波器。

20 世纪 40 年代，维纳奠定了关于最佳滤波器研究的基础，即假定线性滤波器的输入为有用信号和噪声之和，两者均为广义平稳过程且已知它们的二阶统计特性，维纳根据最小均方差误差准则（滤波器的输出信号与需要信号之差的均方值最小），求得了最佳线性滤波器的参数，这种滤波器被称为维纳滤波器。

直接利用该理论出题时，存在以下几个问题：

（1）随机信号处理超出了大学三年级本科生的教学范围（有用信号和干扰信号均采用周期信号）。

（2）对于维纳滤波的基本理论，在本科生的教学设计中较少（模式识别、数字信号处理等课程需要学生自学）。

由图 4.4.1 可知，D 信号是有用信号 A 和干扰信号 B 的线性组合。若将 B 信号单独放大或移相，且放大倍数和移相角度与 D 路相同，利用 D 路与 B 相减，就可以恢复 A 信号。这种做法并不违背题意，但不符合出题人的意图。移相器是相对独立的，D 信号要视为未知环境下得到的复合信号，因此不宜采用上述的简单方法，而应采用数控移相器在幅值、移相角度进行跟踪的方法实现。

4.4.3　系统方案

▶方案一：自适应滤波器的数字实现。

利用模数转换器采集经过移相器后的混合信号 D，利用 FPGA 平台实现可重构 FIR 滤波器，得到输出信号，计算输出信号与期望信号的误差均方值，然后利用得到的结果重构

FIR 滤波器，或利用高速 DSP 实现离散维纳滤波，再经 D/A 输出。该方法系统复杂，额外的噪声难以控制。

▶方案二：相关检测法。

通过控制，使残差电压与干扰相关值最小，其原理框图如图 4.4.2 所示。

▶方案三：最小功率（或 RMS）检测法。

搭建能够跟踪与 D 路（加法器+移相器）电路匹配的滤波网络，利用数控移相器，完全模拟 D 路移相系统网络，在幅度和相移两方面进行跟踪。混合信号 D 与通过数控移相器的干扰

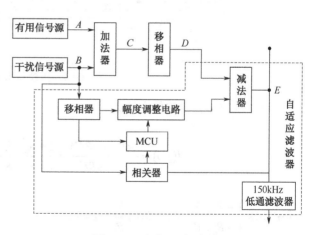

图 4.4.2　方案二原理框图

信号相减，输出经过单片机反馈，直到检波器的值最小，此时输出即可获得单频有用信号。

因模拟方法比数字方法效果好，最后决定选择方案三。

4.4.4　滤波器的理论分析与计算

1）可控移相器分析

D 路移相器可采用传统方法，可控移相器电路如图 4.4.3 所示。

采用改变电阻的方法来改变相移。要获得较为精确的相移，应尽可能减小电容的容量，单级最大相移小于 90°。为了实现题目要求的 0°～180°相移，使用三级级联来构成一个移相器。

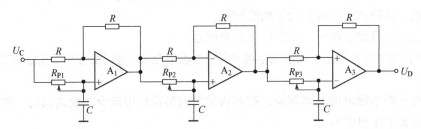

图 4.4.3　可控移相器电路

2）压控移相器分析

利用电压控制可变增益放大器实现压控移相器，其电路如图 4.4.4 所示。其中积分器与可变增益放大器构成压控低通滤波器。改变 VCA810 的控制端电压，即可改变滤波器的相频特性。

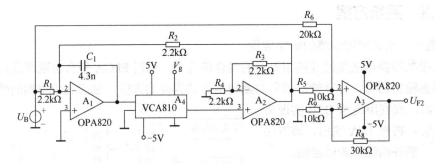

图 4.4.4　压控移相器电路

整个压控移相器的传递函数为

$$A(\mathrm{j}\omega) = \frac{-(1-\mathrm{j}\omega RC)}{1+\mathrm{j}\omega RC} = \frac{1+R_8/R_9}{1+R_6/R_5}\left[\frac{A_1(0)\dfrac{R_6}{R_5}-1-\mathrm{j}\dfrac{\omega}{\omega_\mathrm{o}}}{1+\mathrm{j}\dfrac{\omega}{\omega_\mathrm{o}}}\right]$$

其中要求 $\dfrac{1+R_8/R_9}{1+R_6/R_5}=1$，　$A_1(0)\dfrac{R_6}{R_5}-1=1$。

3）控制算法

采用最小均方误差（LMS）算法。采用可变斜率时算法收敛最快，也可使用其他算法，如 DIMS 和牛顿迭代法。

4.4.5　电路与程序设计

1）总体原理框图

总体原理框图如图 4.4.5 所示。

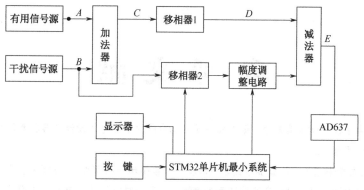

图 4.4.5　总体原理框图

2）加、减法电路设计

加法电路如图 4.4.6(a)所示，要求两路输入参数对称。

$$R_N = R_P, \qquad R_N = R//R_F, \qquad R_P = R_1//R_2//R_3$$

$$U_o = R_F \left(\frac{U_A}{R_1} + \frac{U_B}{R_2} \right)$$

减法电路如图 4.4.6(b)所示。

$$R_N = R_P, \qquad R_N = R_1//R_F, \qquad R_P = R_2//R$$

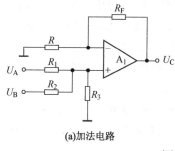

(a)加法电路

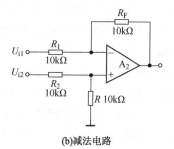

(b)减法电路

图 4.4.6　加法、减法电路

3）移相器设计

移相器 1 采用图 4.4.3 所示的手动移相器电路。

移相器 2 采用图 4.4.4 所示的压控移相器电路，也可采用类似图 4.4.3 所示的移相电路结构形式，但 R_P 必须采用数控电位器，由单片机进行控制。使移相器 2 的相移跟踪移相器 1 的相移。

4）软件设计及结果分析

系统软件流程图如图 4.4.7 所示。

测试结果及结果分析全部达到基本要求和发挥部分的要求。

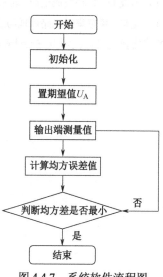

图 4.4.7　系统软件流程图

参考文献

[1] 全国大学生电子设计竞赛组委会，第一届~第六届全国大学生电子设计竞赛获奖作品选编. 北京：北京理工大学出版社，2005.

[2] 高吉祥. 全国大学生电子设计竞赛培训系列教程——模拟电子线路设计. 北京：电子工业出版社，2007.

[3] 高吉祥. 全国大学生电子设计竞赛培训系列教程——基本技能训练与单元电路设计. 北京：电子工业出版社，2007.

[4] 高吉祥. 全国大学生电子设计竞赛培训系列教程——2007 年全国大学生电子设计竞赛试题剖析. 北京：电子工业出版社，2009.

[5] 高吉祥. 全国大学生电子设计竞赛培训系列教程——2009 年全国大学生电子设计竞赛试题剖析. 北京：电子工业出版社，2011.

[6] 高吉祥. 电子技术基础实验与课程设计（第 3 版）. 北京：电子工业出版社，2011.

[7] 高吉祥. 模拟电子技术（第 3 版）. 北京：电子工业出版社，2011.

[8] 高吉祥. 模拟电子技术学习辅导及习题详解. 北京：电子工业出版社，2005.

[9] 高吉祥. 数字电子技术（第 3 版）. 北京：电子工业出版社，2011.

[10] 全国大学生电子设计竞赛湖北赛区组委会. 电子系统设计实践. 武汉：华中科技大学出版社，2005.

[11] 李朝青. 单片机原理及接口技术（简明修订版）. 北京：北京航空航天大学出版社，1999

[12] 黄智伟，王彦. FPGA 系统设计与实践. 北京：电子工业出版社，2004.

[13] 李坚. 电力电子学——电力电子变换和控制技术. 北京：高等教育出版社，2002.

[14] 陈尚松，雷加，郭庆. 电子测量与仪器. 北京：电子工业出版社，2005.

[15] 李玉山，来新泉. 电子系统集成设计技术. 北京：电子工业出版社，2002.

[16] 刘畅生，张耀进，宜宗强，于建国. 新型集成电路简明手册及典型应用（上册）. 西安：西安电子科技大学出版社，2004.

[17] 沙占友等. 特种集成电源. 北京：人民邮电出版社，2000.

[18] 吴定昌. 模拟集成电路原理与应用. 广州：华南理工大学出版社，2001.

[19] 高吉祥. 全国大学生电子设计竞赛系列教材第 2 分册. 模拟电子线路设计. 北京：高等教育出版社，2013.